焦循算學九種

（清）焦循 輯 劉建臻 整理

廣陵書社

圖書在版編目（CIP）數據

焦循算學九種 / (清) 焦循著 ; 劉建臻點校. -- 揚州 : 廣陵書社, 2016.9
ISBN 978-7-5554-0634-1

Ⅰ. ①焦… Ⅱ. ①焦… ②劉… Ⅲ. ①古典數學一中國一清代 Ⅳ. ①O112

中國版本圖書館CIP數據核字(2016)第237148號

書　　名　焦循算學九種
著　　者　(清)焦循 著　劉建臻 點校
責任編輯　李　潔
封面設計　葛玉峰
出 版 人　曾學文
出版發行　廣陵書社
　　　　　揚州市維揚路 349 號　　郵編　225009
　　　　　http://www.yzglpub.com　　E-mail:yzglss@163.com
印　　刷　無錫市極光印務有限公司
裝　　訂　無錫市西新印刷有限公司
開　　本　889 毫米 ×1194 毫米 1/32
印　　張　21.375
字　　數　630 千字
版　　次　2016 年 9 月第 1 版第 1 次印刷
標準書號　ISBN 978-7-5554-0634-1
定　　價　150.00 圓(全 2 册)

出版説明

焦循（一七六三—一八二〇），字理堂，一字里堂，清代揚州府甘泉縣人。嘉慶六年（一八〇一）舉人，會試不第，居家著書。一生著述衆多，涉獵廣泛，世稱『通儒』，是清代乾嘉之際的著名學者，揚州學派的重要代表人物。

焦氏以《易》傳家。『昔者聖人之作《易》也，幽贊于神明而生蓍，參天兩地而倚數。』（《易傳·説卦傳》）焦循『閉門學《易》』。别後數年，窮思冥索，方悟得孔子『倚數』二字』，認爲『《易》學全是算學，其「參伍錯綜」，非明少廣、方程、盈不足、句股、弧矢之理，不能得其頭緒』（《里堂札記·辛未手札·答汪孝嬰》）。爲了解疑釋難《易》學，焦循致力于數學研究，先後撰成多部算學著作，成爲清代中葉成就不凡的數學家。與當時算學名家汪萊、李鋭并稱『談天三友』。

本書主要收録焦循算學九種著作，所用版本如下：

一、《加減乘除釋》

八卷。是書草創于『乾隆甲寅』即五十九年（一七九四），成稿于嘉慶二年（一七九七）。主要對加減、二項式乘方、數的乘除和分數等運算予以總結，體現焦氏數學研究成果。書中所提『理本自然』『名後法行』『數先形後』等數學思想，在中國數學思想史上有重大建樹。

其版本，主要有嘉慶四年（一七九九）《里堂學算記》刻本、道光間《焦氏叢書》本和光緒二年（一八七六）《焦氏遺書》本。本次整理，以《焦氏叢書》本爲底本，校之以《焦氏遺書》本。

二、《天元一釋》

二卷。是書主要闡述南宋秦九韶的天元術和大衍術。如焦循自序所言：『循習是術，因以教授子弟。或謂仁卿之書，端緒叢繁，鮮能知要，因會通其理，舉而明之。而所論相消相減，閒與尚之之説差者，蓋尚之主辨天元借根之殊，故指其大概之所近；循主述盈朒和較之理，故析其微芒之所分。』

其版本，主要有嘉慶四年（一七九九）《里堂學算記》刻本、道光間《焦氏叢書》本和光緒二年（一八七六）《焦氏遺書》本。本次整理，以《焦氏叢書》本爲底本，校之以《焦氏遺書》本。

三、《釋弧》

三卷。始撰于『乾隆乙卯秋八月』，寫成于九月。《里堂札記·乙卯手札·寄凌仲子(十二月初五日)》：『八月十七日江寧别後，弟亦旋出水關，是日阻風江口，至二十二日方得開船，喜與汪孝嬰之船爲鄰，與之談弧三角之術。歸即取梅、戴二家之書核之，凡十七晝夜，乃盡通其奥，撰爲《釋弧》三卷，細析爲圖，頗便初學。』『二十二日』離開江寧，回到揚州後，又經『十七晝夜』而成此書，則《釋弧》初稿之撰成自在九月。焦循在卷上所撰《序》中述及主旨：『上篇釋正弧弦切之用；中篇釋内外垂弧之義；下篇釋次形及矢較之術。』

其版本，主要有嘉慶四年(一七九九)《里堂學算記》刻本、道光間《焦氏叢書》本和光緒二年(一八七六)《焦氏遺書》本。本次整理，以《焦氏叢書》本爲底本，校之以《焦氏遺書》本。

四、《釋輪》

二卷。卷上有焦循《序》：『循既述《釋弧》三篇，所以明步天之用也。然弧線之生緣於諸輪，輪徑相交，乃成三角之象。輪之弗明，法無從附也。擬爲《釋輪》二篇。上篇言諸輪之异同，下篇言弧角之變化，以明立法之意由於實測。若高卑遲疾之故，則未敢以臆度焉。嘉慶元年春二月記，時寓寧波校士館中。』『嘉慶元年』，爲一七九六年。但《釋輪》的寫作，早在前一年年底就已開始了。《里堂札記·乙卯手札·寄淩仲子（十二月初五日）》：『又爲《釋輪》一書，將諸輪三角之狀，一一畫之爲圖，庶令初學者一目了然。』『乙卯』，爲乾隆六十年即一七九五年。

其版本，主要有嘉慶四年（一七九九）《里堂學算記》刻本、道光間《焦氏叢書》本和光緒二年（一八七六）《焦氏遺書》本。本次整理，以《焦氏叢書》本爲底本，校之以《焦氏遺書》本。

五、《釋橢》

一卷。書稿成于一七九六年。《理堂日記》嘉慶元年（一七九六）九月初三之下有：『録《釋橢》畢。』焦廷琥《先府君事略》叙述是書主旨：『康熙《甲子律書》用諸輪法，雍正《癸卯律書》用橢圓法，府君以實測隨時而差，則立法亦隨時而改，撰《釋橢》一卷。』

其版本，主要有嘉慶四年（一七九九）《里堂學算記》刻本、道光間《焦氏叢書》本和光緒二年（一八七六）《焦氏遺書》本。本次整理，以《焦氏叢書》本爲底本，校之以《焦氏遺書》本。

《釋弧》《釋輪》《釋橢》三書，基本是總結當時天文學者的數學基礎知識。

六、《開方通釋》

一卷。全書列十二式解説開正負帶從諸乘方之法。《里堂札記》載有該書之成書過程。《癸丑手札·答王鷗汀》:『凡算數之法,無出乎加減乘除四者,於此四者,講明而條貫之,則《九章》之理一而已矣。書之體例已設,纔成《開方通釋》中《平方》、《立方》、《縱方》、《乘方》四卷,俟脱稿,當寄上。』『癸丑』爲一七九三年。《辛酉手札·寄李尚之(七月二十九日)》:『弟半歲來俱用心於秦、李之學,所著《開方通釋》已脱稿,苦遠隔,遂未有核其是非者。今録《論連枝》一篇呈上,望爲勘之。』『辛酉』爲一八〇一年。

其版本,主要有上海圖書館、中國科學院圖書館藏稿本和《木犀軒叢書》刻本三種版本。本次以《木犀軒叢書》刻本爲底本進行整理。

七、《大衍求一釋》

一卷。《注易日記》記有草成此書的時間:卷一之嘉慶十九年(一八一四)閏二月初八,『草《大衍求一釋》』,『十二日甲戌,大風雨,寒。連日皆改寫《大衍求一釋》』;卷二之三月初四,『删改《大衍求一釋》』。此外,卷三末記述説:『《大衍求一釋》未刻,今附録《易通釋》末。』的確,《易通釋》卷末有《天地之數五十有五 大衍之數五十其用四十有九》一條，内容確與《大衍求一釋》基本一致。但是，《大衍求一釋》卷末另附《求一古法》一篇。

是書僅有北京大學圖書館所藏稿本，故以之爲底本加以整理。

八、《乘方釋例》

五卷。該書成稿于一七九二年。《乘方釋例》卷五末：『乾隆壬子年十二月二十二日，《乘方釋例》五卷成。』『壬子』，爲乾隆五十七年（一七九二）。共包括『釋乘方形』、『釋乘方初商』、『釋乘方廉隅』、『釋乘方條目』和『釋乘方簡法』五卷，末附圖一卷。

其版本，有國家圖書館、北京大學圖書館所藏的兩種稿本。因北大本卷一殘缺，且多所塗改、裝訂混亂，故本次以國家圖書館稿本爲底本進行整理。

九、《焦理堂天文曆法算稿》

是書收有《橢圓面積爲平行》《交食總論》《太陽食限》《日食三差》等共十七篇，主要爲焦循天文、曆法研究心得。稿本，現藏國家圖書館。此次以之爲底本進行整理。

焦循治學嚴謹，著述宏富，識見精卓，『於學無所不通，著書數百卷，尤邃於經』，在中國經學、易學、史學、文學、自然科學等諸多領域均有深入研究和重要建樹。本書所録焦循九種算學著作，充分體現了焦循『以數之比例，求《易》之比例』的學術特點，集中展示了焦循算學研究成果。以上九種著作，多爲首次點校整理，其中或有稿本，版本價值較高。各書均已收入《焦循全集》中。

二〇一六年九月

目録

焦理堂天文曆法算稿

加減乘除釋

甲編（子部）

加減乘除釋總叙

數爲六藝之一而廣其用，則天地之綱紀、群倫之統系也。天與星辰之高遠，非數無以效其靈；地域之廣輪，非數無以步其極；世事之糾紛繁雜，非數無以提其要。通天地人之道曰儒，孰謂儒者而可以不知數乎？自漢以來，如許商、劉歆、鄭康成、賈逵、何休、韋昭、杜預、虞喜、劉焯、劉炫之徒，或步天路而有驗於時，或箸算術而傳之於後，凡在儒林類能爲算。後之學者，喜空談而不務實學，薄蓺事而不爲，其學始衰。降及明代，寖以益微。閒有一二士大夫留心此事，而言測圓者不知天元，習回回法者，不知最高，謬誤相仍，莫能是正。步算之道，或幾乎息矣。欽惟我國家稽古右文，昌明數學，聖祖仁皇帝御製《數理精藴》，高宗純皇帝欽定《儀象考成》，諸編研極理數，綜貫天人，鴻文寶典，日月昭垂。固度越乎軒轅隸首而上之，以故海内爲學之士，甄明度數，洞曉幾何者，後先輩出。專門名家，則有若吴江王昰闇錫闡、淄川薛儀甫鳳祚、宣城梅徵君文鼎，儒者兼長，則有若吴縣惠學士士奇、婺源江慎修永、休寧戴庶常震，莫不各有饌述，流布人間。蓋我朝算學之盛，實往古所未有也。江都焦君里堂，與元同居北湖之濱，少同遊，長同學。里堂湛深經學，長於《三禮》，而於推步、數術尤獨有心得。比輯其所箸《加減乘除釋》八卷、《天元一釋》二卷、《釋弧》三卷、《釋橢》一卷，總而録之，名曰《里堂學算記》，書成而屬元序之。元思天文算法，至今日而大備，而談西學者，輒詆古法爲觕疏不足道。于是中西兩家，遂多異同之論。然元嘗稽考算氏之遺文，泛覽歐邏之述作，而知夫中之與西枝條雖分，而本幹則一也。如西法三率比例即古之今有術，重測即古之重今有，借衰即衰分之列衰，疊借即盈不足之假令，今之三角即句股，借根方即立天元一。至於地爲圓體，則《曾子》十八篇已言之；七政各有本天，與郄萌日月不附天體之説相合；月食入於地景，與張衡蔽於地之説不別；熊三拔簡平儀説寓渾於平，而崔靈恩已立義以渾蓋爲一矣；的谷四方行測創蒙氣反光之差，而安岌[一]已云地有遊氣濛濛四合矣。其它若天周三百六十度，則邵康節亦嘗言之。日周九十六刻，則梁天監中嘗行之。以此證彼，若符節之合。然則中之與西者不同者其名，而同者其實。乃彊生畛域，安所習而毁所不見，何其陋歟！里堂會通兩家之長，不主一偏之見，於古法穿穴六十經，研求三數，而折中乎劉氏徽之注《九章》。西法隨事立説，闡其隱秘，而日月五星之果有小輪，與夫日月五星本天之果爲橢圓與不則存而不論。昔蔡中郎撰十意未竟上言，欲思惟精意，扶以文義，潤以道術，著成篇章。今里堂之説算，不屑屑舉夫數而數之精意無不包，簡而不遺，典而有則。所謂扶以文義、潤以道術者非邪？然則里堂是《記》，固將以爲儒流之典要，備六藝之篇籍者矣。元少略涉斯學，心鈍不能入深，且以供職中外，斯事遂廢。今見

[一]『安岌』疑爲『姜岌』之誤。姜岌，南北朝時仕後秦，《隋書·天文志》載其論日出日中大小、顏色差别是因爲：『地有游氣，以厭日光，……地氣上昇，蒙蒙四合。』

里堂成此書，敬且樂焉。吾鄉通天文算學者，國朝以來，惟泰州陳編修厚耀最精。今里堂之學，似有過之，無不及也。

嘉慶四年冬，經筵講官、户部左侍郎兼管國子監算學事務阮元譔序。

加減乘除釋序

算之爲術，可隨事以立名，而皆不外於乘除加減。加減者，乘除之所自出。然非乘除，不足以盡加減之用，故有四者而演算法備矣。古今算家，多列其目：句股旁要，量測既同；開方少廣，層累則一；差分之外，申之以均輸；方程之後，繼之以盈朒。因其小別，遂爲區分，揆厥指歸，豈有岐義？夫不明其旨，則易地致惑。深究其理，則後起可推。竊以此義求之古先，蓋論法者居多，言理者絶少，即閒有之，亦與法相淆，而於舉綱挈領之要，未盡合也。今之爲是學者，吴縣李尚之鋭，歙縣汪孝嬰萊，吾邑焦里堂循。三子者，善相資、疑相析。孝嬰之學主於約，在發古人之所未發而正其誤，其得也精；尚之之學主於博，在窮諸法之所由立而求其故，其得也貫；理堂則以精貫之旨推之於平易，以爲理本自然，取劉徽注《九章算術》之意，著《加減乘除釋》八卷，凡弧矢之相求，正負之相得，方員凸凹之異形，齊同比例之殊制，靡不先列其綱，次疏其目，俾學者可窮源以知流，揣本而齊末。其於二子之學，蓋相輔而實相成矣。夫由疎之密，今古非有殊途；因難而易，中西本無二轍。雖稱名舉類，優絀互形，正其權輿一言，可解古人好學深思，必曰心知其意。里堂之書，殆《周髀》以來諸書之統紀，不獨劉氏之功臣也已。

嘉慶[一]三年夏五月，江都黄承吉序。

[一]《續修》本無『嘉慶』二字，據《叢書集成三編》本補。

加減乘除釋卷一

劉氏徽之注《九章算術》，猶許氏慎之撰《説文解字》。士生千百年後，欲知古人仰觀俯察之旨，舍許氏之書不可；欲知古人參天兩地之原，舍劉氏之書亦不可。嘉定錢溉亭先生塘，謂《説文》一部之中，聲無統紀。因取許氏書，離析合并，重立部首，系之以聲。其書雖未成，迄今講《説文》者，頗宗其意以著書。循謂古人之學，期於實用，以乂百工。察萬品而作書契，分別其事物之所在，俾學者案形而得聲。若夫聲音之間，義藴精微，未可人人使悟其旨趣。此所以主形而不主聲也。惟算亦然，既有少廣、句股，又必指而別之，曰方田，曰商功；既有衰分、盈不足、方程，又必明以示之，曰粟米，曰均輸。亦指其事物之所在，而使學者人人可以案名以知術也。然名起於立法之後，理存於立法之先。理者何？加減乘除四者之錯綜變化也。而四者之雜於《九章》，則不啻六書之聲雜於各部。故同一今有之術，用於衰分，復用於粟米；同一齊同之術，用於方田，復用於均輸；同一弦矢之術，用於句股，復用於少廣；而立方之上，不詳三乘以上之方，四表之測，未盡三率相求之例。踵其後者，又截粟米爲貴賤衰分，移均輸爲疊借互徵，名目既繁，本原益晦。蓋《九章》不能盡加減乘除之用，而加減乘除可以通《九章》之窮。孫子、張丘建兩書，似得此意，乃説之不詳，亦無由得其會通。不揆淺陋，本劉氏之書以加減乘除爲綱，以《九章》分注而辨明之。草創於乾隆甲寅之秋，明年爲齊魯遊，遂中輟。嘉慶二年丁巳，授徒村中，無酬應之煩，取舊稿細爲增損，得八卷。竊比於溉亭之於《説文》，庶幾與劉氏相表裏焉。倘有缺誤，願識者補而正之，幸甚。時十二月大寒日。

以甲當甲，爲適足；以甲當乙，爲盈；以乙當甲，爲朒。

數之多少無定。少至於一，而絲、忽之下，尚有塵、沙；多至於萬，而兆、秭之上，尚有溝、洫。惟是兩數相比，而後爲盈，爲朒，爲適足乃定。故演算法起於相比也。論數之理，取於相通。不偏舉數，而以甲乙明之。古之次第，皆乙下於甲。用其意，以甲當盈，以乙當朒。

以甲加甲，爲倍之。以乙加乙，以丙加丙，以丁加丁，並同。

兩相當，未相入也。加減則相入矣。兩甲數爲適足，故相加爲倍也。

以甲減甲，爲減盡。

減盡之法，爲除法、開方法之止境，用之於方程者尤精。蓋除法者，除其所乘；開方者，除其所自乘，故必減盡而除乃止。除法、開方法之有減盡，正也。方程駁錯糅正負，數色相錯，不可以囫圇得之。其兩色者，必先去其一色。故互乘之後，列首位者，對減必盡。對減盡則一色去矣。數既錯糅，則一色減盡。一色減之必不盡，惟三色者。兩行互有空位，互相減。而其下位者適盡，則爲兩色之較適足。與首位之減盡者，又異矣。如馬一、騾一，其載四石二斗；騾二、驢一，共載四石二斗；馬一、驢三，共載四石二斗。馬首位減盡，此去其一色也。右中之騾一，左下之驢三，所對皆空，而末列之載數。左右均四石二斗，減盡，此爲騾一較驢三，其載適足。與兩馬之減盡不同也。蓋適足者，相當之名；減盡者，相入之名。相入則兩數皆去，故曰盡。相當則兩數尚存，故曰適。盈不足術有適足，而非出於相減。盈不足之所與適足者，隱伏不見。而所見之兩盈兩朒，以上兩率互乘之，斷無適足之理。故方程有減盡，有適足，盈不足有適足，無減盡也。

以甲中分爲半之。

半之，亦曰折半，於除法爲二而一。

遞相倍爲自倍，遞相半爲自半。

《九章算術》『衰分』云：『今有女子善織，日自倍。』術云：『置一、二、四、八、十六爲列衰。』蓋倍一爲二，倍二爲四，倍四爲八，倍八爲十六，所謂自倍也。又『盈不足』題云：『蒲生一日，長三尺。莞生一日，長一尺。蒲生日自半，莞生日自倍。問幾何日而長等？』又題云：『垣厚五尺，兩鼠對穿。大鼠日一尺，小鼠亦日一尺。大鼠日自倍，小鼠日自半。問幾何日相逢？』

三分甲，以二爲太半，以一爲少半。

太半即大半，少半即小半。『衰分術』云：『田一畝，收粟六升太半升。』『商功術』云『圓囷高一丈三尺三寸少半寸』是也。少半寸，猶言少於半寸，非謂缺少半寸也。

有甲乙，欲得其中平，則相加而半之；欲仍得甲乙，則倍之而相減。

『方田』章『邪田術』云：『并兩邪而半之，邪田为一勾股一從方相連形。并而半之，則成一縱方形也。』『箕田術』云：『并踵舌而半之。箕田爲兩句股夾一縱方形。并而半之，亦成一縱方形也。』推此而『商功』章『城垣堤溝塹渠術』云：『并上下廣而半之。』《緝古算經》『造仰觀臺羨道術』云：『半上下廣差。』又云：『以上下廣差并上下袤差，半之。』蓋無論爲羃爲體爲差，有上下廣之不齊，必用是法以齊之。其『方田』章『環田術』云：『并中外周而半之。』『商功』章『曲池術』云：『并上中外周而半之，以爲上袤。亦并下中外周而而半之，以爲下袤。』此内周小於外周，猶上廣小於下廣，故并而半之，以齊其不齊也。以不齊之邊，求積如是。若以積求不齊之邊，必倍中平廣數，減上得下，減下得上，無可疑矣。『商功』『穿地爲垣術』云：『置垣積尺，以深袤相乘爲法，所得除得中平廣數倍之，減上廣，餘即下廣是也。』『句股』章『句弦并與股求句弦術』云：『令七自乘，亦令三自乘，并而半之，以爲甲邪行率。』蓋七爲句弦并，三爲股，凡句弦并自乘，爲句乘句股并者二。句弦差乘句弦并者一，句弦差乘句弦并，同於股自乘之數。故以股自乘，并句弦并自乘而半之，適得中平。所以用爲邪行率者，雖別見通率之巧。句乘句弦并，加句弦差乘句弦并，是弦乘句弦并也。於句弦并自乘數中減去弦乘句弦并，是餘句乘句弦并也。以句乘句弦并爲句率，以弦乘句弦并爲弦率，因以股乘句弦并爲股率，故爲率之巧。而并而半之之意，則無殊也。

得數視所求爲倍者，則豫半之。視所求爲半者，則豫倍之。

乘必正方，而後得數。其方不正，亦必正之，則積數必浮於本數。故豫半其邊，以求其合。『方田』『圭田術』云：『半廣以乘正從。』圭田即兩要相等之三角形，正從即中垂線。以中線爲界，以左補右，成正方形。而底線適相半也。『均輸術』云：『今有客馬日行三百里。客去忘持衣，日已三分之一，主人乃覺。持衣追及，與之而還，至家視日四分之三。問主人馬不休，日行幾何？』『術』曰：『置四分日之三，除三分日之一，半其餘以爲法，副置法。增三分日之一，以三百里乘之爲實。』此因四分日之三爲客馬之行與主人往還之行相加之數，三分日之一爲客馬單行之數，既減去此數，餘爲主人往還之數。今止用主人追及之數爲率，故半之也。又『句股』『葭池術』云：『半池方自乘。』題云：『池方一丈，葭生中央。引葭赴岸，適與岸齊。』自中央至岸，適得池之半，故亦於正而求其偏也。又『邑方二百步，各中開門。出東門十五步有木。問出南門幾何步見之？』術曰：『出東門步數爲法，半邑方自乘爲實。』半邑方者，自中開門。用自門至城隅爲股，適當城之半。猶葭生池之中而至岸也。《孫子算經》云：『有獸六首四足，禽四首二足。上有七十六首，下有四十六足。問禽獸各幾何？』術曰：『倍足以減首，餘半之，即獸。以四乘獸，減足，餘半之，即禽。』蓋每首之數十，每足之數六，以一獸一禽言。倍足減首，每獸尚餘二首，故半之得獸數。以四足乘之，是爲獸足共數。於禽獸共足中減獸之共足，餘每禽二足，故半之，得禽數。又：『雉兔同籠，上有三十五頭，下有四十九足，問雉兔各幾何？』術曰：『上置頭，下置足。半其足，以頭減足，以足減頭，即得。』蓋雉兩足，兔四足，半之，是雉一足兔兩足矣。一足與一頭相若，故減去頭數，所餘即兔足。有一足即一兔矣。約分之術云：『可半則半之。』相其題，施其術。諸用『半之』之義，不外是言也。

倍與半爲向背。圭田求積，半廣以乘正從。若求廣，則倍積以開方之矣。知半之理，即知倍之理也。《孫子算經》云：『今有方田，桑生中央。從角至桑一百四十七步，問田幾何？』術云：『置角至桑倍之，以五乘之，以七除之，自相乘，以二百四十步除之，即得。』蓋中央至角，僅得邪行之半，故倍之，而弦數乃全。凡弦自乘，倍於方田自乘。既倍爲弦，則自乘而半之可矣。今以五乘七除，七當作十五乘不啻二除，即半之爾。又：『三雞共啄粟一千一粒。雛啄一，母啄二，翁啄四。主責本粟，三雞主各償幾何？』術云：『置粟一千一粒爲實，并三雞所啄七粒爲法，除之，爲雛雞主所償之數。遞倍之，即得母、翁主所償。』此爲衰分之常法。而遞倍之者，因一、二、四爲遞倍，亦相其題，施其術焉爾。

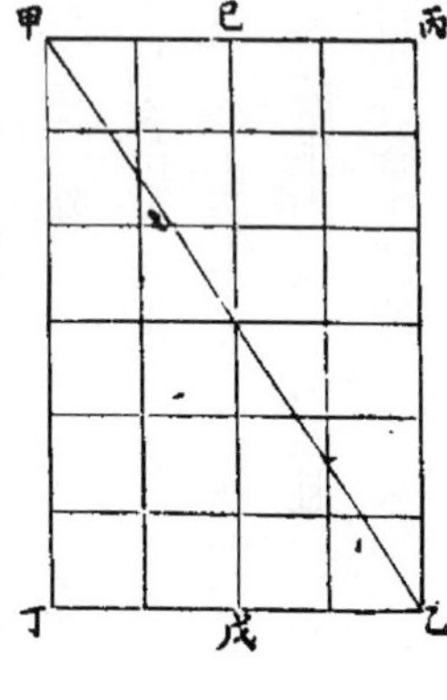

甲丙乘甲丁，爲甲丙乙丁。縱方積二十四，半之得甲乙丁句股形。若先半甲丙爲甲己，以乘甲丁，得甲己戊丁十二，亦即甲乙丁積數也。

以乙加甲則差隱，以乙減甲則差見。

甲乙其有差者也，既相加，乙即化於甲中。惟以乙減甲，則甲中去一乙。主客兩乙俱減盡，然甲本盈於乙，減去兩乙，乙盡矣，甲尚有所留，則差也。加者，容納之謂，故長短偏雜之皆渾。減者，鑒別之謂，故纖豪蕙末之盡露。二者相爲用，而數可定矣。《緝古算經》謂差爲多數、少數。

以甲加乙，或以乙加甲，其和數等。於和數減甲得乙，減乙得甲，其較數必不等。

和即古所謂并，較即古所謂差。加減者，用法之名。和較者，得數之名。甲乙本有差，相加則無差。故無論甲加乙，乙加甲，其得數必等。若復以甲乙互減之，則仍有差矣。既有差，則數自不相等也。惟和數等，故用加者，可以相通。惟較數不等，故用減者，必不容相借。

以甲加乙，以乙加甲，則差平。

以甲加甲，以乙加乙，則差倍。

以甲加甲，以甲加乙，或以乙加甲，以乙加乙，則差如初。

以丙減甲，以丙減乙，或以丁減甲，以丁減乙，則差亦如初。

甲本盈，以乙消之；乙本朒，以甲補之。故有差而無差，此互加互乘之法所由用也。詳見後。甲盈又益以甲，乙朒止益以乙。有兩甲乙，即有兩甲乙之差，故倍之也。同加以甲，同加以乙，原數雖增，而原差不增。同減以丙，同減以丁，原數雖損，而原差不損。論數之理，甲乙不足以括之，又假丙以次乙，假丁以次丙云爾。後用戊己庚辛壬癸亦然。

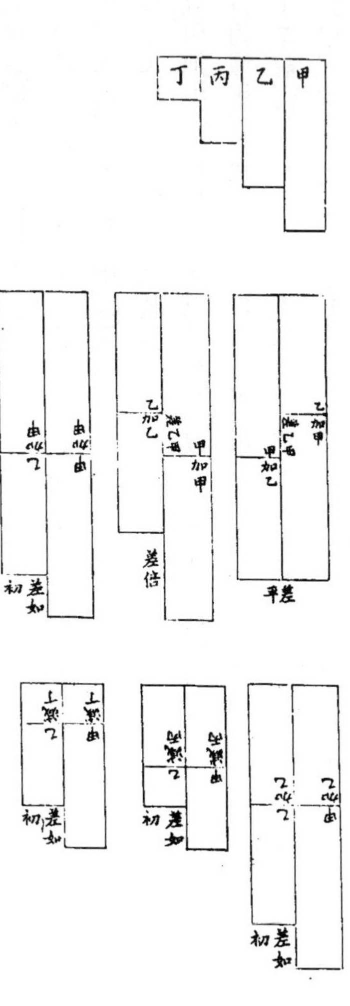

以乙加甲，以丙加乙，或以丙加甲，以丁加乙，則差必增。反是以減，則差必損。

以乙加乙，以丙加甲，或以丙加乙，以丁加甲，則差必損。反是以加，則差必增。

若乙丙之差如甲乙之差，則以乙加乙，以丙加甲，或以乙減甲，以丙減乙，其差皆平。

以乙加甲，以丙減乙，差之增如乙丙之和加甲乙之差。以乙加乙，以丙減甲，差之變如乙丙之和減甲乙之差。

甲盈乙朒，故有差。乙盈丙朒，亦有差。今以盈加盈，以朒加朒，是於甲乙差又增一乙丙之差矣。

若以朒加盈，以盈加朒，是甲乙差損去一乙丙之差矣。所以不能平者，以乙丙之差，殊於甲乙之差也。其差亦有同者，如二四之差二，四六之差亦二。以二加六，以四加四，皆得八。於四減二，於六減四，皆得二。固不必以四加二，以二加四，而後皆爲六也。甲盈又加乙，是盈益其盈；乙朒又減丙，是朒益其朒。合此盈朒，爲所增之差矣。甲盈而減丙，是盈變爲朒；乙朒而加乙，是朒變爲盈。合此一盈一朒，爲甲少於乙之差。因本是乙少於甲，故又必減去此原差也。

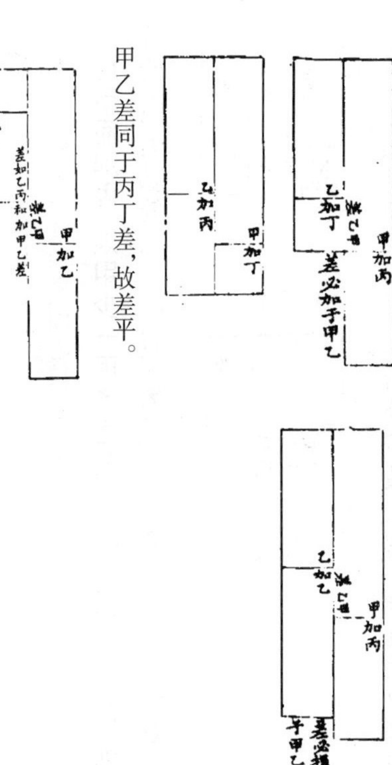

甲乙差同于丙丁差，故差平。

差如乙丙和加甲乙差。

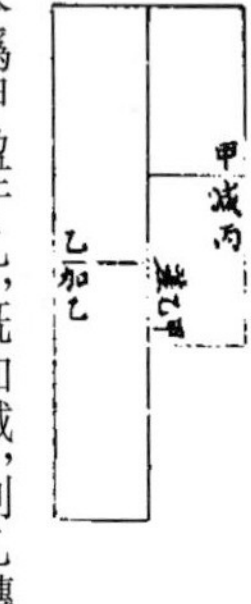

本爲甲盈于乙，既加減，則乙轉盈于甲。

減乙於甲而加丙，則甲少一丙乙之差；減丙於甲而加乙，則甲多一丙乙之差。

乙盈於丙，丙朒於乙。取盈而償朒，則所償自不及於所取。取朒而償盈，則所償自過於所取。

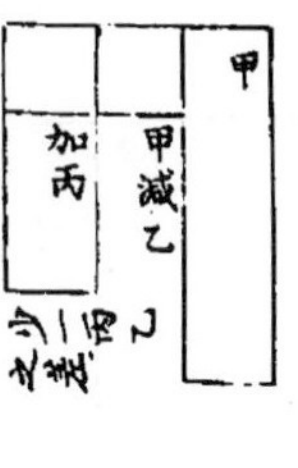

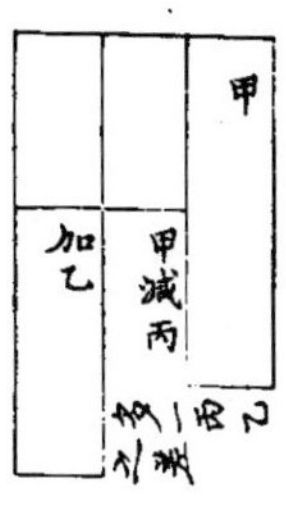

有二甲，減此以加彼，其差必倍於所減之數。半其差以加於朒，則等。

有三甲，減左以加右，其差必倍於中差。半左右之差得中差，倍中差得左右之差。減此以加彼，則此朒而彼盈。減左以加右，則左中視右爲兩朒，右中視左爲兩盈，左右視中爲一盈一朒。以兩盈兩朒之差相加，如一盈一朒之相加。

同名相減，異名相加。所以爲兩盈兩朒及一盈一朒者，爲之法也。云兩盈，云兩朒，云一盈一朒，必有三色，而後有此較。若二色，則此之盈必彼之朒，不獨無兩盈，無兩朒，亦並無一盈一朒之名，故

《九章》『盈不足術』起於三色。知起於三色，則同名之相減，異名之相加，不待解而釋然矣。

甲乙丙皆三，減丙之一以加于甲，則甲四丙二，甲盈于丙二，乙盈于丙一，爲兩盈相減，得甲乙之差。乙朒于甲一，丙朒于甲二，爲兩朒相減，得乙丙之差，甲盈于乙一，丙朒于乙一，爲一盈一朒，相加爲甲丙之差。

甲本盈於乙，又減乙以加甲，爲一盈一朒。甲本盈於乙，今減甲以加乙，爲兩盈。

乙本朒於甲，今減甲以加乙，爲兩朒。

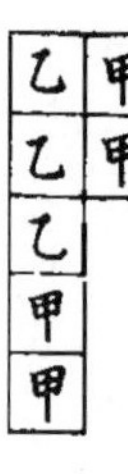

此兩色亦有兩盈，亦有兩朒，及一盈一朒。蓋本有盈朒在先，雖二色猶之三色也。甲盈於乙，是甲盈。減乙是乙朒。乙之朒仍甲之盈。甲本盈，是乙本朒。盈皆在甲，朒皆在乙，故爲一朒一盈。盈而又盈，非加法乎？甲本盈，是甲盈。減甲加乙，是乙亦盈。故爲兩盈。或甲盈多，加乙者少，則盈仍在甲。或加乙之數過於本盈之數，則盈轉在乙，故必減也。兩朒之理亦然。

甲盈于乙本一，又減乙之一以加于甲，當差一，則相加爲差三。甲盈于乙本一，今減甲之二以加乙，當差四，相減爲差三。

兩數相等，減此以加彼，復減彼以加此，所加同，則兩數仍相等。所加不同，則兩數之差，倍於所加之差。

此所謂交易，此減多，彼減少，已有差數；此加少，彼加多，又有差數。而所加即原於所減，故其差爲倍也。《張丘建算經》題云：『金方七，銀方九，秤之適相當。交易其一，則金輕七兩。問金銀各重幾何？』法以相差七兩，半之，爲一之較，蓋惟差倍於所加。今惟計所加者之較，故半其差也。《九章算術》『方程』題云：『五雀六燕，集稱之衡，雀俱重，燕俱輕。一雀一燕交而處，衡適平。并燕雀重一斤。』術云：『如方程，交易質之，各重八兩。』此本有差，而交易得平。雖有總數可分得其平數，而燕雀相雜，故必以方程得之也。

乙	甲
乙	甲
乙	甲
甲	乙
甲	乙
	乙

甲乙各六，以甲之二加乙，以乙之三加甲，二與三之差止一，而五與七之差已二，二于一爲倍于所加之差。

減甲則數與乙等者，倍甲乙以相減，其差必倍於減甲之數。

加乙則數與甲等者，倍甲乙以相減，其差必等於加乙之數。

減甲以加乙則數與乙等者，倍甲乙以相減，其差必四倍於減甲加乙之數。

減甲而後等，是甲盈於乙，均倍之，其差之亦倍，不待智者知之也。加乙而後等，是乙朒於甲，均倍之，其差之亦倍，又不待智者知之也。若減甲以加乙而後等，是甲之盈於乙，本倍於所減，乙之朒於甲，本倍於所加，今均倍之，故甲之所盈必四倍於所減之數也。四倍之理，無異倍差之理耳。

甲六乙二，減甲之二以加乙，則均四。

相減，甲差八，較前加之甲二爲四倍。

減乙之數而甲倍者，倍乙以減甲，其差必倍於減乙之數。加甲之數而甲倍於乙者，倍乙以減甲，其差必倍於加甲之數。

減乙以加甲而甲倍於乙者，倍乙以減甲，其差必三倍於加甲之數。

甲倍乙，必倍乙而後與甲等。前條甲乙等，故倍甲乙。此甲倍乙，故止倍乙。前條甲乙並倍，故四倍於所減。此止倍乙，故三倍於所減。蓋止減乙，是乙雖本盈，謂本盈於既減之後，非必盈於甲也。而甲不朒，故倍乙而乙之盈倍。甲之不朒自若也。或止加甲，是甲雖本朒，謂本朒於既加之後，非必朒於乙也。而乙不盈，故倍乙而所以當甲之朒者亦倍，此外乙別無所盈也。減乙加甲，是乙之盈，本倍於所減，爲加減之常例。又倍乙而不倍甲，是甲止朒一，而乙已盈兩，故不爲四倍而爲三倍也。由此推之，乙雖三倍、四倍，以至十倍，而乙之盈，隨倍而增。甲之朒長爲一而自若也。

甲甲甲甲甲甲甲甲
乙乙乙乙減減

甲八乙六，減乙之二，則甲倍于乙。

甲甲甲甲甲甲甲甲
乙乙乙乙乙乙倍倍倍倍倍倍

倍乙六爲十二，與甲八相減，差四。爲倍于前圖所減之二。

甲甲甲甲甲甲乙乙
乙乙乙乙

甲六乙六，減乙之二以加于甲，則甲八乙四，爲甲倍于乙。

甲甲甲甲甲甲
乙乙乙乙乙乙倍倍倍倍倍倍

倍乙六爲十二，與甲六相減，差六，爲三倍于前圖所減之二。

有甲乙之全數，則較其全以得其差。有甲乙之差數，則舍其差以得其平。

《張丘建算經》云：『今有率，户出絹三匹，依貧富欲以九等出之。令户各差除二丈，今有上上三十九户，上中二十四户，上下五十七户；中上三十一户，中中七十八户，中下四十三户；下上二十五户，下中七十六户，下下一十三户。問九等户，户各應出絹幾何？』術曰：『置上八等户，各求積差。上上户十六，上中户十四，上下户十二；中上户十，中中户八，中下户六；下上户四，下中户二。各以其户數乘而并之，以出絹匹丈數乘凡户所得，以并數減之，餘以凡户數而一，所得即下下户。遞加差，各得上八等户所出絹疋數。』《孫子算經》云：『今有五等諸侯，共分橘子六十顆。人別加三顆，問五人各得幾何？』術曰：『先置人數，別加三顆於下，次六顆，次九顆，次十二顆，上十五顆，副并之，得四十五，以減六十顆，餘人數除之，人得三顆。各加不并者，上得一十八爲公分，次得一十五爲侯分，次得十二爲伯分，次得九爲子分，下得六爲男分。』二者之術一也。

差之相去等者，謂之錐行。

甲無差，乙之差一，丙之差二，丁之差三，戊之差四，已之差五，庚之差六，辛之差七，壬之差八，癸之差九。

《九章算術》『均輸術』云：『置錢錐行衰。』注云：『謂如立錐，又金箠五尺，舉首尾以問其中。』術云：『以四間乘之。』蓋數有五，則間有四。推之十則間九，二則間一，皆退一之率也。

錐行差式

甲
乙乙
丙丙丙
丁丁丁丁
戊戊戊戊戊

以甲減癸，其差必九倍於甲乙；以甲減壬，其差必八倍於甲乙；以甲減辛，其差必七倍於甲乙；

以甲減庚，其差必六倍於甲乙；以甲減己，其差必五倍於甲乙；以甲減戊，其差必四倍於甲乙；以甲減丁，其差必三倍於甲乙；以甲減丙，其差必二倍於甲乙。

其差遞增，其兩兩相比之差必等。故其首尾之差，必視其間數爲倍數也。蓋依其倍數而乘之，則自壬癸可以得甲癸。依其倍數而除之，則自甲癸可以得壬癸。劉氏於金箠之術，謂以四約之，即得每尺之差者，其理如是也。

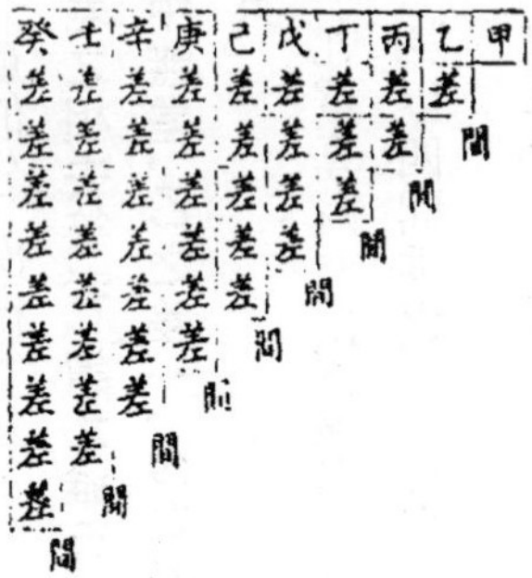

甲
乙差間
丙差差間
丁差差差間
戊差差差差間
己差差差差差間
庚差差差差差差間
辛差差差差差差差間
壬差差差差差差差差間
癸差差差差差差差差差間

凡奇數，并本末而半之，即中之奇。倍中之奇，即本末之并數。

凡偶數，并本末即中之偶。并中之偶，即本末之并數。

奇皆視乎三，偶皆視乎二。自中之奇，至本以遞減，至末以遞增，減與增適相補也。自中之偶，至本至末，其相補亦然。惟視奇多半差之增減耳。《張丘建算經》題云：『今有與人錢，初一人與三錢，次一人與四錢，次一人與五錢，以次與之，轉多一錢。與訖，還斂聚與均分之，人得一百錢。問人幾何？』《草》曰：『置人得錢一百，減初人錢三文，得九十七。倍之加初人，得一百九十五。此一百即中之奇。自此至初，人爲遞減，至與訖爲遞增，恰爲一人一錢。故倍錢即得人數也。』減初人者，自三文起，是一百少二人，倍之少四人。初人無對，又少一人，此三文止得一人，與一文得一人不類。故先減得數，而又加也。是數在加減之理爲盈不足，易加減爲乘除，則爲衰分之比例。何也？三數相次，中之盈於上，猶下之盈於中，上中下，或四五六，或三五七，或二五八，皆是。故倍中即上下之合數。半上下之合數，即中數。倍中數，加一倍也。中數自乘，則加數倍也。於是亦以上乘下，爲互加數倍，則爲三率比例。自一至十，乃天地自然之數。而盈不足之至精至妙，不離乎是。西人用爲對數表，以加減代乘除，其理固如是爾。

五—四—三—二—一
五—六—七—八—九

五—四—三—二—一
六—七—八—九—十

四—三—二—一　六—五—四—三

四—五—六—七　六—七—八—九

四—三—二—一　六—五—四—三

五—六—七—八　七—八—九—十

三—二—一　七—六—五

三—四—五　七—八—九

三—二—一　七—六—五

四—五—六　八—九—十

二—一　八—七

二—三　八—九

二—一　八—七

三—四　九—十

并甲乙而半之，減半差得甲，加半差得乙。并甲丙而半之，即乙。減差得甲，加差得乙。并甲丁而半之，得乙丙并而半之之數。減半差得乙，加半差得丙。減差得甲，加差得丁。

差倍於所減，則欲補其所減，必半差矣。甲丙之差，既倍於甲乙，故自乙加損之也。於此可悟衰分盈朒相表裏。詳見卷七。

甲	乙
乙	乙

半差

甲	乙	丙
丙	乙	丙

甲	乙	丙	丁
丁	乙	丙	丁
丁	丙	丙	丁

并甲乙而半之，并壬癸而半之，相減即壬甲之差。并甲乙而半之，并辛壬而半之，相減即辛甲之差。并甲乙而半之，并庚辛而半之，相減即庚甲之差。并甲乙而半之，并己庚而半之，相減即己甲之差。并甲乙而半之，并戊己而半之，相減即戊甲之差。并甲乙而半之，并丁戊而半之，相減即丁甲之差。并甲乙而半之，并丙丁而半之，相減即丙甲之差。

差依數而遞增，故得其差。而以間數除之，得相去之率。若以甲乙并，又以壬癸并，則差數已和，減得之差，非真差矣。欲於和之中得其真差，故用并而半之之法。甲乙相較，其差一。并而半之，各得半差。壬癸相較，其差一，并而半之，亦各得半差。合兩半差爲一整差。自癸至甲，其差本九。今合去其一，則化九爲八。是不爲癸至甲，而爲壬至甲也。凡舉本末之偶數共差者視乎此。如丁之於甲，其差三，今并甲乙爲三，并丙丁爲七，相減得四，非丁差也。必半甲乙之三爲一五，半丙丁之七爲三五，是甲有乙差之半，丙有丁差之半。甲於正數，既多半差，丁又嫁半差於丙，兩相減，是丁較原差爲去其一矣。較原差雖去其一，乃已化和數而爲單數，直變三間爲二間，以除之無不合矣。

丁	丙	乙	甲
丁	丙	乙	乙
丁	丙		
丁	丁		

并甲丙而半之，并辛癸而半之，相減即辛甲之差。并甲丙而半之，并庚壬而半之，相減即庚甲之差。并甲丙而半之，并己辛而半之，相減即己甲之差。并甲丙而半之，并戊庚而半之，相減即戊甲之差。并甲丙而半之，并丁己而半之，相減即丁甲之差。

偶數并而半之，甲多半差，癸少半差。奇數并首尾而半之，甲多一差，癸少一差。多半差，少半差，合之爲一差。癸之九差減一差爲八差，如壬甲。多一差，少一差，合之爲二差。癸之九差減二差爲七差，如辛甲。故凡并本末兩數之和，則用偶數并半之法；凡并本末三數之和，則用奇數并半之法。若甲丙乙丙和數六，丁戊己和數十五，己甲之原差五，今以六減十五差九，視五殊矣。故兩相并半，以加減之，知甲借丙差之一，己分一差於丁，爲損去原差之二也。

己	戊	丁	丙	乙	甲
己	戊	丁	丙	乙	丙
己	戊	丁			
己	戊	丁			
己	戊	己			

并甲丁而半之，并庚癸而半之，相減即庚甲之差。并甲丁而半之，并己壬而半之，相減即己甲之差。并甲丁而半之，并戊辛而半之，相減即戊甲之差。

甲分丁之一差有半，辛以一差有半與戊，合之較原差爲少三，故癸如庚，壬如己，辛如戊也。

甲	乙	丙	丁	戊	己	庚	辛
丁	乙	丙	丁	戊	己	庚	辛
丁	丙	丙	丁	戊	己	庚	辛
				戊	己	庚	辛
				戊	己	庚	辛
				辛	己	庚	辛
				辛	庚	庚	辛

并甲乙而半之，并辛癸而半之，相減，如辛甲之差盈半差。并甲乙而半之，并庚壬而半之，相減，如庚甲之差盈半差。并甲乙而半之，并己辛而半之，相減，如己甲之差盈半差。并甲乙而半之，并戊庚而半之，相減，如戊甲之差盈半差。并甲乙而半之，并丁己而半之，相減，如丁甲之差盈半差。并甲乙而半之，并丙戊而半之，相減，如丙甲之差盈半差。

甲	乙	丙
乙	乙	丙
		丙
		戊

甲分乙之半差，戊以一差與丙，合之，較原差爲少一差半，是較丙甲盈半差也。此奇偶雜舉之例。

丁	丁	丁	丁
戊	戊	戊	戊

并甲乙而半之，并庚癸而半之，相減如辛甲之差。并甲乙而半之，并己壬而半之，相減如庚甲之差。并甲乙而半之，并戊辛而半之，相減如己甲之差。

甲乙兩數并半，甲多半差；戊辛間兩數并半，辛少一差半。合爲二差，故退二差也。此首尾雖皆偶，而多寡不同之例。首二尾六，首四尾八之類，可類推。

并甲丙而半之，并己癸而半之，相減如庚甲之差，亦如辛乙之差，壬丙之差。并甲丙而半之，并戊壬而半之，相減如己甲之差，亦如庚乙之差，辛丙之差。并甲丙而半之，并丁辛而半之，相減如戊甲之差，亦如己乙之差，庚丙之差。

甲丙并半，甲多一差。丁辛間三數并半，辛少二差。合之少三差。辛甲退三差，如戊甲矣。此首尾皆奇，而多寡不同之例。三之與七，五之與九，可類推。總之不離乎三奇兩偶之義而已矣。

并乙丙之差，并丁戊之差，相減，爲甲之平率，則甲乙丙之共數，必等於丁戊之共數。并乙丙丁之差，并戊己之差，相減，爲甲之倍平率，則甲乙丙丁之共數，必等於戊己之共數。并乙丙丁戊之差，并己庚之差，相減，爲甲之三倍平率，則甲乙丙丁戊之共數，必等於己庚之共數。并乙丙丁戊己之差，并庚辛之差，相減，爲甲之四倍平率，則甲乙丙丁戊己之共數，必等於庚辛之共數。并乙丙丁戊己庚之差，并辛壬之差，相減，爲甲之五倍平率，則甲乙丙丁戊己庚之共數，必等於辛壬之共數。并乙丙丁戊庚辛

之差，并壬癸之差，相減，爲甲之六倍平率，則甲乙丙丁戊己庚辛之共數，必等於壬癸之共數。

《九章算術》均輸有題云：『今有五人分五錢，令上二人所得，與下三人等。問各得幾何？』術曰：『置錢錐行衰，并上二人爲九，并下三人爲六，六少於九三，以三均加焉，副并爲法。以所分錢乘未并者，各自爲實。實如法得一錢。』按此理不易了，蓋以全數言之，且因二三減得一，可少一除，未嘗明其倍數也。若舍其平率而用其差，甲無差，乙差一，丙差二，合三；丁差三，戊差四，合七。以七減三，是丁戊之差，多於乙丙者四也。丁戊之差，多於乙丙。而甲乙丙，較丁戊之數多一甲。故以差之減餘，爲甲之平率，以當丁戊差之盈，其餘兩兩亦相當矣。此甲乙丙與丁戊，止多一甲也。設甲乙丙丁與戊己，則多甲乙。又必以戊己差之盈，當甲乙兩數。當甲乙兩數，則差之盈當兩平率矣。推此而當三平率以上，無不皆然。以數之盈，除差之盈，自得平率也。或用全數，或用差數，皆合者。全數於差帶平率一，故每數加三，連甲而較之也。差數於全數去平率一，故以減餘爲甲數，離甲而較之也。劉氏謂假令七人分七錢，欲令上二人與下五人等，則上下部差三人。并上部爲十三，下部爲十五，下多上少，下不足減上。當以上下部列差而後均減，乃合所問耳。列差而後均減者，不用全數而用差數也。全數上少下多，差數上合得十一，下合得十，是亦上多下少也。杜知耕《數學鑰》用自乘，令五十五減八十五，亦爲上多下少。蓋上之數少，下之數多，平率各當數之一，連平率則下之附者多，故化少爲多，去平率則上之舍者少，故多不移爲少也。

并甲乙兩單數半之，并壬癸兩單數半之，以減自甲至癸之數，即壬甲之差。與兩偶數并半，相減等。并甲乙丙三單數半之，并辛壬癸三單數半之，以減自甲至癸之數，即辛甲之差。與兩奇數并半，相減等。并甲乙丙三單數半之，半庚辛壬癸四單數半之，以減自甲至癸之數，即辛甲之差盈半差。與奇偶雜舉并半，相減等。

并全數者，并一二爲三，并九十爲十九是也。并差數者，并一二三之差爲三，并八九十之差爲二十四甲辛甲壬甲癸之差是也。并單數者，即去差之列數。并一二三爲三，并八九十亦爲三，并一二三四爲四，并五六七八亦爲四。渾舉其目之名也。用其全與用其差，既屬相通。用其去差之率，與用其去率之差，亦何爲其不通耶？《九章算術》均輸題云：『有竹九節，下三節容四升，上四節容三升。問中間二節，欲均容各多少？』術曰：『以下三節分四升爲下率，以上四節分三升爲上率。上下率以少減多，餘爲實。置四節三節各半之，以減九節，餘爲法。實如法得一升，即衰相去也。』上四分三，即并甲丙而半之也。下三分四，即并己壬而半之也。上下節以少減多，即以兩并而半者相減也。知甲丙，知己癸，而後可用并而半之法。此渾舉三節四節，故用除以得平數，法少殊而義正合也。四節三節各半之，即并甲乙丙三單數半之，并己庚辛壬四單數半之也。以減九節者，即以并而半者，與自甲至壬之九數減也。并甲一丙三半之爲二，并己六壬九半之爲七五，相減得五五。并甲乙丙半之爲一五，并己庚辛壬半之爲二，合三五，與九相減，亦得五五。故一爲實，一爲法，適相印合。蓋自甲至壬之九數，即壬之全數。壬之全數，比己多三，半之爲一五。甲之全數，比丙少二，半之爲一。合爲二五，此去平率而言差。故於壬甲之差八數中，減二五爲五五也。甲之一爲差上之平率，因合乙丙而半之爲一五，是於正數一外多半數。壬之一，亦差上之平率，因合己庚辛而半之爲二，是於正數一外多一數。并甲壬之正數多數爲三五，而化而歸之於壬，是壬之正數一外多二五，此連正數平率以言差，故於自甲至壬九數中，減三五爲五五也。戴東原訂譌云：『以四節三節爲分母，三升四升爲分子，子母互乘，子得上率九，下率十六，母相乘得十二。十六減九餘七，以十二通五節半得六十六，爲一升之率。』循謂此題，本可用齊同法。以三互三升爲九，以四互四升爲十六，復以三互四之共差二十六爲七十八，四互三之共差三爲十二。以九減十六爲七，以十二減七十八爲六十六，是爲六十六分之七，與數合。蓋六十六者，五五之十二倍也。七者，五八三三三不盡之十二倍也。然依經之術，以三除四，得一三三三不盡。以四除三，得七五。相減餘五八三三不盡。因除之不盡，乃不用除得之數，而用命分，以三人四升，命爲三分之四。以四人三升，命爲四分之三。以四分之三，與三分之四相減，得十二分之七。減分術用兩母相乘，母子互乘，以互乘數相減。此十二分之七，以五五除之，得差之相去。又因十二分之七，不便於除，故去其分母之十二，而用分子之七，爲整數，則此七爲分子之十二倍矣。五八三三不盡，以十二乘之爲七。此爲十二倍之實，亦必以十二倍之法除之。故以十二乘五五爲六十六。而以六十六分之七，爲相去之差，非經文上下率分減之術，即互乘齊同之術也。戴氏尚言之未詳耳。

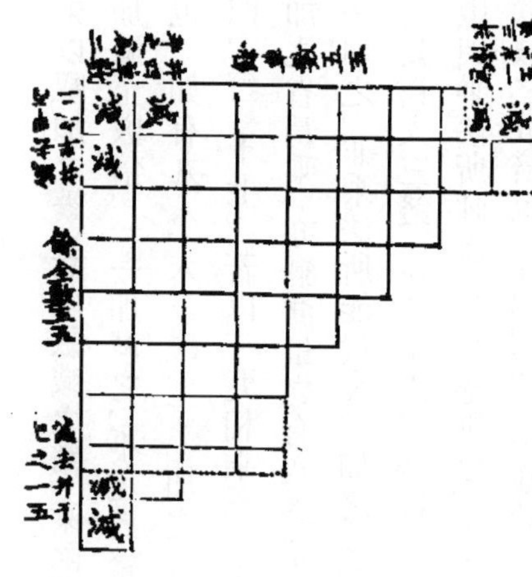

加減乘除釋卷二

乘以馭加之繁，除以馭減之繁，乘除爲加減之簡法，而不足以盡加減之用。

加減至數倍，一一加減之，不免於繁，故通之以乘除。若所加之數不一，則必一一加之，而不可以乘代也。如有九人，人三錢，一一加之，必始加爲六，次加爲九，爲十二，爲十五，爲十八，爲二十一，爲二十四，爲二十七。若以三九相乘爲二十七，是以一代八矣。要之三九二十七之呼，始亦緣於加而得之。加之省爲乘，亦猶測量之有八線諸表也。設此九人者，或出三，或出四，或出一二，重疊縣異，則必一一加之，非乘法所能代矣。加之反則減。有積二十七，以等給九人。以三減之，至於九次，恰盡。而後信其爲人三錢。設二十六，必以三減之，至於九次，不盡。又遞減九次，尤繁於加，故用除。除者視積數與乘法所呼者合否，盡則已，不盡更視所餘與乘法所呼者合否而遞盡之。減者減去一倍，除者除去欲減之數倍也。然則除法不離於乘，而乘法不外於加，故明乎加減之理，即明乎乘除之理。

甲乘甲爲自乘，以甲除之，復得甲。

甲加甲，第兩面齊耳。甲乘甲，則四面齊矣。蓋如其數以加一倍，則左右數同。如其數以加若干倍，則不獨左右數同，上下數亦同矣。左右上下皆同，故用以爲方田少廣之術。甲乘甲，方田也。甲除甲之所自乘，則少廣也。合之爲開平方除。名見《夏侯陽算經·五除》内。開方即自乘之還原也。知自乘，即知開方矣。開方本即除法，以其專用自乘，故别標一術，久之遂獨立於加減乘除之外。向令開方在除之外，詎自乘在乘之外乎？且自乘而除，名見《九章算經·少廣章》注。所用至廣。凡兩數相當者，均可以此用之。如云有錢若干買物，物價與物數等，是以物乘價，即自乘之數。又如云：有衆船不知數，共載總粟若干，分一船之粟於各船，而本船餘其一。題見屈曾發《九數通考》。此亦船數與粟數等。故亦以自乘、開方法得之。然學者知除法，往往昧於開方者，亦有故。除法有實有法，開方法有實無法。若以圍棋三百六十一之積，明告以每行十九爲法，彼故遊刃有餘也。不知告之以開方，不啻告之以法。數有九，每數相乘亦九。每數中必有一自乘。如二一如一[一]，至二九一十八，是數之二，遍乘九數也，内二二如四爲自乘。合九數之自乘，亦止於九。今告之實且告之法，使除實，固必以法遍試九數，以求合於實。如有實五十四，有法六，必以六遞商至九而得之也。今告之實，且告之開方，使得方，亦弟於九數自乘，求合於實。如有實三十六，可於自乘中六乘六之數得之也。同商於九數之中，其理同，其術同，又何疑于開方之異於除也？

一一如一　　實一則法一

二二如四　　實四則法二

[一] 二一如一，當是『二一如二』之誤。

三三如九　實九則法三

四四一十六　實一十六則法四

五五二十五　實二十五則法五

六六三十六　實三十六則法六

七七四十九　實四十九則法七

八八六十四　實六十四則法八

九九八十一　實八十一則法九

甲乙自乘，爲平方廉隅積。以甲乙除之，復得甲乙。

甲自乘，乙自乘，又甲乙互乘，而倍之，其數等。

單數自乘爲方，兩數自乘亦爲方。惟乘有兩數，則商有兩次。三數則三次，四數則四次。開方法以積爲實，先商得數，自乘，與實相減，減盡則無次商。減餘爲次商實。倍初商爲廉法，商得數，與倍法相乘爲兩廉。又自乘之爲隅，與實減盡則止。不盡，又倍隅法，合前爲三商之廉法。自《九章算術》，及今之籌算、筆算，皆同。循謂此省法也。以廉隅之形作圖，其理亦明。然廉隅亦屬後設之名，而究之即兩數相乘之數也。今設兩數於此，命貨殖者計以珠盤，皆必四次乘之。推之設三數於此，則必九次乘之。設四數於此，則必十六次乘之。惟籌算則省。以邊求積如此。則以積求邊，何獨不如此？若棋局積三百六十一，方一十九，以一十九自乘，必呼曰一一如一，即初商方數也。一九如九。一九如九，即次商兩廉也。九九八十一，即隅數也。凡兩數自乘，其中兩乘數必等，其位必平列，無論珠盤、筆算、籌算，皆然。其首尾必自乘。一一如一，九九八十一。倍初商爲廉，以尾數爲隅。倍初商者，省兩次乘爲一次乘也。不明廉隅，求之乘法可矣。

兩數自乘算法	兩數自乘列位	開方廉隅列位	開方廉隅算法
一一如一	○一	○一	一一如一
一九如九（中兩數必等列位必平）	○九（兩次乘）	八（一次一乘）	二九一十八（倍初商爲法）
一九如九	○九		
九九八十一	八一	八一	九九八十一

以甲乘甲，又以甲乘之，爲再乘。以甲再除之，仍得甲。又以甲乘之，爲三乘。以甲三次除之，仍得甲。

再乘即立方也，甲乘甲爲平方，修廣皆等矣。又以甲乘之，則高與修廣皆等矣。又以甲乘之，則立方相累之數，與立方之高修廣皆等矣，是爲三乘方。由三乘方而乘以甲，則三乘方之累數，亦如立方之高，是爲四乘方矣。由五乘方以上，雖至十乘方、百乘方，均可類推。三乘方之狀，似於帶縱立方。但帶縱立方，出於異數相乘，三乘方以上，出於一數自乘。異數相乘，則縱成於較。一數自乘，則累如其根。若帶縱立方，更以一數乘之，即爲帶縱三乘方。可知三乘方與帶縱立方之異矣。

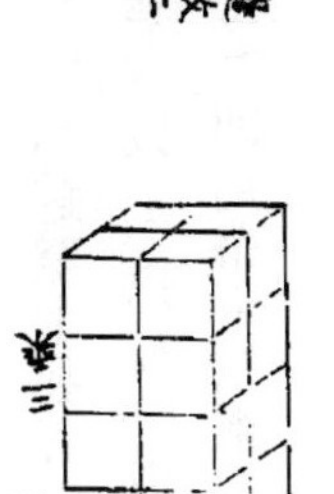

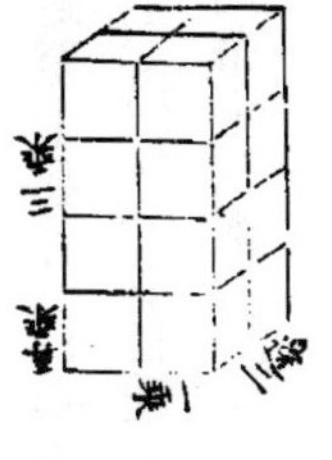

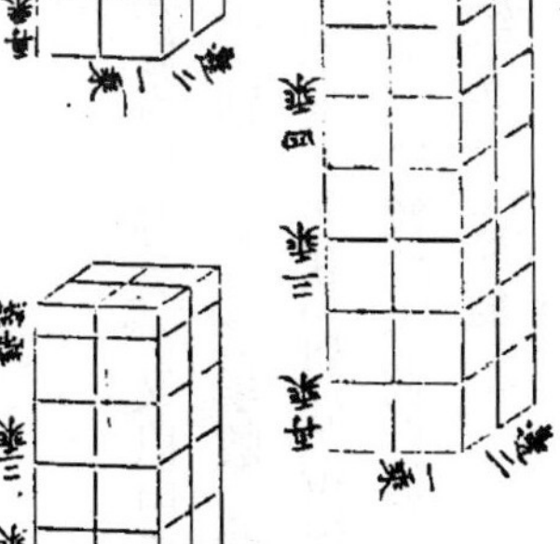

以甲乙自乘，又以甲乙乘之，爲再乘廉隅積。以甲乙再除之，復得甲乙。

以甲自乘再乘，以乙自乘再乘，又以乙乘甲冪，以甲乘乙冪，各三之，其數等。

甲乙自乘，是甲自乘，乙自乘，甲乘乙，乙乘甲也。又以甲乙乘之，是甲再乘，乙再乘，甲再乘乙，乙再乘甲也。甲再乘乙，即乙乘甲冪也。（同是乙甲，甲累乘。）乙再乘甲，即甲乘乙冪也。乘法先後相通，故可合甲乙自乘，而後累乘。亦可分甲乙自乘，而後互乘。自邊求積，與自積求邊，各從其便。數則一也。甲乙自乘得數，必有三位。又以甲乙各三乘之，是有六矣。甲乙各自乘再乘，其相交之處，亦共有六。（乙三面，甲三面。）是甲乙與冪互乘，亦有六矣。以甲乙各乘平方之積，與甲乙互乘平方之積，其義一也。以一九爲根，明之於左。

先以一九自乘	
一乘一	〇一
一乘九	〇九
一乘九	〇九
九乘九	八一

次以一九乘三百六十一	
一乘三	〇三
一乘六	〇六
一乘一	〇一
九乘三	二七
九乘六	五四
九乘一	〇九

右以一九自乘，又以一九乘之，共得六千八百五十九。

先以一九自乘再乘

一十自乘得冪一百　再乘得一千爲初商方

九自乘得冪八十一　再乘得七百二十九爲隅

次以一十乘九冪九乘一冪

一十乘八十一得八百一十　又三之得二千四百三十爲三長廉

九乘一百得九百　又三之得二千七百爲三平廉

右以九一自乘再乘。又以一乘九冪，各三之，亦其得六千八百五十九。

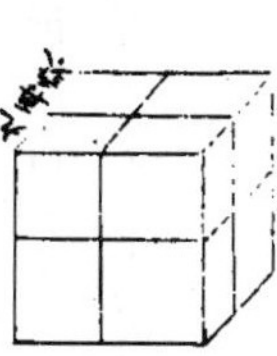
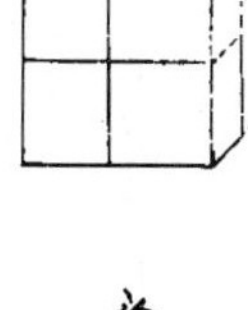
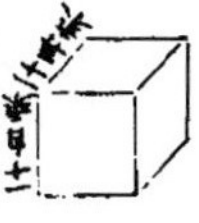
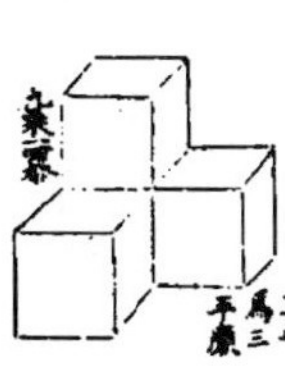
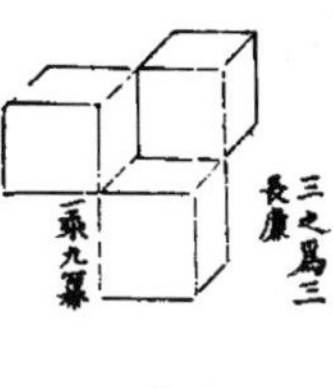

以甲乙自乘再乘，又以甲乙乘之，爲三乘廉隅積。以甲乙三次除之，復得甲乙。

以甲乙自乘，又以自乘所得之數自乘，其數等。

以甲自乘再乘三乘，又以乙乘之，以乙自乘再乘三乘，又以甲乘之，以乙乘甲冪而三之，又以甲乙分乘之，以甲乘乙冪而三之，又以甲乙分乘之，其數等。

以甲三乘，以乙三乘，以乙乘甲之再乘而四之，以甲乘乙之再乘而五之，以甲自乘乘乙之自乘而六之，其數等。

三乘方以上，廉法極繁。梅勿庵作《少廣拾遺》，言不可以繪圖。循嘗述爲《乘方釋例》五卷，專詳其法。又擬爲《乘方廉隅》諸圖，附之卷末。然要而言之，不外自乘之例而已。平方以甲自乘爲方，以乙自乘爲隅，以甲乙互乘爲二廉。蓋兩數自乘，必有互乘者二也。立方以甲再乘爲方，以乙再乘爲隅，以甲乙互再乘爲六廉。蓋兩數再乘，必有互乘者六也。三乘方以甲三乘爲方，以乙三乘爲隅。然甲亦有隅，乙亦有方，故以甲乙互乘之，而後方與隅，乃各如其根數也。乙乘甲冪而三，甲乘乙冪而三，此一立方之六廉。各以甲乙乘之，則所累之立方，各有三平廉三長廉矣。蓋多一乘，則多一互。平方根與根互，仍一乘也。立方根與冪互，仍再乘也。三乘方根與體互，仍三乘也。惟根與體互，故不獨與平廉長廉之體互，並與初商三乘之方、次商三乘之隅互，何也？合方廉隅乃成立方體也。若四乘方，則根與三乘方體互，五乘方則根與四乘方體互。體之所分愈繁，而算亦繁。其實一言以蔽之，曰互也，先一乘得平方，再乘平方積得立方，三乘立方積得三乘方，術之常也。先自乘得方體隅體，次互乘得諸平廉長廉，術之變也。以乙之方，合甲之三平廉，爲第一廉之四率；以乙之三平廉合甲之三長廉，爲第二廉之六率；以乙之三長廉，合甲之諸隅，爲第三廉之四率。以數之同者相配，術之巧也。以根三乘，即以冪自乘。先以積求得平方之邊，次以平方之邊爲積，又求得平方之邊，術之便也。

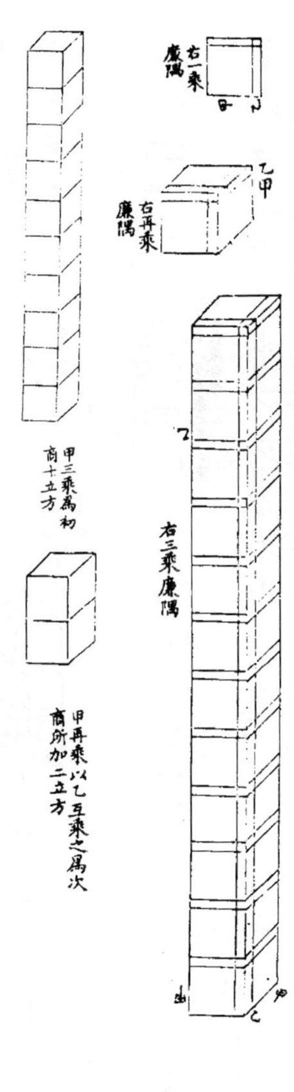

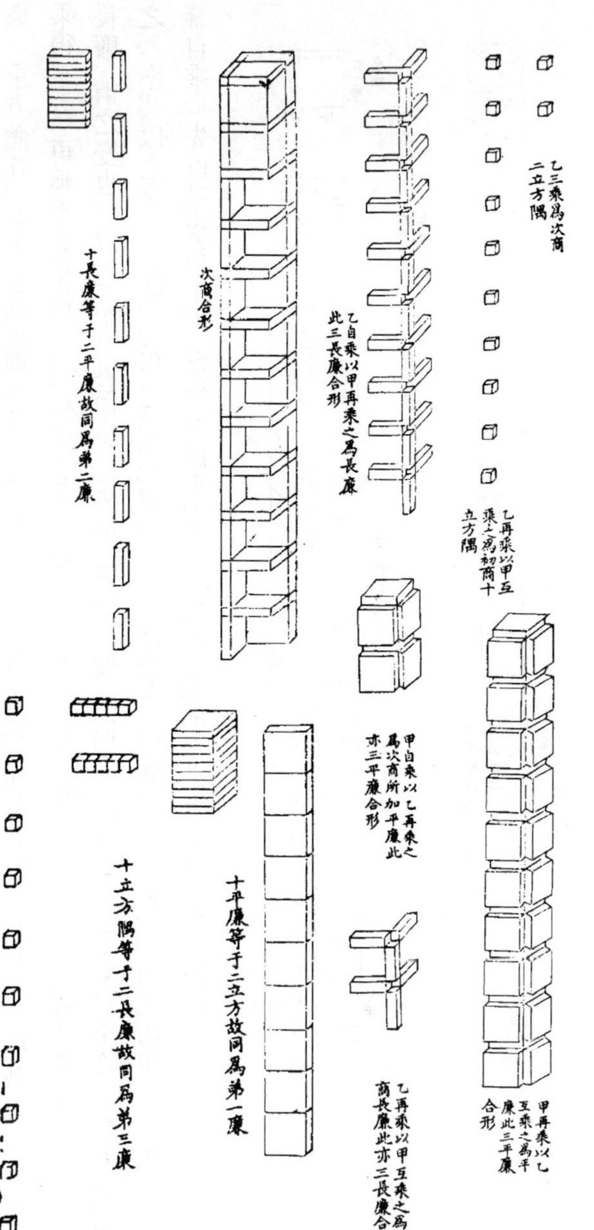

梅勿庵《少廣拾遺》云：『三乘方以上，知之者蓋已尠。』又云『《西鏡録》演其圖，爲十乘方，而舉數僅詳平立三乘一式而已。』循謂乘方之法，自三乘而定。四乘以上，皆如三乘而已。其一數自乘者，止以本數疊疊乘之，無庸解説。惟根有兩數，斯有互法。蓋兩數，每數自乘爲方，又必互乘爲兩縱方以補其左右，此一乘方也。兩數每數再乘爲立方。立方必三面相補，故各互乘者三。以二乘方視一乘方之法有異，宜更詳之者也。兩數每數三乘爲三乘方。其廉即立方之廉，而無所更。惟方隅各如兩數所乘，而諸平廉長廉，亦不得不各如兩數所乘。故無論爲甲再乘之方，爲乙再乘之方，即隅。爲甲乙互乘再乘之三長廉三平廉，皆一一以甲乙乘之。此三乘方視再乘方之法，又有異，亦宜更詳之者也。若四乘方以上，則仍此三乘方，以甲乙遞加乘之耳。

乘方表

一乘方	再乘方	三乘方	四乘方
甲自乘爲方	又以甲乘之	又以甲乘之，以乙互乘之	又以甲乘之，以乙互乘之
乙自乘爲方（算書皆謂之爲隅，其實根有兩數，自然有兩自乘之方。）	又以乙乘之	又以乙乘之，以甲互乘之	又以乙乘之，以甲互乘之
甲乘乙爲縱方	又以甲乘之而三之，爲平廉	又以甲乘之，以乙互乘之	又以甲乘之，以乙互乘之
乙乘甲爲縱方	又以乙乘之而三之，爲長廉（一乘之廉，已屬互乘。此直以甲乙再乘之以爲廉耳。但方隅各有三廉相錯，故必三之也。）	又以乙乘之，以甲互乘之（立方三平廉三長廉已定三乘方，但累立方以爲形，故止多一乘一互耳。）	又以乙乘之，以甲互乘之（自四乘以上雖至百乘，不過多一乘一互，故表四乘而止，可例其餘也。）

問者曰：『子以三乘方爲原於自乘之相互，而古有廉率本原圖，則每乘之廉，皆出自然。子以爲

巧術相配，何也？』余曰：所謂術之常者，以方名三乘，自由一乘而二乘，由二乘而三乘，此乘法之自然者也。然此由平方而增至三乘方，若先以甲乙各自乘再乘，爲大小兩立方，互補以成一立方。又由大小各幾立方，互補各爲一立方。因相累而成三乘方。此法雖變，而亦自然者也。然此由立方而增至三乘方，若竟以甲乙各三乘，爲大小兩三乘方，互補以成一三乘方，則竟以甲之平廉，從乎乙之甲方；以乙之長廉，從乎甲之乙方；以甲之長廉，從乎乙之平廉。圖見前。於是廉之等有三，而廉之率有十四。立法精巧，而亦自然者也。要之，其數皆加一倍，其廉數即是乘數，其由平方積數而遞乘也。以兩數自乘爲四數。兩數如九九，四數如九九乘九九爲九八□一。又如一一爲兩數，一一乘一一得□一二一爲四數。兩數以兩位言，四數以四位言，下放此。以兩數乘四數得六數，合兩數爲八數。如九九兩數乘九八□一，得九七□二□九。又如一一兩數乘□一二一得□□一三三一。皆六位。凡空處以□記之，無數而有位。以兩數乘六數得八數。如九九兩數，乘九七□二□九，得九六□五□六九一爲八位。合兩兩數及四數爲十六數。兩兩數，一爲根，一爲立方所合，四數爲平方。以兩數乘八數得十數。如九九兩數乘九六□五□六九一，得九五□九□一八四□九，爲十位。合兩兩數、四數三乘方所合。及兩數、立方所合。四數、一乘方。八數、再乘方。得三十二數。爲四乘方。以兩數乘十數得十二數，如九九兩數，乘九五□九□一八四，得九四一三九二八二一六，爲十二位。合兩兩數、四數、兩數、四數、八數，四乘方所合。又合兩兩數、四數三乘方所合。及兩數、再乘方所合。四數、一乘方。八數、再乘方。十六數三乘方。爲六十四數，爲五乘方。所以必合之而後倍者，積因累乘而漸得，故仍必積累而合之，而後得其廉數也。其由平方之冪而遞增也。兩數偏乘兩數爲四率，兩平方，兩縱方。兩數偏乘四率爲八，大小兩立方，三平廉、三長廉。兩數偏乘八率爲十六，初商大小兩三乘方，三平廉、三長廉。次商大小兩三乘方，三平廉、三長廉。共得十六率。兩數偏乘十六率，爲三十二，初商大小兩四乘方，三平廉、三長廉。次商大小兩四乘方，三平廉、三長廉。初商所加大小兩三乘方，三平廉、三長廉。次商所加大小兩三乘方，三平廉、三長廉。共得三十二率。兩數偏乘三十二率爲六十四。初商大小兩五乘方，三平廉、三長廉。次商大小兩五乘方，三平廉、三長廉。初商所加大小兩四乘方，三平廉、三長廉。次商所加大小兩四乘方，三平廉、三長廉。初商所加大小兩三乘方，三平廉、三長廉。次商所加大小兩三乘方，三平廉、三長廉。初商所加四乘方加大小兩三乘方，三平廉、三長廉。次商所加四乘方加大小兩三乘方，三平廉、三長廉。共六十四。求得之率，即加一倍，不必復合前數者，率隨乘而化也。其方與廉相配而遞乘也。一乘之甲方與兩廉之乙互乘，其數等，用爲三平廉。乙方與兩廉之甲互乘，其數等，用爲三長廉。合甲乙各再乘方，其數亦八。再乘之甲方，與三平廉之乙互乘，其數等，用爲第一廉之四率。乙方與三長廉之甲互乘，其數等，用爲第三廉之四率。三平廉之甲與三長廉之乙互乘，其數等，用爲第二廉之六率。合甲乙各三乘方，其數亦一十六。三乘方之甲方，與第一廉之乙互乘，其數等，用爲四乘方第一廉之五率。乙方與第三廉之甲互乘，其數等，用爲第四廉之五率。第一廉之乙與第二廉之甲互乘，其數等，用爲四乘方第二廉之十率。第三廉之甲與第二廉之乙互乘，其數等，用爲四乘方第三廉之十率。合甲乙各四乘方，其數亦三十二。四乘方之甲方與第一廉之乙互乘，其數等，用爲五乘方第一廉之六率。乙方與第四廉之甲互乘，其數等，用爲五乘方第五廉之六率。第一廉之乙與第二廉之甲互乘，其數等，用爲五乘方第二廉之一十五率。第四廉之甲與第三廉之乙互乘，其數等，用爲五乘方第四廉之一十五率。第二廉之甲與第三廉之乙互乘，其數等，用爲五乘方第三廉之二十率。合甲乙各五乘方，其數亦六十四。法有不同，而爲加倍之數無異。本原之圖，實包諸法也。

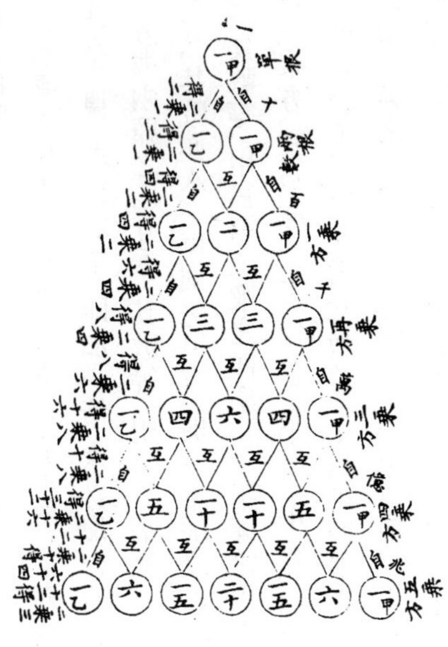

右古開方本原圖也。梅勿庵謂其僅及五乘，廣至八乘方，又去兩畔之單數爲廉率立成。循謂此圖義藴精深，非《算[一]法統宗》等書所能擬，解者有所未盡也。正視之，自根而方而體，爲諸乘方遞增

[一]『算』前《焦氏遺書》本有『演』字。

之等。斜視之，自單數以至兆數，爲諸乘方列位之等。橫視之，自甲方以至乙方，爲諸乘方廉隅之數。平視其圍內之數，合一、二、一爲四，合一、三、三、一爲八，合一、四、六、四、一爲十六，合一、五、十、十、五、一爲三十二，合一、六、十五、二十、十五、六、一爲六十四，即甲乙徧乘之率。余所謂術之變也。分察其數外之圍，或二共一圍，或三共一圍，或四共一圍，或五其一圍，或六，或十，或十五，或二十，各共一圍，即互乘相配之數。余所謂術之巧也。縷計其相繫之線，由二而四，而六，而八，而十，而十二，即由平方遞乘之等，余所謂數之常也。以兩數遞乘，自得倍數。緣互乘數等，因相配，而四配爲三，八配爲四，十六配爲五，三十二配爲六，六十四配爲七，於是二自乘位爲四者，適絡於二、三之間。二乘四位爲六者，適絡於三、四之間。二乘六位八爲者，適絡於四、五之間。二乘八位爲十者，適絡於五、六之間。二乘十位爲十二者，適絡於六、七之間。由此觀之，余所舉諸法之不同，皆不出此圖之範圍。終於五乘者，取卦終於六十四之義。解者以左爲積數，已非。以一爲本積，亦非。知解者非能爲圖者也，更析以明之。

此單數自一至九。凡舉一數者，其乘皆無廉隅。如黃鐘之律，以三自乘，至十乘，得十七萬七千一百四十七，皆單數，皆乘得一方。舊説以爲本數，梅勿庵解本數爲大方，不知此單數之根，尚未乘，何得有方？

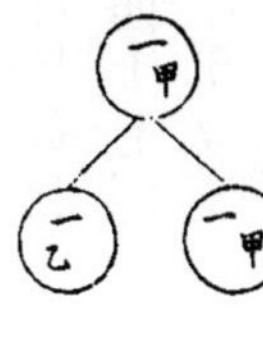

單數無互乘，故無廉率。然爲一二三之自乘也，則甲仍得甲。三三如九，九仍單數。若四五六七八九之自乘，則乙必得甲乙。四四一十六，一六爲兩數。有甲乙兩數，而諸廉之法乃立。

二廉數等，故同一圍下凡同圍者放此。

右一乘方。甲乘乙猶乙乘甲。二乘三爲五，三乘二亦五。

右再乘方。甲乘甲，又以乙乘之，猶甲乘乙，又以甲乘之。一之甲方，本是甲乘甲。又與二廉之乙相乘，是又以乙乘之也。二廉之乙，以甲方乘之，是不啻既以甲乘，又以甲乘也。其義詳見於後。乙乘乙，又以甲乘之，猶乙乘甲，又以乙乘之。一之乙方，本是乙乘乙。又與二廉之甲相乘，是又以甲乘之也。二廉之甲，以乙方乘之，是不啻既以乙乘，又以乙乘也。平方廉有二，每廉半甲半乙，是爲兩甲兩乙。以兩甲與一乙互乘，故得長廉有三。以兩乙與一甲互乘，故得平廉有三。

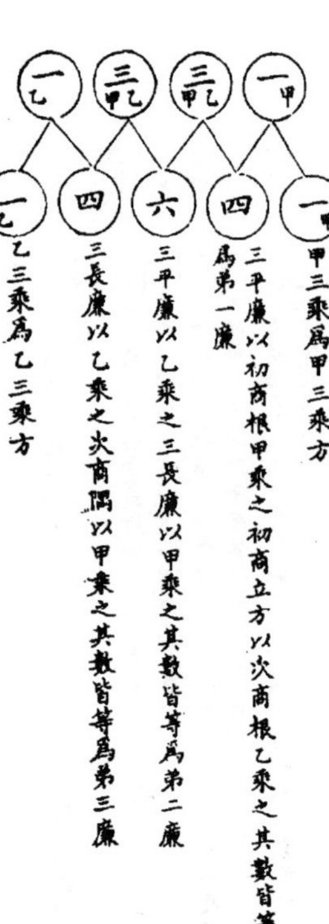

右三乘方。甲乘甲二次，乙乘一次，爲次商所加之立方平廉。本甲乘甲一次，乙乘一次，又以甲乘之，爲甲數諸立方之平廉。亦甲乘二次，乙乘二次也。故第一廉有四。平廉三所加立方一。乙乘乙二次，甲乘一次，爲甲數諸立方之隅。長廉本乙乘乙一次，甲乘一次，又以乙乘之，爲次商所加立方之長廉。亦乙乘二次，甲乘一次也。故第三廉有四。初商立方之隅一，次商所加長廉三。乙乘乙一次，甲乘二次，爲甲數諸立方之長廉。甲乘甲一次，乙乘二次，爲乙數諸立方之平廉。皆甲甲乙乙之累乘也。故第二廉有六。長廉三所加平廉三。

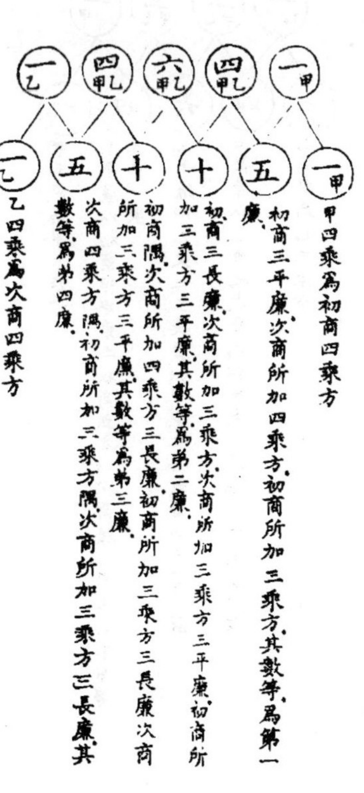

右四乘方。不獨初商之四乘方，因次商而加，而初商四乘方所累之三乘方，亦必因次商之根而各加三乘方也。三乘方以乙乘之，次商所加四乘方，乃以乙乘三乘方所得。三平廉以甲再乘之，甲一乘之爲三乘方平廉，再乘之爲四乘方平廉。皆四甲一乙累乘之數。以乙乘立方，加於各三乘方。立方，三甲累乘也。各三乘方累數視乎甲，各加之，又一甲也，是亦四甲一乙累乘矣。故第一廉之率有五。抑不獨初商所累之三乘方，因次商而加。而所加四乘方所累之三乘方，亦必因次商之根，而各加三乘方也。以乙乘立方，各加於三乘方，又以乙乘之。初商三長廉以甲再乘之，皆三甲兩乙累乘之數。所加四乘方之三平廉。平廉，二甲一乙三乘之數。甲所加四乘之數乙，亦合爲三甲兩乙。初商所加三乘方之三平廉，平廉二甲一乙，初商所加之數乙，初商三乘方之累數甲，亦三甲兩乙。故第二廉之率十。初商之隅，爲三乙二甲累乘之數，所加四乘方之三長廉。初商所加三乘方之三長廉，長廉二乙一甲所累乘，所加四乘方屬乙，而所累三乘方屬甲。初商所累之三乘方屬甲，而三乘方所加之立方屬乙，亦三乙二甲。次商所加三乘方之三平廉，平廉二甲一乙。次商屬乙，所加三乘方亦屬乙。凡云所加，皆屬乙。是亦三乙二甲也。故第三廉之率有十。隅三乙，所加乙。初商三乘方甲，則所加四乘方隅。初商三乘方隅，皆四乙一甲矣。長廉二乙一甲，次商所加三乘方爲二乙，合之亦四乙一甲。故第四廉之率五。

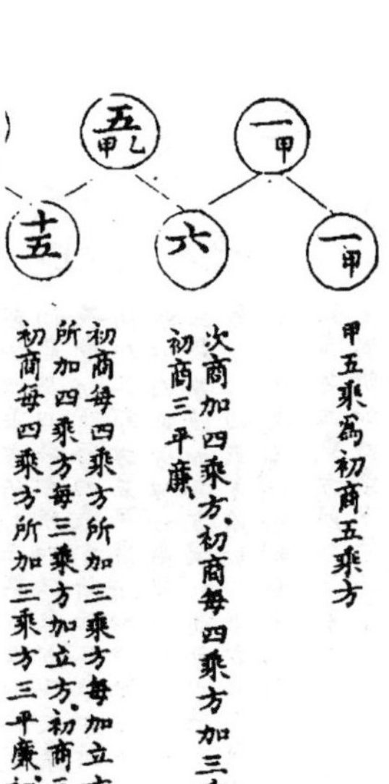

一甲
五 甲乙
一甲
六
十五
甲五乘爲初商五乘方
次商加四乘方，初商每四乘方加三乘方，初商每三乘方加立方，
初商三平廉
初商每四乘方所加三乘方每加立方，所加四乘方每加三乘方，
所加四乘方每三乘方加立方，初商三長廉所加四乘方三平廉，
初商每四乘方所加三乘方三平廉，初商每三乘方所加立方三

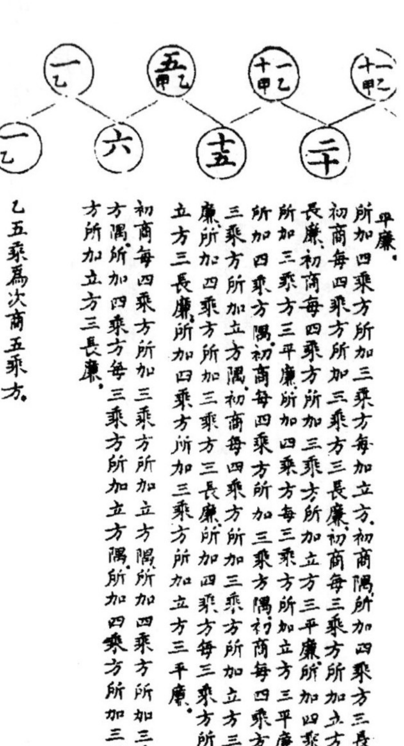

乙五乘爲次商五乘方。

右五乘方。初商四乘積，與五乘方共冪等。次商根與次商所加數等，與平廉厚數亦等。故以初商四乘積乘次商根，爲第一廉之率六。如根二十，以四乘之，積三百二十萬，五乘之冪亦三百二十萬。如次商五，則每四乘方，加五个三乘方。四乘方二十，則三乘方加一百。每四乘方爲三乘方二十，每三乘方加五个立方，合二千个立方。二千个立方，即一百个三乘方。一百个三乘方，即五个四乘方。故合之爲第一廉。初商三乘積，與四乘方冪等，與五乘方線數等。五乘方之立方有千，則線積一萬。次商平冪，與次根乘兩次等。故以初商三乘積，乘次商平冪，爲第二廉之率十五。次根五，冪二十五，乘初商三乘積十六萬，爲四百萬。四乘方之冪積十六萬，以次根乘之八十萬，又以所加之數乘之，亦爲四百萬。初商立積，與三乘方冪等，與四乘方線積等，與五乘方立方累數等。次商立積，即立方隅，與次根乘三次等。故以初商立積乘次商立積，爲第三廉之率二十。初商平冪，與三乘方線積等，與四乘方之立方累數等。次商三乘積，與次根乘四次等，與次冪乘一次、次根乘兩次等，與次冪乘兩次等，與次根次立積各乘一次等。故以初商平冪乘次商三乘積，爲第四廉之率十五。初商根與三乘方之立方累數等，次商四乘積與次根乘五次等，與次根乘三次、次冪乘一次等，與次立積乘一次、次根乘兩次等。故以初商根乘次商四乘積，爲第五廉之率六。自此推至十二乘方，其理可見。其率似繁，其理實自然而無牽致。試更以甲乙表之於左。

甲　單根方

甲甲　一乘方　此爲自乘

甲乙　平方廉一　此爲相乘。詳見卷三

乙甲　平方廉二

乙乙　平方隅

甲甲甲　再乘方

甲甲乙　平廉一　此爲連乘。詳見卷三

甲乙甲　平廉二

乙甲甲　平廉三

甲乙乙 長廉一

乙甲乙 長廉二

乙乙甲 長廉三

乙乙乙 再乘方隅

甲甲甲甲 三乘方

甲甲甲乙 第一廉之一　　四數以上，凡甲乙雜相乘者，皆連乘

甲甲乙甲 第一廉之二

甲乙甲甲 第一廉之三

乙甲甲甲 第一廉之四

甲甲乙乙 第二廉之一

甲乙乙甲 第二廉之二

甲乙甲乙 第二廉之三

乙甲乙甲 第二廉之四

乙甲甲乙 第二廉之五

乙乙甲甲 第二廉之六

甲乙乙乙 第三廉之一

乙甲乙乙　第三廉之二
乙乙甲乙　第三廉之三
乙乙乙甲　第三廉之四
乙乙乙乙　三乘方隅
甲甲甲甲　四乘方
甲甲甲乙　第一廉之一
甲甲乙甲　第一廉之二
甲乙甲甲　第一廉之三
乙甲甲甲　第一廉之四
乙甲甲甲　第一廉之五
甲甲乙乙　第二廉之一
甲乙乙甲　第二廉之二
甲乙甲甲　第二廉之三
乙乙甲甲　第二廉之四
甲乙甲乙　第二廉之五
甲甲乙甲　第二廉之六

甲乙甲甲乙　第二廉之七

乙甲乙甲甲　第二廉之八

乙甲甲乙甲　第二廉之九

乙甲甲甲乙　第二廉之十

甲甲乙乙乙　第三廉之一

甲乙乙乙甲　第三廉之二

乙乙乙甲甲　第三廉之三

甲乙甲乙乙　第三廉之四

甲乙乙甲乙　第三廉之五

甲乙乙乙甲　第三廉之六

乙甲乙甲乙　第三廉之七

乙甲乙乙甲　第三廉之八

乙甲甲乙乙　第三廉之九

乙乙甲甲乙　第三廉之十

甲乙乙乙乙　第四廉之一

乙甲乙乙乙　第四廉之二

乙乙甲乙乙 第四廉之三

乙乙乙甲乙 第四廉之四

乙乙乙乙甲 第四廉之五

乙乙乙乙乙 四乘方隅

甲甲甲甲甲 五乘方

甲甲甲甲乙 第一廉之一

甲甲甲乙甲 第一廉之二

甲甲乙甲甲 第一廉之三

甲乙甲甲甲 第一廉之四

乙甲甲甲甲 第一廉之五

甲甲甲甲甲 第一廉之六

甲甲甲乙乙 第二廉之一

甲甲乙乙甲 第二廉之二

甲乙乙甲甲 第二廉之三

乙乙甲甲甲 第二廉之四

乙甲甲甲甲 第二廉之五

甲甲甲乙甲乙　第二廉之六

甲甲乙甲甲乙　第二廉之七

甲乙甲甲甲乙　第二廉之八

乙甲甲甲甲乙　第二廉之九

甲甲乙甲乙甲　第二廉之十

甲乙甲甲乙甲　第二廉之十一

乙甲甲甲乙甲　第二廉之十二

甲乙甲乙甲甲　第二廉之十三

乙甲甲乙甲甲　第二廉之十四

乙甲乙甲甲甲　第二廉之十五

甲甲甲乙乙乙　第三廉之一

甲甲乙乙乙甲　第三廉之二

甲乙乙乙甲甲　第三廉之三

乙乙乙甲甲甲　第三廉之四

甲甲乙乙甲乙　第三廉之五

甲乙乙甲甲乙　第三廉之六

乙乙甲甲甲乙 第三廉之七

甲乙乙甲乙甲 第三廉之八

乙乙甲甲乙甲 第三廉之九

乙乙甲乙甲甲 第三廉之十

甲乙甲甲乙乙 第三廉之十一

乙甲甲甲乙乙 第三廉之十二

甲乙甲乙乙甲 第三廉之十三

乙甲甲乙乙甲 第三廉之十四

甲甲乙甲乙乙 第三廉之十五

甲乙甲乙甲乙 第三廉之十六

乙甲甲乙甲乙 第三廉之十七

乙甲乙乙甲甲 第三廉之十八

乙甲乙甲甲乙 第三廉之十九

乙甲乙甲乙甲 第三廉之二十

甲甲乙乙乙乙 第四廉之一

甲乙乙乙乙甲 第四廉之二

乙乙乙乙甲甲 第四廉之三

甲乙乙乙甲乙 第四廉之四

乙乙乙甲甲乙 第四廉之五

甲乙乙甲乙乙 第四廉之六

乙乙甲甲乙乙 第四廉之七

甲乙甲乙乙乙 第四廉之八

乙甲甲乙乙乙 第四廉之九

乙乙甲乙乙甲 第四廉之十

乙乙乙甲乙甲 第四廉之十一

乙甲乙甲乙乙 第四廉之十二

乙乙甲乙甲乙 第四廉之十三

乙甲乙乙甲乙 第四廉之十四

乙甲乙乙乙甲 第四廉之十五

甲乙乙乙乙乙 第五廉之一

乙甲乙乙乙乙 第五廉之二

乙乙甲乙乙乙 第五廉之三

乙乙乙甲乙乙　第五廉之四

乙乙乙乙甲乙　第五廉之五

乙乙乙乙乙甲　第五廉之六

乙乙乙乙乙乙　五乘方隅

加減乘除釋卷三

以甲乘乙，或以乙乘甲，爲相乘。以乙除之得甲，以甲除之得乙。

相乘，兩數不同之乘也，所得即從方形。『方田術』云：『廣十五步，從十六步，廣從步數相乘，得積步。』『里田術』云：『廣二里，從三里，廣從里數相乘，得積里。』是也。『合分術』云：『母互乘子，并以爲實，母相乘爲法。』『乘分術』云：『母相乘爲法，子相乘爲實。』蓋數不同而等級同也。帶從開方之法，徒示以從，故必先得廣數自乘，然後與從乘得如積也。從方所示之從，從之差，非從之全。於從之全，減去廣數，即餘從之差。所示惟差，斯多一乘也。劉氏注『方田術』『相乘得積步』云：『此積謂田冪。』凡廣從相乘謂之冪。李淳風以冪是方面單布之名，積乃衆數聚居之稱。斥注爲乖。循謂廣從相乘爲冪，而經不言冪言積，故注云『此積謂田冪』。謂之云者，不專於是之稱也。劉氏未嘗以積訓冪，李斥之，非矣。

三數相乘爲連乘。或先以乙乘甲，連以丙乘之；或先以丙乘乙，連以甲乘之；或先以甲乘丙，連以乙乘之，其得數皆等。

以甲除之，得乙丙相乘之數；以乙除之，得甲丙相乘之數；以丙除之，得甲乙相乘之數。任以一數除之，皆盡。

若以甲乘乙，以乙乘丙，以丙乘甲，并之，任以三數除之，皆不盡。

算經統謂之相乘。『方田』『平分術』云『母相乘爲法』，『均輸』『假田術』云『畝法相乘』。『五渠注池術』云『日數相乘』，張丘建『獵鹿術』云『以右三位相乘』，『蕩盃術』云『令人數相乘』，《細草》云『以二三四相乘得二十四』，是也。乘同於加，以甲加乙，以乙加甲，其數既等。則以甲乘乙，猶之以乙乘甲也。或先以甲乙相加，後加以丙；或先以乙丙相加，後加以甲；或先以甲丙相加，後加以乙，其得數皆同。則以甲乙丙相乘，而先甲乙者，猶之先丙乙也，且猶之先丙甲也。諸乘方廉隅相配之法，全以此義。三數以上，至五數、六數亦然。梅勿庵云：『凡數，三宗以上，用各母連乘爲共母。』是也。

除者乘之反，三者皆以乘得數，故皆可以除盡之。如甲三，乙五，丙七，連乘爲一百零五。以三除之得三十五而盡，以五除之得二十一而盡，以七除之得十五而盡，不必再商之而後盡也。若三五相乘爲十五，五七相乘爲三十五，三七相乘爲二十一，并之爲七十一。以三除之則不盡二，以五除之則不盡一，以七除之則不盡一，蓋本各少一乘。少一乘而多一除，自不足以相消矣。三乘五爲十五，以七除之去十四，不盡一；五乘七爲三十五，以三除之，去三十三，不盡二；三乘七爲二十一，以五除之，去二十，不盡一。不盡一者，合之仍不盡一；不盡二者，合之仍不盡二。何也？不盡之數，化於所入，不能化於所出也。分而除之不盡者一，合而除之不盡者三。何也？不盡之數，各居其一，合聚爲三也。蓋

在此爲盡，在彼爲不盡。分之爲兩數之盡，一數之不盡；合之則盡者從乎不盡，不盡者從乎盡。不盡者從乎盡，則不盡者無所移；盡者從乎不盡，則盡者化爲不盡。於是各有所盡，已各有所不盡。所不盡各合於所盡，故不相礙，而恰相齊也。《孫子算經》云：『有物不知其數。三三數之賸二，五五數之賸三，七七數之賸二。問物幾何？』術云：『凡三三數之賸一，則置七十；五五數之賸一，則置二十一；七七數之賸一，則置十五。一百六以上，以一百五減之，即得。』一百五者，即連乘之數也。七十、二十一、十五者，遞乘相并之數也。賸一者，三數遞除之差也。明乎二乘一除之理，可悟孫子比例之意也。乃二乘一除亦有盡者，如三、七、九，以七乘九爲六十三，以三除之亦盡。然三乘九而七除則不盡，七乘三而九除則不盡。知三除之而盡者爲偶然，非定理。設三、五、九爲率，五九除亦不能盡矣。此奇數也。以偶數言之，二、四、六，遞乘并之，四與二除之則盡，六除之則不盡。四、六、八，遞乘并之，六與八除之則盡，四除之則不盡。二、四、八，遞乘并之，三率除之皆盡。二、六、八，遞乘并之，六與八除之不盡，二除之則盡。又以奇偶相間言之。三、六、九，遞乘并之，三與九除之皆盡，六除之不盡。二、五、八，遞乘并之，五與八除之不盡，二除之則盡。其盡亦皆偶然也。

以甲乙與乙甲相乘，爲從方廉隅積。 如甲乙爲一十九，乙甲爲九十一，相乘得一千七百二十九。**以甲乙減乙甲，以甲乙乘之，又以甲乙自乘，其數等。** 一九與九一相減，餘七十二。以一十九乘七十二，得一千三百六十八。又以一十九自乘，得三百六十一，合之爲一千七百二十九。**以乙甲任分之，以甲乙偏乘之，其數等。** 或分九十一爲七十二與一十九，而以一九偏乘之；或分九十一爲四十五與四十六，以一九乘之。或三分之，或四分之，其偏乘得數皆同。

帶從開方之法，初商有方有從，即從差。次商有廉有隅有從隅，其原出於兩異數之相乘。如甲乙之乘乙甲是也。甲乙乘甲乙，如一九乘一九，爲自乘。甲乙乘乙甲，如一九乘九一，爲相乘。推之以甲乙乘乙乙，以乙甲乘甲甲，以乙甲乘乙乙，以甲乙乘甲甲，及以甲乙乘丙丁，以甲乙乘戊己，皆然。獨舉甲乙、乙甲言之，見同是兩甲兩乙，一經顛倒，則變自乘爲相乘，變平方爲從方也。蓋從即兩數之較數，亦即本數之分數。先自乘而又與從相乘者，即以一數偏乘諸數之理也。

一九與九一兩數相乘

一乘九　〇九

一乘一　〇一

九乘九　八一

九乘一　〇九

兩數相減先以一九自乘次以一九乘七二

〇一　〇七

○九　○二

○九　六三

八一　一八

廣一九　仍原數　一九　一九

從九一　分爲兩　七二、一九　四五、四六

偏乘

一乘七　○七　一乘四　○四

一乘一　○一　一乘四　○四

一乘二　○二　一乘五　○五

一乘九　○九　一乘六　○六

九乘七　六三　九乘四　三六

九乘一　○九　九乘四　三六

九乘二　一八　九乘五　四五

九乘九　八一　九乘六　五四

從方之定位，最易混淆。蓋方廉隅以次相列，從法不與廉隅相次，必審酌而後得之。若明偏乘之理，如一七一，同列上層，則一乘七一，得數亦並列上層。一列上層，二九列下層，則相乘必並低一格，九列下層，與上層七一相乘。以下乘上，猶以上乘下，故亦並列。九二九，皆列下層。其乘得之數，自又低一格矣。

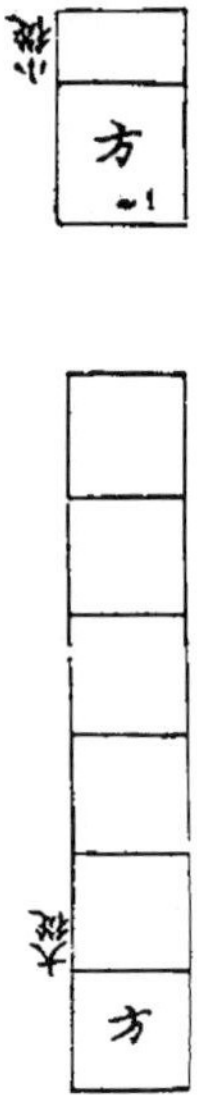

從方之例有二：曰大從，以甲乙乘乙甲，或以甲乙乘丙丁，是也；曰小從，以甲乙乘甲甲，或以甲乙乘甲丁，是也。上數同，下數異，則從必小於上數也。上數亦異，則從必數倍於上數也。以從與積推之可見。譬以一九爲修，一二爲廣，則從零七而已。若以一九爲廣，三九爲修，則從二零，視廣爲倍矣。至於廣一九，修九一，則兩數皆有從，而從益大矣。

小從	相減	大從	相減
一二	一二	一九	一九
一九	一二、〇七	三九	一九、二〇
偏乘		偏乘	
一乘一	〇一	一乘一	〇一
一乘〇	〇〇	一乘二	〇二
一乘二	〇二	一乘九	〇九

一乘七	○七	一乘○	○○
二乘一	○一	九乘一	○九
二乘○	○○	九乘二	一八
二乘二	○四	九乘九	八一
二乘七	一四	九乘○	○○

從爲數之所分，於所分存其空位。於徧依次乘之，自明定位之理。

兩乙一甲連乘之，爲帶一從立方形。

甲與乙相減，以乙再乘之，又以乙自乘再乘，相加，其數等。

兩甲一乙連乘之，爲帶兩從相等立方形。

甲與乙相減，以甲再乘之，又以甲自乘再乘，相加，其數等。

甲乙丙連乘之，爲帶兩從不等立方形。

以甲乙與丙相減，以丙各再乘之，又以丙自乘再乘，相加，其數等。

凡此數盈於彼數者爲從。兩朒一盈則一從。此立方長廉。兩盈一朒則兩從。此立方平廉。兩盈之數同，故其從相等；兩盈之數不同，故其從不相等。一從者，置一從乘之；兩從者，置兩從乘之，固也。然以朒自乘而加從，可也。以盈自乘而減從，亦可也。

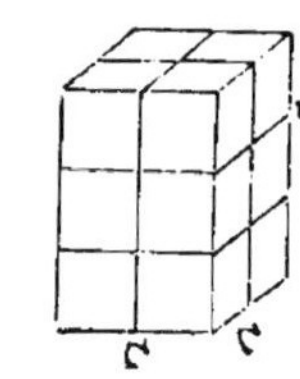

兩肭一盈

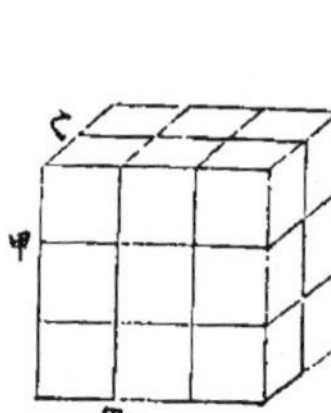
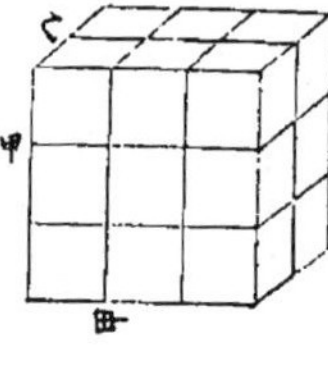

兩盈一肭

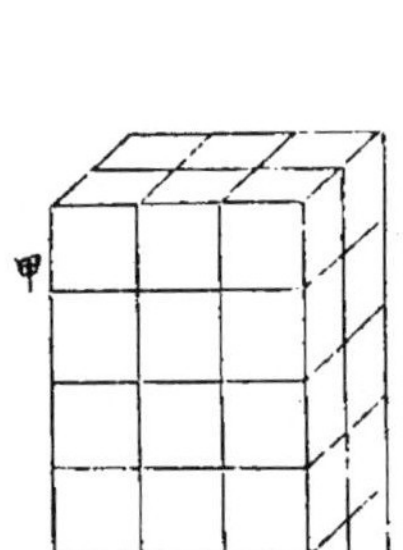

兩盈不等一肭

兩甲兩乙連乘之，或間乘之，並得帶從三乘方形。

甲乙相乘，又以冪自乘，其數等。

甲乙各自乘，又以兩冪相乘，其數等。

甲如句，乙如股，以句自乘，以弦自乘乘之，減句自乘之冪，其數等。以股自乘，以弦自乘乘之，減股自乘之冪，其數等。

以句自乘，以句弦較乘之，又以句弦和乘之，其數等。

句自乘，以方積乘之∴，又以句自乘之數，乘股，以句股較乘之，相加，其數等。股自乘，以方積乘之∴，又以股自乘之數，乘股，以句股較乘之，相減，其數等。

算書有倍積自乘之術，用爲減從開三乘方，義殊奥秘。細爲繹之，其原發於兩甲兩乙之累乘。而通其變於句股，蓋乘法先後相通，列甲乙甲乙而累乘之，可也。列甲甲乙乙而累乘之，亦可也。列甲乙乙甲而累乘之，可也。列乙甲甲乙而累乘之，亦無不可也。由是既以甲乘乙，又以乙乘甲，而後乘之，可也。既以甲自乘，又以乙自乘而乘之，可也。在乘法無不可通。故所得皆同其數。勾股即方之分形，故倍其積而自乘之，亦如以方積乘方積之數。倍句股積自乘，即以甲乘乙，又以乙乘甲而後乘之也。句自乘，以股自乘之數乘之，即以甲自乘，又以乙自乘而後乘之也。弦之自乘，即句股各自乘之合數。今既句自乘，又以股自乘乘之，若以弦自乘之數乘之，則多一句自乘乘之之數矣。於股亦然，而理甚明。句弦較乘句弦和，得股自乘之數。股弦較乘股弦和，得句自乘之數。則以較乘和，而用乘句股之自乘，即不啻股自乘句自乘之相乘也。方積者，句乘股之數。今句自乘，不以股自乘乘之，而以句乘股乘之。句乘股，比之股乘股，則少一句股較乘股之數，故必以句股較乘股，又用之乘句自乘之數，加之，而後合於股自乘以乘句自乘之數也。股自乘，不以句自乘乘之，而以股乘句之數乘之。股乘句，比之句自乘，則多一句股較乘句之數，故必以句股較乘句，以乘句自乘之數減之，而後合於句自乘以乘股自乘之數也。或直而得之，或變化展轉而得之，其數均合，故不能直而得。可以變化展轉之者，舍其所隱，用其所彰，即其所彰，探其所隱，不啻縋陰平而反出劍閣之外也。先輩用此法，於上廉下廉益隅負隅翻積等術，曲折甚多。梅總憲《赤水遺珍》列諸條解之，然主於明借根之理，而未晰諸法之原。因爲詳之。

有弦有句股相乘之積求勾股。已爲句股相乘，則不必倍。以積自乘爲從立方積，以弦自乘爲從。商得數爲句，自乘。又以從乘之，減句幕自乘之數，與從立方積減盡則得句。如《四元玉鑑》所舉，方積二百四十步，弦二十六步，求句。以二百四十自乘，得五萬七千六百，爲實。以二十六自乘，得六百七十六爲從。商得一十，自乘得一百，以六百七十六乘之，得六萬七千六百，存之。又以句冪一百自乘爲一萬，用減六萬七千六百，餘五萬七千六百，與實合，則得句一十。若求股，商得二十四，自乘爲五百七十六。與從相乘，得三十八萬九千三百七十六，存之。又以股自乘之五百七十六自乘，得三十三萬一千七百七十六。與所存相減，餘五萬七千六百。與實合，則得股二十四。按：用冪自乘相減，即負隅也。此即以句股駁句股，以廉隅名之者，以從之增數名之也。

有股弦和，有句股積，求句股。倍積自乘爲實，句股積倍之乃成從方。商得數爲股自乘。以股弦和爲從，除實得數，爲股弦較之總數。以此總數除股自乘之數，爲股弦較。以較減股弦和，半之，得股。試以句三股四弦五明之。句股積六，股弦和九，求句股。倍六爲一十二，自乘爲一百四十四。以從九除之，得一十六，存之。商得四爲股，自乘得一十六。除所存，得一，爲股弦較。於股弦和之九，減較一得八，半之，得四。所商同，即得股四。若句弦和八，則以八除一百四十四，得一十八，存之。商得三爲句，自乘得九，以九除所存得二，爲句弦較。於句弦和之八，減較二，得六，半之，得三。所商同，即得句三。又試以梅總憲所舉法推之。句股積五百四十，股弦和九十六，求股。倍積自乘爲一百一十六萬六千四百。以九十六除之，得一十二萬一千五百，存之。商得四十五，自乘之得二千零零二十五。除所存一十二萬一千五百，得六。以減股弦和之九十六，餘九十。折半得四十五，與所商合，即得股四十五。此比翻積開三乘方法似爲簡便，而其理易明。

《算法統宗》設圜田徑十步，截弧矢積十步，問弦矢。其法以倍積自乘，得四百步爲實。四乘積得四十爲上廉，四乘徑得四十爲泛下廉，五爲負隅。用開三乘方法，商二步，乘上廉得八十，爲上廉法。乘負隅得十步，以減泛下廉，餘三十爲定下廉。二自乘得四步，以乘定下廉得一百二十步爲下廉法。併上下廉法，共二百步，爲下法。復以商數二步乘之，得四百步。除實，恰盡。循案古弧田法，以矢乘弦半之，又以矢自乘半之，合之爲弧矢形。此術較今法爲疎。故梅總憲以爲不合密術也。形雖弧矢，而以矢自乘及矢乘弦言之，已是從方。弧矢積既爲矢自乘與弦矢相乘之半，今倍之，則矢自乘及弦矢相乘之從方矣。倍之自乘，較不倍自乘之數爲四倍，故以四乘爲上下廉。然設負隅并下法，其理不易了。試以前法驗之。積十步，其爲從方也，非廣二修五，即廣一修十。今以積自乘，從方已是兩句股，不必倍。得一百爲實，積一十爲從。商得二，其廣即矢。自乘爲四。以從乘之，得四十。減實，餘六十。以所商自乘之四除之，得一十五。以二乘之，得三十。以積十除之，得三，爲句股較。加二爲五，以二乘之，得十。減盡，即得矢二。再以矢折半，得一，與五相減，得四。倍之，得八，爲弦。以圖徑十步衡之合數。若廣一修十，則不合數。若倍數自乘得四百，以四乘積得四十，爲從。商得二，自乘得四。與從乘得一百六十，減四百，餘二百四十。以四除之，得六十。以十除之，得六，爲較。以六除之得十，除六十非除六。以二乘之得二十，與倍積恰合，即得矢二弦八。試以句三股四明之。積一十二，自乘一百四十四，爲實。以積十二爲從。商得三，自乘得九。九乘從十二，得一百零八。用減實，實餘三十六。以九除之，得四。以商得之三乘之，得一十二。以十二除之，得一，爲句股較。加三爲四，得股四。或商得四，自乘一十六，乘從得一百九十二。減去實，餘四十八。以一十六除之，得三。以商得之四乘之，得一十二。以積一十二除之，得一，爲較。減四爲三，得句三。蓋積爲句乘股之數，以句自乘比之則不足，以股自乘比之則有餘。不足則相加，有餘則相減，故以較加句爲股，以較減股爲句也。句股以盈朒分加減。則積之所乘，亦有加減。故以積乘句冪爲朒於實，則於實中減所得數。以積乘股冪爲盈於實，則於所得數中減實。於所得數中減實，而用其餘，所謂翻積法也。明乎加減之理，盈朒之原，則翻積之指，固淺近無艱奥也。

開平方立方之法，所得數朒於原實，則以減餘爲次商。此積乘句冪而減實以用其餘者，貌爲似之。開方之法，所商數盈於原實，則爲不合，所以有改商之法。此以積乘股冪爲盈於實，乃即減實翻積，以用其餘，與改商之法大異。初學或駭之以至於惑，不知開方之從，真從也，以積爲從，假從也。真從而不合，是真不合也。假從而不合，是不合於假，而轉可合於真也。真從藏於實中，與所商爲表裏。假從不離於句股中，與真從爲消息，故明於句股相乘，與股句各自乘之較，則用於實外。用於實内，其義本同也。

吾友歙縣汪萊孝嬰，於算數精思入理，每發前人所未發。嘗推梅總憲以句股和求諸數立法爲誤。其説云：『凡一句弦和，任設一句弦較，求得句股積，必有又一句弦較所求之句股積，與之相等。』蓋兩句弦較兩數及兩句弦較相併，與句弦和相減之餘數必爲連比例之三率。兩句弦較兩數，必爲首末二率。兩句弦較相併，與句弦和相減之餘數，必爲中率。句弦和必爲三率併數。此等積句弦和得有兩形之故也。於是立『有兩積相等，兩句弦和相等，求兩句股形各數之法』云：『四倍句股積自乘，句弦和除之得數爲帶縱長立方積。以句弦和爲所帶之縱，用帶縱長立方法開之，得本方根數，爲兩句股形中兩句弦較之中率。自乘得數，爲帶縱平方積。又以中率與句弦和相減，得數爲帶縱平方長闊和。用帶縱平方長闊和法開之，得長闊兩根，爲兩句股形中兩句弦較數。再用句弦較與句弦和求句股弦法，即得兩句股形各數。』循按：止求一數，故倍而自乘。今求兩形，故四倍而自乘。倍而自乘，即得一形之句弦較。四倍而自乘，即得兩形之中率。孝嬰獨得之解，真可補梅氏之所未及。詳見其所著《衡齊算學》中。

又按：梅氏《赤水遺珍》載丁維烈翻積之法而説之云：『有句股積及股弦和較，或句弦和較求句股，向無其法。苦思力索，知其須用帶縱立方。因立法四條。』嘗考王孝通《緝古算經》有題云：『假令有句股相乘冪七百六十六五十分之一，弦多於句三十六十分之九，問三事各多少？』句股相乘冪，即積也。弦多於句，即句弦較也。其術云：『冪自乘，倍多數而一爲實，半多數爲廉法從。開立方除之，即句。以弦多數加之，即弦。以句除冪，即股。』倍多數而一爲實者，倍句弦較除句股積自乘之數也。以較除股冪，必得兩句與一句弦較之數，故倍較除股冪，必得一句與半較之數。一句與半較之數，即句爲根半較爲從之立方也。弦冪中去句冪，所餘廉隅形。詳見下條。是爲句股積句弦較求句股。又繼一題云：『假令有句股相乘冪四千三十六五分之一，股少於弦六五分之一。問弦多少？』是則句股積股弦較求弦也。然則是法唐初有之，實爲倍積自乘之術所始。梅氏以爲向無其法，其未見此書歟？王氏立句股積句弦較之題，而不及句弦和者，固以較數有定，和數無定，故較有算法，而和無算法。孝嬰兩形之説，王氏固已知之，引而不發，躍如也。孝嬰立兩形之術，不獨正梅氏之誤，亦所以探王氏之隱，而補其闕矣。

自乘而倍之，開方得弦。相乘而倍之，加其從數之自乘，亦開方得弦。

開平方出於自乘，開從方出於相乘。既有方，即有斜線。既有從，即有盈朒。故句股之術，由從方而生也。其名見於《周髀》，其術見於《九章》。所謂『句股各自乘，并而開方之，即弦』是也。循謂立法之原，皆由純以推至於互，由繁以省至於約。自乘，乘之純；相乘，乘之互。以自乘之平方，緣斜線分剖之，使斜線向外爲邊線，使邊線向内相合，已成一平方之半。又加以半，則弦變爲邊。故欲得弦數，倍而開方之也。因推此意於相乘之從方，亦以同數兩從方斜剖，使弦向外爲邊，使邊向内相合。而邊既有盈朒，則短長相抵，中必空，有一小方，即從數自乘之方。此句股之術所由立，亦即句股相求諸術所由生也。因又推之，平方用倍，即以兩邊各自乘也。倍從方而缺一從自乘者，以盈朒兩邊各自乘，以盈補朒，而從自乘之方自在也。故用句股各自乘并而開方之，以其簡於相乘而倍之，又加從自乘也。《周髀》云：『數之法，出於圜方。圜出於方，方出於矩，矩出於九九八十一。故折矩以爲句廣三，股修四，徑隅五。既方其外，半之一矩環而共盤，得成三四五。兩矩共長二十有五，是謂積矩。』趙君卿注云：『方，周匝也。矩，廣長也。九九，乘除之原也。』按：矩即線，方即羃，數不離於九九。以數爲線，乘之爲方也。下乃言句股之數而歸諸折矩，可知句股之原，亦出於九九矣。出於九九者，由自乘相乘而推致之也。折矩之義，原注未明。於折矩下繫以句股弦，此折字，即下環而共盤之義。以矩折爲三而環之也。下云既方其外者，從方之兩面向外而爲正角，故曰方其外。言方，則從方矣。今半之，以所以半之之一線，與句股兩端相接，環成三角之形，於是三四五之率成。故曰一矩環而共盤得成三四五也。向外非句股而何？此一矩爲弦。下云兩矩共長二十有五，此兩矩，即句股矣，即方其外者矣。共長二十五者，三四各自乘之共數也。

倍自乘之數，即兩邊各自乘之數。倍相乘之數，即兩邊各自乘之數少一差自乘也，蓋自乘兩邊無盈朒，相乘兩邊有盈朒。相乘者，以盈乘朒。今以盈乘盈，則多一盈乘從之數；以朒乘朒，則少一朒乘從之數。以所多盈乘從之數，補所少朒乘從之數，仍餘一從乘從之數，故倍自乘，必增一從自乘，乃與邊各自乘之數合也。在從方謂之帶從，在句股謂之句股差，又曰句股較。句股各自乘，并之得弦積，則弦自乘減股自乘，自然得句；減句自乘，自然得股矣。倍從方加從自乘得弦積，則弦自乘減從自乘，半之，即從方矣。

弦既統乎句股各自乘之數，則弦股之較屬句，弦句之較屬股，方其股於弦中，於五五二十五中，取四四一十六，爲平方。句必罄折而讓之。句積九，必不能爲方。方其句於弦中，股必罄折以讓之，其狀若開方之有廉隅，故以股爲方，倍弦股較，乘股，又以較自乘并之，即句積。以句爲方，倍弦句較，乘句，又以較自乘并之，即股積。方如初商之方，倍之爲二廉，較自乘即隅法。於是有弦較而句股可求矣。

若句股兩方，並爭於弦方之中，則兩隅必相蝕。兩隅相蝕之數，即兩畔罄折相蝕之數。故以句弦較乘股弦較，倍其數，與兩隅相蝕之數等。因而開方之，即與兩隅相蝕之方等。是方也。加句弦較即股，加股弦較即句。於是有句弦較、股弦較，而句股可求矣。

斜剖兩從方，以弦向外，其中爲較。若以同數四從方，盈朒相續，成平方。其中亦爲較，盈朒相續，即句股和。故四其從方之積，加從自乘之積開方之，即句股和。句股和自乘，減去從自乘之積，四除之，即一從方積。其義與弦股求句、弦句求股同也。

弦股和自乘，弦爲方，股爲隅，弦乘股，股乘弦，爲兩廉狀亦如開方。蓋倍弦自乘，則統句股積各四。今弦股和自乘，股必得四。句且不能滿二，何也？弦自乘之積，統句股各自乘之積，弦股和自乘，則股自乘之方四，股乘弦股較之方亦四，弦股較自乘之方一，股乘弦股較倍之，合弦股較自乘積，爲句自乘積。弦股和自乘，爲股乘弦股和者二，爲股弦較乘弦股和者一。以股弦較乘股弦和，即句自乘積。今股乘弦股較之積有四，而弦股較自乘積止有一，故不滿兩句冪也。若減去一句冪，則爲股自乘者二。股乘弦股較者亦二，半之則股自乘者一。股乘弦股較者亦一，並之爲股乘弦股和，以弦股和除之即股。若加一句冪，則股乘弦股和之積一。股弦較乘股弦和之積一，並之爲弦乘股弦和。以股弦和除之，即弦。於是有弦和而句股可求矣。

以股弦和乘句弦和，倍而開方之，即句股弦之合數，故減句弦和，得股；減股弦和，得句。於是有股弦和、句弦和，而句股可求矣。

《九章算術》立句股弦相求之術，以圓材求方版之術明句弦之求股，以葛纏木齊之術明句股之求弦，又有股弦差與句求股弦之題五，葭生池中一，立木繫索二，倚木於垣三，圓材鋸道四，開門去閫五。句股差與弦求句股之題一，户高多於廣六尺八寸，兩隅相去適一丈。問户高廣各幾何？句弦差股弦差求句股弦之題一，户不知高廣，竿不知長短，横之不出四尺，從之不出二尺，邪之適出。問户高廣袤之數各幾何？句及股弦并求股之題一，竹高一丈，末折抵地，去本三尺。問折者高幾何？股及句弦并求句股弦之題一，二人同所立，甲行率七，乙行率三，乙東行，甲南行十步而邪，東北與乙會。問甲乙行各幾何？趙君卿注《周髀》，推而明之，作三圖以括其義，實爲割圜三角之所從出。前輩於此推之至精。循此書主於明加減乘除之理，故止辨其術之出於自乘相乘，不復詳其術也。

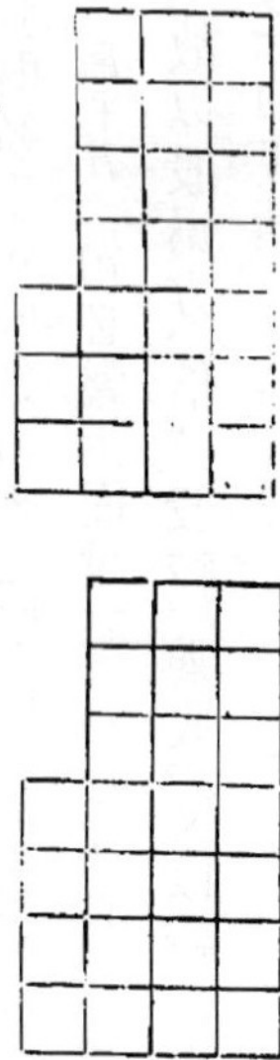

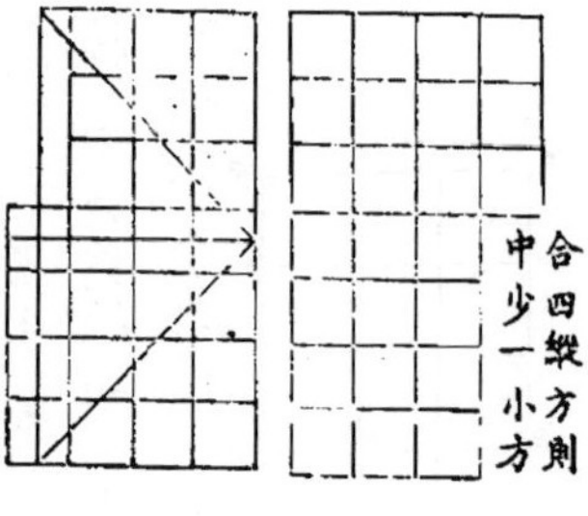

有句股，則必有斜弦，固矣，若同此句股。同此句股之積，不斜緬之而曲其線與句股平行，以成一縱方之廉隅曲尺形。此曲線之數，與斜緬之弦數等。其隅之徑數，即弦與句股和之較數。於是曲尺內亦成句股形。以內句乘內股，即外句乘外股之半。舊法以句股和減弦，即容圓徑。然則於句股和數中，減此容圓徑數，即得弦數。既減此容圓徑數，而以餘句乘餘股，即得句股積數。何也？餘句即當內句，餘股即當內股也。李欒城《測圓海鏡》以圓城立算術。第十六問云：『出西門南行四百八十步有樹，出北門東行二百步見之。』出西門而南，則餘股也。出北門而東，則餘句也。行二百步見樹，則弦也。此弦即餘句餘股之數。其法云：『以二行步相乘爲實。二行步相併爲從一步，常法得半徑。』常法者，開從方法也。然則有弦有積，以弦爲從，猶之有餘句餘股，相乘爲積，復併以爲從也。

惟餘句餘股即弦。故句股相乘之積，以容圓半徑除之，適得句股弦之和數。何也？以此曲尺形而直之，以一廉一隅爲句，其一廉爲股，則少一隅。以一廉一隅爲股，其一廉爲句，則亦少一隅。句少一隅，正是餘句；股少一隅，正是餘股。餘句餘股，正是斜弦。故倍句股積而除之，爲半徑。倍相乘之積而除之，爲全徑也。

以弦與句股和相較，其差爲半徑。若於弦中去一句，於句股和中亦去一句，則弦句差與股相較，其差仍爲半徑。或於弦中去一股，於句股和中亦去一股，則弦股差與句相較，其差亦仍爲半徑。即卷一所謂各減一甲，其差相等者也。

弦句差與股較，餘爲半徑。弦股差與句較，餘爲半徑。並弦句弦股兩差，與句股和相較，餘必爲兩半徑。句股和與弦較，既多一半徑，則弦股弦句之差。與句股和相較，爲多兩半徑者。而與弦相較，必爲多一半徑矣。故并兩差以減弦，亦得容圓半徑也。

推之有句股差，有弦，以差減弦，折半之爲餘句，加差爲餘股。有餘句，有弦，相減爲餘股。有餘股，有弦，相減爲餘句。由餘句餘股而得半徑，得半徑，則得句股矣。昔人闡句股之理，精詳至矣。然皆以斜線言，未有變斜爲曲以明之者，補之於此。

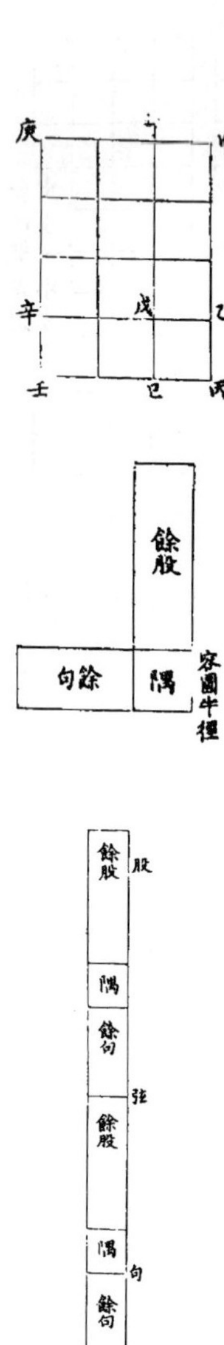

甲壬作斜線爲弦五，丁戊辛作曲線，縱方廉隅曲尺形亦如弦數之五。丁戊與辛戊相乘，恰得甲丙乘壬丙之半。丁戊辛與甲丙壬相減，餘乙丙己，即容圓徑。

再乘而半之，爲塹堵之積；再乘而三分之，爲陽馬之積、方錐之積；再乘而六分之，爲鼈臑之積。

商功有堢壔、方亭、方錐、塹堵、陽馬、鼈臑、羨除、芻甍、芻童等術，究之惟塹堵、陽馬、方錐、鼈臑而已。《數學鑰》以屬《少廣》章。《九數通考》以屬《方田》章，均非古法。方錐爲四陽馬形。而與陽馬同數者，試以一立方斜解之，成兩塹堵。若自中分兩畔斜解之，必成塹堵形二、兩塹堵背連形一，是兩塹堵當一塹堵之積也。一塹堵斜解爲一陽馬、一鼈臑，若亦以兩畔斜解之必成鼈臑形四。兩陽馬背連形一，是兩陽馬當一陽馬之積矣。一塹堵分兩畔斜解，得兩陽馬背連之形。若以兩塹堵背連之形，分兩畔斜解之，必得四陽馬背連之形。故其形爲四陽馬，而其積仍一陽馬也。

由是剖方錐爲二，間於兩塹堵背連形之兩端，則爲芻甍。《九章算術》云『芻甍下廣三丈，袤四丈，上袤二丈，無廣，高一丈』是也。《數學鑰》誤以兩塹堵背連形爲芻甍，又誤爲勿薨。由是截方錐爲二，上半仍爲方錐，下半爲方亭。《九章算術》云『方亭下方五丈，上方四丈，高五丈』是也。截芻甍爲二，上半仍爲芻甍，下半爲芻童。《九章算術》云『芻童下廣二丈，袤三丈，上廣三丈，袤四丈，高三丈』是也。蓋以方亭之廣袤，化立爲平，則廣袤交午之處，隅隅相貫，與斜線若合符節。而題湊於中，以芻童之廣袤，化立爲平，則廣袤交午之處，必不能兩隅相貫。而兩斜線之端可遇，四斜線之端不可遇。方亭爲一立方、四陽馬及相等之四塹堵，或爲一帶從立方、四陽馬及不相等之四塹堵。而上方之形，必等於底。底之形，必等於四陽馬之底。若芻童雖猶是一帶從立方、四陽馬及不相等之四塹堵，而上方之形，必不等於底，底之形，必不等於四陽馬之底。等則可相比例，不等則否。方亭術云：『上下方相乘，又各自乘，并之，以高乘之，三而一。』芻童術云：『倍上袤，下袤從之，亦倍下袤，上袤從之，各以其廣從之，并以高乘之，皆六而一。』曰方曰芻，名既各別，或三或六，術亦分附。循謂方亭可以用六，芻童必不可用三。觀於其底，固理之自然也。方錐與陽馬同積，而術有自乘相乘之分，故別其名。塹堵之形有二，鼈臑之形有三，不別之者，其術同也。塹堵之二何？斜解立方兩端句股者，一也；兩畔斜解立方作屋形者，二也。鼈臑之三何？自方錐斜解之，成四面三角形，一也；自塹堵斜解之，成四面句股形，二也；自陽馬斜解之，或以四面三角者中分之，成三面句股、一面三角形，三也。而皆謂之鼈臑，亦皆謂之立三角。立方之有鼈臑，猶平方之有句股也。

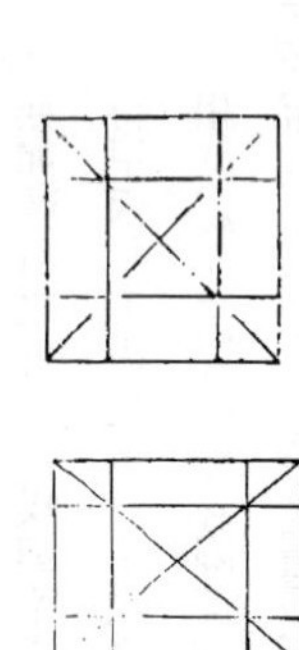

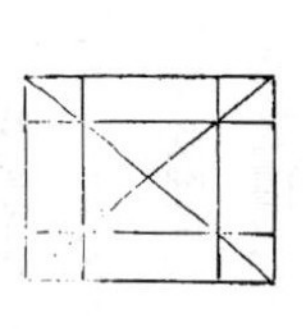

方亭陽隅相貫題湊于中

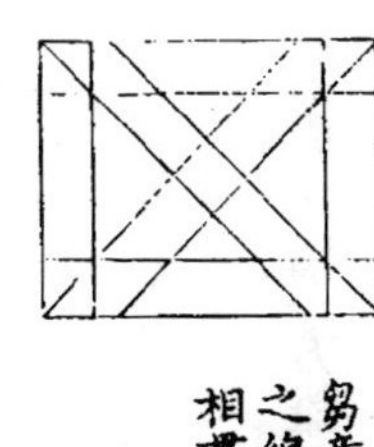

芻童兩隅之線不能相貫

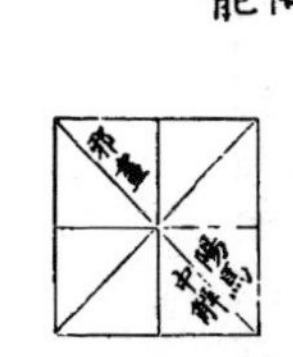

方錐正解爲四陽馬邪畫爲四鼈臑邪畫則陽馬迷中解

王孝通《上〈緝古算經〉表》云：『伏尋《九章·商功篇》，有平地役功受袤之術。至於上寬下狹，前高後卑，正經之內，闕而不論。臣晝思夜想，臨書浩歎，於平地之餘，續狹邪之法。請訪能算之人，考論得失。如排其一字，臣欲謝以千金。』循按：商功以邊求積，王氏此書，以積求邊，如少廣方田，適相表裏，誠爲善於得間矣。然其法仍不外商功之理。劉氏之注，極精至巧，會而通之，已足括孕此書。且以其義核王氏之術，可排者正不止一字。推而窮之，雖不敢遽攫其金，亦庶幾少申其義也。

其第二題云：『仰觀臺上下廣差二丈，上下袤差四丈，上廣袤差三丈，高多上廣一十一丈。問廣高袤。』答曰：『高一十八丈，上廣七丈，下廣九丈，上袤一十丈，下袤一十四丈。』術曰：『以上下袤差乘廣差，三而一，爲隅陽冪。以乘截高，爲隅陽截積冪。又半廣差乘塹上袤，爲隅頭冪。以乘截高，爲隅頭截積。并二積以減台積，别有求積之法，詳見本書。其法近易，故不載。餘爲實。又并截高及截上袤，及并廣差袤差而半之之正數，爲廉法從。開立方除之，得上廣。』第六題云：『窖上袤多上廣一丈，少於下袤三丈，多於深六丈，少於下廣一丈，問深。』答曰：『深三丈，上廣八丈，上袤九丈，下廣十丈，下袤十二丈。』術曰：『廣差乘袤差，三而一，爲隅陽冪。置塹上廣，半廣差相加，以乘塹上袤，爲隅頭冪。又置塹上袤，塹上廣，并爲大廣。又并廣差袤半之，加大廣，爲廉法從。開立方除之，即深。』第七題云：『亭倉上下方差六尺，高多上方九尺，問上方。』答曰：『上方三尺，下方九尺，高一丈二尺。』術云：『方差自乘，三而一，爲隅陽冪。以乘截高，以減積，餘爲實。置方差加截高爲廉法從。開立方除之，即上方。』方亭爲一立方、四塹堵、四陽馬，故先減四陽馬積，餘一立方、四塹堵。四塹堵合爲二，故以方差爲一從，截高爲一從也。凡差皆并兩畔言。陽馬在隅，故謂之隅陽。以乘截高，故曰隅陽截積冪。截高，即高差也。方亭爲正方，故無袤廣之名。若中爲帶兩從立方，而上下廣袤皆不等，則隅陽之冪，必爲從方形。故并而半之爲正數，蓋四塹堵兩大兩小，并而半之，適合爲大小兩立方矣。惟是上袤既侈於廣，則減去廣差。而上下廣相附，減去袤差，下袤與上廣，尚間一廣袤之差。廣袤之差，所謂塹上袤也。以廣差及高乘而減之，而後所存之四塹堵，乃與中方相附合也。是乘得之形，廣直下而袤殺下，故預半廣差乘之，是謂隅頭截積，在陽馬塹堵之間，東西有而南北無也。窖形同於台，而多一大廣者，所知者袤，所求者深。袤差之内，又有袤與深差，是爲塹上袤；廣差之内，又有廣與深差，是爲塹上廣。以塹上廣乘塹上袤，得深方之四隅，其角與隅陽冪角相貫，位當塹堵之兩畔。而塹堵之兩畔，適與深差尚不可與深合。於是以半廣差加塹上廣，而後以塹上袤乘之，如是則適當深袤與袤差之間。而上下袤，俱如深之袤矣，是爲隅頭冪。半廣差者，猶方亭之半廣差也。然袤與深之袤齊，而廣與深之廣尚不齊，何也？塹堵之横於南北者，其兩畔當塹上廣之處，未有處也。於是又以塹上廣乘半袤差以消之，消之而後廣與深合矣。王氏術云『又半袤差乘塹上廣，加隅陽冪。隅頭冪，以爲方法』是也。深之度與廣袤俱等，而廉從必合塹上廣塹上袤，廣差袤差，可知矣。塹上袤廣體本全，無容半之，故并爲大廣。廣差袤差皆塹堵邪殺體，故并而半之也。總之，王氏此術，所舉皆差，所不舉即立方諸線之相等者。所求在廣，則必裁袤高以就廣；所求在深，則必裁袤廣以就深。裁其不相合者，而相合者皆其從矣。

乃循之疑也。方亭積減四陽馬，所餘以兩差爲兩從，以差乘差爲隅，固然，惟是以高差乘隅陽冪，所得之陽馬，非方亭陽馬之全數。夫陽馬自高差而截，則尚有四陽馬尖，附於立方之四隅，仍爲四小陽馬。而自截以下之陽馬，其端不鋭而童，如縱横剖方亭四分之一狀也。王氏依截高乘除爲陽馬，則改童爲鋭，而鋭外尚有所餘，此積既少，彼積乃多，求之何以得密數？如方差六，自乘三而一，得十二。以截高乘之，爲一百□八。減積，餘三百六十。陽馬原積一百四十四尺，全高一丈二尺，乘隅陽冪十二之數也。今陽馬積僅一百□八，比原積小三十六尺。又試以下方九尺，乘上方三尺，爲從方底。以高一十二，乘爲帶兩從立方體，積三百二十四。與三百六十相較，正餘三十六尺。此三十六尺者，即四小陽馬，及鋭外所餘之數。將何以處之乎？循謂此術不密。試依方亭求積之術，會而通之。宜三其積，以方差自乘，乘高差，爲十二陽馬下截積。以減積，餘積三而一，得數爲實。然後以高差廣差爲兩從法，求方邊，又以邊例上小陽馬邊，高差一率，下方二率，商得立方邊三率，求得小陽馬底邊四率。自乘以乘商得之邊，減實而恰盡，即方邊定數。又一法：餘積不三而一，而以三因方差及高差爲從法，方差冪爲隅法，求得數，再乘而三因之，減餘積恰盡，亦即方邊定數。如是而得數較密。蓋劉氏注《九章》之術，法雖有闕，而義旨實包孕無遺。依之則合，離之則疏也。有如塹堵二爲立方一，二其積以開立方，則塹堵之邊可得矣。陽馬三爲立方一，三其積以開立方，則陽馬之邊可得矣。鼈臑六爲立方一，六其積以開立方，則鼈臑之邊可得矣。稱是以爲方亭臺窖等求之，原始返終之道，有如此也。

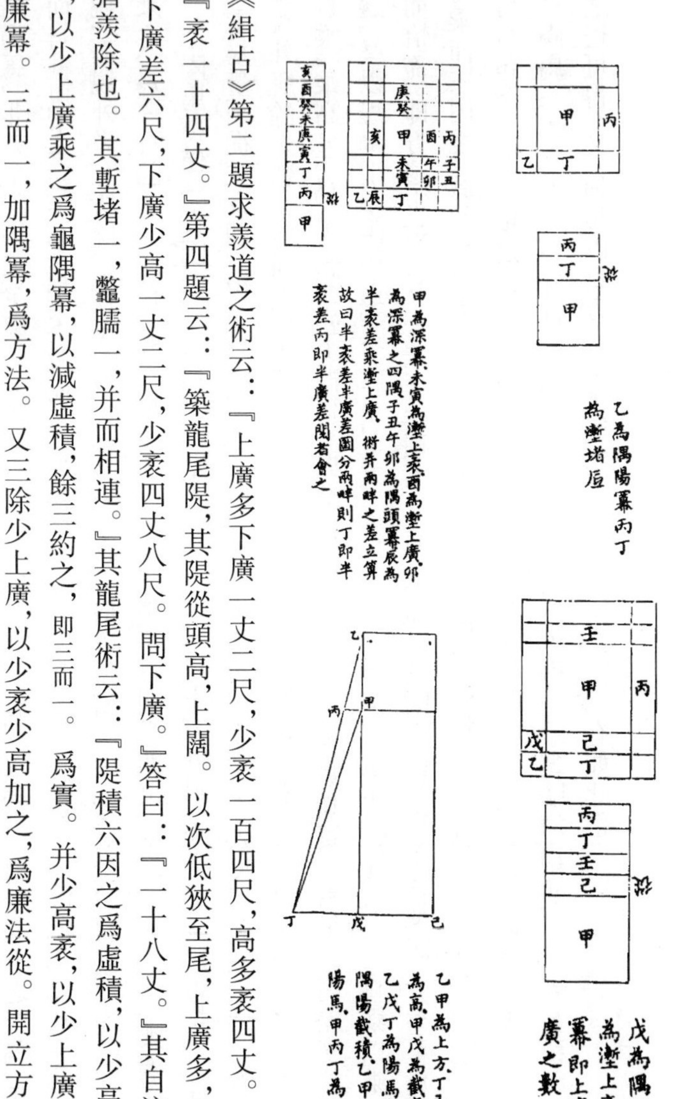

甲
丙
乙
丁
丙
丁
甲
縱
乙爲隅陽冪丙丁
為壍堵冪
壬
甲
丙
戊
己
乙
丁
丙
丁
壬
己
甲
縱
戊為隅頭冪壬己
為壍上袤乘上方
冪即上袤多于上
廣之數
甲為深冪未寅為壍上袤酉為壍上廣卯
為深冪之四隅子丑午卯為隅頭冪辰為
半袤差乘壍上廣 術并兩畔之差立算
故曰半袤差半廣差圖分兩畔則丁即半
袤差丙即半廣差閲者會之
乙甲為上方丁己為下方乙戊
為高甲戊為截高戊丁為方差
乙戊丁為陽馬全積甲丁戊為
隅陽截積乙甲丙為上立方小
陽馬甲丙丁為鋭外所餘

《緝古》第三題求羡道之術云：『上廣多下廣一丈二尺，少袤一百四尺，高多袤四丈。問袤。』答曰：『袤一十四丈。』第四題云：『築龍尾隄，其隄從頭高，上闊。以次低狹至尾，上廣多，下廣少，隄頭上下廣差六尺，下廣少高一丈二尺，少袤四丈八尺。問下廣。』答曰：『一十八丈。』其自注云：『龍尾，猶羡除也。其塹堵一，鼈臑一，并而相連。』其龍尾術云：『隄積六因之爲虚積，以少高乘少袤爲隅冪，以少上廣乘之爲鼈隅冪，以減虚積，餘三約之，即三而一。爲實。并少高袤，以少上廣乘之，爲鼈從横廉冪。三而一，加隅冪，爲方法。又三除少上廣，以少袤少高加之，爲廉法從。開立方除之，得下廣。』循按：此術是也。而義有未盡。《九章》羡除術云：『并三廣，以深乘之，又以袤乘之，六而一。』

劉氏注云：『假令上廣三尺，深一尺，下廣一尺，末廣一尺，無深，袤一尺。下廣皆塹堵之廣，上廣者，兩鼈臑與一塹堵相連之廣也，以深袤乘得積五尺。鼈臑居二，塹堵居三。其於本棊皆以爲六，故六而一。』蓋乘上廣爲立方，是六鼈臑。以兩畔言之，則十二鼈臑。兩塹堵，兩與六不合，故又乘下廣及末廣爲四塹堵，合之恰得六羨除。王氏此術，六其積，是塹堵、鼈臑各六矣。塹堵之六，爲同數三立方。鼈臑之六，爲上下廣差所乘之一立方。隅冪者，此立方之隅冪也。從橫廉者，如平方之兩廉也。此即一縱一橫之兩從。隅冪即從隅也。除去此立方六鼈隅，存六塹堵，適當三立方之積，故三除其積。而存二塹堵，適當一立方之積也。六鼈積所當之一立方，其中所減者鼈隅。而從橫兩廉，及一立方尚在。此積已隨而三除之，故必以廣差三除之，以加袤差高差而爲從法也。循之疑也，推此術，以袤差高差合立方爲高，以三除廣差，合袤差高差立方爲袤，固也。惟是鼈積之立方，既減去鼈隅，則二塹堵之立方所當鼈隅者，其積將何以位置？則於減積三而一之後，既以差爲從法，又必以隅冪爲隅法，而後可也。其所云方法者，或含此旨，然未嘗明表出之，學者惑矣。

羨道術即龍尾隄術，雖有兩鼈臑一鼈臑之殊，而兩差亦合而算之，則兩猶一也。惟所舉者上廣，所求者下廣，故必以上廣多下廣數，加上廣少袤，爲下廣少袤。又以高多袤加下廣少袤，爲下廣少高，餘盡同也。又第三題有築隄術云：『隄西頭上下廣差六丈八尺二寸，東頭上下廣差六尺二寸，東頭高少於西頭高三丈一尺，東頭上廣多東頭高四尺九寸，正袤多於東頭高四百七十六尺九寸。問東頭高。』答曰：『三尺一寸。』術曰：『以高差乘下廣差，六而一，爲鼈冪。以高差乘小頭廣差，二而一，爲大臥塹頭冪。半高差乘東頭上廣多高之數，爲小臥塹頭冪。并三冪，爲大小塹鼈率。乘正袤多小高之數，以減隄積，餘爲實。又并正袤多小高，并上廣多小高，及半高差而增之，兼半小頭廣差，加之，爲廉法從，開立方除之，即小高。』自注云：『此爲平隄在上，羨除在下，兩高之差即除高，其餘兩邊各一鼈臑，中一塹堵。』循按：此平隄，既有廣差，又高與廣不等，則在上之平隄，不得竟以立方視之也。以高差乘下廣差，此所謂下廣差者，東下廣與西下廣之差也，爲鼈臑，故六而一。高差，小頭廣差，俱邪殺線，故二而一。高差殺，上廣多東頭東之差不殺，故止半高差乘之。東廣差六尺四寸，故爲大臥塹。上廣高差四尺九寸，故爲小臥塹。減此二塹一鼈，下餘一塹堵，爲半高差乘小高之冪。上餘一小高乘上廣高差之冪一，東下廣乘小高而半之之冪，其線度皆與小高齊，故以爲從。唯大小塹冪鼈冪，俱袤差乘之，較全袤乘得者爲少，則亦猶方亭之隅陽截積也。其邪附於小高之下，及大小塹鼈率之所餘，又何以處乎？試仍用龍尾隄術馭之：六其隄積爲虛積，爲上平隄形六，下鼈隅立方一，臥塹形三。因以下廣差乘高差，又連乘袤差，爲鼈截積。尚有所餘小立方形。又并東廣差東上廣與小高差，三因之，乘高差爲小臥塹大臥塹大臥塹截積。尚餘立方形。減虛積，其餘三而一，爲帶從立方積。以高差及倍東上廣多高差、東廣差三者爲從，又以東頭上廣多高差，加東廣差，及三除下廣差，共乘以高差。又以求數自乘，二者共爲隅法。此隅法，猶龍尾隄術以隅冪爲隅法也。

要之所知者皆差，所不知者必立方，即所已知者，而減去所不知者，必相脗合于立方，則以所知爲從，而數莫遁矣。王氏創爲此法，實大益後人神智。元欒城李氏《益古演段》、《測圖海鏡》兩書，用平方立方三乘方等，以馭諸術，其理無踰於此。而所以然則出於劉氏《九章注》之用三品赤黑棊法。棊者，蓋以金玉木石之類爲之，作立方、塹堵、陽馬、鼈臑四形，每形赤黑各若干數，簇爲方錐、方亭、芻甍、芻童、羨除等狀，即知其方下斜直之殊，及方隅廉從之故。累而合之，裁廣就衺，合半爲整，可成從方。變化無端，立算之妙，莫精於是。王氏謂其未爲司南，而自詡曲盡無遺，尚非至論。循服膺於劉氏，而甚慕王氏之善悟，因申其義趣，而改其疏率，以爲用平方、立方、乘方者，述其門徑，願有道正之。

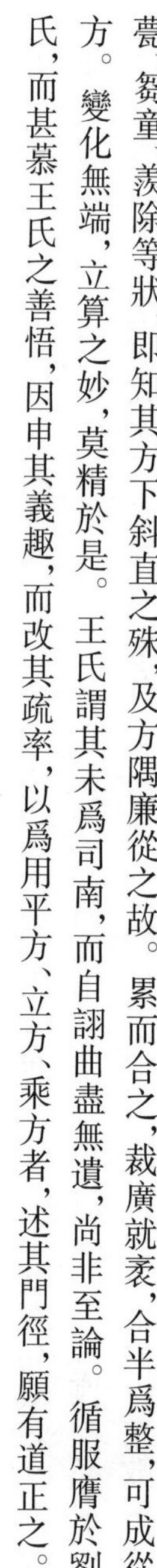

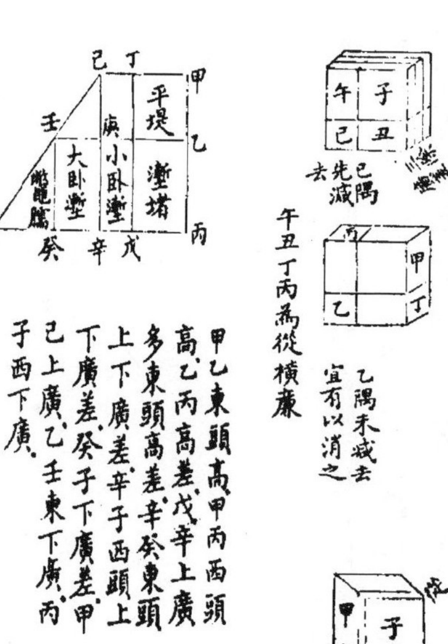

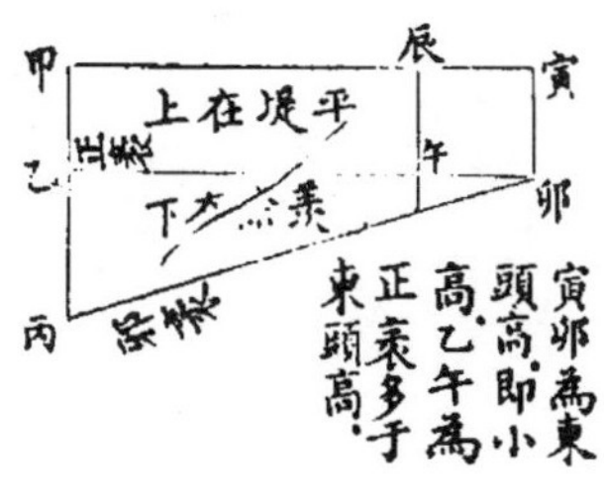

有句股而後可以馭平圓，有鼈臑而後可以馭立圓。

自一至九，數也。加減乘除，錯綜此數者也。乘而後有冪，再乘而後有體。有冪，有體，則數已成形。故平方、立方、縱方，生於加減乘除，而加減乘除所生而致者，實盡乎此。句股者，生於形者也。形復生形，而非數無以馭。則加減乘除，又爲句股之所用也。句股爲用形之始，故爲衆形之所從生。蓋有句股，而復用以割圓，則圖之形成。有句股而化之爲鋭鈍，則三角之用著。鼈臑爲句股之立者，規之即成立圓，又弧三角之弦切所集也。西人薩几理得《幾何原本》一書，精於説形，梅勿庵明以句股之理。夫論形，未有不本諸句股。猶論數，未有不本諸加減乘除也。學者由數以知形，由形以用數，悉諸加減乘除之理，自可識方圓冪積之妙。論形之書多矣。余別有著，緣句股、商功及方田、少廣中，有求圓之術，因論其梗概於此。

加減乘除釋卷四

受除者爲實，所以除之者爲法，實如法而一，爲法除。

考諸算經，於乘不言法實，於除乃云實如法而一。蓋乘法可以相通，故實與法之名不必立。除法不容倒置，故實與法必嚴以爲限也。實如法而一者，實與法相等則得一，推此實倍於法則得二，再倍於法則得三也。《夏侯陽算經》云『凡算者，有五乘五除。一曰法除』，此之謂也。倘不如法，則不足於一，宜降一位可知矣。《授時術》有定子法，其法十定一，百定二，千定三，萬定四，十萬定五，百萬定六，千萬定七，萬萬定八，不滿法去一。滿法，即實如法也。不滿法去一，即降一位也。梅勿庵説之云：『不論十百千萬之等，惟論自一至九之數。假如以八十除六百，亦爲不滿法；若以八百除九十，亦爲滿法，皆以得數有進位、不進位而分，算中精理也。』循按：以八十除六百，已於六百之二子，減去一子爲十，不滿法。又減去一子爲單。蓋既減百之於十，又減八之於六，非止減八之於六，不減百之於十也。乘法自單長至十，而後自十長至百至千至萬，則除法自萬減至千至百至十，亦必自十減至單，理之一定，數之必然。梅氏以爲精理，實平易無他奇也。

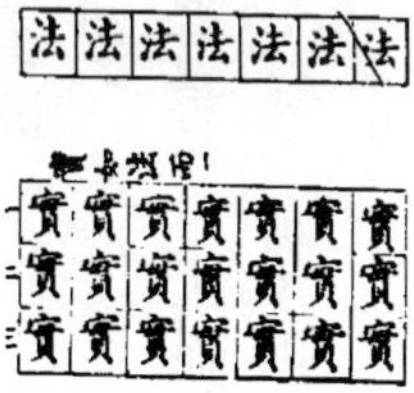

以法爲母，以實爲子，是爲命分。法除以總數爲實，命分以一數爲實。

命分之法，即除之理。如二人分一百枚，人得五十。此除得實數也。然五十即二分之一，則謂之二分之一亦可矣。又如四人分三枚，人得大半枚彊。此大半枚彊者，即四分枚之三。又若三人分六枚，人得二枚。此二枚者，即三分枚之六。蓋在三枚爲四分之一，在一枚則爲四分之三；在六枚爲三分之一，在一枚則爲三分之六。曰實如法而一，自三枚六枚言之也。曰幾分之幾，自一枚言之也。幾分幾之一，猶幾分一之幾也。

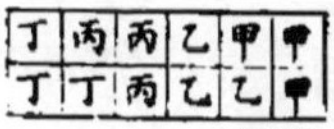

四分三之一即四分一之三

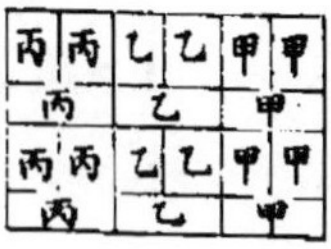

三分六之一即三分一之六

滿法用法除，不滿法用命分。

《九章算術》『方田』章云：『不滿法者，以法命之。』《孫子算經》云：『實有餘者，以法命之。』

循謂滿法，亦可命分。如前云三分枚之六是也。但正數可得，則不必不法除。正數已得，則不必不命分。或法除之不盡者，用命分以盡之，皆從其便也。實有餘，亦謂正數既得，而尚有待除者也。『少廣開方』術云：『若開之不盡者，爲不可開，當以面命之。』劉氏注云：『術或有以借算加定法而命分者，雖麤相近，不可因也。』凡開積爲方，方之自乘，當遠復其積分。令不加借算而命分，則常微少，其加借算而命分，則又微多，其數不可得而定，故以面命之，爲不失耳。辟猶以三除十，以其餘爲三分之一，而復其數可舉，不以面命之，加定法如前，求其微數。微數無名者，以爲分子。其一退，以十爲母，其再退，以百爲母，退之彌下，其分彌細。則朱冪雖有所乘之數，不足言之也。循案：《五經算術》於《論語》千乘之國，用開方法，既得九萬四千八百六十八數，有未盡，乃命分云，倍隅法得一十六，上從方法，下法一，亦從之，得一十八萬九千七百三十七分步之六萬二千五百七十六，此以定法加借算也。《孫子算經》開方積二十三萬四千五百六十七步，既得四百八十四步，尚有未盡，乃命分云，倍隅法從方法，上商得四百八十四，下法得九百六十八，不盡三百一十一，是爲九百六十八分步之三百一十一。此定法不加借算也。蓋除豫有定法，開方除不豫有定法，故先借一算列位以求之。求得數，即得法。數定，而後法定，逐漸而得數，因亦逐漸而得法，因亦逐漸而借算。初借之一數，方也，方有數矣。又借一數，則隅也。所餘之實，乃兩方邊一隅邊之所除。今倍方爲兩方邊，隅邊之數，則正未豫知，遂姑以虚借之一數。合兩方邊之數，以爲分母。而究之分母，終非真數，焉得隅數之盡，巧合於一哉？設積一百二十一，開方之，初商得十餘二十一，不盡。乃倍方爲二十，加虚借之一，合二十一以爲母，是二十一分之二十一，巧合於一十一。劉氏以爲不定而不可用，是也。面命之説，今不依用，亦未有詳之者。審其於開方術云：『言百之面十也，言萬之面百也。』又云：『倍之者，豫張兩面。』又云：『再以黄乙之面加定法。』是面即指方邊而言。故以三分之一言之，積十，初商三，減去實之九，餘實一。命爲三分之一，亦以三爲方邊也。但此據一邊爲母，謂之不失，恐亦未然。因又有求微數爲分子之説，何也？據一邊言，則止有一廉。已變平方爲縱方，故必開至豪忽微秒以下，無名可言，然後命分於一邊，爲數無多，不見縱方之形，故曰『不足言之也』，非定術，不爲立例，而辨之於此。

滿法者爲全。以母乘全，得積分。以子入之，爲内子。别以數乘之，爲乘散。據法以命實，爲命分。化母以就子，爲通分。

劉氏注《九章算術》云：『分母乘全，内子乘散。全則爲積分，積分則與分子相通，故可令相從。』《張丘建算經》云：『以九乘二十一五分之三，問得幾何？』答曰：『一百九十四五分之二。』《草》曰：『置二十一，以分母五乘之，内子三，得一百八。以九乘之，得九百七十二。』循案：通分内子之義，劉氏數語了然。張丘建、劉孝孫足以發明之。蓋九者，散也；二十一者，全也；五者，母也；三者，子也。二十一爲法除實之得數，三爲實所餘之數。欲以九乘之，則枘鑿不相入，必仍以二十一乘母之五得原數，而後與子相通，内子得原積矣。得原積而後乘散數之九，乃不礙也。如一斤爲十六兩，則十六兩爲法，亦爲母。足十六兩得一斤之全，不足十六兩則不得一斤之全，而爲子數。今有二十一斤三兩，是二十一斤十六分斤之三也。以十六兩乘二十一斤，則化二十一斤爲三百三十六兩，然後與三兩相通，可内三兩爲三百三十九兩也。又如一年爲十二月，則十二月爲法，亦爲母。足十二月得一年之全，不足十二月則不得一年之全，而爲子數。今有二十一年零三月，是二十一年十二分年之三也。以十二月乘二十一年，則化二十一年爲二百五十二月。然後與三月相通，内三月爲二百五十五月也。因其不能成斤而命之爲兩；不能成年而命之爲月，是命分也。因兩之不能成斤，而化斤以就兩；因月之不能成年，而化年以就月，是通分也。有命分，因有通分，通分出於命分，二者實相表裏矣。

通分以乘散，以法收之，得全。乘子而過母，以法收之，亦得全。

劉氏《九章算術》注云：『凡實不滿法者，乃有母子之名。若有分以乘其實而長之，則亦滿法，乃爲全耳。』《張丘建算經·草》云：『置二十一，以分母五乘之，内子三，得一百八。以九乘之，得九百七十二，卻以分母五而一。』按：以分母五而一者，仍收所通爲全，得一百九十四又五分之二也。《九章算術》云：『三分之二，七分之四，九分之五，合之得幾何？』答曰：『得一、六十三分之五十。』按：三七九連乘得一百八十九，約之爲六十三。互乘二四五，爲三百三十九。過母數，故升一百八十九爲全數之一，餘一百五十，亦約爲五十。故得全數一又六十三分之五十也。

倍其母則子半，半其母則子倍。

母子之名，起於帶分，亦通於諸率。如若干物，若干價，則物母而價子。若干邑，若干人，則邑母而人子。設良馬二匹，值錢千貫，欲倍之，則倍千貫爲二千貫，可也。半二匹爲一匹，亦可也。半二匹爲一匹，子不倍而自倍矣。設嘉穀一石，值錢一千六百。欲半之，則半一千六百爲八百，可也。倍一石爲二石，亦可也。倍一石爲二石，子不半而自半矣。劉氏注云：『子不可半者，倍其母。』倍半之用，異而同也。開方術云：『除已，倍法爲定法，初商得平方，尚有餘實，必分加於四面，而補其四隅，半其四面爲二廉。』即省其四隅爲一隅，是即可半而半之義。於四爲半，於一爲倍，此用倍正用半之妙也。弦自乘而半之，如廣自乘之積，則廣自乘而倍之，如弦自乘之積。句自乘，股自乘，相并，猶廣自乘而倍之也。弦自乘方積中，以股自乘爲正方，則句自乘必爲兩廉一隅，如開方狀。股弦差自乘，即隅。股弦差乘股，即廉。以股弦差乘句積，即兩廉一隅相連之縱方，故以股弦差乘句積。視兩股則多一差，視兩弦則少一差。多一差，故減差而半之，得股。少一差，故加差而半之，得弦。《張丘建算經》葭池術云：『葭去岸尺數自相乘，以出水尺數而一。所得，加出水而半之，得葭長。減出水尺數，即得水深。』蓋水深爲股，葭長爲弦，出水爲股弦差，葭去岸尺數爲句也。《九章算術》葭池術云：『半池方自乘，以出水一尺自乘減之，餘倍出水除之，即得水深。加出水數，得葭長。』此亦以水深爲股，葭長爲弦，出水爲股弦差，葭去岸爲句。乃不用半而用倍者，以差乘句積而半之，與倍差乘句積，其義一也。又題云：『立木繫索，其末委地三尺。引索卻行，去本八尺而索盡。』術云：『以去本自乘，令如委數而一。所得，加委地數而半之，即索長。』又題云：『垣高一丈，倚木於垣，高與垣齊。引木卻行一尺，其木至地。』術云：『以垣高自乘，如卻行尺數而一。所得，以加卻行尺數，半之，即木長數。』二者即張丘建求葭長之法。又題云：『竹高一丈，末折抵地，去本三尺。問折者高幾何？』術曰：『以去本自乘，令如高而一。所得，以減竹高，而半其餘，即折者之高。』此去本爲句，高爲股弦并，以股弦差除句積得股弦并，則以股弦并除句積，得股弦差，減差而半之，得股。猶減出水而半之，得水深也。是用半正用倍之妙也。鐻道術云：『圓材以鐻鐻之，深一寸，鐻道長一尺半。鐻道自乘，如深寸而一，以深寸增之，即材徑。』蓋材徑爲弦，鐻道爲句，深寸爲股弦差之半。就鐻道，則必倍深寸以除鐻道之自乘而半之。今就深寸，則半鐻道自乘而以深寸除之，所得爲半徑者二，合之正爲全徑，不必更半之也。又術云：『開門去閫一尺，不合二寸。問門廣幾何？以去閫一尺自乘，所得，以不合二寸半之而一，所得，增不合之半，即得門廣。』此門廣如材徑，以爲股。則去閫之一尺，僅得句之半，必倍之自乘，以不合二寸爲股弦差除之，減差而半之，乃得廣。今不倍去閫之一尺，故必半不合之二寸。既半不合之二寸，故不必半已除之句積。鐻道之半在差，故半句同於倍差。門廣之半在句，故半差同於倍句也。又題云：『户高多於廣六尺八寸，兩隅相去適一丈。問户高廣各幾何？』術云：『令一丈自乘爲實，半相多，令自乘，倍之，減實，半其餘，以開方除之，所得，減相多之半，即户廣，加相多之半，即户高。』劉氏注云：『弦冪適滿萬寸，倍之，減句股差冪，開方除之，所得，即句股并數。以差減并而半之，即户廣。加相多之數，即户高。』今此術先求其半，蓋弦自乘爲句股者四，爲句股差自乘者一。倍之則爲句股者八，爲句股差自乘者二。若句股并自乘，則爲句股者八，爲句股差自乘者一。於弦自乘倍之，而減一句股差之自乘，適得句股并之自乘，故開方之即得句股并。得句股并，則加差而半之得股，減差而半之得句。欲得句股併，故倍之於前，欲得句股，故半之於後，此劉氏注義也。經乃半相多自乘倍之減實者，相多，即句股差。半而自乘，而又倍之，即相多自乘而半之也。弦自乘之實，爲句股四，爲句股差自乘者一。減去差自乘之半，是餘句股四及差自乘之半。復於此所餘者而半之，是得句股二，句股差自乘者四分之一，亦即爲句股并自乘者四分之一，開方得句股并之半。故在句股并加差者，在此加差之半。在句股并減差者，在此減差之半。本爲句股并之半，則不必更爲半之，故曰先求其半，其用倍用半之通，亦鑢道門廣之義也。容圓術云：『八步爲句，十五步爲股，爲之求弦。三位并之爲法，以句乘股倍之爲實，實如法得徑一步。』蓋句乘股得積，以句股弦并而除之，即圓半徑。倍積而後除，猶既除而後倍也。若以句乘股爲子，句股弦并爲母，并句股弦而半之，則不必倍句乘股之積矣。商功芻甍術云：『倍下袤，上袤從之，以廣乘之，又以高乘之，六而一。』芻童術云：『倍上袤，下袤從之，亦倍下袤，上袤從之，各以其廣乘之，并以高若深乘之，皆六而一。』蓋立方邪剖爲二，曰塹堵。邪剖爲三，曰陽馬，二塹堵背連。兩端各附以二陽馬，曰芻甍。一立方四塹堵、四陽馬相連，曰芻童。二者之高及下袤、下廣，皆同於立方。袤廣高三者相乘，爲立方。較芻甍多二塹堵、八陽馬，較芻童多四塹堵、八陽馬，均不便於算，故倍下袤乘爲兩立方，則爲塹堵者八，爲陽馬者二十四。又以上袤與高廣相乘爲立方，塹堵者四，合之，得塹堵十二、陽馬二十四，恰當六芻甍之數。倍芻童之下袤，乘下廣及高，則爲立方者二，爲塹堵者十六，爲陽馬者二十四。上袤從之，則爲立方者一，爲塹堵者四。上袤承下廣，故有兩旁無四隅。又倍上袤，乘上廣及高，則爲立方者二。下袤從之，則爲立方者一，爲塹堵者四。合之得立方六，塹堵、陽馬各二十四，亦恰當六芻童之數。劉氏注芻甍云：『亦可令上下袤差乘廣，以高乘之，三而一，即四陽馬。下廣乘上袤而半之，高乘之，即二塹堵。并之以爲甍積。』經合陽馬於塹堵，故倍之以合其數。注分陽馬於塹堵，故半之以得其實也。注芻童云：『又可令上下廣袤差相乘，以高乘之，三而一。上下廣袤互相乘，并而半之，以高乘之，并之爲芻童積。』此亦分陽馬、塹堵，義如芻甍。注又云：『又可令上下廣袤互相乘而半之，上下廣袤，又各自乘，并以高乘之，三而一，即得。』蓋上下廣袤，各乘爲平方。又各乘以高爲大小兩立方，得立方二，形如小立方。塹堵八，陽馬十二，大立方多於小立方之形。是兩芻童多四陽馬也，三芻童少一立方、四塹堵也。上下廣袤，互相乘而乘以高，是成兩縱方體，爲立方者二，爲塹堵者八，兩芻童少八陽馬也。合之是四芻童多四陽馬也。試以廣袤各自乘者爲母，廣袤互相乘者爲子，母多四陽馬，子少八陽馬。若倍母爲四芻童，則多八陽馬，正與子盈虛相補，而恰成六芻童也。若半子爲一芻童，則少四陽馬，亦正與母盈虛相補，而恰成三芻童也。就其母則半其子，就其子則倍其母，舉一反三，術可知矣。塹堵、陽馬出於立方，詳見於前。此第以明用倍用半之義爾。

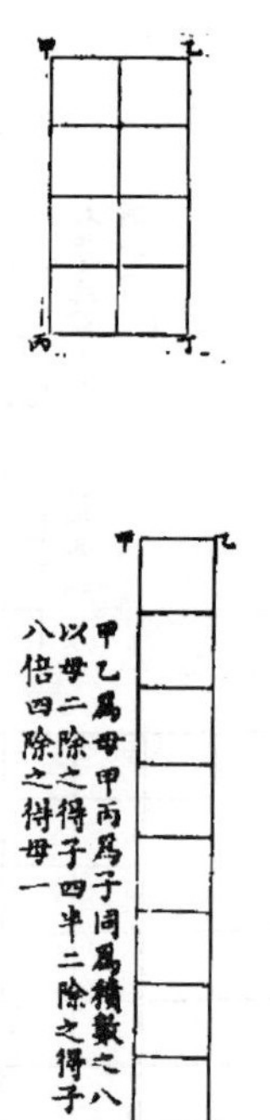

甲
乙
丙
丁
甲乙爲母甲丙爲子同爲積數之八
以母二除之得子四半二除之得子
八倍四除之得母一

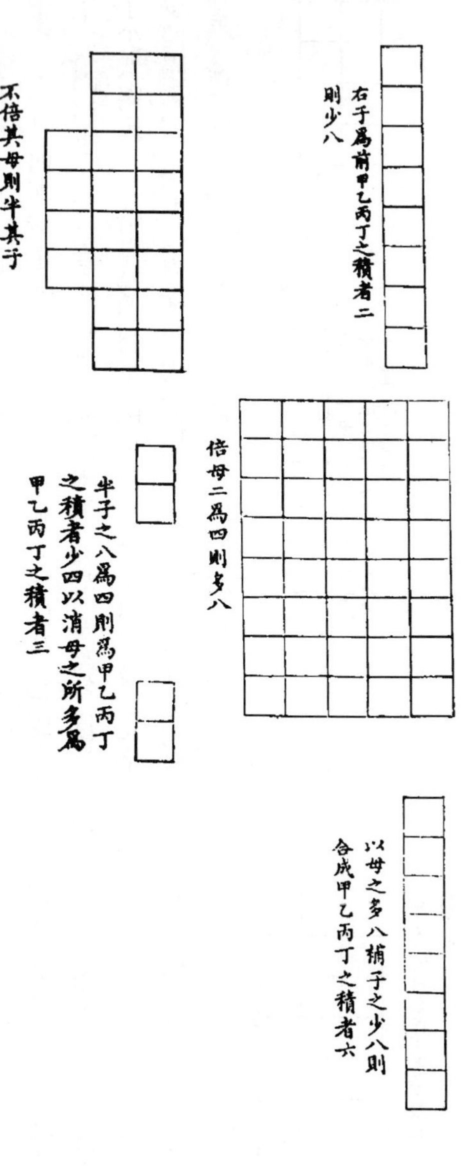

右子爲前甲乙丙丁之積者二
則少八
以母之多八補子之少八則
合成甲乙丙丁之積者六
倍母二爲四則多八
半子之八爲四則爲甲乙丙丁
之積者少四以消母之所多爲
甲乙丙丁之積者三
不倍其母則半其子

母之所增，視全母爲幾分；則子之所減，亦視全子爲幾分。母之所減，視全母爲幾分；則子之所增，亦視全子爲幾分。

母子倍半之互易，除法之理，已不外是。由倍半而推之，則無論增減幾分，皆可以倍半互易之理例之。如以三除九，得三；倍三爲六，以除九，則得一五，爲三之半。再倍三爲九，以除九，則得一。九之於三，爲增三分之二；一之於三，爲減三分之二。又如句三股四，相乘爲十二。若倍三爲六，以除十二，則股得二，爲四之半。或增股爲六，以除十二，則句得二。六之於四，猶三之於二也。句股容方術云：『并句股爲法，句股相乘爲實，實如法而一。』按句股相乘，即方積也。并句於股，即母子倍半之術也。設正方之積四，旁午畫之，則爲方一者四。以弦斜界之，所容一方，正其一邊之半。蓋二除四爲二，并二於二爲四，以除四則得一，既爲二之半，亦即爲容方之邊矣。正方如是，縱方可知。句六股十二相乘，積七十二。并六於十二爲十八，以除七十二得四，即容方之邊。而六於十八爲三分之一，二於六亦三分之一，增四減二，其義一也。於是分容方之兩邊，即爲中垂線。倍句股積，并句股除之，得容方之兩邊。則倍三角積，以底除之，得中垂線。剖句股爲兩三角，則在句股爲容方之兩邊者，在三角爲中垂線矣。

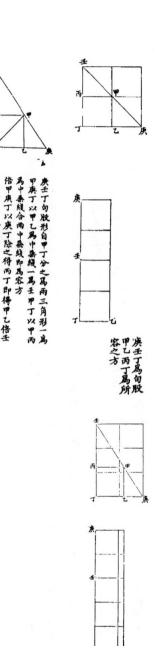

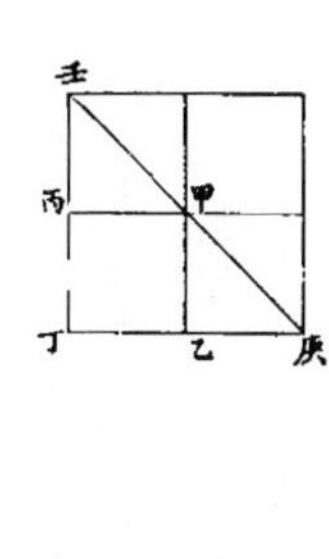

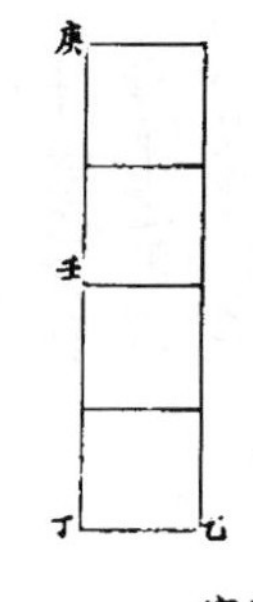

庚壬丁爲句股甲乙丙丁爲所容之方

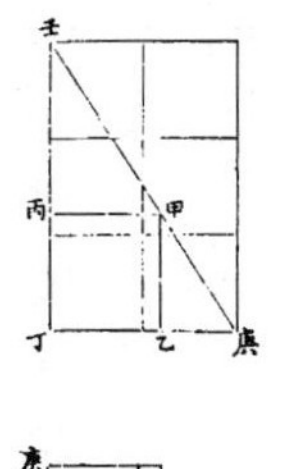

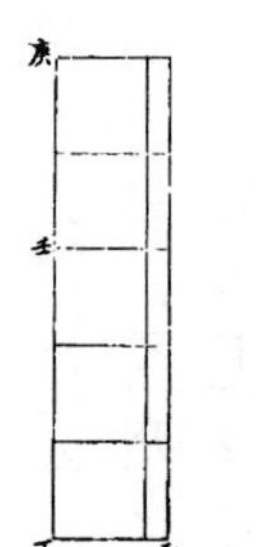

庚壬丁句股形自甲丁分之爲兩三角形一爲甲庚丁以甲乙爲中垂綫一爲壬甲丁以甲丙爲中垂綫合兩中垂綫即爲容方倍甲庚丁以庚丁除之得丙丁即得甲乙倍壬甲丁以壬丁除之得乙丁即得甲丙

分其母爲幾倍之多，子亦視其母之幾倍而分之。并其母爲幾倍之損，子亦視其母之幾倍而并之，爲約除。

母倍則子半，母半則子倍，此倍半於母子原數之外也。母倍子亦倍，母半子亦半，此倍半於母子原數之中也。《九章算術》明諸分之理，首詳約分，題曰：『今有十八分之十二，問約之得幾何？』答曰：『三分之二。』又曰：『有九十一分之四十九，問約之得幾何？』答曰：『十三分之七。』術曰：『可半者半之。不可半者，副置分母子之數，以少減多，更相減損，求其等也，以等數約之。』劉氏注云：『約分者，物之數量，不可悉全，必以分言之。分之爲數，繁則難用。設有四分之二者，繁而言之，亦可爲八分之四；約而言之，則二分之一也。雖則異辭，至於爲數，亦同歸爾。』按以十八半爲九，十二半爲六，爲九分之六，所謂『可半者半之』也。以十八減十二，餘六，即以六除母子，爲三分之二。六除十八爲三，六除十二爲二。所謂副置分母，以少減多也，以九十一減四十九，餘四十二。又以四十二減四十九，餘七。所謂更相減損也，蓋母較子爲若干倍，以其積數言之，可也。以其倍數統言之，亦可也。子本一數，則以母遞減得其同。子本二倍三倍以上，則必以母子互減而得其同。詳見卷一。同者數之根，故以根約爲母子也。不曰除曰約者，化繁爲約之謂也。乃化繁爲約者，亦可化約爲繁。古人適於用，故不備其義爾。《孫子算經》題云：『今有九家，共輸租一千斛。甲出三十五，乙出四十六，丙出五十七，丁出六十八，戊出七十九，已出八十，庚出一百，辛出二百一十，壬出三百二十五。僦運值折二百斛外，問家各幾何？』術以各家所出之率，以四乘之，以五除之。按此九家出率，合得一千。共輸之，一千折去二百，存八百，是宜以一千爲首率，八百爲二率，與各家出率，異乘同除，而得各家之數。今不用一千八百，而用五四者，五爲一千之半，四爲八百之半，可半而半之也。是故粟率五十，糳米二十四，菽荅麻麥各四十五，而求粟爲糳米之法，十二之二十五而一。十二者，糳米率之半也。二十五者，粟率之半也。又均輸，有人當稟率二斛，倉無粟，欲與米一菽二。李淳風云：『置粟率五，乘米一，米率三除之，粟率十以乘菽二，菽率九除之，粟率十者，五十之倍也。菽率九者，四十五之倍也。母倍子亦倍，母半子亦半，此可例矣。

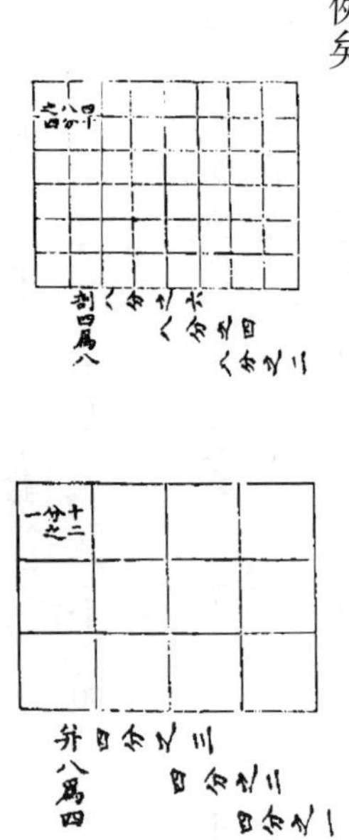

二之一　四之二　六之三　八之四　十之五　十二之六　十四之七　十六之八　十八之九

三之一　六之二　九之三　十二之四　十五之五　十八之六　二十一之七　二十四之八　二十七之九

三之二　六之四　九之六　十二之八　十五之十　十八之十二　二十一之十四　二十四之十六　二十七之十八

四之一　八之二　十二之三　十六之四　二十之五　二十四之六　二十八之七　三十二之八　三十六之九

四之二　八之四　十二之六　十六之八　二十之十　二十四之十二　二十八之十四　三十二之十六　三十六之十八

四之三　八之六　十二之九　十六之十二　二十之十五　二十四之十八　二十八之二十一　三十二之二十四　三十六之二十七

五之一　十之二　十五之三　二十之四　二十五之五　三十之六　三十五之七　四十之八　四十五之九

五之二　十之四　十五之六　二十之八　二十五之十　三十之十二　三十五之十四　四十之十六　四十五之十八

五之三　十之六　十五之九　二十之十二　二十五之十五　三十之十八　三十五之二十一　四十之二十四　四十五之二十七

五之四　十之八　十五之十二　二十之十六　二十五之二十　三十之二十四　三十五之二十八　四十之三十二　四十五之三十六

六之一　十二之二　十八之三　二十四之四　三十之五　三十六之六　四十二之七　四十八之八　五十四之九

六之二　十二之四　十八之六　二十四之八　三十之十　三十六之十二　四十二之十四　四十八之十六　五十四之十八

六之三　十二之六　十八之九　二十四之十二　三十之十五　三十六之十八　四十二之二十一　四十八之二十四　五十四之二十七

六之四　十二之八　十八之十二　二十四之十六　三十之二十　三十六之二十四　四十二之二十八　四十八之三十二　五十四之三十六

六之五　十二之十　十八之十五　二十四之二十　三十之二十五　三十六之三十　四十二之三十五　四十八之四十　五十四之四十八

七之一　十四之二　二十一之三　二十八之四　三十五之五　四十二之六　四十九之七　五十六之八　六十三之九

七之二　十四之四　二十一之六　二十八之八　三十五之十　四十二之十二　四十九之十四　五十六之十六　六十三之十八

七之三　十四之六　二十一之九　二十八之十二　三十五之十五　四十二之十八　四十九之二十一　五十六之二十四　六十三之二十七

七之四　十四之八　二十一之十二　二十八之十六　三十五之二十　四十二之二十四　四十九之二十八　五十六之三十二　六十三之三十六

七之五　十四之十　二十一之十五　二十八之二十　三十五之二十五　四十二之三十　四十九之三十五　五十六之四十　六十三之四十五

七之六　十四之十二　二十一之十八　二十八之二十四　三十五之三十　四十二之三十六　四十九之四十二　五十六之四十八　六十三之五十四

八之一　十六之二　二十四之三　三十二之四　四十之五　四十八之六　五十六之七　六十四之八　七十二之九

八之二　十六之四　二十四之六　三十二之八　四十之十　四十八之十二　五十六之十四　六十四之十六　七十二之十八

八之三　十六之六　二十四之九　三十二之十二　四十之十五　四十八之十八　五十六之二十一　六十四之二十四　七十二之二十七

八之四　十六之八　二十四之十二　三十二之十六　四十之二十　四十八之二十四　五十六之二十八　六十四之三十二　七十二之三十六

八之五　十六之十　二十四之十五　三十二之二十　四十之二十五　四十八之三十　五十六之三十五　六十四之四十　七十二之四十五

八之六　十六之十二　二十四之十八　三十二之二十四　四十之三十　四十八之三十六　五十六之四十二　六十四之四十八　七十二之五十四

八之七　十六之十四　二十四之二十一　三十二之二十八　四十之三十五　四十八之四十二　五十六之四十九　六十四之五十六　七十二之六十三

九之一　十八之二　二十七之三　三十六之四　四十五之五　五十四之六　六十三之七　七十二之八　八十一之九

九之二　十八之四　二十七之六　三十六之八　四十五之十　五十四之十二　六十三之十四[一]　七十二之十六　八十一之十八

九之三　十八之六　二十七之九　三十六之十二　四十五之十五　五十四之十八　六十三之二十一　七十二之二十四　八十一之二十七

九之四　十八之八　二十七之十二　三十六之十六　四十五之二十　五十四之二十四　六十三之二十八　七十二之三十二　八十一之三十六

九之五　十八之十　二十七之十五　三十六之二十　四十五之二十五　五十四之三十　六十三之三十五　七十二之四十　八十一之四十五

九之六　十八之十二　二十七之十八　三十六之二十四　四十五之三十　五十四之三十六　六十三之四十二　七十二之四十八　八十一之五十四

[一] 底本誤作『六十三之四』，據文意改。

九之七　十八之十四　二十七之二十一　三十六之二十八　四十五之三十五　五十四之四十二

六十三之四十九　七十二之五十六　八十一之六十三

九之八　十八之十六　二十七之二十四　三十六之三十二　四十五之四十　五十四之四十八

六十三之五十六　七十二之六十四　八十一之七十二

自乘則母有二，必由一母求二母之通分。再自乘則母有三，必由一母求三母之通分。

《九章》少廣開方術云：『實有分者，通分内子爲定實，乃開之，訖，開其母報除。若母不可開者，又以母再乘定實，乃開之，訖，令如母而一。』李淳風云：『分母可開者，並通之積，先合二母，既開之後，一母尚存，故開分母，求一母爲法，以報除也。分母不可開者，本一母也。又以母乘之，乃合二母，既開之後，亦一母存焉，故令如母而一，得全面也。』循按：二母者，平方之邊，一也。方邊自乘之數，二也。如方七十里國二十一，則方七十里爲母，不足七十里爲子。若方三十里，則云七十分國之三十矣，此一母也。乃方七十，則積四千九百里。以此積爲母，亦以方三十里之積九百爲子。又云『四千九百分國之九百』矣，是又一母也。以此二十一國開方，通其分爲一千四百七十，二十一乘七十。不可以開，必通爲十萬口口二千九百，二十一乘四千九百。而後可開。既開得數，以四千九百除之，既得每面若干國。問者舉積十萬口口二千九百，及母數四千九百者，必以四千九百開方得七十爲母，以除得每面國數。所謂開其母報除也。若止舉七十里爲母，則必以七十自乘得四千九百，合爲十萬口口二千九百。既開，以七十除之，所謂以母再乘定實也。和而開之，是母之四千九百，已合入十萬口口二千九百矣，所謂分母可開者並通之積也。邊化於積中，所謂先合二母也。所開者積，所得者邊，是一母存也。舉積可開，舉邊不可開，積二母，邊一母，故曰本一母也。又以母乘之，乃合二母者，求得積邊數化於其中也。本是邊，不必再求，故如母而一即得也。總之實宜用積，不可用邊，故必合二母。報除宜用邊，不可用積，故必求一母。明乎一母二母之理，開方之能事盡矣。二母如是，三母可知。三母者，立方之積也。邊爲一母，冪爲二母，立方體爲三母。開立方術云：『積有分者，通分内子爲定實。定實乃開之，訖，開其母以報除。若母不可開者，又以母再乘定實乃開之，訖，令如母而一。』李淳風云：『分母可開者，並通之積，先合三母，既開之後，一母尚存，故開分母求一母爲法，以報除也。』分母不可開者，本一母也。又以母再乘之，令合三母，既開之後，一母猶存，故令如母而一。其術與平方二母同。如方明之制，方四尺，設有八枚，欲合爲立方，問根幾何？每方四尺爲一母，自乘十六尺爲二母，再乘六十四尺爲三母，必以八枚乘三母之數，爲五百一十二尺。以此開立方，得八尺。是不可以六十四除之，亦不可以十六除之，必仍以一母之四尺除之，得二，是爲每邊得二方明也。

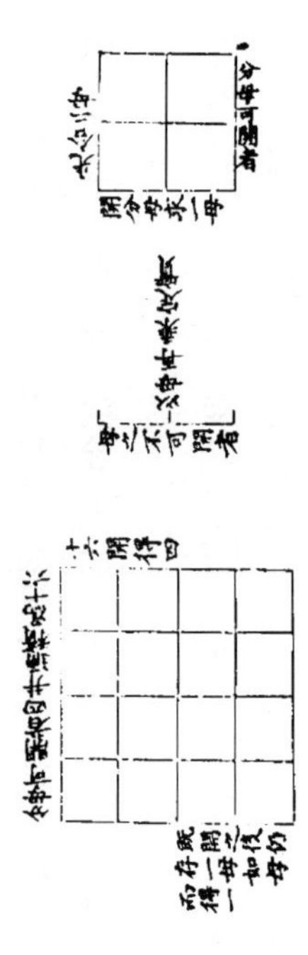

倍其子爲實，倍其母爲法，除之，如母除子之數。以子之差爲實，以母之差爲法，除之，亦得母除子之數。以倍子乘倍母，以一數除之，如除子乘母之數。以子差乘母差，以一數除之，亦如除子乘母之數。

方程之術，於齊同之後，繼以減除，蓋凡母子兩數，用其全以除全，與用其零以除零，其理正同。若甲三乙四丙五，以三乘五爲一十五，以四乘五爲二十，并三四爲七，并一十五與二十、爲二十五，以七除之得五。若以四減三爲一，以一十五減二十爲五，以一除五亦得五。方程以兩色爲和較，而每色相當，既減去其一色，則所餘之差，即一色之差，故除之而得也。若盈不足於齊同之後，以出率相減爲法，以乘盈朒之并數，蓋盈不足本整數之差，不必更減，而即爲以差除差。兩盈兩朒，則又必差中求差，而後以差減差也。差分本以差爲名，故貴賤之數，全以用差除差爲巧。蓋既以賤價乘總物，必少於總價之數，其所少正貴物總價多於賤物總價之數。而以貴物之價多於賤物者除之，以差除差，而得貴物價矣。以貴價乘總物，必多於總價之數，其所多正賤物總價少於貴物總價之數。而以賤物之價少於貴物者除之，亦以差除差，而得賤物價矣。梅氏於乘法還原，有九試七試之法。以九與七減法實，得餘法餘實之數。又用以減法乘實之數，及餘法乘餘實之數，所餘必等，此即以差爲母子之理。法乘實之數，以九減之，如是。法差實差所乘之數，以九減之，亦如是。以此數減之，不啻以此數除之，用九用七，可也。用二三四五六八，亦可也。

直以母除子爲徑分。不可徑分而徑分之，得貴賤之數，謂之法賤實貴。

今有貴賤差分之術，即粟米章貴賤之術也。其術於錢多物少者，以錢爲實，物爲法，除之，其不盡者，即貴物之數。復以此數減法所餘，即賤物之數。錢少物多者，以錢爲法，物爲實，除之，其不盡者，即多物之價。復以此價減法所餘，即少物之價。經曰『法賤實貴，法少實多』是也。李淳風注釋云：『乘實宜以多，乘法宜以少。』蓋既得物價，欲由價求物數，故以少物乘少價之共數，得少價之共物，以多物乘多價之共數，得多價之共物，推此既得物數。欲由物求物價，則以貴價乘貴物之共數，得貴價之共數，以賤價乘賤物之共數，得賤價之共數。古謂之其率，返其率，不以貴賤爲術名也。

今貴賤衰分，不用徑除，用徑乘者，古以共數求之，故用除。貴賤衰分，有出率，以出率求之，故反乎除而用乘。用除則以實之餘減法，用乘則以實之餘減共數。術詳於古，其究不外其率反其率之二術也。

徑除者，《九章》方田謂之經分，粟米謂之經率。題云：『出錢一百六十，買瓴甓十八枚，問枚幾何？』術曰：『以所買率爲法，所出錢數爲實，實如法得一。』李淳風注釋云：『按今有之義，以所求率乘所有數，合以瓴甓一枚，乘錢一百六十爲實。』但以一乘不長，故不復乘。是以徑將所買之率，與所出之錢爲法實也，此即除法之常。因以共價共物求一物之價，有似於今有術，而三率爲單數，可省一乘，此經之所以名也。貴賤兩數，不可一除而即得。而一除可以得貴數，故不可徑除。而亦徑除之，常推其術之意。凡句股形，有一角一邊，可以求邊。三角形則一角一邊，不可以求邊，乃不可以求而徑求之，遂得垂線，再由垂線而得邊。此即貴賤衰分，用徑乘徑除之理也。明於其理，而貫通之，天下焉有死法與？

加減乘除釋卷五

以朒減盈，合減數差數，必與盈數等。

以兩朒減一盈，合減數之兩朒與差數，必與盈數等。

以一朒減兩數之盈，或兩盈，或一朒一盈，或兩朒合之，皆盈於一朒。**合減數差數，必與兩數之盈等。**

盈數爲和，減數差數爲較，分和即爲較，合較即爲和。和常在盈，較常在朒。

以兩較言之，較亦有盈。以兩和言之，盈亦有朒。

加減之法，婦孺所共知，然其理至精，其用至奧。在算數如方程，在測量如矢較，及其精微，不過加減而已。爲推其例，大略有三：曰以朒減盈，兩色方程之和較也。曰以兩朒減一盈，曰以一朒減兩數之盈，三色方程之和較也。四色五色以上，皆可以此爲例。以朒減盈，分一爲二也。以兩朒減一盈，分一爲三也。以一朒減兩數之盈，合二爲一，又互分一爲二也。分一爲二，則一即二之和，二即一之較也。分一爲三，則一即三之和，三即一之較也。合二爲一，又分一爲二，則合爲分之和，分爲合之較也。

一

二　減一餘一

三　減一餘二　減二餘一
四　減一餘三　減三餘一　減二餘二
五　減一餘四　減四餘一　減二餘三　減三餘二
六　減一餘五　減五餘一　減二餘四　減四餘二　減三餘三
七　減一餘六　減六餘一　減二餘五　減五餘二　減三餘四　減四餘三
八　減一餘七　減七餘一　減二餘六　減六餘二　減三餘五　減五餘三　減四餘四
九　減一餘八　減八餘一　減二餘七　減七餘二　減三餘六　減六餘三　減四餘五　減五餘四

右以朒減盈

一
二
三　減一一餘一
四　減一一餘二　減一二餘一
五　減一一餘三　減一二餘二　減一三餘一　減二二餘一
六　減一一餘四　減一二餘三　減一三餘二　減一四餘一　減二二餘二　減二三餘一
七　減一一餘五　減一二餘四　減一三餘三　減一四餘二　減一五餘一　減二二餘三　減二三
餘二　減二四餘一　減三三餘一

八　減一一餘六　減一二餘五　減一三餘四　減一四餘三　減一五餘二　減一六餘一　減二二餘四　減二三餘三　減二四餘二　減二五餘一　減三三餘二　減三四餘一

九　減一一餘七　減一二餘六　減一三餘五　減一四餘四　減一五餘三　減一六餘二　減一七餘一　減二二餘五　減二三餘四　減二四餘三　減二五餘二　減二六餘一　減三三餘三　減三四餘二　減三五餘一　減四四餘一

右以兩朒減一盈

一、一

一、二

一、三　二、二

一、四　二、三

一、五　二、四　三、三

一、六　二、五　三、四

一、七　二、六　三、五　四、四

一、八　二、七　三、六　四、五

一、九　二、八　三、七　四、六　五、五

一、一十　二、九　三、八　四、七　五、六

一、十一　二、一十　三、九　四、八　五、七　六、六

一、十二　二、十一　三、一十　四、九　五、八　六、七

一、十三　二、十二　三、十一　四、一十　五、九　六、八　七、七

一、十四　二、十三　三、十二　四、十一　五、一十　六、九　七、八

一、十五　二、十四　三、十三　四、十二　五、十一　六、一十　七、九　八、八

一、十六　二、十五　三、十四　五、十二　六、十一　七、一十　八、九

一、十七　二、十六　三、十五　四、十四　五、十三　六、十二　七、十一　八、一十　九、九

右以一朒減兩數之盈如一減二、二餘三，二減一、三餘二。

自一行言之，和較因加減而後名。自兩行言之，加減因和較而始定。一行兩行詳見後圖。

以和較言之，因加減而有盈朒；以加減言之，因盈朒以生和較。

以朒減盈，必有一和兩較。和較純，盈朒純，則用加減純，所得和從乎和，較從乎較。和較互，盈朒純，則用加減互，所得和從乎和之盈，較從乎較。

和較純，盈朒互，則用加減純，所加得之和從乎和，減得之和從乎較之盈。

和較互，盈朒互，則用加減互，所加得之和，從乎和之盈，減得之和，從乎較之並。

《九章算術》於方程一章，設爲禾秉牛羊燕雀等術，有云上若干，中若干，下若干，實若干，題之曰方程。李淳風注釋云：『此都術也。』蓋上列較數，下列和數，爲方程之正。故又有云：『如方程，損

之曰益，益之曰損。』損益者，即相較之差也。又有云：『如方程，以正負術入之。』正負術云：『同名相除，異名相益。正無入負之，負無入正之。其異名相除，同名相益，正無入正之，負無入負之。』李籍音義云：『正與正同名，負與負同名。同名相除，則異名者相益。異名相除，則同名者相益。一正一負，相反而相爲用。』此解正負，至精至當。元明以來，不知正負之旨，於是以空位立負，往往推之不可以通。梅勿庵反復推求，撰論六卷，痛斥立負之非，遂株連於異減同加之術，而以爲誤。立四例，曰和，曰較，曰和較雜，曰和較變。又定爲同名相減、異名相加之例，於是有變正爲負、變負爲正之説，使首位皆爲同名。法之畫一，非同偶中，誠爲不朽之功。然求乎加減之原，則和較正負之名，皆爲僑設，非其本也。梅勿庵《句股舉隅》説窺望海島云：『程實渠著《算法統宗》，頗能備《九章》其句股章言，劉徽注《九章》，立重差之法，以窺望海島爲篇目。迨後唐李淳風、宋揚輝釋名圖解，以彰前美。劉李諸君之書，必有精義，而世不多有。』梅氏此説，蓋未見劉氏《九章注》也。循嘗細推究之，方程設問，列兩率於上，下言總數者，舉和數以求較數也。列兩率於上，下言差數者，舉較數以求和數較數也。今專就所舉以爲名目，已爲偏指若正負之立，弟用之以標同異，非若盈不足術之同名異名，爲加減一定之臬。正負標明，或同減而異加，或同加而異減，如李籍所注，非不畫一易辨。今膠柱於同減異加，必斥去同加異減之説。而別立爲正負交變之法，恐轉不免於拘，且繁於舊術矣。蓋推夫加減之原，不獨和較之名不可彊分，即正負之名，亦不必假設也。方程之術，必以和較並立，有和較較者，有較和較者，有較較和者。兩行皆較較和，即勿庵之和數。兩行皆和較較，或皆較和較，即勿庵之較數。一行較較和，一行和較較，即勿庵之和較雜。兩和相當或兩較相當，即兩正兩負之同名。一和一較相當，即一正一負之異名。加減所得，和從和，較從較，則勿庵之所謂不變。較從乎和，和從乎較，則勿庵之所謂和較變。

試細推之，和較純，盈朒純者，和較爲本行之盈朒，盈朒爲隔行之和較。皆純，則一行均盈，一行均朒。以和加和，以和減和，仍得和。以較加較，以較減較，仍得較。列位本無糅雜，則加減亦不得糅雜。加減不糅雜，所得之和較，亦自無糅雜也。

或兩行之盈朒雖純，而和較相互，以和當較，以較當和，以較當較，是兩異名，一同名。異加則同減，異減則同加，故加減亦互也。蓋以和加較，以較加和，互相消息，而多少相補，既齊其所不齊，而別爲新差。故兩較相減，亦齊其所不齊，而別爲新差也。若齊其不齊，遂無差數，則爲適足矣。以和減較，以較減和，是盈中所減者少，朒中所減者多，則此率之差，必增於原差。而所以增者，即緣彼率之有差。彼率以差相減，即以差相予。新予之差既受，原有之差亦存，詳見卷一。故并兩較，而適如所減兩數相減之差也。此兩較加減之所以仍得較，兩較既仍得較，則和必從乎一和一較矣。一和一較有兩，則兩和必有一盈。于兩較中，去一和而償一較，則此和數中，多彼一較數矣。故減去此較數，而和仍爲和。於兩較中去一較，而償一和，則和數中少彼一較矣，故加此較數，而和亦仍爲和，此和從乎和之盈也。若和之朒者，其兩較之加減，皆必從乎彼率，烏得仍爲和數乎？

其或和較既互，盈朒亦互，其加減互用之理同乎前，而所得之和較則有異。然所得和較之異屬於減，不屬於加，何也？所異於盈朒純者，惟左右之互易，亦既左右相加，遂無分於孰左孰右，故於左右之互易者而加之，和從乎和之盈，自若也。以言乎減，本以左兩盈減右兩朒，故朒從乎盈，而和較相值。今以左朒減右盈，以右朒減左盈，是兩盈中各減一朒。兩盈中各減一朒，即兩盈中共減兩朒。此兩盈即兩和，本於兩和中減去兩較，雖縱横互易，而減差不易，故減兩和而爲較，加兩較而爲和也。

其或盈朒互而和較純，皆同名，則用加減，不可互。均用加，則和較之仍和較，自若也。均用減，於左盈減右朒，是左右各減一同數之朒也。左四中減去右三，是左右各減去一三。於右盈減左朒，是亦左右各減一同數之朒也。右六中減去左二，是左右各減去二。左右所減皆同，則兩盈之減餘，雖朒於兩和，而差則存而不改。故減兩和，即兩盈之差。而較從乎和，兩較相減，減餘必屬較之盈。故減兩盈，而和從乎較之盈也。

以兩和列於下，其上中必兩較。以兩較列於下，其兩和或在上，或在中，或上中各一和一較。以一和一較列於下，其上或兩較，或亦一和一較。且舉其下，正所以求其上中，故曰和較之名，不可以彊分。勿庵分和較之名，自其下列者而名之耳。

和九	較六	較三	
加	加	加	
和三	較二	較一	三、二、一皆朒於六，四、二是朒之純。
和六	較四	較二	六、四、二皆盈於三，二、一是盈之純。
減	減	減	

和三　較二　較一

右和較純、盈朒純、加減純。

較七　和八　較一
加　加　減
和三　較二　較一
較四　和六　較二
減　減　加
較一　和四　較三

較七　較一　和八
加　減　加
和三　較一　較二
較四　較二　和六
減　加　減
較一　較三　和四

右二圖和較互、盈朒純、加減互。

較七　較八　和十五

加　加　加

較三　較六　和九　三朒於四，六盈於二，九盈於六，是朒與盈互。

較四　較二　和六　四盈於三，二朒於六，六朒於九，是盈與朒互。

減　減　減

較一　和四　較三

右和較純、盈朒互、加減純。

較七　和八　較一

加　加　減

較三　和六　較三

和四　較二　較二

減　減　加

較一　較四　和五

右和較互、盈朒互、加減互。

以兩朒減一盈，則有一和三較：和較純，盈朒純，用加減純，所得和從乎和，較從乎較；和較互，盈朒純，用加減互，所得和從乎和之盈，較從乎較。

和較純，盈朒互，用加減純，用加則所得之和從乎和，用減則變兩和兩較而所得之兩和，從乎較之盈。

和較互，盈朒互，用加減互，於互用加，則所得之和，從乎和之盈，於互用減，則變兩和兩較，而所得之兩和，從乎一和一較之盈。

一和三較，與一和二較理同。惟和較純、盈朒互者，用加和從乎和，用減從乎較之盈。雖亦與一和二較之例同，乃用減則一和變爲二和，三較變爲兩較者，何也？於本行和內以和之盈爲本行。減去彼行之和，而償以彼行較數之盈者，是本行之和內，減彼行兩朒較也。於本行兩盈較本行之和盈於彼行，則本行必有兩盈較。各減一彼行之朒較，與本行之和，爲同少彼行之兩朒較矣。惟和數繫三較之總，此止兩較，則和內尚多一較，既於彼行所償較中，減去此尚多之較數，則此和彼較之減餘，自與兩較之減餘相等，此所以變也。

若和較盈朒皆互，於互用加，與盈朒之未互者同，和仍依乎和之盈也。於互用減，則本行之和，與彼行之和，各減去一較，則兩和之減餘，即其餘四較之總數也。

和十五	較七	較五	較三
加	加	加	加
和六	較三	較二	較一
和九	較四	較三	較二

減　減　減　減

和三　較一　較一　較一

右和較盈朒，加減皆純。

和十　較七　較二　較一

加　加　減　減

和九　較四　較三　較二

較一　和三　較一　較一

減　減　加　加

和八　較一　較四　較三

右和較互盈朒純、加減互。

和十五　較五　較六　較四

加　加　加　加

和六　較三　較二　較一

和九　較二　較四　較三

減　減　減　減

較三　較一　和二　和二

右和較純盈朒，互加減純。

較十　和十二　較一　較一
加　加　減　減
和六　較三　較二　較一
較四　和九　較三　較二
減　減　加　加
和二　和六　較五　較三

右和較互盈朒，互加減互。

以一朒減兩數之盈，必有兩和兩較。

和較純，盈朒純，則用加減純。所得，和從乎和，較從乎較。

和較互，盈朒純，則用加減互。所得，和從乎和之盈，較從乎較。

和較純，盈朒互，則用加減純。加得之和，從乎兩和，減得之和，從乎一和一較。

和較互，盈朒互，而和之盈不互，則用加減互。減餘在左，兩和從乎左；減餘在右，兩和從乎右。

和較互，盈朒互，而和之盈亦互，則用加減互。所得爲三較一和，於和之盈用加，則和從乎和之盈，**於和之盈用減，則和從乎較之並。**

兩和兩較，其理與一和兩較、一和三較同。惟多一和，則多一盈朒。和之盈、和之朒。多一盈朒，則多一互矣。

其和較盈朒皆純，及和較互、盈朒純者，無異於一和兩較之理。若和較純，盈朒互，其純加亦無異。惟純減則兩和互從於一和一較者，蓋兩和與兩較其數本同，今兩和用其朒，以減隔行之盈，用其盈，以受減於隔行之朒，兩較亦然。夫本行之兩和兩較，隔行之兩和兩較，犬牙相錯，數屬參差，必不能於既減之後，使兩和之數，仍同兩較之數，故減得之兩和，不能從乎原有之兩和，亦不能從乎原有之兩較也。但本行之兩和兩較，數既相當，而隔行之兩和兩較，數亦相當，放之於和之朒者，收之於較之盈；奪之於和之盈者，償之於較之朒。蓋兩和與兩較，始之數同，既減而數不同，以同者相消息爲不同也。故兩和必互從於一較一和一較，與一和一較，始之數不同，既減而數必同，以不同者相消息而爲同也。然一較一和，又必一盈一朒相消息，故兩和所從，和盈則較朒，較盈則和朒也。

其和較盈朒皆互，而和之盈有互不互者，蓋兩和兩較，左右相錯，必有一和一較之不相錯。皆互，則四位均爲異名，純用加減矣。不相錯者在和較之盈，則相錯者皆從乎盈，故兩和加減仍得和，兩較加減仍得較。其餘一和一較，亦和較互從，亦消息之勢然也。所互之和較在盈，其三位皆從之，則相加爲三位之和。和較互，斯兩較皆盈，故於和較之互用減，兩較用加，則三位從兩較之盈。而和即屬於兩較，至此則兩和兩較變而爲一和三較，勿庵所謂較變和也。夫一和二較，及一和三較，和較必不可通易。惟二和二較，數本相當，位亦相等，和可謂之較，較亦可謂之和。然和較無定，而盈朒有定，加減之際，則不容少紊矣。

和九　和七　較五　較十一
加　加　加　加
和三　和二　較一　較四
和六　和五　較四　較七
減　減　減　減
和三　和三　較三　較三

右和較純，盈朒純，加減純，所得和較亦純。

和九　較二　和四　較十一
加　減　減　加
和三　和二　較一　較四
和六　較四　和五　較七
減　加　加　減
和三　較六　和六　較三
較七　和七　和三　較三
加　加　減　減

和三　較一　和二　較四
較四　和六　和五　較七
減　減　加　加
較一　和五　和七　較十一

右二圖和較互，盈朒純，加減互，所得兩和從乎兩和之盈。和六和五皆盈於和三和二，故所得之和從之。

和七　和八　較六　較九
加　加　加　加
和三　和六　較一　較八
和四　和二　較五　較一
減　減　減　減
較一　和四　和四　較七

右和較純，盈朒互，加減純，加得兩和仍從兩和，減得兩和互當一和一較。加得兩和七、八仍當兩和三、六，減得兩和一當和二，一當較五。

和七　和四　較六　較五
加　減　加　減
和三　和六　較一　較八

較四	和二	和五	較三
減	加	減	加
較一	和八	和四	較十一

右和較互，盈朒互，加減互，減餘在左者，所得兩和從左之兩和；減餘在右者，所得兩和從右之兩和。所互之盈朒，同名不互，故和各從和。六一當二、五爲盈朒互，兩和爲同名。

較七	較四	較四	和十五
加	減	減	加
和三	和六	較一	較八
和四	較二	和五	較七
減	加	加	減
較一	和八	較六	較一

右和較互，盈朒互，加減互，所互之盈朒不同名，則變爲三較一和所互。用加，則和從和之盈，用減，則和從較之並。和六於和五爲盈，和八從之，較八較七相並，和十五從之。

以一和三較，與兩和兩較相當，則和較不能皆純，必三加而一減，或三減而一加。

其盈朒純者，盈屬乎一和三較，所得亦從之爲一和三較；盈屬乎兩和兩較，所得亦從之爲兩和兩較。

其盈朒之互左右各兩者，若互於縱不互於橫，則所得均一和三較；若互於縱復互於橫，則所得均

兩和兩較。均一和三較者，加則和從乎加之盈，減則和從乎減之盈。均兩和兩較者，加則兩和從乎兩和，減則兩和從乎一和一較。

其盈朒之互左右三之一者，或左三盈，或右三盈。**若互於縱不互於橫，用三加一減，仍得乎一和三較。若互於縱復互於橫，用三減一加，亦得乎一和三較，而和皆從乎加數之盈者。**

循因方程而探究加減之原，其大略有三矣。然兩和兩較，與一和三較，均爲四位，亦可相雜以求之，因得六例，無和較純者，一則兩和兩較，一則一和三較，三位同名，必有一位異名，或有三位異名，必有一位同名。和當和、較當較爲同名，和當較爲異名。同名異名有三，故加減有三也。盈在一和，則得一和；盈在兩和，則得兩和者，數必從乎盈也。左右各兩盈，故或加或減，所得正同。惟互之二位，一位皆盈，一位皆朒，此兩位者，一行合之爲其餘二較數之和，一行以一總數帶一較數。以較比總，總中尚缺其餘二較之數，既以三較之和與兩較之和相加，以比五較之合數，尚少一和數，故減去此和，即得一和三較也。若於此兩和中減彼一和，則於兩較中減其三較可矣。然盈朒相互，以彼朒較減此盈較者，又以此朒較減彼盈較，此和已分爲二，彼和專位於一，不可並二以減一，據二以受三也。惟本行兩和，原同兩較之數，今於兩和減彼和，而加彼之較，則消息之，猶少彼之兩較，彼一和與三較同數，減一和償一較，是仍少二較。是本行兩和，比本行兩較，少彼行兩較也。於本行兩較中減去彼行一較，是仍比兩和多一彼行較數。若以彼行較數，合入本行兩和，則數平於本行兩較矣。於兩行兩較中取一較與彼較相減，然後以減餘與本行兩和合，則數平於本行之一較矣，故亦得一和三較也。和之所從，在加，則相加之至盈，在減，則減餘之至盈，仍從乎盈而已矣。若互之二位，既左右兩盈，又上下相錯，相加之數與減餘之數，無至盈者，故所得皆兩和兩較耳。其三加一減也，於兩和中減一較加一和，則比本行兩較多一彼行兩較之數。以彼行兩較，加入本行兩較，其數齊矣。其數齊，則兩和仍從乎兩和也。若以本行之朒和，減彼行之和，以本行之盈和，加彼行之較，則數已浮乎所餘之兩較。並浮乎本行之兩較，亦且浮乎四較之合數，四與十一共十五，多於一九二一，圖見後。則四較或加或減，皆不合矣。故以此和加彼較，必多於此和減彼和，因互減兩較，以減餘之盈者，補彼受減之和，以減餘之朒者，合彼既加之較，而其數平，於是兩和必當一和一較也。若所互之盈，左右不等，或三或一，則所得亦不相等。在左右互，上下不互，加則爲一和，減則爲兩和者，加減指三加三減，非純加純減。兩盈加爲至盈，減餘無至盈也。左右互，上下亦互，加則爲兩和，減則爲一和者，彼三位加無至盈，此一位加爲至盈也。至於一和兩和之故，仍前之理而已矣。

和十一	較四	較二	較五
加	加	減	加
和九	較三	較三	較三
和二	較一	和一	較二
減	減	加	減
和七	較二	較四	較一

右盈屬一和三較。九三三三盈二一一二。

和十二　較十四　和三　較一
加　加　加　減
較三　和六　較一　較二
和九　較八　和二　較三
減　減　減　加
和六　較二　和一　較五

右盈屬兩和兩較。九八二三皆盈於三六一二。

和十四　較一　較十　較三
加　減　加　加
和六　較三　較一　較二
和八　和二　較九　較一
減　加　減　減
較二　較五　和八　較一

右左右各兩盈，八九盈於六一，三二盈於二一。盈朒互於縱，不互於橫。六八皆盈於二三，故橫不互。

和四　較十一　和八　較一

減　加　減　減

和六　較三　較一　較二

和二　和八　較九　較一

加　減　加　加

和八　和五　較十　較三

右盈朒縱橫皆互。八九盈於三一，六二盈於二一，六與二互，三與八互，六與三互，二與八互。

和十五　較十　較一　較四

加　加　減　加

和六　較二　較三　較一

和九　較八　和二　較三

減　減　加　減

和三　較六　和五　較二

右盈朒之互，左右三之一。一行九八三盈於六二一，一行三盈於二。互於縱，不互於橫。六九盈於二八，是橫不互。九盈於六，三盈於二，是縱互。

和七　較八　和六　較五

加　加　加　減

較三	和六	較一	較二
和四	較二	和五	較七
減	減	減	加
較一	較四	較四	和九

右盈朒之互，左右三之一。一行四五七盈於三一二，一行六盈於二。縱橫皆互。三六與四二爲縱互，三四與六二爲橫互。

上兩數同，下三數純盈純朒，而相加之兩色相當，均用減則變和。相加之兩數，雖不相當，而以相當之一色，與兩差同加減，較亦變和。

上兩數同，下三數盈朒雜，均用減，則較亦變和。純較數不可以相加，變和必一和一較。而上兩數同，下三數純盈純朒也。

梅勿庵方程論，和較變，立例最詳。於和之變較，止一例，減餘分在兩行者，是也。較之變和，例則有三，減餘或有一行内皆正，或皆負，一也；雖減餘分在兩行，而一行餘正物，一行餘負物，二也；兩異并皆左正右負，或皆左負右正，三也。總而言之，則曰隔行之同名，乃本行之異名；隔行之異名，乃本行之同名。循因推而言之。此皆爲互乘之後，首位減盡以言之也。首位同正，二位三位同負，兩差即負多於正之數。今減去首位兩正，則兩差較四負，恰每行少一正之數。兩正之數既同，則兩差所各少者，雖於四負有殊，而於差之差，實無增減。蓋於兩差，每加一正數，即爲四負之和數。今雖每少一正數，而相減之差，與四負之和數等，是雖兩較之用減，不啻兩和之用減也。兩和用減，而減餘在一行，仍不變。在兩和仍爲和，在兩較則變爲和矣。首位不同正，一正一負。或二位同正，或三位同正，必於首位及不同之一色用減，其同之一色及兩差用加，何也？首位數同，必減去，所存兩行，其一行減去一正，存兩負一差，差即兩負多於一正之數。以差較兩負，必少首位一正之數。其一行減去一負，存一正一負一差，以一正較一負，所餘必較一差少首位一負之數。以多於一正之數，補少於一負之數，則兩行之差，一爲兩負之和，一爲一負一正之較。雖兩較之用加減，不啻一和一較之用加減也。一和一較之法，兩盈在和，及差數用加者，皆爲和數。此兩負皆盈，而兩差用加，在一和一較從乎和者，在兩較變爲和矣。

此二者，皆必下三位純盈純朒。若三位盈朒雜錯，首位既用減，則下三位若皆用減，則必無一行餘正一行餘負之理，勢必兩負不能相當而後可。兩負既不能相當，則首位用減盡。下三位止有兩加一減，何有減餘分左右而一正一負乎？勿庵之言一行餘正物，一行餘負物，當謂盈朒分於兩行，一行盈屬正，一行盈屬負，以首位減盡，下三位爲減餘，非謂三位用減之餘也。一行盈屬正，一行盈屬負，其用加減而變和之理，與純盈純朒之用加減同。若所謂異加，必皆左正右負，或皆左負右正者，此兩較中所必無。蓋左右之正負兩位皆同，則其主客必相當，主客既相當，則首位用減，下三位亦必隨之而減，無所爲異加矣。若主客不相當，則首位用減，中二位必一加一減，無兩位用加之理。細求之，蓋謂一和一較之三色者言之也。一和一較，則和之一行，不分主客，正則皆正，負則皆負，較之一行，或首色盈於中二色，或首色朒於中二色，惟差數從之，以爲加減。而中兩色皆用加，故得有兩異并成和數之理也。差數從之，以爲加減，奈何首色盈於中二色，則差數爲中二色少於首色之數。首色朒於中二色，則差數爲中二色多於首色之數。兩首色既同數減盡，則和之中二色，較其和數必少一首色。今以和之中二色，與較之中二色相加，若較之中二色，視首色少一差數，必以差減總。蓋和之中二色，較總數少一首色之數所補入較數之中二色，仍少一差，故必於總中去一差也。若較之中二色，視首色多一差數，必以差加總。蓋和之中二色，較總數少一首色之數，所補入較數之中二色，反多一差，故必於總中加一差也。

相加得和，必一行爲和數，乃可。若較數下爲兩差，未有相加而得和者矣。勿庵之論方程，極爲精確，而疑似之際，尤宜辨而明之。

一正	二負	三負	四
一正	四負	五負	八
減盡	減	減	減
	二	二	四變和

右圖上兩數同下三數純盈純朒，四五八皆盈，二三四皆朒。而相加之兩數相當，二與三相加爲五，四與五相加爲九，兩兩相當。用減則變和，四爲二二之和。勿庵所云一行皆正，一行皆負也。

一	二	三	二
一	四	五	八
減盡	減	加	加

二	八	一十變和

右上兩數同下三數純盈純朒，相加之兩數雖不相當，一與三相加爲四，四與五相加爲九，三五相當，一四不相當。而以相當之一色即五三。與兩差二與八。同加減，加則俱加，減則俱減。較亦變和，二較三餘一，今餘二，是多餘一矣；四五和九，今和八，是少一矣，故以三加五，則以多補少矣。

一正	四盈屬正	三負	二正
減盡	加得六	減餘二	加得八
一正	二負	五盈屬負	六負

右圖首兩數同，下三數盈朒雜。四盈於二，五盈於三。雜用加減，則較亦變和。勿庵所謂減餘分在兩行，一行餘正物，一行餘負物也。減必同名，故首兩一皆正，左行二五六皆負，右行四二皆正，三屬負，三五兩負相減，四二二六皆四加。

六	二	三	差數一
六	四	五	總數十五
減盡	加	加	減
	六	八	十四變和

右圖梅氏所謂異加，皆左正右負，或皆左負右正，亦和數是也。然必一和一較乃有之，總數爲和，差數爲較。純較數不可以相加變和也。

加減乘除釋卷六

以甲乙各爲母子，以甲母乘乙子，以乙母乘甲子，爲維乘，亦爲互乘。

甲乙平列，以甲乘乙，以乙乘甲，此相乘也。以甲列右上，乙列左上，丙列右下，丁列左下，以甲乘丁，以乙乘丙，謂之維乘。維者，斜角之名，不直相乘而以斜，故曰維。《九章算術》『盈不足』術云：『置所出率盈不足，各居其下，令維乘所出率』是也。《張丘建算經》有燕雀之術，劉孝孫《草》云：『置雀一十五隻於右上，置盈四銖於右下，又置雀一十二隻于左上，置不足八銖于左上，維乘之。以右下四，乘左上一十二，得四十八。以左下八，乘右上一十五，得一百二十。』維乘之式，於此益明。盈不足方程之妙，全以維乘。蓋左右之數不齊，惟維乘則齊之也。在方田法，謂之互乘。用於均輸亦然。其實維乘、互乘，一而已矣。《孫子算經》云：『今有三女，長女五日一歸，中女四日一歸，少女三日一歸，問三女幾何日相會。』術曰：『置長女五日，中女四日，少女三日於右，各列一算於左，維乘之，各得所到數。』又各以歸日乘到數，即得此三色平列。而亦曰維乘者，蓋置五於右上，亦置一於左上，置四於右中，亦置一於左中，置三於右下，亦置一於左下，三四乘一，是左下中乘右上，五三乘一，是左上下乘右中，四五乘一，是左中下乘右下，皆以斜行，故曰維乘。

凡不齊者，以兩母相乘，又以兩子互乘兩母，則母同而子齊。

《九章算術》『方田』『合分術』云：『母互乘子，并以爲實，母相乘爲法。』劉氏注云：『母互乘子謂之齊，群母相乘謂之同。同者，相與通同共一母也。齊者，子與母齊，勢不可失本數也。方以類聚，物以群分，數同類者無遠，數異類者無近。遠而通體者，雖異位而相從也，近而殊形者，雖同列而相違也。錯綜度數，動之則諧，其猶佩觿解結，無往而不理焉。乘以散之，約以聚之，齊同以通之，此其算之綱紀乎。』循按：相乘則兩數如一，故謂之同。三乘五得一十五，五乘三亦得一十五。互乘則兩子之差立見，可以施加施減，故謂之齊。相乘者，同加以數倍也。維乘者，互加以數倍也。如出八盈三，出七朒四，盈不足題。七八相乘，均得五十六，而八四維乘三十二，七三維乘二十一。三十二爲四之八倍，二十一爲三之七倍，化七个八个爲七倍八倍，則七八相較多一个者，爲多一倍，合盈不足之五十三，即此所多之一倍矣。又如三人共羹，四人共肉，三四相乘一十二。以三乘肉，肉得三倍；以四乘羹，羹得四倍，知十二人共三肉四羹。蓋共肉之四人，即共羹之三人，而多一人，不能齊，非相乘於上，維乘於下，不可得而齊也。此齊同之術，用諸算術最多。神而明之，運化無窮，故合分減分等法，首列於方田，而劉氏之注，亦不殫詳析以明其理。試舉而言之。

方田合分術云：『三分之一，五分之二，問合之得幾何？』答曰：『十五分之十一。』循按：三分之一，五分之二，猶云三人共一，五人共二也。三人共一，五人共二，欲合而觀之，用相乘維乘，知十五人共十一也，即知三分之一，合五分之二，爲十五分之十一也。

減分術云：『九分之八，減五分之一，問餘幾何？』答曰：『四十五分之三十一。』術曰：『母互乘子，以少減多，餘爲實，母相乘爲法。』循按：九五相乘得四十五，九互乘一得九，五互乘八得四十，以九減四十，故爲三十一。此如云，有物九而價八，如俗云八錢買九枚。今損之，每五枚減一錢，則是四十五枚減九錢也。以四十五爲五九之數，則五八得四十爲原價。以四十五爲九五之數，則九一如九爲減數。同是物而減價，故同是母而減子耳。

課分術云：『九分之八，七分之六，問孰多，多幾何？』答曰：『九分之八多，多六十三分之二。』術曰：『母互乘子，以少減多，餘爲實。母相乘爲法。實如法而一，即相多。』循按：九七相乘爲六十三，九互乘六爲五十四，七互乘八爲五十六，以五十六減五十四餘二，知九分之八多六十三分之二也。如九桃值八錢，七杏值六錢，欲知孰貴孰賤。故加桃七倍，加杏九倍，皆爲六十三。桃之六十三爲七九之數，七八則價五十六。杏之六十三爲九七之數，九六則價五十四。兩者相較，知六十三桃之值多於六十三杏二錢。此術同於減分。李淳風云：『減分求其餘數有幾，課分以其餘數相多。』蓋兩數相減其存者，即其多者。故題不同，而術則合。一減於原價之中，一較於本數之外，術既可通，數乃相合，其妙又有如是者。

均輸鳧雁之術云：『鳧起南海，七日至北海；雁起北海，九日至南海。今鳧雁皆起，問何日相逢？』答曰：『三日十六分日之十五。』術曰：『并日數爲法，日數相乘爲實，實如法得一日。』劉氏注云：『置鳧七日一至，雁九日一至，齊其至，同其日，定六十三日鳧九至，雁七至。』循按：術不言互乘、注言齊同者，置七日九日於上，置兩一至於下，七九相乘得六十三，與兩一至互乘，仍得七得九。并日數者，并此互乘所得之七與九也。以一乘不長，故省之，第并其日數而已。又：『甲發長安，五日至齊；乙發齊，七日至長安。今乙發已先二日，甲乃發長安，問幾何日相逢？』答曰：『二日十二分日之一。』術曰：『并五日七日以爲法，以乙先發二日減七日，餘以乘甲日數爲實。』劉氏注云：『并五日七日爲法者，猶并齊爲法。置甲五日一至，乙七日一至，齊而同之，定三十五日甲七至，乙五至。并之爲十二至者，用三十五日也。』又：『一人一日爲牡瓦三十八枚，一人一日爲牝瓦七十六枚。今令一人一日作瓦，牝牡相半，問成瓦幾何？』答曰：『并牝牡爲法，牝牡相乘爲實，實如法得一枚。』劉氏注云：『此術亦與鳧雁術同。牝牡瓦相并，猶如鳧雁日飛相并也。』李淳風云：『并牝牡爲法者，并齊之意。牝牡相乘爲實者，猶以同爲實也。』循按：兩術皆同鳧雁之術。惟發齊先甲二日，故減而後相乘也。減而後相乘，不減而後互乘者，互乘爲每日定率，故必依其原數。每日之率既定，隨母數之增減，而皆合矣。

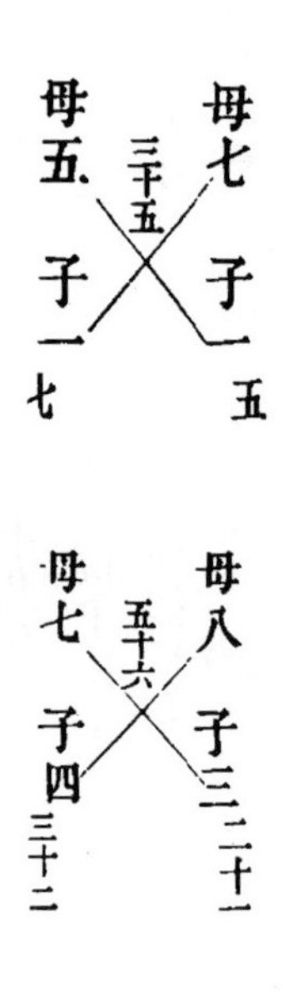

以兩母互乘諸子者，爲偏乘。

盈不足方程兩章，均以互乘爲術，而在方程謂之偏乘。蓋以首列之色爲母，本二色則共有四子，本三色則共有六子。子有四，則左子之二，皆以右母互乘；右子之二，皆以左母互乘。子有六，則左子之三，皆以右母互乘；右子之三，皆以左母互乘，所謂偏也。《九章算術》方程都術云：『今有上禾三秉，中禾二秉，下禾一秉，實三十九斗；上禾二秉，中禾三秉，下禾一秉，實三十四斗；上禾一秉，中禾二秉，下禾三秉，實二十六斗。問上中下禾實一秉各幾何？』術曰：『置上禾三秉，中禾二秉，下禾一秉，實三十九斗於右方，中左禾列如右方。以右行上禾，偏乘中行。』劉氏注云：『先令右行上禾，乘中行爲齊同之意。』循按：爲齊同者，謂中行上禾亦乘右行也，蓋非上禾減盡，不能以知下禾，非相乘維乘，不能令減盡上禾而知下禾。極參差雜錯，而有以齊之，無不一一就範。如亂絲齊其一端，其一端之長短，皆燦然可覩。故方程之術，不能舍此。或云『如方程，損之曰益，益之曰損』，或云『如方程，各置所取，以正負術入之』，或云『如方程，交易質之』，術有不同，而所謂如方程者，皆此偏乘術也。均輸術云：『今有金箠長五尺。斬本一尺，重四斤；斬末一尺，重二斤。問次一尺，各重幾何？』術曰：『以本重四斤，偏乘列衰，各自爲實。』此以一本重之數乘衆差，而謂之偏乘。則偏乘之名，亦不專屬於方程之交互。方程之交互，蓋維乘之偏乘耳。緣方程所舉，因屬之互乘，而復據均輸之稱，而辨明之。

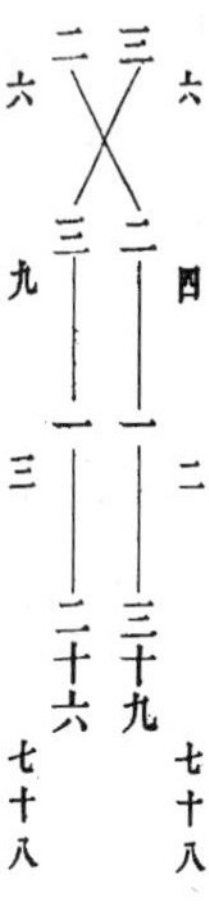

兩單數在母，則相乘維乘皆不用。兩單數在子，則用相乘，而不用互乘。

如云，每桃一枚三錢，每杏一枚五錢，此兩單數在母也。如云，每桃三枚一錢，每杏五枚一錢，此兩單數在子也。詳見前。鳧雁之術即兩單數在子。

兩單數互在子母，則以兩母兩子各相乘。而專以子母之不單數者互乘。

兩單數互在子母者，如云『物一價三，物三價一』是也。物一價三，則三分物之一而價一也，必三分物之一而價一，而後與物三價一相齊。今曰物一價三，則既參差而不等。若以齊同之常法馭之，則以物一乘物三價一，仍得物三價一。若置物一於左上，置價三於左下，又置物三於右上，置價一於右下。以右上之物三，平乘左上之物一，爲物三，是兩母相乘也。又維乘左下之價三，爲價九，是物一價三化爲物三價九也。以左下價三，平乘右下價一，爲價三，是兩子相乘也。又維乘右上物三爲物九，是物三價一化爲物九價三也。物三價九，物九價三，乃兩兩相當，而無單數矣。《張丘建算經》有雞翁之術云：『今有雞翁一，直錢五；雞母一，直錢三；雞雛三，值錢一。凡百錢買雞百隻，問翁母雛各幾何？』下列答云：『翁四、錢二十，母十八、錢五十四，雛七十八、錢二十六。』又答云：『翁八、錢四十，母十一、錢三十三，雛八十一、錢二十七。』又答云：『翁十二、錢六十，母四、錢十二，雛八十四、錢二十八。』術曰：『雞翁每增四，雞母每減七，雞雛每益三，即得。』甄鸞以此術難以通曉，而定其術云：『置錢一百在地，以九爲法除之，得雞母之數。不盡者，反減下法，爲雞翁之數。』李淳風釋云：『既雛三直錢一，則是每雛值三分錢之一。宐以雞翁母各三因，并之爲九。』劉孝孫《草》云：『置錢一百文在地爲實。又置雞翁一，雞母一，各以雞雛三因之，翁得三，母得三。並雛三，并之共得九，爲法。除實得一十一爲雞母數。不盡一，返減下法九，餘八，爲雞翁數。』循謂此術既非經旨，亦非通術。《術數記遺》云：『計數既舍算術，宜從心計。』甄鸞注舉計數之事云：『今有雞翁一隻值五文，雞母一隻值四文，雞兒一文得四隻，合有錢一百文買雞大小一百隻。若依前術，以雞兒四乘翁母并得十二爲法，除實得八，餘四。減十二，亦得八，則是雞母雞翁皆八。翁八得錢四十，母八得錢三十二，於實内減七十二，存二十八，以雞兒一文四隻計之，當得雞兒一百十二。更加雞翁雞母之十六，則百二十八矣。』《術數記遺》注又舉一問云：『雞翁一隻四文，雞母一隻三文，雞兒一文三隻，合錢一百文，还買雞大小一百隻。』還字承上所舉言之。依前術算之，以雞兒乘翁母，并得九，除實得一十一，餘一。減九爲八，是雞母一十一，錢三十三；雞翁八，錢三十二。并得六十五，減實，餘三十五。以雞兒一文三隻計之，當得一百□五隻。合翁母一十九，爲一百二十四，均與百隻不符。故曰非通術也。然則其術何如？此貴賤差分之法耳。貴賤之術，於《九章》屬粟米。如云：『今有出錢五百七十六，買竹七十八箇。欲其大小率之，問各幾何？』術曰：『置所買以爲法，以所率乘錢數爲實，實如法而一。不滿法者，反以實減法，法賤實貴。』依此術算之，一百錢除一百雞不成法，宜以三色差分之法馭之。以三除一百，得三十三，爲中數。雞母處翁雛之中，以當中數，則以三十三爲雞母之值。以三錢一隻除之，是雞母爲一十一隻也。於共物減一十一，存八十九。於共價減三十三，存六十七，是爲六十七錢共買雞翁雞雛八十九。錢少物多，宜與反率之貴賤術等。乃以六十七，除八十九，得一物，餘二十二。以二十二爲雛與翁皆不合。蓋粟米貴賤之術，雖有共錢共物，而所謂貴賤者，原無定率，故除餘即貴，以貴減法即賤。今既有共錢共物，而復有貴賤之率，是必以雞翁之價五，乘物餘之八十九，得四百四十五。以雞雛之數三，乘價餘之六十七，得二百零一。以二百零一減八十七，餘一百一十二；以四百四十五減六十七，餘三百七十八。五文一枚與一文三枚不便於減，乃通一文三枚爲五文十五枚，以十五枚與一枚相減，餘十四枚，用除一百一十二，得數八，即雞翁之八也。又通五文一枚爲十五文三枚，與一文三枚相減，餘十四，以除三百七十八，得二十七，即雞雛之價二十七也。惟術有一定，而數非一定，故又立增四減七益三之例，所以連列三答者，此也。李淳風、劉孝孫所立之術，所謂不盡返減者，似本諸粟米貴賤之術。然不用共價除共物，而以翁母雛并數除之，亦異於本法。以雞雛之三乘翁母，此乘之無義理可言也。蓋此術無他難，惟五文一枚與一文三枚不便於減耳，故必先以五文乘一文爲五文，又乘三雞爲十五雞，以三雞乘一雞爲三雞，又乘五文爲十五文，如是始有減地也。

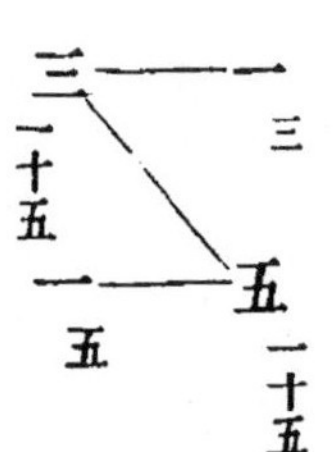

甲乙丙各爲母子，以甲乙兩母相乘，得數，維乘丙子。以甲乙兩母互乘兩子，相加，得數，維乘丙母。又相加，則母同而子齊。

若以乙丙兩母相乘，以維乘甲子，以乙丙兩母維乘兩子，相加，以維乘甲母，又相加，其數等。

以甲丙兩母相乘，以維乘乙子，以甲丙兩母維乘兩子，相加，維乘乙母，又相加，其數等。以甲母乘丙子，以乙母連乘之，以丙母乘甲子，以乙母連乘之，以甲母乘乙子，以丙母連乘之，相加，其數等。

以甲母乙母相乘，以丙子連乘之，以乙母丙母相乘，以甲子連乘之，以甲母丙母相乘，以乙子連乘之，其數等。

三母連乘，各以母除之，以子乘之，其數等。

乘法不分先後，故以兩母一子連乘。如是者三，而後并之，猶夫以兩母相乘。兩母兩子互乘，而後與一母一子互乘之也。以甲母乘乙子，又以丙母連乘，是不啻丙甲之母相乘，而乙子乘之也。以乙母乘丙子，又以甲母連乘，是不啻乙甲之母相乘，而丙子乘之也。以丙母乘甲子，又以乙母連乘，是不啻丙乙之母相乘，而甲子乘之也。以甲母乘乙子，而丙母連乘之，以乙母乘甲子，而丙母連乘之，并之得數，不啻以甲母乘乙子，以乙母乘甲子，先相并而後以丙母總乘之也。以乙母乘丙子，而甲母連乘之，以丙母乘乙子，而甲母連乘之，并之得數，不啻以乙母乘丙子，以丙母乘乙子，先相并，而後以甲母總乘之也。以甲母乘丙子，而乙母連乘之，以丙母乘甲子，而乙母連乘之，不啻以甲母乘丙子，以丙母乘甲子，先相并，而乙母總乘之也。故以甲乙之母互乘子，先相并，而以丙母總乘之，以甲乙之母相乘，而以丙子連乘之，即不啻兩母一子連乘，如是者三也。以母除共母，以子乘之，而數亦等者，何也？本以三四相乘，以子一互之，今以二三四連乘，以一互之，是多一以二乘之之數，故以二除之，即不啻三四相乘，而以一互之也。本以二三相乘，以子三互之，今以二三四連乘，以三互之，是多一以四乘之之數，故以四除之，即不啻二三相乘而以三互之也。本以二四相乘，以子二互之，今以二三四連乘，以二互之，是多一以三乘之之數，故以四除之，即不啻二四相乘，而以二互之也。除爲乘之反，多一乘而以一除消之，如不乘矣。《九章算術》方田平分術云：『今有三分之一，三分之二，四分之三，問減多益少，各幾何而平？』答曰：『減三分之二者一，四分之三者四，并以益二分之一，而各平於三十六分之二十三。』術曰：『母互乘子，副并爲平實。母相乘爲法。以列數乘未并者，各自爲列實。亦以列數乘法，以平實減列實，餘，約之爲所減。并所減，以益於少，以法命平實，各得其平。』《孫子算經》載此條而解之云：『置三分，三分，四分，在右方。之一，之二，之三，在左方。母互乘子，副并得六十三。置右爲平實。母相乘得三十六爲法。以列數三乘未并者及法，等數爲九，約訖，減四分之三者二，減三分之二者一，并以益三分之一，各平於一十二分之七。』此較《九章算術》爲詳。循按：母三母四，互乘子一爲十二者，三乘一爲三，四乘三爲十二也。母三母四乘子二爲二十四者，三乘二爲六，四乘六爲二十四也。母三母三乘子三爲二十七者，三乘三爲九，九乘三爲二十七也。并十二與二十四、二十七爲六十三。所謂母互乘子，副并爲平實也。以三三四連乘爲三十六，所謂母相乘爲法也。已并爲六十三，未并則一十二、二十四、二十七也，列數所列之行數也。三行則以三乘一十二爲三十六，三乘二十四爲七十二，三乘二十七爲八十一。列三十六、七十二、八十一爲三行，所謂各自爲列實也。又以列數乘法者，以列數三乘法三十六，爲一百□八也。以平實減列實者，以六十三減三十六爲少二十七，減七十二爲餘九，減八十一爲餘十八也。以十八與九并補於三十六，則皆六十三，是爲一百□八分之六十三。以七約之，故爲十二分之七也。均輸術云：『今有程耕，一人一日發七畝，一人一日耕三畝，一人一日耰種五畝。今令一人一日自發、耕、耰種之，問治田幾何？』術曰：『置發、耕、耰畝數，令互乘人數，并以爲法，畝數相乘爲實，實如法得一畝。』又：『今有假田，初假之歲三畝一錢，明年四畝一錢，後年五畝一錢，凡三歲得一百，問田幾何？』術曰：『置畝數及錢數，令畝數互乘錢數，并以爲法。畝數相乘，又以百錢乘之爲實。實如法得一畝。』所云互乘相乘，皆平分之法也。

《孫子算經》有蕩盃之術云：『二人共飯，三人共羹，四人共肉，凡用盃六十五，不知客幾何？』術以一十二爲率，而未詳其義。張丘建以爲未得其妙，更造新術，推盡其理。其術云：『今有婦人於河上蕩盃，津吏問曰，盃何以多？婦人答曰，家中有客，不知其數，但二人共醬，三人共羹，四人共飯，凡用盃六十五，問人幾何？』答曰：『六十人。』術曰：『列置共盃人數於右方，又置共盃數於左方。以人數互乘盃數，并以爲法，令人數相乘，以乘盃數爲實，實如法得一。』劉孝孫《草》曰：『置人數二三四，列於右行，置一一一盃數左行。以右中三乘左上一得三，又以右下四乘之，得一十二；又以右上二乘左中一得二，又以右下四乘之得八；以右上二乘左下一得二，又以右中三乘左下一得六。三位并之，得二十六爲法。又以二三四相乘，得二十四，以乘六十五盃，得一千五百六十，以二十六除之，得六十，人數合前問。』循謂此術即孫子三女同歸之術，惟歸無定日，盃有共數爲異。歸無定日，故止用維乘，不用爲率更除。蕩盃用十二、十三爲率，十二即二十四之半，十三即二十六之半，正由互乘連乘，既得其率數，而故爲半之。張丘建以爲未得其妙者，恐不足以斥孫子。此術子皆一數，可以省乘。而劉氏《細草》於右行之二三四，必與左行之一一一維乘者，所以備維乘之法也。

張丘建又有獵鹿之術云：『今有官獵得鹿賜圍兵，初圍三人中賜鹿五頭，次圍五人中賜鹿七頭，次圍七人中賜鹿九頭，并三圍賜鹿一十五萬二千三百三十三頭少半頭，問圍兵幾何？』答曰：『三萬五千人。』術曰：『以三賜人數，互乘三賜鹿數，并以爲法。三賜人數相乘，并賜鹿數爲實。實如法而得一。』此子母皆無單數，觀於此，而知蕩盃用維乘之理矣。

三色以上之方程，各以兩色遍乘，以爲對減之地，與蕩盃、獵鹿並殊。此所以不曰維乘而改云遍乘也與？

三　五　七

五　七　九

五乘　三乘　三乘

五爲　七爲　九爲

二十　二十　二十

五又　一又　七又

七乘　七乘　五乘

爲一爲一爲一
百七百四百三
十五十七十五

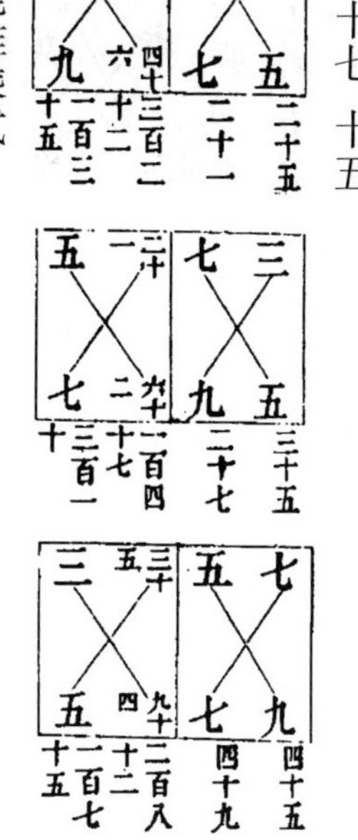

右獵鹿維乘式

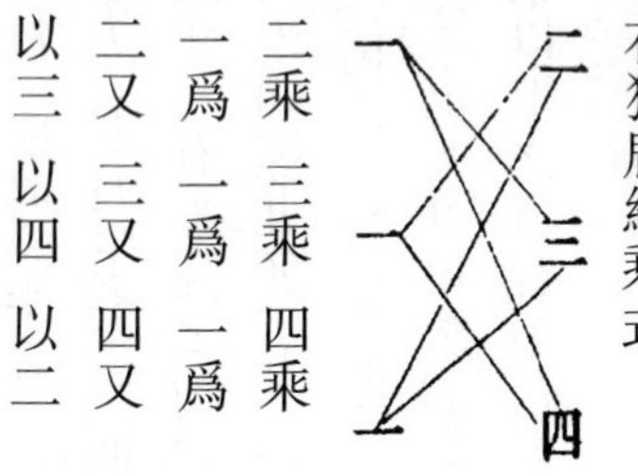

二乘三乘四乘
一爲一爲一爲
二又三又四又
以三以四以二

乘之 乘之 乘之

爲六 爲一 爲八

十二

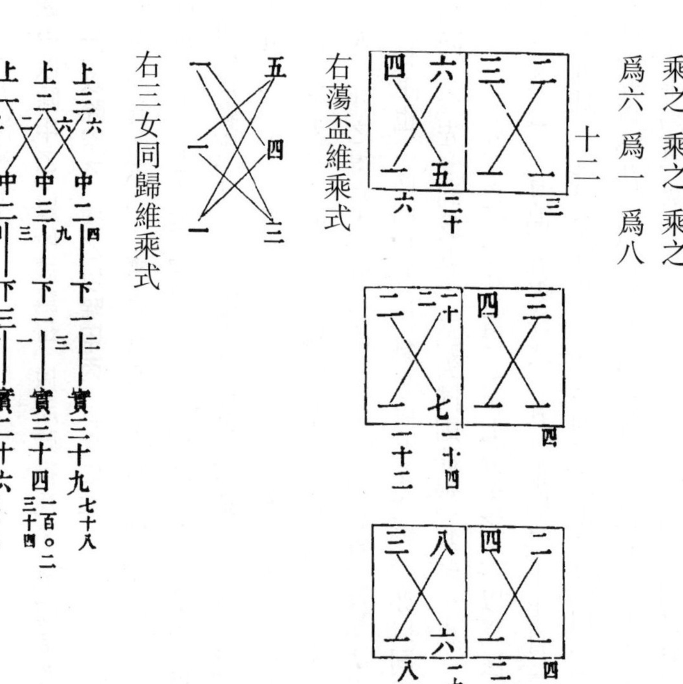

右蕩盃維乘式

右三女同歸維乘式

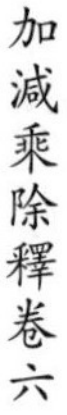

右方程遍乘式

據甲以除甲乙，以所據爲母，以所除得爲子，亦母同而子齊。據乙以除甲乙，其數等。據甲以除乙丙，據丙以除甲乙，據乙以除甲丙，其齊同等。

同者，同其所不同。齊者，齊其所不齊。何爲不同？如云三人賜五鹿，七人賜九鹿，三人七人，所謂不同也。以三七相乘，均得二十一，則同其所不同矣。惟不同，故不齊，母既同矣，子可以齊。故互乘之，而不齊者齊，此鳧雁之術，亦即蕩盃之術也。又有矯矢之術。《九章》均輸術云：『今有一人一日矯矢五十，一人一日羽矢三十，一人一日筈矢十五。今令一人一日自矯、羽、筈，問成矢幾何？』答曰：『八矢少半矢。』術曰：『矯矢五十，用徒一人。羽矢五十，用徒一人太半人。筈矢五十，用徒三人少半人。并之得六人，以爲法。以五十矢爲實，實如法得一矢。』劉氏注云，此術言成矢五十，用徒六人，一日工也。此同功共作，猶鳧雁共至之類。亦以同爲實，并齊爲法。可令矢互乘一人爲齊，矢相乘爲同。今先令同於五十矢，矢同則徒齊，其歸一也。以此術爲鳧雁者，當雁飛九日而一至，鳧飛七日而一至七分至之二，并之得二至七分至之二，以爲法。以九日爲實，實如法而一，得一人日矯矢之數也。又：『今有池，五渠注之。其一渠開之，少半日一滿；次一日一滿；次二日半一滿；次三日一滿；次五日一滿。今皆決之，問幾何日滿池？』答曰：『七十四分日之十五。』術曰：『各置渠一日滿池之數，并以爲法。以一日爲實，實如法得一日。其一術：列置日數及滿數，令日互相乘滿，并以爲法，日數相乘爲實，實如法得一日。』劉氏注云：『同齊有二術焉，可隨率宜也。』循按：鳧雁之術出於和，矯矢之術出於較。鳧七日，雁九日，以七加九爲十六，以九加七亦爲十六，乘即加也。以七而九倍之爲六十三，以九而七倍之亦爲六十三，故曰出於和。矯矢五十用一人，羽矢三十用一人，箬矢十五用一人，五十、三十、十五，數不同也。今據矯矢之五十，徑令羽矢、箬矢皆從之，於羽矢三十用一人者，依矯矢亦爲五十，則一人所造外，尚不足二十，爲三分之二，故益太半人。於箬矢十五用一人者，依矯矢亦爲五十，則一人所造外，尚不足三十五，三十宜益二人，五爲三分十五之一，故又益少半人。推此而據箬矢之十五，則令矯矢、羽矢亦爲十五，而又必損矯之一人爲十分人之三，損羽之一人爲十分人之五，兩相比較而得之，故曰出於較，較即減，減即除。令羽矢、箬矢就矯矢，必以除而得數。羽矢之化一爲一人三分之二者，以三十除五十而得之也。箬矢之化一爲三分之一者，以一十五除五十而得之也。用較猶之用和，各視其所便以施之，故曰可隨率宜也。算數不外於齊同，齊同不外於和較而已。

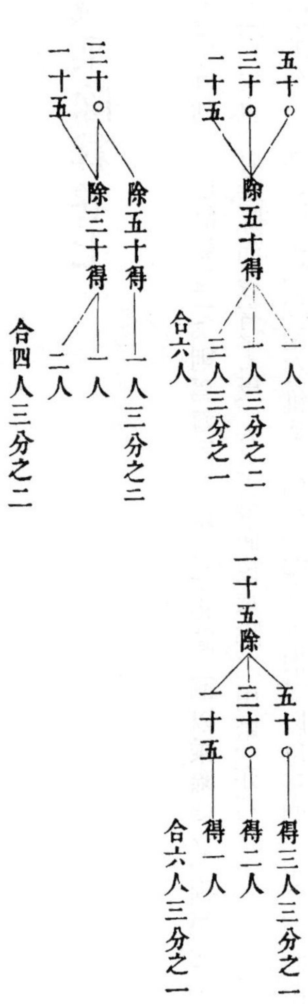

加減乘除釋卷七

以母子分列，而以維乘互之，則爲齊同。以母子相間，而以乘除消之，則爲比例。

算之爲術也，有乘除而後有子母。有子母而後乘除之用繁，亦巧之所由生也。以母子分列爲二一，將由分以求合，則必齊同之，於是有維乘、偏乘、連乘等術。以母子間列爲四，將由此以知彼，則必比例之，於是有三率連比例、四率斷比例等術。惟舉此可以例彼，故同其母，即齊其子也。子母者，法實也。法實者，主客也。算之至精極巧，不外此而已矣。

以甲除乙，以乙乘之，得丙。丙之於乙，猶乙之於甲，是爲三率連比例。

以乙自乘，以甲除之，得丙，其比例等。

以甲減乙，以甲除之，以乙乘之，又與乙原數相加，其比例等。

衰分之等，有遞析之衰分，有四六之衰分，有三七之衰分，有二八之衰分。於四六以四爲首，而每加五，蓋四之於六，減餘二，以四除之，得□五，故以五爲率，每一數加五分也。四加爲六。自六加之，必爲九。自九加之，必爲一十三□五分。即以甲減乙以甲除之又以乙乘之與乙相加之謂也，其實即同於以甲除之以乙乘之之術。蓋甲除而乙乘，既省去一減，自省去一加。四六以五爲加，雖簡法而實止用於四六之衰，非通法也。中法有異乘同除，西法有三率比例。在《九章》爲粟米、衰分、均輸，而總之爲今有，推之爲均輸，用其相連之數，則以二率自乘。用爲今有之例，則二率三率相乘。無論自乘、相乘，皆異乘也。蓋三率與首率例，不與二率例。今二率三率相乘，是爲異乘。其二率自乘者，亦由二率三率數同之故。如云一人出三，設三人出幾何？以三自乘，實以人與出異乘也。

以甲乘甲得丙，又乘乙得丁，丁之於丙，猶乙之於甲，是爲四率斷比例。

以甲乘甲得丙，以甲除乙，乘之得丁，其比例等。

以甲乘甲，以甲除之，以乙乘之，其比例等。

以甲自乘，又以甲減乙，以甲除之，而乘之，以相加，其比例等。

衰分之法，於四六既以五爲加，於二八則用四因，於三七則雜用三因九因，而歸之於三除七乘，豈二八三七真殊於四六哉？二八用四乘者，以二除八得四，以八乘之，得三十二，不異於四六之求得九也。三七之衰，以三除七，得二三三，不盡。三七相減，得四，以三除四，得一三三，亦不盡。不盡之數，雖有子母命分之法，而不可用爲衰分之率。故常法有不可用者，舍其疏，求其密，而別設一數，如以三乘三爲九，以甲乘甲。以三除之爲三，以甲除之。以七乘三爲二十一。以乙乘之。於是二十一之於九，猶之七之於三。又以三除二十一[一]，得七，以七乘之，得四十九。於是四十九之於二十一，猶之二十一之

[一] 二十一，底本訛作『二十七』，據文意改。

於九矣。此用之於四六二八，無不然。所以通其術之變，而非法有不同也。

以甲除乙，以丙乘之，得丁。丁之於丙，猶乙之於甲。

以乙乘丙，以甲除之，其比例等。

《九章》粟米今有術云：『以所有數乘所求率爲實，以所有率爲法，實如法而一。』衰分術云：『各置列衰，副并爲法。以所分乘未并者，各自爲實，實如法而一。』二者其法一也。粟米者，有定率；衰分者，無定率，而副并以爲定率。衰分後十一條，即粟米之今有術。粟米後之貴賤術，即後世之貴賤差分。如四六衰分，共數二十，甲乙分之，甲得六，乙得四，必并四六爲十，以除二十得二。甲得六，則以六乘二，得十二；乙得四，則以四乘二，得八。或先乘後除，亦可以甲之六乘二十，爲一百二十，以十除之，得十二。以乙之四乘二十，爲八十，以十除之，得八。先除後乘者，以實得實，其理易明。先乘後除者，以虛得實，其理似秘，其實不出於一乘一除之相消。先乘則數多於所得，故除以損之。先除則數少於所得，故乘以益之，必先乘者。劉氏注云：『先除後乘，或有餘分，故術反之是也。』衰分視粟米多一副并，蓋有所求率所有數，而無所有率，必副并所有數，以爲所有率，所以於無定率求定率也。推之均輸，亦第以無定率求定率。近有疊借互徵，借衰互徵，大抵不外乎均輸。而究其原，則衰分而已矣。蓋以已定之率，求今有之數，固爲米鹽交易之所便。若當艱深隱伏之際，有不可以常法馭者，於無定之中，立爲有定之率，以相比例。小之如《孫子》之蕩杯，用十二十三相例。大之如《海島》之重差，用餘句餘股相例。以至《弧三角》之以角度例經緯度，矢較之以先數例後數，詳見《釋弧》。橢圓之以倍差例句股，大徑例小徑，詳見《釋橢》。爲法甚易，而爲用甚神。梅氏謂方程之術，所用至廣，吾謂衰分之術，所用尤廣也。

二	以四除之得五	以六乘之得三
四	以二除之得二	以三乘之得六
三	以六除之得五	以四乘之得二
六	以三除之得二	以二乘之得四

右先除後乘

二	以六乘之得一十二	以四除之得三
四	以三乘之得一十二	以二除之得六
三	以四乘之得一十二	以六除之得二
六	以二乘之得一十二	以三除之得四

右先乘後除

以乙乘丙，以甲除之，又以戊除之，得己。

以乙乘丙，以甲乘丁，除之，亦得己。

《九章算術》方田乘分術云：『今有田廣七分步之四，從五分步之三，問爲田幾何？』答曰：『三十五分步之十二。』術曰：『母相乘爲法，子相乘爲實，實如法而一。』劉氏注云：『此田有廣從，難以廣諭。』設有問者曰：『馬二十四，直金十二斤。今賣馬二十四，三十五人分之，人得幾何？』答曰：『三十五分斤之十二。』其爲之也，當如經分術，以十二斤金爲實，三十五人爲法。設更言馬五匹，直金三斤。今賣四匹，七人分之，人得幾何？答曰：人得三十五分斤之十二。其爲之也，當齊其金人之數，皆合初問，入於經分矣。然則分子相乘爲實者，猶齊其金也。母相乘爲法者，猶齊其人也。同其母爲二十，馬無事於同，但欲求齊而已。又馬五匹，直金三斤，完全之率，分而言之，則爲一匹直金五分斤之三。七人賣四馬，一人賣七分馬之四，分子與人，交互相生，所從言之異，而計數則三術同歸也。循案：以廣乘從，則以母子各相乘而得數，其理易明。劉氏推言之，以見此術之妙，而用之廣也。馬二十四，值金十二斤，今買馬二十四，則價之爲十二斤，不容算矣。惟是賣者三十五人，故以三十五除十二斤也。又設如馬五匹，值金三斤，今賣馬四匹，此三率比例，爲差分今有之常法。詳見後。惟是賣馬四匹者爲七人，則必以今有術求得數，而又以七除之也。以今有率求得數，是以馬四乘價三而以馬五除之，即不啻馬五除價三而以馬四乘之也。以馬五除價三而以馬四乘之，又以人七除之，即不啻以馬五除價三，又以人七除馬四，而以所除乘所除也。以馬五除價三，得一馬之價。以人七除馬四，得一人之馬。以一人之馬乘一馬之價，即不啻三十五人除二十馬之價也。乃不用兩除而用兩乘，則消息之妙矣。馬五而價三，人七而馬四，是馬五人七爲母，價三馬四爲子，馬五馬四，以同名而互爲母子，故兩用相乘，不用維乘也。馬五價三，以馬四乘價三，亦二率三率相乘之例。而不以馬五除之，而以馬五乘人七得數而後除之者，蓋兩除而以一乘并之也。又《九章》均輸術云：『今有程傳委輸，空車日行七十里，重車日行五十里。今載太倉粟輸上林，五日三返。問太倉去上林幾何？』術曰：『并空重里數，以三返乘之爲法。令空重相乘，又以五日乘之，爲實。實如法得一里。』此宜以今有術除得三返之數，又以三返除之，得太倉去上林之數。今不以三返除於後，而以三返乘於前，以乘代除之法也。與賣馬之術，同爲一理。然乘主增而除主損，連除雖損之又損，而其法則增，故乘其法以除之，而增損如故，連乘則有增而無損，故不可以除代也。

馬五　一率
金三　二率
馬四　三率
金二四　四率

人七除金二四，得七之二十四。半之，爲三十五之十二。

馬五　人七　乘得三十五
馬四　金三　乘得一十二

三十五除一十二，爲三十五之十二。倍之，爲七之二十四。

以乙乘丙，以甲除之，得丁。又以己乘，以戊除之，得庚。庚之於丁，猶己之於戊；丁之於丙，猶乙之於甲，是爲重今有。

以乙丙己連乘爲實，以甲乘戊爲法，除之，其比例等。

《九章算術》均輸有絡絲之術云：『今有絡絲一斤，爲練絲十二兩；練絲一斤，爲青絲一斤十二銖。今有青絲一斤，問本絡絲幾何？』術曰：『以練絲十二兩，乘青絲一斤十二銖爲法。以青絲一斤銖數，乘練絲一斤兩數，又以絡絲一斤乘之爲實。實如法得一斤。』劉氏注云：『置今有青絲一斤，以練絲三百八十四乘之爲實。實如青絲率三百九十六而一，所得青絲一斤，練絲之數也。又以絡率十六乘之，所得爲實。以練率十二爲法，所得即練絲用絡絲之數也。雖各有率，不用中間，故令後實乘前實，後法乘前法，而并除也。』按：此絡絲與練絲有定率，練絲與青絲有定率，若由青絲求練絲，則衰分今有之常術。今由青絲求絡絲，必先以青絲練絲定率，求得練絲數，而後以爲三率，用練絲絡絲定率，求得絡絲數。疊用衰分今有之術，故曰重今有。云不用中間者，中間，謂練絲數也，有練絲數可求絡絲數。今有青絲以求絡絲，故非用中間不可。不用中間，則青絲可以徑求絡絲，何也？齊兩定率，爲一定率也，其理與馬五人七同。見卷五。馬五疋，價三斤，今賣馬四疋，七人分其價，故必用衰分今有術，求得四馬之賣，而後以七人除之，是既以馬五除，又以人七除。乃以馬五乘人七除之，即不啻兩除者化人七於馬五中也。重用今有，亦兩次用除。今以首率乘首率，二率乘二率，亦化練絲與絡絲之定率於青絲練絲之中也。練絡之率，練一而絡二；青練之率，青一而練二，其乘也。化練於青，亦化練於絡，於是青與絡無定率者有定率矣。青與絡有定率，則不必求得練數，而自得合數，所以不用中間也。由青練之率而得練，是化青於練，則用練之率以得絡。以練之率乘青之率，是化練於青，則用青之數以得絡，消息之妙也。欲自青得絡，故以練從青。以練從青，自不得不以練從絡，互以相乘。故劉注云：

『凡率錯互不通者，皆積齊同用之，雖四五轉不異也。』均輸術又云：『今有人持米出三關。外關三而取一，中關五而取一，内關七而取一，餘米五斗。問本持米幾何？』術曰：『置米五斗，以所稅三之五之七之爲實，以餘不稅者二四六互相乘爲法，實如法得一斗。』又云：『今有人持金出五關。前關二而稅一，次關三而稅一，次關四而稅一，次關五而稅一，次關六而稅一。并五關所稅，適重一斤。問本持金幾何？』術曰：『置一斤，通所稅者以乘之爲實。亦通其不稅者以減所通，餘爲法。實如法得一斤。』劉氏皆以重今有後解之。蓋一爲稅之餘，一爲稅之總，所舉雖殊，而一爲三色衰分，一爲五色衰分，其術不異。由内關之所餘，求得内關之原數，以爲中關之所餘。由中關之所餘，求得中關之原數，以爲外關之所餘。又由外關之所餘，求得外關之原數，七而一，是七爲原率，六爲餘率。五而一，是五爲原率，四爲餘率。三而一，是三爲原率，二爲餘率。以原率之七五三相乘，爲一百〇五，以餘率之六四二相乘爲四十八，則已化外關中關於内關之中。由内關之餘，可以得外關之原，如化練於青之中，由青可得絡也。由五關之并稅，求得五關之原數。以原數六分之一，減并稅爲四關之并稅，求得四關之原數。以五分之一，減并稅，爲三關之并稅，求得三關之原數。以四分之一，減并稅，爲二關之并稅，求得二關之原數。以三分之一，減并稅，爲前關之稅，求得前關之原數，爲本持金數。因以并數求原數，在五關則并五次之稅，故六之一，以六爲原率，必以五乘一爲并率。在四關則并四次之稅，故五之一，以五爲原率，必以四乘一爲并率。在三關則并三次之稅，故四之一，以四爲原率，必以三乘一爲并率，在二關則并二次之稅，故三之一，以三爲原率，必以二乘一爲并率。前關二之一，則二爲原率，一爲稅率，以原率之六五四三二相乘，爲七百二十，以并率之五四三二一相乘，爲一百二十，則化四次之關，於五關之中。以并率相乘之數減原率相乘之數，爲總稅之率。則由五關之并稅，可徑得前關之原數。雖多一乘減之繁，而理與絡絲持米之理一也。

然則以練從青絡，可得絡，不可得練者，以青絡從練，已爲兩練，練與練不可以例練也。《張丘建算經》云：『今有生絲一斤，練之，折五兩；練絲一斤，染之，出三兩。今有生絲五十六斤八兩七分兩之四，問染得幾何？』術曰：『置一斤兩數，以折兩數減之，餘乘今有絲斤兩之數。又以出兩數併一斤兩數乘之爲實，一斤兩數自乘爲法，實如法得一兩數。』按此即重今有術。以常法馭之，用生絲一斤爲一率，減折數爲二率，今有生絲爲三率，求得練絲之數。又以練絲一斤爲一率，加出數爲二率，求得練絲爲三率，求得染絲之數。以法乘法，則以生絲一斤，乘練絲一斤也。因皆是一斤，故云以一斤兩數自乘也。以實乘實，則以生絲一斤，減折數，乘練絲一斤，加出數也。然後以實乘實之數，乘生絲斤兩，用法乘法之數除之，得染數。今先以減數生絲乘生絲斤兩，後以加數練絲乘之者，乘法先後同也。

術又云：『今有絲一斤八兩，直絹一疋。今持絲一斤，裨錢五十，得絹三丈。今有錢一千，得絹幾何？』術曰：『置絲一斤兩數，以一疋尺數乘之，以絲一斤八兩數而一，所得以減得絹尺數，餘以一千錢乘之爲實，以五十錢爲法，實如法而一。』此亦重今有術。惟三丈之絹，爲絲錢之總數。今以錢求絹，不可爲率。故先以絲得絹，減爲錢絹之率也。

又術云：『今有鐵十斤，一經入爐，得七斤。今有鐵三經入爐，得七十九斤一十一兩，問未入爐，本鐵幾何?』術云:『置鐵三經入爐得斤兩數，以十斤再自乘，乃乘上爲實，以七斤再自乘爲法，實如法而一。』按七斤爲一率，十斤爲二率，七十九斤一十一兩爲三率，求得四率，爲兩經入爐之數。又以四率爲三率，求得四率，爲一經入爐之數。又以四率爲三率，求得四率，爲未經入爐之數。三次皆七斤十斤爲定率，故以七斤再自乘爲法乘法，以十斤再自乘爲實乘實，猶絡絲之術，雖率數不改，而法無異也。

術又云:『今有絹一疋，買紫草三十斤，染絹二丈五尺。今有絹七疋，欲減買紫草，還數染餘絹，問減絹買紫草各幾何?』術曰:『置今有絹疋數，以本絹一疋尺數乘之，爲減絹實。以紫草三十斤乘之，爲買紫草實。以本絹尺數，并染尺爲法。實如法得一。』按此以重今有術得之也。七疋爲買草及自染之總數，則紫草三十斤與所染之二十五尺總數爲六十五尺也，一疋四十尺合二十五尺爲六十五尺。故總數六十五尺，與紫草三十斤，猶總數三百八十尺。七疋尺數。與所買草之總數六十五尺，與買草絹四十尺，一疋尺數。猶總數二百八十尺，與所減絹數，一以總數得絹，一以總數得草。若問染數，則以總數六十五尺爲一率，染數二十五尺爲二率，總數三百八十尺爲三率，求得四率，亦以總數得染數也。

有重今有術，不可以法乘法、實乘實求之者。《張丘建算經》云:『今有人持錢之洛賈，利五之。初返歸一萬六千，第二返歸一萬七千，第三返歸一萬八千，第四返歸一萬九千，第五返歸二萬，凡五返歸本利俱盡。問本錢幾何?』術曰:『置後返歸錢數，以五乘之，以七乘第四返歸錢數加之，以五乘之，以四十九乘第三返歸錢數加之，以五乘之，以三百四十三乘第二返歸錢數加之，以五乘之，以二千四百一乘初返歸錢數加之，以五乘之，以一萬六千八百七而一，得本錢數。』循按：利五之，以一萬得利五千言之，則一萬五千爲本利共率。一萬爲本率，以本率爲二率，以第五返之二萬爲三率，求得第五返之本，加入第四返之一萬九千爲第四返之本利共數。又以五乘之，以一五除之，得第四返之本。加入第三返之一萬八千，爲第三返之本利共數。又以五乘之，以一五除之，得第三返之本。加入第二返之一萬七千，爲第二返之本利共數。又以五乘之，以一五除之，得第二返之本。加入第一返之一萬六千，得第一返之本利共數。以五乘之，以一五除之，得第一返之本，即所持往洛之本錢也。法本李淳風《九章算術注釋》。惟後次之本，即分自前次之本利共數。而每次返歸之本利，又分自後次之本。互相牽制，故必遞用今有之術。而遞相加求得之本，必加而後爲次求之三率，故不可實乘實法乘法，以徑從最後之錢得最初之本也。張丘建遞以五乘，而總以一萬六千八百七除之者，一萬六千八百七者，七自乘五次之數，即法乘法之理。實不可乘實，故遞用五乘，蓋利五之，當作利五之二，五爲本，二爲利，合得七爲本利共率，故五乘而七除。若五是利，不得以五乘之，而七亦無著。算書不可有一字誤，亦不容有一字誤也。以五乘之，直加前次錢數，以待除可也。必以七遞自乘乘之者，下既以七自乘者總除，則此乘猶不乘。言算者，非省之以自便，即故爲艱深以惑人，皆宜細審之耳。

青甲 本有之法　一率　練戊 本有之法　一率
練乙 本有之實　二率　絡己 本有之實　二率
青丙 今有之數　三率　練丁 求得之數　三率

練丁 求得之數　四率　絡庚 求得之數　四率

右重今有算式

青 前法　練 後法　青 青乘練則化練於青
練 前實　絡 後實　絡 絡乘練則化練於絡
青 移與絡爲比例　練 中間不用　青 移丙於此，以練乘絡爲二率，以此三率乘之，似於連乘
練 不用中間　絡 移爲青率所得　絡 所得絡仍爲庚

右後實乘前實後法乘前法式

有兩率以比例之，是爲衰分。無兩率而求爲兩率以比例之，是爲均輸。

《九章算術》於諸章皆有定法，惟均輸一章，極變化錯綜之致，無一定之齊法。而無不齊，皆會歸於衰分之今有。而所以爲比例之用者，無率而有率，此實算數之至神。自重差八線弧三角橢圓諸術，極幾何之巧，無非無率而有率，以會歸於衰分之今有也。試爲詳述之。均輸第一題云：『今有均輸粟。甲縣一萬户，行道八日；乙縣九千五百户，行道十日；丙縣一萬二千三百五十户，行道十三日；丁縣一萬二千二百户，行道二十日，各到輸所。凡四縣賦，當輸二十五萬斛，用車一萬乘。欲以道里遠近、户數多少衰出之，問粟車各幾何？』按止有户數多少之不同，則衰分法也。今於户數多寡中，又兼道里遠近，是衰又有衰，必先齊其衰，而後可用衰分法也。術云：『令縣户數，各如其本行道日數而一，以爲衰。』劉氏注云：『據甲行道八日，因使八户共出一車。乙行道十日，因使十户共出一車。計其在

道，則皆户一日出一車，故可爲均平之率。此以除爲齊同者也。』

第二題云：『今有均輸卒。甲縣一千二百人，薄塞；乙縣一千五百五十人，行道一日；丙縣一千二百八十人，行道二日；丁縣九百九十人，行道三日；戊縣一千七百五十人，行道五日。凡五縣賦輸卒一月一千二百人。欲以遠近户率多少衰出之，問縣各幾何？』術曰：『令縣卒各如其居所，及行道日數而一，以爲衰。』按此遠近與多少相兼，同於前。但前皆在道，此有所居，故必先以居所三十日一月日數。各加行道日數，然後除縣卒之數也。

第三題云：『今有均賦粟。甲縣二萬五百二十户，粟一斛二十錢，自輸其縣；乙縣一萬二千三百一十二户，粟一斛十錢，至輸所二百里；丙縣七千一百八十二户，粟一斛十二錢，至輸所一百五十里；丁縣一萬三千三百三十八户，粟一斛十七錢，至輸所二百五十里；戊縣五千一百三十户，粟一斛十三錢，至輸所一百五十里。凡五縣賦輸粟一萬斛，一車載二十五斛，與僦一里一錢，欲以縣户賦粟令勞費等。問縣各粟幾何？』術曰：『以一里僦價乘至輸所里，以一車二十五斛除之，加一斛粟價，則致一斛之費。』按每車一里一錢，二百里則二百錢矣，此以一里僦價乘至輸所里也。然一車二十五斛，必以二十五斛除二百錢得八，乃爲每斛一里僦八錢也。加於每斛粟價，則各項之衰，并而歸於每斛矣。又以每斛之費除户數，則每户出一錢爲均賦之率。蓋遠近多少同於前，而粟價有貴賤，僦價有多寡，故必以僦價乘里數，而以一車之數除之，以加於每斛粟價，而後齊也。

第四題云：『今有均賦粟。甲縣四萬二千算，粟一斛二十，傭價一日一錢，自輸其縣；乙縣三萬四千二百七十二算，粟一斛十八，傭價一日十錢，到輸所七十里；丙縣一萬九千三百二十八算，粟一斛十六，傭價一日五錢，到輸所一百四十里；丁縣一萬七千七百算，粟一斛十四，傭價一日五錢，到輸所一百七十五里；戊縣二萬三千四十算，粟一斛十二，傭價一日五錢，到輸所二百一十里；己縣一萬九千一百三十六算，粟一斛一十，傭價一日五錢，到輸所二百八十里。凡六縣賦粟六萬斛，皆輸甲縣。六人共車，車載二十五斛。重車日行五十里，空車日行七十里，載輸之間各一日。粟有貴賤，傭各别價，以算出錢，令費勞等。問縣各粟幾何？』術曰：『以車程行，空重相乘爲法。并空重以乘道里，各自爲實。實如法得一日。加載輸各一日，而以六人乘之，又以傭價乘之，以二十五斛除之，加一斛粟價，即致一斛之費。各以約其算數爲衰。』按空重之行不齊，故先齊同之，得三百五十里。行十二日，用今有術，求得各縣輸到日數。因傭價視人視日，故既以人數乘之，復以傭價乘之，得每縣每一車傭價之總數。一車載二十五斛，以二十五除之，得每斛傭價之總數矣。以一斛輸到之傭值，加入一斛之粟價，是道里遠近，粟價貴賤，傭值多寡，俱均而歸之於斛。又以每斛之費除算數，猶以每斛之費除户數也。輸載之間各一日。注云：各一日者，即二日也。此宜是停駐之日數，故用加於在道之日數，乃日數以往來爲齊同，宜倍到輸所之里，以乘人數，術未備也。

又云：『今有善行者，行一百步。不善行者，行六十步。今不善行者先行一百步，善行者追之，問幾何步及之？』術曰：『置善行者一百步，減不善行者六十步，餘四十步爲法。以善行者之一百步，乘不善行者先行一百步爲實。實如法得一步。』按先行百步而追及之，必能餘一百步而後可也，故用減法得其所餘之率。以善行之一百步，乘不善行之一百步者，其實以善行之一百步，乘善行所餘之一百步也。

又云：『今有不善行者，先行十里。善行者追之一百里，先至不善行者二十里。問善行者幾何里及之？』術曰：『置不善行者先行十里，以善行者先至二十里增之，以爲法。以不善行者先行十里乘善行者一百里爲實。實如法得一里。』按先行十里而追之，止餘十里便及。今餘三十里，故行一百里耳，是三十里與一百里，可例一十里與追及之里數也。以不善行之十里，乘善行之一百里者，其實以善行所餘之十里，乘所行之一百里也。

又云：『今有兔先走一百步，犬追之二百五十步，不及三十步而止。問犬不止，復行幾何步及之。』術曰：『置兔先走一百步，以犬走不及三十步減之，餘爲法。以不及三十步乘犬追步數爲實。實如法得一步。』按先走百步，犬追二百五十步不及三十步。然則若先走七十步，則二百五十步剛追及矣。故七十與二百五十，猶三十之與復行追及步數也。以不及三十步乘犬追步數者，即以兔走之三十步，乘二百五十步也。

又云：『今有客馬日行三百里。客去忘持衣，日已三分之一，主人乃覺。持衣追及，與之而還，至家，視日四分之三。問主人馬不休，日行幾何？』術曰：『置四分日之三，除三分日之一，半其餘以爲法。副置法，增三分日之一，以三百里乘之，爲實。實如法得主人馬一日行。』按：四分日之三，爲客馬之行與主人馬往還之行共數也。三分日之一，爲客馬單行之數。四分日之三內減去三分日之一，劉氏注云：『除即減也。』爲主人馬往還之數。半之，爲主人馬追及之數。詳見前。加三分之一，爲客馬當主人馬追及之數，是客行十三，當主人之行五也。亦主人行五當客行之十三也。故五與十三，猶三百與主人馬不休之數也。

又云：『今有金箠長五尺。斬本一尺，重四斤。斬末一尺，重二斤。問次一尺，各重幾何？』術曰：『令末重減本重，餘即差率也。又置本重以四間乘之，爲下第一衰，副置。以差率減之，每尺各自爲衰。』劉氏注云：『此術五尺有四間者，有四差也。令本末相減，餘即四差之凡數。以四約之，即得每尺之差。以差數減本重，餘即次尺之重。今此率以四爲母，故令母乘本爲衰，通其率也。』又注云：『此雖迂回，然是其舊，故就新而言之。』按甲戊相減得二尺，以四除之得半尺，於二尺加半尺爲丁，於二尺半加半尺爲丙，於三尺加半尺爲乙。此注所云以四約之，即得每尺之差也。然爲捷法，非均輸法。經列此題，以明均輸之義，故不從省。注以爲遲回，未知《經》意。不用四間除之，而用四間乘之；不用加之，而用減之，欲得比例之率也。此可明加減乘除相表裏之指，亦可明比例之法，無在不可用也。

又《張丘建算經》題云：『今有方亭，下方三丈，上方一丈，高二丈五尺。欲接築爲方錐，問接築高幾何？』術曰：『置上方尺數，以高乘之爲實。以上方尺數減下方尺數，餘爲法。實如法而一。』按：所有者方亭，所求者方錐，不可爲比例，故必減去上方，合兩旁之句股爲方錐也。

又題云：『今有築城，上廣一丈，下廣三丈，高四丈。今已築高一丈五尺，問已築上廣幾何？』術曰：『置城下廣，以上廣減之。又置城高，以減築高，餘相乘。以城高而一，所得，加城上廣即得。』

按：先以三丈與一丈減，是去其中之縱方，而存其兩畔之兩句股也。以一丈五與四丈減者，去其新築之高，而存其未築之數也。何也？三丈者，四丈之底也。二丈二尺五寸者，二丈五尺之底也。惟兩底同，乃可比例，此所以不用築高，而用減餘也。

又題云：『今有鹿直西走，馬獵追之，未及三十六步，鹿回直北走，馬俱斜逐之，走五十步，未及一十步，斜直射之得鹿。若鹿不回，馬獵追之，問幾何里而及之？』術曰：『置斜逐步數，以射步數增之，自相乘。以追之未及步數，自相乘。減之，餘以開方除之。所得，以減斜逐步數，餘爲法。以斜逐步數乘未及步數爲實。實如法得一。』按：此始以開方，終以衰分也。馬比鹿每五十步多二步，必九百步而後多三十六步也，二與五十爲三十六與九百之比例也。題亦可云『斜逐六十步得之』，此則六十步多十二步，當一二與六十，爲三十六與一百八十之比例。今題云『未及十步，斜射得之』，此故爲隱伏，以示學者。前用開方，宜連未及之步。後用比例，止取斜逐之餘，變化存乎一心，實自然之理耳。

有兩率，以衰分求之。有兩差，以盈不足求之。無率而欲有率，以均輸求之，無差而欲有差，以盈不足之假令求之。設率與設差之術通，率不可設，則設其差。

《九章算術》盈不足云：『今有人持錢之蜀賈，利十三。初返歸一萬四千，次返歸一萬四千，次返歸一萬三千，次返歸一萬二千，次返歸一萬一千，後返歸一萬，凡五返歸錢本利俱盡。問本持錢及利各幾何？』術曰：『假令本錢三萬，不足一千七百三十八錢半。令之四萬，多三萬五千三百九十錢八分。』此即張丘建持錢之洛之題也。又云：『今有漆三得油四，油四和漆五。今有漆三斗，欲令分以易油，還自和餘漆，問出油得漆和漆各幾何？』此即紫草染絹之術也。并漆三漆五爲總數，與油四，可求三斗中所易之油。與漆三，可求三斗中所出之漆。與漆五，可求三斗中所和之漆。《九章》不以隸均輸，而以隸盈不足者。均輸者，於均之中求其均。假令者，設爲不均以求其均。衰分與盈不足相表裏，故衰分之均輸，亦與盈不足之假令相表裏。蓋有定率，則可馭以衰分。有盈朒，則可馭以盈不足。無盈朒而設爲盈朒，猶之無定率而設爲定率也。試推言之。盈不足術云：『今有米在十斗桶中，不知其數。滿中添粟而舂之，得七斗，問故米幾何？』術曰：『假令故米二斗，不足二升。令之三斗，有餘二升。』此以十斗七斗與粟米之率心計，而先得盈朒數也。《張丘建算經》云：『今有器，容九斗，中有米不知其數。滿中粟舂之，得米五斗八升，問滿粟幾何？』術曰：『置器容九斗，以米數減之，餘以五之二而一。』《草》曰：『置九斗，以米五斗八升減之，得三斗二升，以粟率五因之，得一石六斗。以糠率二斗除之，得八斗爲粟。』按：原有之米，與粟所舂之米，合爲五斗八升，則原粟之數，不能於合數中求得之。然米則合而糠則專，故於九斗中減去米，餘三斗二升，則糠矣。於是用糠率二爲一率，粟率五爲二率，糠三斗二升爲三率，求得粟八斗爲四率，此以減得糠數，於無定率得定率也。

又『今有醇酒一斗，直錢五十。行酒一斗，直錢一十。今將錢三十，得酒二斗，問醇行酒各幾何？』術曰：『假令醇酒五升，行酒一斗五升，有餘一十。令之醇酒二升，行酒一斗八升，不足二。』《張丘建算經》云：『今有清酒一斗，直粟十斗。醑酒一斗，直粟三斗。今持粟三斛，得酒五斗，問清醑酒各幾何？』術曰：『置得酒斗數，以清酒直數乘之，減去持粟斗數，餘爲醑酒實。又置得酒斗數，以醑酒直數乘之，減去持粟斗數，餘爲清酒實。各以二直相減，餘爲法，實如法而一。』按此有共數共值，有貴賤率，故以貴賤衰分之術馭之也。

盈不足術云：『今有黃金九枚，白銀十一枚，稱之重適等。交易其一，金輕十三兩。問金銀一枚，各得幾何？』術曰：『假令黃金三斤，白銀二斤十一分斤之五，不足四十九於右行。令之黃金二斤，白銀一斤十一分斤之七，多十五於左行。』《張丘建算經》云：『今有金方七，銀方九，稱之，適相當。交易其一，金輕七兩。問金銀各重幾何？』術曰：『金銀方數相乘，各以半輕數乘之爲實。以超方數乘金銀方數，各自爲法。實如法而一。』按：以金方七銀方九爲母，金之超數二，銀之超數二，爲子。母同子齊，以爲定率。然後兩用今有術，以得之。子齊爲一率，母同爲二率，半輕數爲三率，求得每方重數爲四率。蓋以金銀並言爲交易，分言之則爲損金以益銀，損銀以益金。凡損此益彼，其數必倍。詳卷一。故交易其一，而超數爲二也。此可相參而悟者，在本書亦自明之。均輸鳧雁之術，循既詳之於前矣。於盈不足術，又列題云：『今有垣高九尺，瓜生其上，蔓日長七寸；瓠生其下，蔓日長一尺。問幾何日相逢？瓜瓠各長幾何？』術曰：『假令五日，不足五寸。令之六日，有餘一尺二寸。』按：鳧雁無里數，此垣高有尺數，似有不同。然試通之，并瓠蔓瓜蔓爲一十七寸，以除九尺之垣，即得日數。以瓠蔓乘之，得瓠尺。以瓜蔓乘之，得瓜尺。鳧雁無里數，故必相乘而後除之。此有尺，徑除此尺數可矣。又二題云：『今有蒲生一日，長三尺。莞生一日，長一尺。蒲生日自半，莞生日自倍。問幾何日而長等？』『今有垣厚五尺，兩鼠對穿。大鼠日一尺，小鼠亦日一尺。大鼠日自倍，小鼠日自半。問幾何日相逢？各穿幾何？』此二者不可通於均輸，何也？日自倍之率爲一、二、四、八、十六。衰分術云：『今有女子善織，日自倍，五日織五尺。問日織幾何？』此知五日，則有五日之率。蒲莞、大小鼠之術，雖有各率，而無日數。無日數，則率不可定，故必以盈不足之假令馭之，而不可通諸衰分也。又良馬駑馬之術，見於衰分者甚多。盈不足術云：『今有良馬與駑馬發長安至齊，齊去長安三千里。良馬初日行一百九十三里，日增十三里。駑馬初日行九十七里，日減半里。良馬先至齊，復還迎駑馬，問幾何日相逢及各行幾何？』日增十三者，今日於初日里數外增十三，明日則於所增外又增十三也。日減半者，今日於初日里數外減半里，明日則於所減外又減半里也。與日自倍日自半之數不同，而其不可爲定率則同，故亦必以盈不足之假令馭之，而不可通諸衰分也。

凡比例，以甲率乘丙率，與乙率自乘等。

比例之理，出於盈朒。比例之法，出於互乘。盈朒之理，甲乙丙爲平列，乙多於甲之數，即乙少於丙之數。其相去以加減，故倍中數，即首尾相加之數，亦例之以加減也。比例之理，甲乙丙爲遞列，乙乘於甲之數，即乙除於丙之數。其相去以乘除，故中數自乘，即首尾相乘之數，亦例之以乘除也。其法出於互乘者，甲乙丙丁平例爲四率，縱列爲母子，以一率乘四率，即以左母維乘右子也，以二率乘三率，即以右母維乘左子也。

甲一　一加三爲四　甲一　一乘四爲四

一加一爲二　一乘二爲二

乙二　二倍之爲四　乙二　二自乘爲四
三減一爲二　二除四爲二
丙三　三加一爲四　丙四　四乘一爲四

右比例用加減乘除同理

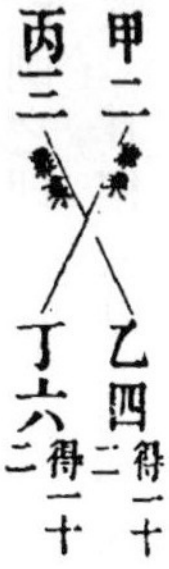

甲二　乘　乙四得一十二
丙三　乘　丁六得一十二

甲二　一率乘丁爲一十二
乙四　二率乘丙爲一十二
丙三　三率乘乙爲一十二
丁六　四率乘甲爲一十二

右比例與維乘同法

乙率自乘，以甲率除之，得丙率。
以乙率自乘，與甲丙并率之半自乘相減，餘開方除之，與并數之半相減，其數等。
乙率自乘，以丙率除之，得甲率。
以乙率自乘，與甲丙并率之半自乘相減，餘開方除之，與并率之半相加，其數等。

乙率自乘，既等於甲之乘丙，甲除之得丙，丙除之得甲，即母半則子倍，母倍則子半之理也。同是積也，在乙自乘爲方，在丙甲相乘爲縱方。爲縱方，則甲爲長，丙爲闊矣。知乙自乘積，知甲，而求丙，則以甲除之是也。知乙自乘積，知丙，而求甲，則以丙除之是也。若知乙自乘積，知甲丙共積，而不能分析甲與丙之各數，則以之求丙，無甲可除；以之求甲，無丙可除，則仍以縱方之理求之。聚平方之四，如田字，聚縱方之四，盈朒相觸，中餘縱乘縱之小平方。乙自乘之平方，既化爲甲乘丙之長方，則甲丙相并，即縱廣相和，故用求帶縱平方和之術以得之。求帶縱平方和之術，以和數自乘，減積數之四倍而開方之，得縱乘縱之方。與和數相加而半之得縱，與和數相減而半之得廣。今不以積數四倍，而以和數折半，凡倍之自乘，必得四倍，則凡四之一自乘其邊，必當四倍者之半也。已豫半之，而開方所得縱乘縱之方，不待半之矣。此又豫半豫倍之理也。見卷一。

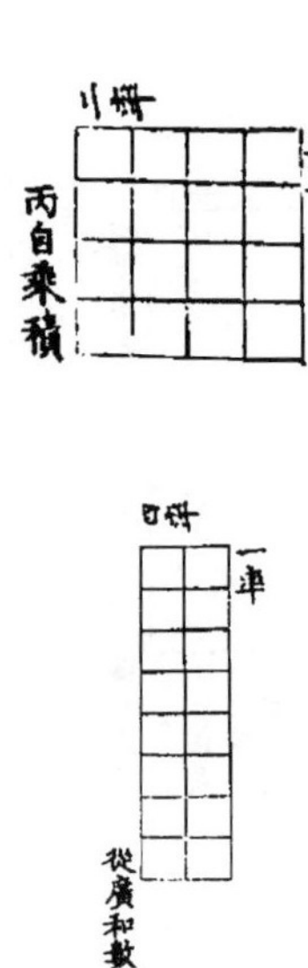

甲率乘丙率，以乙率除之，仍得乙。

以甲率乘乙丙之并率，以甲率爲縱，開方除之，其數等。

以丙率乘甲乙之并率，以甲率爲縱，開方除之，其數等。

知甲乘丙之數，知乙數，不必以乙除之，自知乙矣。若知甲率，知乙丙合率，而不知乙，或知丙率，知甲乙合率，而不知乙，則亦以縱方之理通之。夫丙乘甲，以乙除之，仍得乙者，以乙之自乘，其數即丙甲之相乘也。乙自乘，既即爲丙甲之相乘，則以甲乘乙丙之并率，爲甲乘乙、甲乘丙各一者，不啻甲乘乙、乙乘乙各一也。甲乘乙、乙乘乙，又不啻乙乘甲乙之并也。乙乘甲乙之并，即以甲爲縱，以乙爲廣之帶縱平方。今求爲廣之乙，故以甲乘乙丙，以甲爲縱，開方除之，即得乙也。抑乙自乘，既即爲丙甲之相乘，則以丙乘甲乙之并率，爲丙乘乙、丙乘甲各一者，不啻丙乘乙、乙乘乙之各一也。丙乘乙、乙乘乙，又不啻乙乘丙乙之并也。乙乘丙乙之并，即以丙爲縱，以乙爲廣之帶縱平方。今求爲廣之乙，故以丙乘甲乙，以甲爲縱開方除之，亦即得乙也。

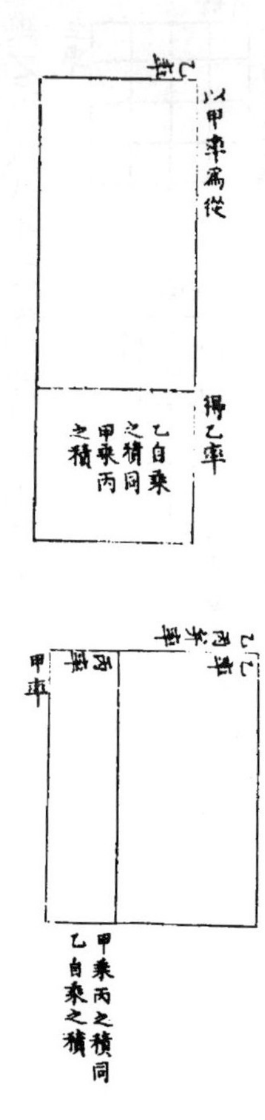

乙丙相乘，以丁除之，得甲，以甲除之，得丁。

甲丁相乘，以乙除之，得丙，以丙除之，得乙。

甲丁相乘，減乙丙并率自乘之半，開方除之，相加得乙，相減得丙。

乙丙相乘，減甲丁并率自乘之半，開方除之，相加得甲，相減得丁。

《九章》句股題云：『今有邑方，不知大小，各中開門。出北門二十步有木，出南門十四步，折而西行一千七百七十五步見木。問邑方幾何？』術曰：『以出北門步數，乘西行步數，倍之爲實。并出南門步數爲從法，開方除之，即邑方。』注云：『以折而西行爲股，自木至邑南十四步爲句，以出北門二十步爲句率，北門至西隅爲股率。』按：依注當以句爲一率，股爲二率，句率爲三率，求得四率，爲城之半廣。但句無數，二率三率相乘，不能以一率除之得數，故以二率乘三率之數倍之。而以一率之數可知者爲縱，而開方之，其故何也？二率三率相乘之積，即一率四率相乘之積，是積也。邑方之半在其中，倍之，則邑方全在其中矣，故以縱方法求之而得其數。蓋不得之於邊，而得之於積。得之於邊，則用異乘同除。得之於積，則用帶從開方。其術之精巧，總本於二三之相乘，等一四之相乘也。

以乙乘丙丁并率，甲乙并率除之，得丁。

以甲乘丙丁并率，甲乙并率除之，得丙。

以乙乘甲丁并率，乙丙并率除之，得甲。

以丙乘甲丁并率，以乙丙并率乘之，得丁。

以丙乘甲乙并率，以丙丁除之，得甲。

以丁乘甲乙并率，以丙丁除之，得乙。

以甲乘乙丙并率，以甲丁除之，得乙。

以丁乘乙丙并率，以甲丁除之，得丙。

連比例中率自乘，故可以縱法馭之。斷比例中率相乘，不可以爲方，故不可以連比例之術通之也。然既有四率，則比例之中，分合皆可爲比例，故仍以比例通之，而其用無窮矣。西法《幾何原本》，列比例之法一十有二：曰同理比例，曰相連比例，曰順推比例，曰反推比例，曰遞轉比例，曰分數比例，曰合數比例，曰更數比例，曰隔位比例，曰錯綜比例，曰加數比例，曰減數比例。統而計之，即維乘之理而已。

甲率自乘，以丙率乘之，與乙率自乘，以甲率乘之等。

甲率自乘，以丁率乘之，與甲乙丙三率連乘等，與乙率再自乘等。

甲丙相乘，既同於乙之自乘，則以甲丙相乘之數，又以甲乘之，以乙自乘之數，又以甲乘之，其數之同可知也。甲丁相乘，既同於乙丙相乘，則以甲丁相乘之數，又以甲乘之，以乙丙相乘之數，又以甲乘之，其數之同可知也。甲丙相乘，既同於乙之自乘，則乙自乘之數，又以乙乘之，以甲丙相乘之數，又以乙乘之，其數之同可知也。以甲丙相乘之數，又以乙乘之，不啻以乙丙相乘之數，又以甲乘之，所謂甲乙丙三率連乘也。乙之再乘，既同於甲乙丙之連乘，則與甲丁相乘，又以甲乘之之數，亦同矣。

以丙自乘，乙爲斜弦，以乙自乘，甲爲斜弦，甲之於乙，如乙之於丙。

以乙乘丙，甲爲斜弦，以丁乘戊，乙爲斜弦，以丁乘己，丙爲斜弦，甲之於乙，如乙之於戊，甲之於丙，如丙之於己。

句股之比例，千變萬化，舉之不勝舉。惟句股有連比例之三率，以弦爲首率，句爲中率，尾率必弦之小半。以弦爲首率，股爲中率，尾率必弦之大半。小半大半之所分，恰當中垂線。法詳《幾何原本》。其法以自乘通之，以一自乘之數，畫而爲四，小弦必同於大弦。小邊必同於大邊。推之相乘之縱方，形雖差，而理亦同也。

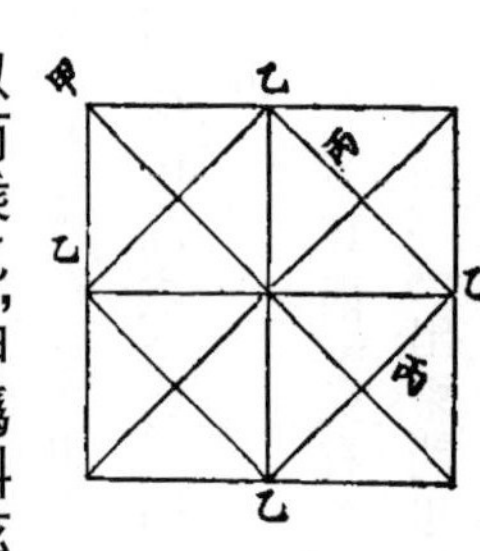

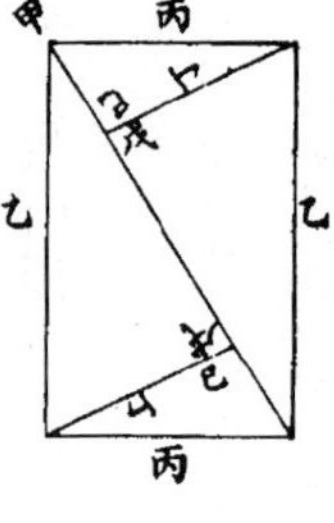

以丙乘乙，甲爲斜弦，甲乙丙兩句股形等。

以丙乘乙，甲爲斜弦，以丙中分之，半丙於半甲、半乙，猶全丙於全甲、全乙。

衰分均輸之術，合之句股，此西法比例相求之原。蓋以一方形，斜剖爲兩句股，則此形之句股，等於彼形之句股，而共一弦，此整形也。既剖爲兩句股，又隨以句股中分之，則兩大句股之形內，必又成兩隅相連之兩小句股形，兩小句股即兩大句股之比例也。蓋小之視大，雖得其半，而句同此句，股同此股，弦共此弦，依然一方形斜剖之理也。以兩隅相連觀之，則四表之立可明矣。以小句股在大句股內觀之，則兩表之立可明矣。《九章算術》句股題云：『有木去人，不知遠近。立四表相去各一丈，令左右兩表與所望參相直。從後右表望之，入前右表三寸。問木去人幾何？』術曰：『令一丈自乘爲實，以三寸爲法，實如法而一。』《張丘建算經》云：『今有城不知大小、去人遠近，於城西北隅而立四表，相去各六丈。令左兩表與西北隅南北望參相直，從右後表望城西北隅，入右前表一尺二寸。又望西南隅，亦入右前表四寸。又望東北隅，亦入左後表二丈四尺。』術曰：『置表相去自乘，以望城西北隅入數而一。得城去表。又以望城西南隅入數而一，所得減城去表，餘爲城之南北。以望城東北隅入左後表數，減城去表，餘以乘表相去，又以入左後表數而一，即得城之東西。』二書爲算，雖有不同，而其爲兩隅相連之理則同也。

《九章算》云：『有山居木西，不知其高。山去木五十三里，木高九丈五尺，人立木東三里，望木末適與山峰斜平。人目高七尺，問山高幾何？』術曰：『置木高，減人目高七尺，餘以乘五十三里爲實。以人去木爲法。實如法而一，所得加木高，即山高。』此術木爲半股，木至人爲半句，木頂至人目爲半弦，以例山高之全股，山至人目之全句，山頂至人目之全弦。劉徽撰《海島算經》，用兩竿，即本木與人之意也。

《九章算術》又有算邑方題云：『邑方二百步，各中開門。出東門十五步有木，問出南門幾何而見木？』術曰：『出東門步數爲法，半邑方自乘爲實，實如法得一步。』此句股中減去容方，餘存兩句股爲比例也。因所減去之容方，一爲句，一爲股，故自乘即二三率相乘也。若此句彼股，出於所容之從方，則不可以用自乘矣。《幾何原本》有兩線平行之率，爲内外角對角并角之所從生，究其原則出於一正方斜剖，而參伍錯綜之無不合也。

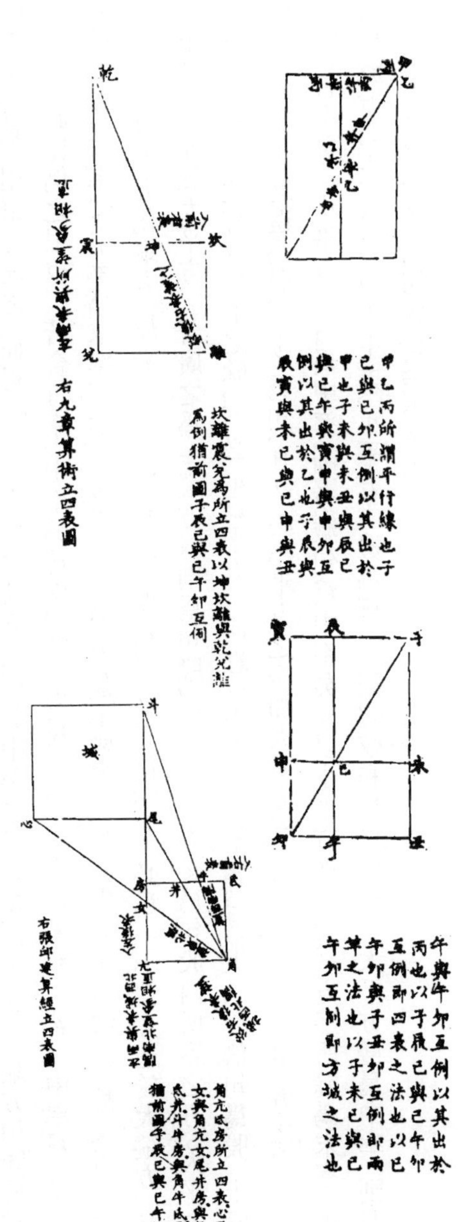

右九章算術立四表圖

右張邱建算經立四表圖

甲自乘，以甲爲縱而開方之，得乙，以乙減甲得丙。丙之於乙，猶乙之於甲。以甲爲股，半之爲句，求得弦。以句減弦，得乙。以乙減股，得丙。其比例等。以乙爲股，半之爲句，求得弦，以句加弦得甲，以乙減甲得丙，其比例等。

比例之法有二，其一出於差分，異乘同除也；其一出於自乘，理分中末也。異乘同除者，有定率二，以例今有之數。如四之與六，例六之與九是也。理分中末者，有全分一，以求大分小分之比例。如全分一十，則中六一八□三，末三八一九七是也。異乘同除，上既詳言之矣，而理分甲末之術，爲西人所獨擅之奇，秘其名曰『神分線』。梅勿庵以句股和句股較倍句之法通之，循謂皆自然之數也。異乘同除之比例，但如其分析之數以相乘，其比在例之外也。理分中末之比例，必如其首率之數以中分，其比在例之内也。彼以中率自乘，首率除之，而得末率。此以首率自乘，縱方開之，而得中率、末率，其法有不同也。彼有二而得三，此有一而得三。有二得三，則三生於二，故中末二率合之與首率差。有一求三，則三生於一，故中末二率合之與首率同。彼以馭隱伏糅雜，而假以爲憑。此以求等邊諸面，而資以爲鵠，其用有不同也。法用平方縱方，故亦可用句股和句股較。以首率自乘，用縱方開之，而得中率。以中率自乘，用縱方開之，而得末率。末率之縱方積同於中率之平方積，而中率之縱方積同於首率之平方積，此比例之根也。若合首率、中率爲首率，則首率爲中率，中率爲末率。若以中率爲首率，則末率爲中率，末率減中率爲末率，二下推之，至於無窮，無不皆然。唯其出於平方縱方，故又可馭之以句股。唯其以平方化縱方，故必令句半於股，股倍於句。平方化縱方，必爲一小縱方連於大縱方，又即爲一小平方，連於大平方。若廣之爲一縱方斜剖爲句股，則一小平方必爲句股内所容之方，大平方即容方界上之餘。此容方界上之餘，不必定爲平方。而理分中末，則必得其爲平方，故倍句爲股、半股爲句也。以大平方之邊爲股，半之爲句，其弦必小平方之邊加大平方邊之半。今既以大平方之邊爲首率，則股爲首率矣。小平方之邊爲中率，則弦減句爲中率矣。以小平方邊減大平方邊所餘爲末率，則以弦句較減股爲末率矣。連大平方、小平方兩邊爲首率，則句弦和爲首率矣。大平方邊爲中率，則股爲中率，小平方爲末率，則句弦較爲末率矣。

加減乘除釋卷八

以加來者，消之以減；以乘來者，消之以除。

劉氏《九章算術》方田注云：『子有所乘，故母當報除。』此爲方田之乘分而言。循謂算法之精妙，無逾此兩言也。《九章》之盈不足方程，所以馭叢雜不齊之數者，至精至奧。大率所舉而問者，以乘爲隱伏，多一乘則多一重隱伏。而所以發其隱伏，則用除。多一重隱伏，則多一除以發之。是以乘入之，以除出之，故曰報除也。蓋算之艱，惟其叢雜而隱伏。有相乘維乘，可以化叢雜爲齊同；有報除，可以化隱伏爲顯著，而算之能事盡矣。如有物，一錢得三枚，此無俟算也。若以乘通之云，有物二錢得六枚，三錢得九枚，此則以二乘三爲六，以三乘三爲九矣。是爲多一乘，必以二除六，以三除九，而後得之。或并二三爲五，并六九爲十五，以五除十五，而後得三。或六九相減爲三，二三相減爲一，以一除三，而後得三，或二三相乘爲六，倍之爲十二，二維乘九，三維乘六，相加爲三十六，以十二除三十六，而後得三。所謂報除以發之也。又如有二物，甲一錢得二枚，乙一錢得三枚，此亦無俟算也。若以乘通之云，有二物不知價，但言甲二錢，乙三錢，共得一十三枚；甲五錢，乙四錢，共得二十二枚。此則以二乘二爲四，以三乘三爲九，合爲一十三，以二乘五爲一十，以三乘四爲一十二，合爲二十二，是爲多一乘，又多一并。多一并則叢雜矣，多一乘則隱伏矣。叢雜用相乘維乘以齊之。以甲二甲五相乘爲一十，減盡。以甲二偏乘乙四爲八，偏乘二十二枚爲四十四。以甲五偏乘乙三爲一十五，偏乘一十三枚爲六十五。以八與一十五相減爲七，以四十四與六十五相減爲二十一是也。隱伏用報除以發之，以七除二十一得三爲乙數，是也。若舉共較數，則云甲二乙三較五，甲五乙四較二，亦兩甲相乘，減盡。甲二偏乘乙四爲八，偏乘二爲四。甲五偏乘乙三爲一十五，偏乘五爲二十五。八與十五相減爲七，二十五與四相減爲二十一，以七除二十一爲三。亦用偏乘報除之術以得之，此方程所爲用除法也。以言盈不足之術，如云三盈一，五朒一，不俟算而知其爲四。如云人出三盈三，人出五朒三，此則以三乘四爲十二，乘三爲九，乘五爲一十五。以一十二較九爲盈三，較十五爲朒三，是爲多一乘，必以三維乘三爲九，以五維乘三爲一十五。九與一十五異名相加爲二十四。以三與五相減爲二，以二除二十四得一十二，是亦報除以發其隱伏也。并兩三爲六，以減餘二除之得三，爲人數。兩三皆差數，故以出率之差除之，不啻方程之以減餘除減餘也。物數必由差得整，乃可求。由差得整數，故維乘以齊之也。劉氏注衰分法云：『一乘一除，適足相消。』相消亦報之謂也。如有物九枚，二人分之，人得四枚半耳。若甲得三分之二，乙得三分之一，必先以二乘九爲一十八，以三除之爲六，爲甲所得。以一乘九爲九，以三除之爲三，爲乙所得。其法數本三除，而又二除，三分之二，三分之一，是先分爲三，又分爲二也。是多一除。故必先乘以通此一除，後除以消此一乘。所謂一乘一除以相消也。若以六乘甲二爲十二，以三乘乙一爲三，并之爲共價十五，并六與三爲共物九。問曰：共物九，共價十五，物有一枚值二，一枚值一，求得幾物與每物價若干，是又多一乘，今謂之貴賤差分者也。凡有共物共價，以價除物，則得每物之價。今物價有不同，則不得平除之。然不得平除，而徑用平除，故以賤價乘總物，必朒於總價。以貴價乘總物，必盈於總價。以朒價減總價爲朒餘，以盈價減總價爲盈餘。以不同之價，貴賤相減，除朒餘得貴價，除盈餘得賤價，亦以除消其乘也。蓋有共物之所分，有不同之數之所乘，有所乘之分數，有所乘之共價，今舉共價而隱其所分，舉其不同之數而隱其所乘，舉所乘之共價而隱其所乘之分數，故於所舉之共物，與不同之數分乘，而又與共價相減，而所隱者，不終隱矣。

以甲之半加甲，爲一甲有半。以甲之半減之，仍得甲。

有二甲，各加甲之半，爲一甲有半。各倍之，互以一甲有半減之，仍各得一甲有半。

有三甲，各加兩甲之半爲兩甲。各再倍之，互以一甲加兩甲之半，倍而減之，仍各得兩甲。

有甲乙，以乙之半加甲，倍之，以甲之半加乙，減之，亦得一甲有半。以甲之半加乙，倍之，以乙之半加甲，減之，亦得一乙有半。

有甲乙丙，以乙之半、丙之半加甲，再倍之，以甲之半、丙之半加乙，以甲之半、乙之半加丙，合而減之，亦得兩甲。以甲之半、丙之半加乙，再倍之，以甲之半、乙之半加丙，以乙之半、丙之半加甲，合而減之，亦得兩乙。以甲之半、乙之半加丙，再倍之，以乙之半、丙之半加甲，以甲之半、丙之半加乙，合而減之，亦得兩丙。

《張丘建算經》有方程之題云：『孟仲季兄弟三人，各持絹不知匹數。大兄謂二弟曰：我得女等絹各半，滿七十九匹。仲弟曰：我得兄弟絹各半，滿六十八匹。小弟曰：我得二兄絹各半，滿五十七匹。問兄弟本持絹各幾何？』術以大兄二、中弟一、小弟一，合一百五十八；大兄一、中弟二、小弟一，合一百三十六；大兄一、中弟一、小弟二，合一百一十四，如方程而求即得是也。《孫子算經》有術云：『甲乙丙三人持錢，甲語乙丙：各將公等所持錢，半以益我，錢成九十。乙語甲丙：各將公等所持錢，半以益我，錢成七十。丙語甲乙：各將公等所持錢，半以益我，錢成五十六。問三人原持錢各幾何？』此即兄弟持絹之術。乃不用方程，別爲法云：『先置三人所語爲位，以三乘之，各爲積，甲得二百七十，乙得二百一十，丙得一百六十八。各半之，甲得一百三十五，乙得一百零五，丙得八十四。又置甲九十，乙七十，丙五十六，各半之，以甲乙減丙，以甲丙減乙，以乙丙減甲，即各得原數。』術捷于方程，而消息甚巧。循謂以半言之似奥，以全觀之，則顯而易知也。以甲乙丙不等言之似雜，以平分觀之，則純而可見也。如甲之數二，加半甲一，爲三，是爲一甲有半。倍之爲六，而以三減之，仍得三，婦孺所共知也。甲之數二，加兩半甲二，爲四，是爲兩甲。三之爲十二，而以八減之，仍得四，亦婦孺所共知也。蓋倍一甲，即不啻并兩甲。再倍一甲，即不啻并三甲。倍一甲，而一甲減之，再倍一甲，而以二甲減之，即不啻以一甲減二甲，以二甲減三甲也。若變二甲爲甲乙，有如甲四乙二。以乙之半一，加甲爲五，固不同以甲之半加甲，爲一甲有半也。倍之爲一十，亦不同倍一甲有半，爲三甲也。乃互以甲之半二，加乙爲四，以減一十，得六，亦爲一甲有半。且推之，倍四爲八，以五減八，得三，亦即一乙有半也。若變三甲爲甲乙丙，有如甲六乙四丙二。合乙丙之半爲三，加甲得九，固不同於以兩甲之半加丙，爲兩甲也。再倍之爲二十七，亦不同再倍兩甲，爲六甲也。乃互以甲乙之半加丙爲七，以甲丙之半加乙爲八，合之爲十五，減二十七，爲十二，亦爲兩甲。推之，再倍乙八爲二十四，以甲九丙七，合爲十六，減之得八，亦爲兩乙。再倍丙爲二十一，以甲九乙八，合爲十七，減之得四，亦爲兩丙。爲兩甲兩乙兩丙，半之即一甲一乙一丙也。三甲與甲乙丙之數不同，一經加減，而其數無不同者，則消息之妙也。甲之所加者爲乙之半，倍之是爲二甲一乙。乙之所加者爲甲之半，倍之是爲二乙一甲。以甲與乙之半，減二乙一甲，餘非一乙有半乎？以乙與甲之半，減二甲一乙，餘非一甲有半乎？甲之所加者，半丙半乙，再倍之，是爲三甲及一乙有半、一丙有半。乙之所加者，半甲半丙，再倍之，是爲三乙及一甲有半、一丙有半。丙之所加者，半甲半乙，再倍之，是爲三丙及一甲有半、一乙有半。減三甲一乙有半、一丙有半，餘非二甲乎？合一丙半甲半乙、一甲半乙半丙，爲一乙一甲有半、一丙有半。減三乙一甲有半、一丙有半，餘非二乙乎？合一甲半乙半丙、一丙半甲半乙，爲一丙一甲有半、一乙有半。減三丙一甲有半、一乙有半，餘非二丙乎？由互加而雜，復以互減而純盈虛相補，殊途而同歸，其理固了然可見也。以既減之餘，得兩甲兩乙兩丙，今所求者一甲一乙一丙，故半其三乘之積，復半其所知之數，此即豫半之理耳。至奧之義，以至平易推之，無不可渙然冰釋也。

甲甲甲甲　本數四　甲甲　加其半爲六甲

乙乙　本數二　乙　加其半爲三乙

甲甲甲甲　本數四　乙　加乙之半爲四甲一乙　甲甲甲甲乙　倍之爲八甲二乙　以二乙二甲減之，亦得六甲

乙乙 本數二 甲甲 加甲之半爲二乙二甲 乙乙甲甲 倍之爲四乙四甲 以四甲一乙減之，亦得三乙

右甲乙兩數加減相消

甲甲甲甲甲甲 本數六 甲甲甲 加其半 甲甲甲 加其半 共十二

乙乙乙乙 本數四 乙乙 加其半 乙乙 加其半 共八

丙丙 本數二 丙 加其半 丙 加其半 共四

甲甲甲甲甲甲 本數六 乙乙 加乙之半 丙 加丙之半爲六甲二乙一丙 甲甲甲甲甲甲乙乙丙 加一倍 甲甲甲甲甲甲乙乙丙 又加一倍爲十八甲六乙三丙 以六乙三丙六甲減之亦得十二甲

乙乙乙乙 本數四 甲甲甲 加甲之半 丙 加丙之半爲四乙三甲一丙 乙乙乙乙甲甲甲丙倍之 乙乙乙乙甲甲甲丙 再倍之爲十二乙九甲三丙 以九甲三丙四乙減之亦得八乙

丙丙 本數二 甲甲甲 加甲之半 乙乙 加乙之半爲二丙三甲二乙 丙丙甲甲甲乙乙 倍之 丙丙甲甲甲乙乙 再倍之爲六丙九甲六乙 以九甲六乙二丙減之亦得四丙

右甲乙丙三數相消

以甲加乙，以乙加丙，以丙加甲，合而半之，以甲乙減之得丙，以乙丙減之得甲，以甲丙減之得乙。

以甲加乙而減丙，以甲加丙而減乙，合之爲倍甲。以乙加甲而減丙，以乙加丙而減甲，合之爲倍乙。以丙加甲而減乙，以丙加乙而減甲，合之爲倍丙。

以甲乙丙相加而減倍丁，以甲乙丁相加而減倍丙，以甲丙丁相加而減倍乙，合之得三甲。以甲乙

丙相加而減倍丁，以甲乙丁相加而減倍丙，以乙丙丁相加而減倍甲，合之得三乙。以甲乙丙相加而減倍丁，以甲丙丁相加而減倍乙，以乙丙丁相加而減倍甲，合之得三丙。以甲乙丁相加而減倍丙，以甲丙丁相加而減倍乙，以乙丙丁相加而減倍甲，合之得三丁。

甲乙相加，減乙得甲，減甲得乙，詳見卷一。推此則甲乙丙相加，減乙丙仍得甲，減甲乙仍得丙，減甲丙仍得乙，可知也。乃於此加即於此減，固也。有所加在此，而所減在彼，則以交互得之，何也？甲乙丙相加，猶是一甲一乙一丙也。甲加乙，乙加丙，丙加甲，則兩甲兩乙兩丙矣，故合而半之也。然此爲和數，其減法易明。若甲加乙而減去一丙，甲加丙而減去一乙，是兩甲一乙一丙之中，互減一乙一丙也。於兩甲一乙一丙之中，互減去一乙一丙，所存者非兩甲乎？所謂合之爲倍甲也，蓋彼之甲加乙減丙，此之甲加丙減乙，一經轉移，即不啻彼之甲加乙而復減乙，此之甲加丙而復減丙，加而復減，不啻無加，故仍存彼此之兩甲耳。於此而舉其差，即舉兩甲也。推之甲與乙丙丁三數相加相減，亦可以甲與乙丙兩數相加相減之理通之。但兩數爲兩甲者，三數自爲三甲。兩數爲一乙一丙相互者，三數自爲兩乙兩丙兩丁相互也，何也？甲與三數相加減，其目有四，甲乙丙丁。其數則九，甲乙丙甲乙丁甲丙丁。九數中甲居其三，乙丙丁各居其二也。乙丙丁既各居其二，則於三甲兩乙兩丙兩丁之中，必互減去兩乙兩丙兩丁而後乃得三甲也。若止減一乙一丙一丁，則仍有一乙一丙一丁與三甲相糅入，而不能辨，舉一乙一丙一丁之減餘，必不可以知甲也。

方程章偏乘之後，兩行相減，名曰直除。劉氏注云：『消去一物。』蓋方程本數色相并，今以偏乘齊之，而兩行相減，即減其所并也。原於甲之價加乙之價，徧乘之後消去乙之價，仍存甲之價矣。立天元一法用相消，吾友元和李尚之鋭云：『相消即相減，方程所謂直除。』精核足補梅總憲之説，詳其所校《測圓海鏡》中。

以甲中分之，各乘以甲，合之如甲自乘之數。以甲盈朒分之，各乘以甲，合之，其數等。

甲自乘爲平方，以甲乘半甲，則爲平方之半，故合之仍爲平方。盈朒分之亦然。

以甲中分之，各乘以乙，合之，如甲乙相乘之數。

以甲盈朒分之，各乘以乙，合之，其數等。

以甲盈朒分之，又以乙盈朒分之，或以甲之盈朒，徧乘乙之盈朒，或以乙之盈朒，徧乘甲之盈朒，合之，其數等。

甲乙相乘爲縱方，甲爲縱，乙爲廣。半甲乘乙，則廣如故而縱半；半乙乘甲，則縱如故而廣半：故必合之也。若以甲之盈，乘乙之盈，則僅得縱與廣之大半。又必以甲之盈，乘乙之朒，爲得縱之大半、廣之小半，合之，爲縱之大半乘廣之全，爲甲乙相乘之縱方大半也。是又必以甲之朒，乘乙之盈與朒，爲甲乙相乘之縱方小半，而後合成縱方之全也，是爲以甲之盈朒，徧乘乙之盈朒。若以乙之盈朒，徧乘甲之盈朒，其數亦等者，即甲乘乙同於乙乘甲之理也。

六乘八得四八　設爲甲六乙八

二、四乘八得　一六、三二，合之亦四八　二爲甲之朒，四爲甲之盈。

六乘三、五得一八、三〇，合之亦四八三爲乙之朒，五爲乙之盈。二乘三、五得〇六、一〇，合之爲一六；四乘三、五得一二、二〇，合之爲三二合之亦得四八。三乘二、四得〇六、一二，合之爲一八；五乘二、四得一〇、二〇，合之爲三〇合之亦得四八。

以甲之盈朒，偏乘乙之盈朒，各相加而減之，以甲盈甲朒之差除之，得乙。以乙之盈朒，偏乘甲之盈朒，各相加而減之，以乙盈乙朒之差除之，得甲。

甲乙相乘，甲除之得乙，乙除之得甲，易知也。以甲之盈乘乙，以乙除之，得甲之盈。以甲之朒乘乙，以乙除之，得甲之朒。以乙之盈朒乘甲，以甲除之，得乙之盈朒，亦易知也。并盈朒所偏乘，并盈朒除之，得甲乙。以盈朒所偏乘相減，以盈朒相減除之，亦得甲乙，此即以差除差之理也。

一六減三二，餘一六，以二減四，餘二，除之，得八。

一八減三〇，餘一二，以三減五，餘二，除之，得六。

以甲之盈朒，偏乘乙之盈朒，互相加而減之，以甲盈甲朒之差除之，得乙盈乙朒之差。以乙盈乙朒之差除之，得甲盈甲朒之差。

互相加者，以甲之所偏乘，與乙之所偏乘，錯綜加之也。同一以差除差，在各相加，則得甲乙之全。在互相加，則僅得甲乙盈朒之差者。各相加雖有盈朒之分，而盈朒之差，原與偏乘得數之差相應。故除之即得甲乙之全數。一經交互，則以盈朒相補，不復如各相加者之差，有數倍之多。但乘既犬牙，數即枘鑿，一以甲盈乘乙盈，甲朒乘乙朒，一以甲盈乘乙朒，甲朒乘乙盈，二者相較，正差一甲盈甲朒之差乘乙盈乙朒之差。既差一甲盈甲朒之差乘乙盈乙朒之差，則以甲盈甲朒之差除之，得乙盈乙朒之差，以乙盈乙朒之差除之，得甲盈甲朒之差，又何疑乎？

二、四乘三、五得〇六、二〇，互加爲二六　二、四乘五、三得一〇、一二，互加爲二二　合之亦得四八。

二、四相減餘二，二六、二二相減餘四，以二除四得二。

三、五相減餘二，二六、二二相減餘四，以二除四得二。

右二四與三五皆差二，恐不足以明，更設差二差三以明之。

三、五乘二、五得〇六、二五，互加爲三一。

三、五乘五、二得一五、一〇，互加爲二五。

三、五相減餘二，〇一、二五相減餘六，以二除六得三。

二、五相減餘三，三一、二五相減餘六，以三除六得二。

以甲盈朒分之，以乙盈朒分乘之，互相加。以所乘得之盈，徧乘甲之盈朒，相減，以甲盈甲朒之差除之，仍得所乘之盈。

以所乘得之朒，徧乘甲之盈朒，相減，以甲盈甲朒之差除之，仍得所乘之朒。

以所乘得之盈，徧乘乙之盈朒，相減，以乙盈乙朒之差除之，仍得所乘得之盈。

以所乘得之朒，徧乘乙之盈朒，相減，以乙盈乙朒之差除之，仍得所乘得之朒。

此亦以差除差，本無所互，故盈仍得盈，朒仍得朒也。前甲乙分立，則甲差除得乙，乙差除得盈。

此所乘得之盈朒，爲甲乙所共，故無分别耳。

二六偏乘二、四得〇五二、一〇四，減餘五二，以二、四相減，餘二，除五二仍得二六。

二二偏乘二、四得〇四四、〇八八，減餘四四，以二、四相減，餘二，除四四仍得二二。

二六偏乘三、五得〇七八、一三〇，減餘五二，以三、五相減，餘二，除五二仍得二六。

二二偏乘三、五得〇六六、一一〇，減餘四四，以三、五相減，餘二，除四四仍得二二。

以甲盈朒分之，以乙盈朒分乘之，互相加。以甲之盈乘加之朒，朒乘加之盈，相減，以甲盈甲朒之差除之，又以甲除之，得乙之朒。

以甲之盈乘加之盈，朒乘加之朒，相減，以甲盈甲朒之差除之，又以甲除之，得乙之盈。

以乙之盈乘加之朒，朒乘加之盈，相減，以乙盈乙朒之差除之，又以乙除之，得甲之朒。

以乙之盈乘加之盈，朒乘加之朒，相減，以乙盈乙朒之差除之，以乙除之，得甲之盈。

互加之後，亦有盈朒。前偏乘乃各相乘，猶各相加也。此互相乘，猶互相加也。盈朒互乘，兩相補，則其差必少，故除得朒。盈乘盈則益盈，朒乘朒則愈朒，兩相較，則其差必多，故除得盈。以甲乘得者，其減餘爲乙之盈朒。以乙乘得者，其減餘爲甲之盈朒。何也？本甲乙之盈朒互乘，又乘之以甲，則甲與甲相消，而乙之差獨著矣。或乘之以乙，則乙與乙相消，而甲之差獨著矣。消息之妙，其理甚微，會而通之，自得矣。

以甲之盈四、朒二乘加之朒二二、盈二六，得〇五二、〇八八，相減，餘三六。以二、四相減，餘二，除之得一八，以甲六除之，得乙之朒三。

以甲之盈四、朒二乘加之盈二六、朒二二，得一〇四、〇四四，相減，餘六〇。以二、四相減，餘二，除之得三〇，以甲六除之，得乙之盈五。

以乙之朒三、盈五乘加之盈二六、朒二二，得〇七八、一一〇，相減，餘三二。以三、四相減，餘一，除之得一六，以乙八除之，得甲之朒二。

以乙之盈五、朒三乘加之盈二六、朒二二，得一三〇、〇六六，相減，餘六四。以三、五相減，餘二，除之得三二，以乙八除之，得甲之盈四。

以甲中分之，各自乘，得甲自乘之半。

以甲盈朒分之，各自乘，其數等。

凡邊之倍者，其冪必四倍。邊之半者，其冪止得四分之一。故甲之半各自乘，止得甲自乘之半也。

以甲乙各中分之，各相乘，得甲乙相乘之半。以甲乙各盈朒分之，以甲盈乘乙盈，得盈。以甲朒乘乙朒，得朒。乙之盈朒互乘，所得之盈朒更得盈朒。又以乙之盈朒自互乘，以除更得之盈，得甲之盈。以除更得之朒，得甲之朒。

甲之盈朒，互乘所得之盈朒，更得盈朒。又以甲之盈朒自互乘，以除更得之盈，得乙之盈。以除更得之朒，得乙之朒。

中分甲乙，兩半相乘，猶兩半自乘之理也。若盈朒分之，則所得之半，亦有或盈或朒之殊矣。蓋甲乙而分其一，是一而二，故以半乘之，恰當其半。甲乙而並分之，是二而四，故以半乘半，恰當四分之一。分之有盈朒，則所爲四分之一者，亦必有盈朒，故合之或得其半而盈，或得其半而朒也。甲乙之盈朒，互乘所得之盈朒者，即子母維乘也。甲乙之盈朒自互乘者，兩母之相乘也。以相乘所得，除互乘所得，即得甲乙之原數。蓋如以四乘五爲二十，以五除二十仍得四，可知也。以三乘五爲十五，乘二十爲六十，是五與二十各加三倍，以加三倍之五，除加三倍之二十，仍得四，亦可知也。二乘三爲六，以三除六仍得二，可知也。以五乘三爲十五，乘六爲三十，是三與六各加五倍。以加五倍之三，除加五倍之六，仍得二，亦可知也。齊同之理，前已明之，此更詳其入算之用。凡隱甲之盈朒，舉乙之盈朒，與甲乘乙之盈朒，或隱乙之盈朒，舉甲之盈朒，與乙乘甲之盈朒，均視此以發其隱矣。

以甲盈四，乘乙盈五，得盈二〇。以乙朒三維乘之，更得盈六十。以三五相乘，得一五除之，得甲之盈四。

以甲朒二，乘乙朒三，得朒〇六。以乙盈五維乘之，更得朒三十。以三五相乘，得一五除之，得甲之朒二。

以乙盈五，乘甲朒二，得朒一〇。以甲盈四維乘之，更得盈四十。以二四相乘，得〇八除之，得乙之盈五。

以乙朒三，乘甲盈四，得盈一二。以甲朒二維乘之，更得朒二四。以二四相乘，得〇八除之，得乙之朒三。

以甲乘乙之盈朒，更得盈朒。以甲之盈朒，分乘乙之盈朒，相加。與甲乘乙盈所得之盈減，得朒。與甲乘乙朒所得之朒減，得盈。以此盈朒相減，以乙之盈朒相減除之，得甲。若除盈得甲盈，除朒得甲朒。

以乙乘甲之盈朒，更得盈朒。以甲之盈朒，分乘乙之盈朒，相加。與乙乘甲盈所得之盈減，得朒。與乙乘甲朒所得之朒減，得盈。以此盈朒相減，以甲之盈朒相減除之，得乙。若除盈得乙盈，除朒得乙朒。

甲，共物也。甲乙之盈朒分乘相加，共價也。乙之盈朒，貴賤也。甲乘乙之盈朒，即以貴價乘共價，以賤價乘共價也。此即貴賤差分之法。有甲之共數，有乙之分數，有甲乘乙之共數，而可求甲之分數。明於其理，可隨所宜而用矣。

二，四乘三，五得〇六，二〇，合之爲二六。以六乘三，五得一八，三〇。與二六相減，餘〇八，〇四。以三，五相減，餘二。除之得四，二。

三，五乘四，二，得一二，一〇，合之爲二二。以八乘四，二得三二，一六。與二二相減，餘一〇，〇六。以四，二相減，餘二。除之得五，三。

《九章》之術，方田、少廣、商功、句股，其原出於自乘；粟米、均輸、盈不足、方程，其原皆出於差分。差分之於盈朒，猶方田之於少廣，差分盈朒之於方程，猶方田、少廣之於句股。蓋有共數，有分數，有差數，由共而分，由分而差，以乘來者，以除而復，以分來者，以合而復，其理本一，其數本約，析之以至於繁，變之以成其異，得其理之一。自仍歸於數之約也。故隱其中等，而舉其分數及差數，以問其共數，則爲盈朒。隱其乘得之數，而舉其共數及差數，以問其分數，則爲差分。和其等數，而舉其差數，以問共數，則爲雙套之盈朒。和其等數，而舉其共數，以問差數，則爲貴賤之差分。由盈朒而變之，舉其兩等之差數，而隱其兩等之本數，則爲較數之方程。由差分而變之，舉其兩等之共數，而隱其兩等之本數，則爲和數之方程。合差分盈朒而變之，舉兩等之差數與共數，而隱其兩等之本數，則爲和較雜之方程。差分盈朒，相爲表裏，故和數方程，可變爲較，較數方程，可變爲和，此以馭三色四色以上之差分盈朒也。要之，止此加減乘除數中，隱此以問彼，隱彼以問此，無他道也。既露其端倪，即可發其隱伏，知其全體。臨而察之，數何可匿乎？

盈朒之題云：一人出七，則盈四；一人出九，則朒十二。問盈朒之間，究竟幾人？人出幾何也？貴賤差分之題云：一人定出七，一人定出九，今共五人，共出四十一，問盈朒之分，究竟出七者幾人，出九者幾人也？雙套盈朒之題云：八人出七，則盈四五；九人出六，則朒三。問與盈朒同，而題則多一乘矣。貴賤相和差分之題云：甲八人定出七，乙九人定出六。今共人六十，共出四十五。問與貴賤差分同，而題亦多一乘矣。不知前二題其數爲一，故省互乘，而算書亦不復列其數。後二題既變一爲八、爲九，則必用互乘，其術遂似乎有異，因别其名目爲雙套、爲貴賤和。知前題之爲省算，雖不别其名目可矣。

差分與平分何以異？如有物九枚，二人平分，則人得四枚半。今不平分而差分，一人得大半三分之二，一人得少半三分之一。明爲二人分之，實則三人分之。三人平分，而一人得其二，一人得其一。其法多一乘而後得，合其差數而分之，故曰差分。以差之合數分之，以人之得數乘之，分本不在人，則猶之平分也。差分與貴賤差分何以異？在差分合甲二乙一除總數，今别以不同之二數若六若三，以六乘甲二爲十二，以三乘乙一爲三，并之爲共價一十五，并六與三爲共物九。問云：共物九，共價十五，物有一枚值二，一枚值一，求得幾物，每物價若干。是較差分多一乘，多一乘故多一共價也。不知差分之甲二乙一除九，非無共價共物也。蓋甲價六而物二，乙價三而物一，合之價九而物三。差之合即物之共，所舉之九即價之共，不必用減而後除也。若依貴賤差分之法，合差三爲共物，九爲共價，甲二爲貴，乙一爲賤，以二乘三爲六，減九爲三，爲乙所得。以一乘三爲三，減九爲六，爲甲所得。然則差分爲貴賤差分之省，貴賤差分所以通差分之窮。貴賤之名，亦可以不設也。

盈朒之題云：一人出七則朒八，一人出五則盈八，所與較而至於盈朒者，七也，四十八也。而五六七所共乘者，八也。方程較數之題云：七較六盈八，五較六朒八，有差數無出數也。差分之題云：八人定出七，九人定出六，共出一百一十一。和數方程之題云：八人與九人共出一百一十一，有共數無出數也。無出數將不入算，故必别立一行，而後入算也。

差分用減差除實之法，與盈朒同理。惟乘有不同，彼用互乘，此用徑乘。彼互乘得數，以爲加減，此並乘共物。而皆與共價相減，蓋彼之兩盈兩朒皆兩相對待，與上所出之數，兩兩相屬，故必互乘乃齊。此共物共價非同對待，而兩不同之價不可以分屬，故不可以互乘也。雞兔同籠之術云：共頭三十五，共足九十四，問雞兔各幾何？此共頭共足，猶之共物共價。雞二足、兔四足，猶之價有貴賤。以常法馭之，雞足二乘共頭得七十，與共足減，餘二十四。以兔足四乘共頭得一百四十，與共足減，餘四十六。又以二足四足相減，餘二。以除二十四，得兔一十二。以除四十六，得雞二十三。皆合常法。又有九狐七鵬之術：狐九尾一頭，鵬九頭一尾，共頭七十二，共尾八十八。問狐鵬各幾何？此與雞兔之術不同。雞兔之貴賤，分之於足，故即貴賤差分之常法。此頭尾互爲貴賤，有不可以常法求者。《算法統宗》以總頭總尾即共頭共尾。相減，餘十六爲共數。梅循齋總憲辨其爲偶合，非通法。蓋并而後減，即得共數，無是理也。總憲立二法，其一云：頭尾減餘之數，乃狐多於鵬之較數也。以兩物之頭相較，而鵬多八頭；以尾相較，則狐多八尾。故以頭尾總數相減，若餘八頭，則多一鵬；餘八尾，則多一狐。循案此真至精至簡，依是以推，則以兩共數相減，以尾減尾，以頭減頭，以減餘除總數之減餘，即得矣。其一云：置總頭七十二，以九尾通之，爲六百四十八。內減總尾八十八，餘五百六十爲實。又以兩尾相減，餘八尾爲法。除之，得七十，爲鵬之頭尾共數。退位得七鵬。置總頭七十二，減鵬頭六十三，餘九，爲狐。循謂此差分常法，而說之猶未盡乘除之理。會而通之，必以九乘共頭，以一乘共尾，得數相減，餘爲實。以九與一相減，除之，得頭尾共數。以九與一相加，除之，得狐鵬各數。總憲以九乘共頭，不以一乘共尾者，蓋一爲單數，一乘不長，故省去之。然用之九頭一尾、九尾一頭者，可合。用之八頭二尾、二頭八尾，或五頭四尾、四頭五尾，遂必不可算。退位得七鵬，即相加爲十，以除七十，得七。徒言退位，亦未可通諸他數也。蓋前賢每就一術，力求其簡，愈簡則其義愈秘，非以乘除加減之理究之，前賢之書未易讀也。

然則九狐七鵬之術，法屬差分，而意通盈朒，何也？共頭共尾，雖是狐鵬所共，而實爲對待。可以共尾屬狐，共頭屬鵬，與共價共物之絕無分屬之理者異也。不用互乘但以兩共數相減者，盈朒苦不知共數，故互乘以得共數。此兩共數已是相共之實數，則不必多一乘矣。此總憲之前一法也。在本書爲後一法。今以一乘共尾八十八，以九乘共頭七十二，得數相減，以九減一而除之，此即盈朒互乘之理，以其似於盈朒而通之也。《孫子算經》又有八獸七禽之術，其題云：有獸六首四足，禽四首二足，共首七十六，共足四十六。問禽獸各幾何？術曰：倍足以減首，餘半之，即獸。以四乘獸，減足，餘半之，即禽。解見卷一。此亦簡法，非通法。設有獸三首六足，禽八首五足，共頭八十，共足八十三。若倍足爲一百六十六，減首八十，餘八十六，半之，四十三。四十三獸，當有一百二十九頭，於共頭八十，且盈，寧有合乎？然則此八獸七禽者何如？此亦差分之近於盈朒者也。比雞兔同籠之術，多一乘，用七鵬九狐之術，亦多一互乘。以六首互乘二足，爲十二；以四首互乘四足，爲十六。相減，餘四。以六首乘共足，爲二百七十六；以四足乘共首，爲三百零四。相減，餘二十八。以四除之，得七禽。若以四首乘共足，爲一百八十四；以二足乘共首，爲一百五十二。相減，餘三十二。以四除之，得八獸。此即雙套盈朒之法，亦以兩共數可以對待分屬故也。若不可以分屬，則所謂貴賤相和之差分矣。

貴賤相和之差分者，比差分常法，多一相乘互乘。以相乘同母之數，乘共價，然後以互乘所得之兩數，遞乘共物，減總相除，如貴賤差分之法也。或用盈朒，或用差分，惟視乎對待者互乘，不對待者遞乘而已。

匿價差分之二色者，如云桃七枚，杏九枚，價適足；桃一枚，比杏一枚，負錢三十六，此即較數方程也。三色者，如云綾一百五十疋，羅三百疋，絹四百五十疋，共值二千九百二十八。綾一疋，比羅一疋多四錢七分。羅一疋，多絹一疋一兩三錢五分。此即和較雜之方程也。但較數，數皆用一，則不必以方程馭之，可省算也。然則匿價差分，爲方程之省算，其實無可别也。

共肉共飯之術云：用碗一百，但知二人共飯，三人共肉，問共人數及二項碗數。此孫子蕩杯之法，於差分常法中，多一相乘維乘，與貴賤差分異，與貴賤和差分亦異。貴賤差分有共物共價，有物不同之價，於共物共價中，以物不同之價，兩相分配，以滿其數，故必乘得其盈朒之差，以爲消息也。共肉共飯之術，有共碗，無共人，有共肉共飯之不同。於共碗中，以共肉共飯之人，牽連合一，以應共數，故必互得其相齊之根，以爲比例也。蓋共飯之人，即此共肉之人，若貴價之物，則必非賤價之物，故共肉共飯之術，即知共人，亦不能用減差消息之法。貴賤差分之術，即隱共物，亦不能用互乘比例之法也。洞悉乎加減乘除之理，隨其理以施其算，雖差分、盈朒、方程之名，並可以不立，況雙套貴賤和較諸紛紛者哉。

甲編（子部）

天元一釋

天元一釋序

治經之士，多不治算數。治算數者，又不甚讀古書。以謂西法密於中法，後人勝于前人，此大惑也。天元一術顯於元代，終明之世，無人能知。本朝梅文穆公知爲借根方法之所自出，可謂卓識冠時。而篇中步算，仍用西人號式，於李學士遺書，未能爲之闡明。古籍雖存，不絶若綫矣。焦子里堂，治經之暇，著《天元一釋》二卷，使人知古法之簡妙。其於正負相消、盈朒和較之理，實能抉其所以然。復辨別秦氏之立天元一，與李氏迥殊。且細考生卒時代，知鏡齋不後於道古。分綱列目，剖析微塵，可與同門李尚之所校《測員海鏡》、《益古演段》二書相輔而行，此真古學之絶而復續，幽而復明者。泰於天元算例，亦從西人入手，近始知其立法之不善，遠遜古人。讀焦君此編，益焕然冰釋矣。夫西人存心叵測，恨不盡滅古籍，俾得獨行其教，以自衒所長。吾儕托生中土，不能表章中土之書，使之淹没而不著，而數百年來，但知西人之借根方，不知古法之天元一，此豈善尊先民者哉？泰聞焦君名久矣。比來武林，始得識其人，讀其書，併綴數言於簡末。昔文穆自言：『荆川復生，定當擊碎唾壺。』愚謂文穆尚在，亦有積薪之歎矣。

嘉慶庚申冬十有二月上澣，秣陵同學教弟談泰階平氏拜撰。

立天元者，算氏至精之術也。爲算之道，皆據所已知之數，求所未知之數。然而所謂數者，自一而累之，而十百千萬，自一而析之，而分釐秒忽等數也。所未知之數，雖未知幾何，而必爲一數，則可知此天元一之所由立也。已知之數，見數也。未知之數，雖知其必爲一數，究借算也。見數與借算不同類，故必別太極於天元外也。以不同類者相加減，則生正負，何也？減所不可減，非負不能通其變也。以天元乘則層累而上，以天元除則層遞而下。層累而上者，譬天元爲方面，以乘方面爲平冪，以乘平冪爲立積也。層遞而下者，譬以方面除立積，則得平冪，除平冪，則得方面也。設一術於此，以求其積數。又設一術於彼，以求其積數。此之積數與彼之積數，其天元太極之等不同，而其爲積數則同，故曰如積也。彼此之積數同，則以彼消此，或以此消彼，相消之後，必減盡而空，更無積數矣。然而猶有天元太極之等者，以有正負故也。計正之積與負之積適等，正之盈以負之不足消之，而盡負之不足。以正之盈消之，而亦盡。正負相消，則無正亦無負。無正無負，是無積數也。惟無積數，故除之，開方之，而得所立天元一幾何之實數。假尚有數，不得爾也，此立天元術之大略也。江都焦君里堂，今之善言立天元術者也。所著《天元一釋》二卷，於帶分、寄母、同數相消之故，條分縷析，發揮無復餘藴。蓋自李欒城、郭邢臺而後爲此學者，皆未如里堂如此之妙也。鋭於算學，未有深得，而篤好立天元術，亟欲章而明之，則頗與里堂相似，里堂亦謬以鋭爲可語於斯而屬序焉。因撮舉綱要，以告天下後世之讀里堂書者。辭之不文，所不暇計也。

嘉慶五年冬十月二十日，元和李鋭書於浙江撫署之誠本堂。

天元一釋卷上

天元一之名，不著于古籍。金元之間，李仁卿學士作《測圓海鏡》、《益古演段》兩書，以暢發其旨趣。宋末秦道古《數學九章》，亦有立天元一法，而術與李異，蓋各有所授也。元世祖并宋之後，郭邢臺用李氏之法，造《授時術》，其學頗顯著於世。明顧箬溪不知所謂，毅然删去《細草》。終明之世，此學遂微。國朝梅文穆公，悟其爲歐邏巴借根法之所本，於是世始知天元一之説。然李氏書雖嘗板刻，而海内不多有，故學者習學借根方法，而於天元一之蘊，或有未窺者也。吾友元和李尚之鋭，精思妙悟，究核李氏全書，復辨别天元之相消，異乎借根之加减，重爲校注，奥秘益彰，信足以紹仁卿之傳，而補文穆所不逮也。循習是術，因以教授子弟。或謂仁卿之書，端緒叢繁，鮮能知要，因會通其理，舉而明之。而所論相消相减，閒與尚之之説差者，蓋尚之主辨天元借根之殊，故指其大概之所近；循主述盈朒和較之理，故析其微芒之所分。閱者勿疑有異義也。

嘉慶四年冬十二月除日。

天元一者，以言乎其矩也。太極者，以言乎其積也。天元冪者，以言乎其方也。

《周髀算經》云：『方出於矩，矩出於九九八十一。』矩即直線也。八十一爲積數，九九則矩矣。合之成一方。三者相爲表裏，異而同者也。實有此積數八十一，即實有此矩數之九，亦即實有此方數之一。故有方數，有矩數，即知積數；有積數，有方數，即知矩數。以天元爲虚數者，非也。天元一，一即實數也。由一而二之，而十之，而百之，而千萬之，皆天元之實數，即天元之母數。有天元之母數幾何，而後得天元之子數幾何，此天元一之概也。《測圓海鏡》算式自下而上，《益古演段》則自上而下，今依《海鏡》作圖於左方。

三者互相例，以成盈朒和較。

《九章算術》于盈不足粟米方程均輸，皆以比例齊同之法得之，循于《加減乘除釋》，既詳言之矣。夫其爲例也，子與子例，母與母例，故亦子與子爲齊同，母與母爲齊同。然子母可各爲齊同，亦可互爲齊同。子母可自爲比例，亦可互爲比例。天元一之術，不過以子母互爲齊同比例而已矣。凡數有分，即有互。子母自相乘，因亦維乘，則自相例，又奚不可以互例？《九章》中雖未及此術，實自具此理也。

等而上之，疊爲乘方。等而下之，遞爲太極。

下積，中矩，上方，以三層言之也。相乘而有矩，自乘而有方，再自乘而有立方，三乘而有三乘方，五乘而有五乘方，多一乘則多一乘方也。太極之下，《海鏡》本無名，今仍乙太極名之，便文焉爾。

太極可以爲天元，天元可以爲太極。使太極之上，恒爲天元；天元之下，恒爲太極。齊其下，以統其上也。

太極之下雖皆太極，然止以最下者爲太極，其上之太極，用爲天元，又上之太極，爲天元冪。設最下無太極，則以天元爲太極，天元冪爲天元。即令最下爲三乘方，亦以三乘方爲太極也。《測圓海鏡》邊股第七問草（以後止舉篇名，不舉大名。）得[算式]爲半徑冪，寄左。以天元冪與左相消，得下式[算式]，以平方開之。按此寄左四層，第二層爲天元，消去第一層，則存一天元兩太極。今仍以平方開之，是以四百一十二天元，爲四百一十二天元冪也。第九問草云得[算式]爲圓徑冪，寄左。然後以[算式]爲同數，相消得[算式]，以平方開之。此寄左三層，最下爲天元。最下爲天元，則最上爲立方。乃仍以平方開之，是以二萬八千八百天元，爲二萬八千八百太極也。大股第十四問草云，得[算式]爲半徑冪，寄左。然後得[算式]爲同數，相消得[算式]，開立方，即半城徑。寄數三層，下爲天元空位。又數五層，亦下爲天元空位。消去空位，所得四層，下平方，次立方，次三乘方，上四乘方。立方開之，是以一億□五百八十四萬平方，爲一億□五百八十四萬太極也。明東前第二問云，得下式[算式]寄左，以[算式]爲同數相消，得[算式]，開五乘方。此寄左數五層，第三層以下皆太極，相消爲七層，最上爲三乘方。今以五乘方開之。是以一十七萬二千五百六十萬□二千八百一十六太極爲一十七萬二千五百六十萬□二千八百一十六天元也。由此推之，既消之後，無論其層之多寡，必以最下者爲太極，太極之上，必爲天元。三層則必開平方，四層則必開立方，五層則必開三乘方，以至十一層必開九乘方，三十二層必開三十乘方也。其故何也？所求者天元之子數，天元之子數，則太極矣。是太極必不可無，亦必不可疊也。天元冪者，無母數之天元也。均爲求天元中之太極而設，則豈得不以太極天元爲齊同之主乎？冪可元、元可太者，何也？乘方之理也，太極，積數也。爲單數之積，猶之爲矩數之積，且猶之爲方數之積，爲立方數之積。譬如層有三，下爲單數之積，則單積八十一，矩九，平方一。層有三，下爲矩數之積，則矩之積八十一，平方九，立方一。層有三，下爲方數之積，則方之積八十一，立方九，三乘方一。蓋方矩積，理實相通，可升可降，可下可上也。然則未消以前，必注天元太極者，何也？齊其等，不容紊也。寄數之天元在上層，同數之天元在下層，必以下層當上層，故四層消而七，三層消而五，職此故也。是記天元，記太極，明注于層之間者，爲相消地也。既相消矣，太極之位，必定於最下，可不更記，故不記也。

太極自乘，仍爲太極，何也？太極相乘，是以太極爲矩也。矩相乘，故得積也。

太極本是積，今用兩積相乘，則積數已進爲邊矣。如積數九，令以九乘九爲八十一，八十一爲積，九進爲邊矣。此亦邊積相通之故。

太極天元相乘，仍爲天元，何也？天元之數不可知，故不能得其積，止得天元也。

天元者，統舉一矩也。以數乘之，止得若干矩耳。非自乘不可爲方，不知數不可爲積。有如天元一者三，以二乘之，二三如六，得天元一者六耳。若知其數，則設每天元一數九，三之爲二十七，以二乘之，積五十四，乃爲實積。今止乘得六，但天元一者六耳。

以天元自除，得太極，何也？兩數等，其除得之數，法化爲實也。

天元非實數。以天元除之，轉爲實數者。譬如天元九，以天元除天元，即以九除九也。九除九得一，故天元一化爲積數一也。又如天元九，以一天元除三，天元即以九除二十七也。九除二十七得三，故三天元一化爲積數三也。

以天元除太極，得太極下之太極，何也？勢所逐也。天元除羃爲天元，天元除天元爲太極也。

除者乘之反，知乘方累乘之數，即知天元除得之數矣。假如天元數二，以二除之得一，又除之得○五，以二乘之得四，又乘之得八，以表明之。

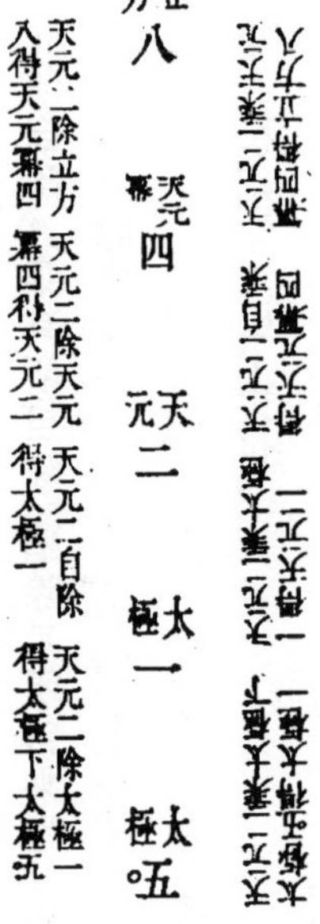

天元二乘天元羃四得立方八	天元二自乘得天元羃四	天元二乘太極一得天元二	天元二乘太極下太極○五得太極一	
立方八	天元羃四	天元二	太極一	太極○五
天元二除立方八得天元羃四	天元二除天元羃四得天元二	天元二自除得太極一	天元二除太極一得太極下太極○五	

以天元除太極，所得必下於太極。以太極乘天元，所得不上於天元。何也？冪爲天元所自乘，太極爲天元所自除。乘其所自除，猶除其所自乘也。除其所自除，猶乘其所自乘也。

天元一爲乘除之樞紐。二乘二得四，上爲冪。二除二得一，下爲太極。二乘四得八，又上爲立方。二除一得〇五，又下爲太極下之太極。一乘一除，兩相比例，其理自然脗合，非由彊致矣。義備前表。

以矩例積，則上法下實也。

譬如積數八十一，與九个矩數等。以九爲法，除得九，是九爲天元也。法之九爲九天元一，除得數九爲每天元一之數九，此正方也。天元一多屬從方，苟舉積數八十一，與二十七天元一等，則每一天元得三。或舉積數八十一，與二天元一等，則每一天元得四十〇五。邊股第十一問草云，得下式[算籌式]寄左。再得[算籌式]元爲如積，相消得[算籌式]，上法下實，得一百二十步。按此本有四層，消去上兩層，則下兩層爲一積數、一母數。以母除積，則得子耳。凡上法下實者放諸此。

以冪例積，則下實中空，而上開方除也。

積數八十一，天元數九，則平方矣，是爲八十一與一天元冪比。積數一百六十二，天元數十八，則二平方矣，是爲一百六十二與二天元冪比。邊股第十四問草，寄左[算籌式]與天元冪相消，得[算籌式]。開平方是爲一萬四千四百積，當一天元冪。底句第四問草，消得下式[算籌式]，以立方開之，得二百四十步。此亦天元空，而以一立方一百三十五天元冪，當二千一百六十萬，即三百七十五天元冪，而以二百四十爲立方也。邊股第七問草，得下式[算籌式]，以平方開之，得一百二十步。此積數七百三十七萬二千八百等于五百一十二天元冪。天元爲一百十二，冪爲一萬四千四百，令五百一十二冪，適當七百三十七萬二千八百也。五百一十二冪，已當四立方三十二天元冪。而不升爲立方者，無得升之勢也。錯綜變化，以相比例，以相齊同，此天元一之術，所以妙也。大股第三問草，消得[illegible]開立方得一百二十。是有積，有矩，有立方，而無平方，是爲廉空。凡諸廉皆空，則爲不帶從之開方。諸廉中有空有不空，則爲秦道古之玲瓏開方也。底句第八問又法草，消得下式[illegible]以平方開之，得三百六十。法云：『半步常法。』此上層爲平方之半也。大股第十二問草，消得[illegible]開立方得三百四十步。法云：『五分隅法。』此上層爲立方之半也。第十二問草，消得[illegible]開三乘方，得三百六十步。此上層爲三乘方之半也。第十七問草如積消得[illegible]開三乘方，得三百六十步。法云：『二分五釐爲三乘方隅。』此上層又爲三乘方半之半也。明叀前第十七問草，[illegible]開平方，得二百四十步。法云：『七分半常法。』此上層爲平方四分之三也。第十八問草，[illegible]開三乘方得二百四十步。法云：『四分三釐七毫五絲爲虛隅。』以上層爲三乘方之半不足也。雜糅第十二問草云，[illegible]平方開得三十六步。此中空而上得平方之半。夫平方之半，即十八天元也。不爲十八天元，而爲半天元冪者，不知十八天元之數，但知爲冪之半也。第十五問草，[illegible]開平方，得八十步。法曰：『二步二分五釐益隅。』明叀前第七問草，[illegible]開平方，得三十步。法曰：『三步半虛法。』凡言步，即方也。凡言分，方之幾分也。言三步半，此每方三三而九，三步爲二百七十，半爲四十五，當一方九十之半也。

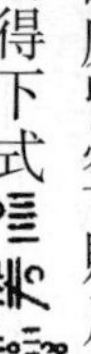

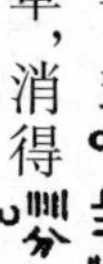

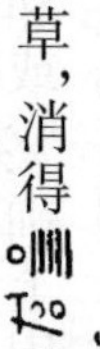

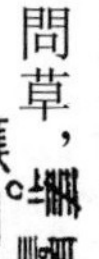

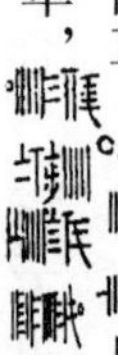

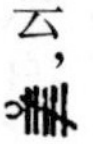

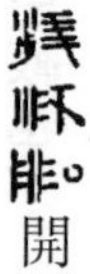

中不空，而上冪下實，則中爲從。中恒爲從，下恒爲實也。

積有盈朒，則上二層皆不空，以從合冪，即成從方。所推見下。

合上冪中從，以當下實，則下和而上中較也。

和較之義，詳見《加減乘除釋》第五卷。天元一相消之後，和較已備。和不必皆在下。而和之在下者，則理之易明者也。正率第十四問草，如法開之，得半徑，此積九萬六千，而等于一冪、六百八十天元也。半徑一百二十，以半徑自乘，得上冪一萬四千四百。以半徑乘天元，得七萬一千六百。合之一萬四千四百，正八萬六千。是下和而中上較，猶下五中三上二，合三二爲五也。但下和數顯，上中兩較數隱耳。

合上冪下實，以當中從，則中和而上下較也。合中從下實，以當上冪，則上和而中下較也。

上恒爲方，中恒爲矩，下恒爲實，不變者也。而或和或較，則上中下無有一定。邊股第五問又法草，以平方開之，得一百二十步。按下恒爲實，是爲實積三萬四千五百六十。中恒爲矩，是爲天元四百□八。上恒爲方，是爲天元冪一。天元冪以一百二十自乘，爲實數一萬四千四百。四百□八天元，以一百二十乘之，爲實數四萬八千九百六十。以上冪之實數一萬四千四百，合下積數三萬四千五百六十，正當中矩實數四萬八千九百六十，是中和而上下較，不啻上五下四中九，合五四而爲九也。明東前第一問草，益積開平方，得二百四十步。按下恒爲實，是爲實積八千六百四十。中恒爲矩，是爲天元二百□四。上恒爲方，是爲天元冪一。天元冪以得數二百四十自乘，得實數五萬七千六百。天元二百□四以二百四十乘之，爲實數四萬八千九百六十。以中矩實積四萬八千九百六十，合下八千六百四十，正當上冪實數五萬七千六百，是上和而中下較，不啻中七下一上八，合七一而爲八也。此二者即梅氏所謂較數方程，但此上爲冪爾。

較與較爲同名，較與和爲異名。同異之分，正負之所以立也。

《九章算術》方程正負術注云：『今兩算得失相反，要令正負以名之。』正算赤，負算黑，否則以邪正爲異。方程自有赤黑相取，左右數相推求之術，而其並減之勢，不得交通，故使赤黑相消，奪之於算，或減或益，同行異位。又云：『凡正負所以記其同異，使二品互相取而已矣。』言負者未必負於少，言正者未必正於多。故每一行之中，雖復赤黑異算無妨。正負之説，此已了然。所謂赤黑邪正，皆言策也。《測圓海鏡》、《數學九章》所用號式，即布策之象。《孫子算經》云：『凡算之法，先識其位。一從十横，百立千僵，千十相望，萬百相當。』又云：『六不積，五不隻。』《夏侯陽算經》云：『滿六以上，五在上方。』蓋古之算策，一枚當一數，從横布之。横者至六，則以一策爲五，從於上。從者至六，則以一策爲五，横於上。如八之號爲𝍧，亦爲𝍰。九之號爲𝍨，亦爲𝍱。五六七可爲𝍤𝍮𝍦，亦爲𝍭𝍥𝍯。一二三可爲𝍠𝍪𝍢，亦爲𝍩𝍡𝍫是也。《測圓海鏡》不言正負，而邪畫以標異數，即《九章》注所云以邪正爲異也。《益古演段》不用邪畫。第十一問法稱三百三十九步〇八釐負。第十四問自注云：『從負隅正，或從正隅負，其實皆同。』第四十問法云五十一萬七千五百四十五步正爲實，元從六百四十八負依舊爲從。李尚之云：『第五十四、五十七問，條段圖虛積及應減處，並以紅色爲志，知當時算式，亦必以紅黑爲别，而傳寫者改去也。』此即《九章》注所云赤黑相取也。相消之名，亦《九章》注所詳。別疏於後。

加中較於下較，謂之益實。減上較於中和，謂之減從。於中和減下較，而以其餘爲上較之實，於上和減下較，而以其餘爲中較之實，謂之翻法。三者之法不同，皆準正負以爲加減也。

梅文穆云：『借根用益實，而統宗用減從，其理無二。』循謂二者正有異。益積者，同名相加；減從者，異名相消。減從不必益實，益實必兼減從。其益實必在上和中下較，減從則通用之。益實，必有續商。減從則一商而盡者亦用之。和在下實，適包上中，用開方法，隅與從必同名相加，從與實必異名相消。和在上中，則下實不足以包括上中，而轉爲上中之和數所包括。以上隅中從下積言之，并從於積，以當上隅，則爲益積。積不足，以隅益之也。減下積以當中與上，則爲翻積。積本在下，今翻在上中也。《測圓海鏡》書中不言減從。《益古演段》第十一問[算籌]開得三十六，條段以一爲虛隅，義曰：減從以爲法。又六十一問[算籌]開得二十，條段以[算籌]爲虛常法。義曰：減從開平方，和或在隅，或在從。二位皆異名，宜減，故均得減從。惟和在實者，上中同名，止相加而不相消，乃無減從之例爾。底句第五問又法草，[算籌]開平方，得一百二十步，翻法在記，此三層翻法也。大股第九問草云[算籌]開立方，得一百二十步，翻法在記，此四層翻法也。皆和在中，較在上下。明叀前第四問草云[算籌]翻得一百二十。明叀後第九問草云得[算籌]開平方得一十六步，法云倒積開得叀句一十六。此二者皆和在上，較在中下，於隅中減積，與從中減積，異用同理。蓋無論是冪是元，既反減下積，義皆得爲翻也。積在下，今轉在上，形似倒置，故又名倒積爾。

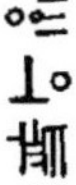

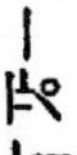

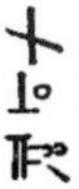

翻法在記者，蓋當時有此書，故略之不載。秦道古《數學九章》有投胎換骨二法。田域篇第一題古池推元，置實一萬一千五百五十二於上，益方一百五十二於中，從方五分於下。於下起步，約得百，乃於實上商置三百寸方。再進爲一萬五千二百，隅再進爲五千，以商隅相生，得一萬五千爲正方，以消益方一萬五千二百。以與商相生，得六百。投入實，得一萬二千一百五十二。又商隅相生，又得正方一萬五千。内消負方二百訖。餘一萬四千八百，爲從方。一退爲一千四百八十，以隅再退爲五十，乃於上商之次。續商置六十寸，與隅相生，增入正方，得一千七百八十。乃於續商除實訖，實餘一千四百七十二。次以商生隅，增入正方，爲二千八十。方一退爲二百八，隅再退爲五分，乃於續商之次。又商置六寸，與隅相生，增入正方，爲二百一十一。乃命商除實訖，實不盡二百六寸。不開爲分子，乃以商生隅增入正方。又并隅共得二百一十四寸五分爲分母，分子求等，得五分，爲等數。皆以五分約其分子之數，爲四百二十九分寸之四百一十二。此投胎法，即李欒城所謂益積也。第二題尖田求積開玲瓏翻法，三乘方。以四百〇六億四千二百五十六萬爲實，以七十六萬三千二百爲從上廉，以一爲益隅。按三乘方當有五層，一實、二方、三上廉、四下廉、五隅，今止有隅，有上廉，有實，闕下廉與從，蓋空其二，故曰玲瓏。以隅之三乘積，并入實中，乃合上廉之數。其初商之積，大於原實，故用翻法。其法云：以從廉超一位，益隅超三位，約商得十。今再超進，乃商置百。其從上廉爲七十六億三千二百萬，其益隅爲一億，約實置商八百，爲定商。以商生益隅，得八億，爲益下廉。又以商生下廉，得六十四億，爲益上廉。與從上廉七十六億三千二百萬相消，從上廉餘一十二億三千二百萬。又與商相生得九十八億五千六百萬，爲從方。又與商相生得七百八十八億四千八百萬，爲正積。與元實四百六億四千二百五十六萬相消，正積餘三百八十二億〇五百四十四萬，爲正實。圖式云以負實消正積，其積乃有餘爲正實，謂之换骨。又以益隅一億，與商相生得八億。增入益下廉爲一十六億。又以益下廉與商相生，得一百二十八億，爲益上廉。乃以益上廉與從上廉一十二億三千二萬相消，餘一百一十五億六千八百萬，爲益上廉。又與商相生，得九百二十五億四千四百萬，爲益方。與從方九十八億五千六百萬相消，益餘八百二十六億八千八百萬，爲益方。一變。又以商生益隅一億，得八億，增入益下廉，得二十四億。又以商相生，得一百九十二億，入益上廉，得三百七億六千八百萬，爲益上廉。二變。又以商生益隅一億，得八億，入益下廉，得三十二億。三變。畢，其益方一退爲八十二億六千八百八十萬，益上廉再退得三億〇七百六十八萬，益下廉三退得三百二十萬，益隅四退爲一萬，畢，乃約正實。續置商四十步，與益隅一萬相生，得四萬，入益下廉，爲三百二十四萬。又與商相生，得一千二百九十六萬，入益上廉内，爲三億二千〇六十四萬。又與商相生，得十二億八千二百五十六萬，入從方内，爲九十五億五千一百三十六萬。乃命上續商四十，餘實適盡，所得八百四十步，爲田積。此换骨法。所得正積大於原積，於正積中減去原積，翻以正積所餘爲積，即李欒城所謂翻法也。測望篇第五題遥度圓城，開玲瓏九乘方，凡九乘方必有十一層。秦氏立名别之，曰隅，曰下廉，曰星廉，曰爻廉，曰行廉，曰維廉，曰方廉，曰次廉，曰上廉，曰方，曰實。其方與次廉、維廉、行廉、爻廉、皆空，故亦名玲瓏。其一商即盡，故相生相消，同於前法，但不以正積翻減去原積，故不爲翻法，是也。又測望篇第六題望敵圓營，用開連枝三乘玲瓏方，此五層有實有隅有上廉，從與下廉空，同於尖田求積之式。商得數，雖有兩次，而初商之積，小於原積，故等爲玲瓏三乘，而不名翻法，翻以減去下實爲義也。然細究之，秦道古之投胎，即李欒城之益積。而秦道古之换骨，與李欒城之翻法，則有辨，何也？欒城之翻法，無論和數在中在冪，但以少減多，減餘在彼，皆得爲翻法。道古之换骨，必和數在中，而較數大於初商，翻專在實，而始爲换骨也。

《益古演段》第二十四問[illegible]倒積倒從開平方，得四十二步。校者演之云：法列積一千四百四十九步爲實，以一百零八步爲長與闊一又七分半之和，即從數求闊。初商四十步，以一闊七分半乘之，得七十步。以減和數，餘三十八步。以初商乘之，得一千五百二十步。以初商積大於原積，反減之，餘實七十一步。乃二因一闊七分半所乘初商之數，得一百四十步。大於和數，反減之，餘三十二步，爲次商廉。次商二步，以一闊七分半乘之，得三步半，爲次商隅。凡和數廉隅相減，此反相加，得三十五步半。以次商乘之，得七十一步，爲次商積。與餘積相減，恰盡。開得闊四十二步。又云倒積倒從，即翻積法也。蓋初商積常減原積，此獨以原積減初商積；倍廉常減從步，此獨以從步減倍廉，乃平方中之一變也。循案此所演翻法，即原諸《數學九章》。然秦道古之術，以商隅相生爲廉法，此用二因，則猶未得其意。既有和較正負，則加自有益積，減自有翻積，如是始盡開方之法爾。

常法亦謂之隅法，益隅亦謂之虛隅，益從亦謂之益方。益方者，別於從方也。益廉者，別於從廉也。常法者，別於益隅也。

《測圓海鏡》所標諸名號，其大略以下和而中上較者爲常。止稱曰實曰從曰隅，因而隅法通稱常法。若和在上，則稱益隅。和在中，則稱益從，或稱益方。亦有和在中，而稱上爲益隅。大股第三問。和在上，而稱中爲益從。雜糅第十六問。且有和在下，而稱上中爲益隅益從。三事和第三問。更有從空而稱上爲益隅。明叀後第三問。推之邊股第十五問，與底句十五問相脗合者也。乃於底句之下一和上三較，稱實，稱從，稱廉，稱隅。一依常法，於邊股則實仍稱實，而從則稱益從，廉則稱益廉，隅則稱虚隅。然則諸稱第以標其同異，故不論正負和較，而各以類相齒也。下層定稱實，不加益字。其上中或以異於下，而加益字，如和在中稱益方，和在上稱益隅也。或以合於下而加益字，如和在中，稱上爲益隅，和在上，稱中爲益從也。益從又稱虚從，益隅又稱虚隅。虚之云者，當緣其爲少數而名之。其立法之初，蓋以少爲虚，以多爲益，如和在中，宜稱中爲益方，以別於上隅下實。或不別中而別上，則稱上爲虚隅，而仍單稱中爲從。如和在上，宜稱上爲益隅，以別於中從下實。或不別上而別中，則稱中爲虚從，而仍單稱上爲隅。總之稱虚稱益，俱所以爲別。久而第取其有別，不復各當其名，此所由無定指也。然所指無定，所別有定，草中以斜畫定之，亦此義。既有斜畫，則同異自見，尤簡便也。今備録於左方，斜畫者，以負爲號。

正率第十四問	負較	負數	正和
邊股第二問	負數 常法	負較 從方	正和 實
邊股第三問	負較 隅	負較 從方	正和 實
邊股第八問	負較 常法	負較 從方	正和 實

邊股第十二問　負較隅法　負較從　正和實
底句第二問　負較常法　負較從　正和實
底句第三問　負較隅　負較從　正和實
底句第八問　負較常法　負較從　正和實
底句第十二問　負較常法　負較從　正和平實
大股第四問　負較常法　負較從　正和實
大股第六問　負較常法　負較從　正和實
大句第四問　負較常法　負較從　正和實
大句第六問　負較常法　負較從　正和實
大句第十問　負較常法　負較從　正和實
明叀前第一問又法　負較常法　負較從　正和平實
明叀前第九問　負較常法　負較益從　正和平實
明叀前第十七問　負較常法　負較從　正和平實
明叀後第十三問　負較常法　負較從　正和平實
明叀後第十三問又法　負較常法　負較從　正和實
明叀後第十五問又法　負較常法　負較從　正和實

三事和第二問	負較常法	負較從	正和平實
三事和第三問	負較益隅	負較益從	正和平實
大斜第二問	負較平隅	負較從	正和實
大斜第三問	負較常法	負較從	正和實
大斜第四問	負較常法	負較從	正和實
雜糅第一問	負較常法	負較從	正和實
雜糅第三問	正較常法	正較從	負和實
雜糅第九問	正較常法	正較從	負和平實
之分第九問	負較常法	負較從	正和實從

右下和上中較

邊股第五問又法	負較虛法平開	正和從	負較實
邊股第六問	正較常法	負和益方	正較實
邊股第八問又法	正較常法	負和益方	正較實
邊股第十問	正較常法	負和益從	正較實
邊股第十七問	正較常法	負和益從	正較實
底句第五問又法	正較益隅翻開	負和從	正較平實

底句第八問又法	正較常法	負和從	正較實
底句第十問	正較隅法	負和益從	正較實
大股第二問	負較益隅	正和從	負較平實
大股第七問	負較益隅	正和從	負較實
大股第七問又法	正較隅	負和益方	正較實
大股第八問	負較益隅	正和從	負較實
大股第十一問	負較益隅	正和從	負較實
大句第一問	負較益隅	正和從	負較實
大句第二問	負較虛法平開	正和從	負較實
大句第七問	負較益隅	正和從	負較實
大句第七問又法	正較隅法	負和益方	正較實
大句第八問	負較益隅	正和從	負較實
大句第十一問	負較虛常法	正和從	負較實
明叀前第三問	正較常法翻開	負和益從	正較平方實
明叀前第十五問	正較常法	負和益從	正較平實
明叀前第十六問	正較常法翻開	負和益從	正較實

明叀後第六問　正較常法　負和益從　正較平實
明叀後第七問　正較常法　負和益從　正較平實
明叀後第十問　正較隅法　負和益從　正較平實
大斜第一問　正較常法　負和益從　正較平實
大斜第一問依法　正較常法　負和益從　正較平實
大和第一問　正較隅法　負和益從　正較平實
大和第二問　負較虛隅　正和從　負較平實
大和第六問　負較虛法　正和從　負較平實
三事和第一問　正較常法　負和益從　正較實
三事和第五問　負較常法　正和益從　負較平實
三事和第六問　正較虛平方　負和從　正較平實
三事和第八問　負較虛隅翻開　正和從　負較實
雜糅第二問　正較平隅　負和益從　正較實
雜糅第十五問　負較益隅　正和從　負較平實
之分第一問　正較常法　負和益從　正較實
之分第二問　正較常法　負和益從　正較實

右上下較中和

明叀前第一問	負和虛隅	正較從	正較平實
明叀前第一問又法	負和虛法	正較從	正較實
明叀前第一問又法	負和益隅	正較從	正較平實
明叀前第四問	負和虛隅翻法	正較從	正較平實
明叀前第十二問	負和虛法	正較從	正較平實
明叀後第八問	負和常法	正較從	正較平實
明叀後第九問	正和常法倒積	負較益從	負較平實
雜糅第四問	負和益隅翻法	正較從	正較平實
雜糅第十六問	正和常法	負較益從	負較實

右上和中下較

邊股第五問	正常法	負益廉	正從方	正實
邊股第十五問	負虛隅	負益廉	負益從	正實
底句第五問	負隅	負益廉	正從	正實
底句第十五問	負隅	負廉	負從	正實
大句第九問	正常法	負益廉	正從	正實

大和第十二問	正常法	負益廉	正從方	正實	

右四層一和三較

底句第四問又法	負益隅	正從	負益方	正實	
大股第九問	正常法	負益廉	正從方	負實	
大股第十二問	正隅法	負益廉	正從方	負實	
大股第十四問	負虛常法	正從廉	負益從	止實	
大股第十五問	負益隅	正從廉	負益從	止實	
大股第十八問	正常法	負益廉	正從方	負實	
大股第十八問又法	正隅	負益廉	正從方	負實	
大句第十四問	負虛隅	正從廉	負益從	正實	
大句第十五問	負虛法	正從廉	負益從	正實	
大句第十八問	正隅法	負益廉	正從	負實	
大句第十八問又法	負虛常法	正從廉	負益從	正實	

右四層二和二較

邊股第十三問	正常法	負第二益廉	正第一廉	正從	負實
底股第十三問	正隅法	負第二益廉	正第一廉	正從	負實

大股第十三問　正常法　負第二益廉　正第一廉　正從方　負實

大股第十三問又法　正常法　負第二廉缺益字　正第一廉　負益方　正實

大股第十六問　正常法　正第二從廉　負益廉　負益從　正實

大股第十七問　正隅　負第二益廉　正從廉　正從方　負實

大句第十三問　正常法　負益二廉　正第一廉　正從方　負實

大句第十六問　正常法　正第二廉　負益廉　負益從　正實

大句第十七問　正常法　負第二益廉　正從廉　正從方　負實

明重前第二問又法　負虛法益積　正第二廉　正第一廉　負益從　正實

明重前第十問　正常法翻法　負益二廉　正從廉　負益從　正實

明重前第十八問　負虛隅　正第二廉　正第一益廉　負益從　正實

雜糅第十七問　負虛隅　負第二益廉　負益廉　正從　正實

右五層二和三較

雜糅第十八問　負常法　負第二廉　負第一廉　負從　正實

右五層一和四較

明重前第二問又法　負虛法　負第四益廉　負第三益廉　負第二益廉　正第一廉　正從方　正實

右七層三和四較

邊股第七問	負隅法	空從方空	正實
邊股第九問	負隅	空	正實
邊股第十四問	負開平方	空	正
底句第七問	負隅	空從空	正實
底句第九問	負常法	空	正實
底句第十四問	負開平方	空	正
明叀前第一問又法	正隅法	空	負平實
明叀前第五問	負常法	空從空	正平實
明叀後第二問	負益隅	空從空	正平實
明叀後第二問又法	負虛隅	空從空	正平實
三事和第七問	負益隅	空從空	正實
雜糅第五問	負如法	空	正平實
雜糅第六問	負常法	空	正平實
雜糅第七問	負常法	空	正實
雜糅第十一問	負隅	空	正平實
雜糅第十二問	負常法	空	正平實

問					
雜糅第十三問	負益隅	空從空	正平實		
之分第六問	負隅法	空	正實		
之分第七問	負隅法	空	正實		

右三層有空位

問					
邊股第四問	負隅法	負廉	空從空	正實	
底句第四問	負常法	負廉	空從空	正實	
底句第四問又法	負常法	負廉	空從空	正實	
大股第三問	負隅法	空廉空	負從方	正實	
大股第十四問又法	負虛隅	空廉無入	負益從	正實	
大句第十四問又法	負常法	空廉空	負從	正實	

右四層有空位

問					
明東前第二問	負虛常法	正第二廉	空第一廉空	負益從	正實
明東前第二問又法	負益隅	空第二廉空	正第一廉	正從	正實

右五層有空位

《益古演段》共六十四問，其相消數不標正負，其條段所釋，大略與《海鏡》相同。第二問[illegible]原本實在上，今移在下。開得二十。條段以二分半爲虛常法。義曰：二分半爲虛隅。此隅二分半，乘二十自乘之數，得一。入實爲三二。又以二十乘[illegible]，適得三二。第三問[illegible]開得六十四。條段以四分七釐爲益隅。義曰：四分七釐爲虛常法。以六四乘[illegible]，得𝍠𝍢𝍫𝍠𝍡，大於實。以六四自乘爲𝍣〇𝍱𝍥，以乘四分七釐，得𝍠𝍱𝍡𝍭𝍠𝍡，益入實，適得𝍠𝍢𝍢𝍠𝍡。以此二問參之，是稱常法，與稱隅同，亦是稱虛隅，與稱益隅同也。第十四問義云：『此問原繫虛從，今以虛隅命之。』又云：『從負隅正，或從正隅負，其實皆同。』第十八問云：『此式原繫虛從，今卻爲虛隅命之，故以四爲虛常法，是可知正負爲别同異之通稱也。』第四十問法云：『相消得[illegible]，合以平方開之。』今不可開，先以隅法二十二步半乘實二萬三千單二步，得五十一萬七千五百四十五步正爲實，元從六百四十八負依舊爲從，一益隅，平方開之，得四百六十五步。以元隅二十二步半約之，得二十步三分之二。此二二五，本是常法而非益隅，是必以商數乘之。今不以商數乘，而下乘實數，其爲實和中上較無異，但多一報除以復之爾。謂之益隅者，蓋既標五十一萬七千五百四十五爲正，標六百四十八爲負，而隅與從類，故依從之負而稱益隅，猶明東前第九問稱從爲益從，隅爲虛法，此又正負通稱之例矣。

秦道古術云：『商常爲正，實常爲負，從常爲正，益常爲負。』然古池推原一術，稱方爲益方，隅爲從隅。案此術和在中，較在上下。以實爲負，則方正隅負矣。今稱方爲益，隅爲從，是稱正爲益，負爲從矣。若以方爲負，隅爲正，則實宜爲正。又與實常爲負之例不符，可知秦氏於此，亦不拘拘也。

其等自實而上行者，便於立天元之法也。其等自隅而上行者，便於用開方之法也。

《測圓海鏡》上隅中從下實，蓋由實而生天元，由天元而生天元冪，自下疊乘而上，是宜實居下，而隅居上也。《益古演段》上實中從下隅，蓋以商生隅，由隅而生從，由從而與實相消，亦自下疊乘而上，是宜實居上而隅居下也。然則廉隅未定之前，自實而隅，廉隅既定之後，自隅而實，故兩書各明一義也。秦道古《數學九章》述開方法，至精極簡，足補李氏所未備。其式如《益古演段》之列位，置商於實上，以商生隅，上達於實。遇同名則相加，遇異名則相減。加則正仍爲正，負仍爲負。減則減餘在正爲正，在負爲負。自一乘以至百乘千乘，不假別術。方與實異名相消，而減餘在方，則爲翻積，爲換骨。方與實同名相加，則爲益積，爲投胎。大抵和在隅，而中較大於初商，則益積。和在中，較數小於初商，則翻積。其理如是。其實布算時，惟視同名異名，以用加減。而翻積益積，不容預定也。其定位用古開方超位法，商單數不超，十數超一次，百超二次，千超三次，萬超四次，其超也。一乘則方進一，隅進二。二乘則方進一，廉進二，隅進三。三乘則方進一，上廉進二，下廉進三，隅進四。進二即超一位也，進三即超二位也，進四即超三位也，四乘以上可類推。其次商退位視乎此，其生廉不用倍法三倍法之煩，第以商上生，同加異減，多一乘則多一變而已。秦氏謂乘爲生，生而上達爲入，入而減爲消。其法李欒城所未詳，此實相爲表裏，精簡貫通，一原於古《九章》，而迥非梅氏《少廣拾遺》所能及。循別有專書論之，而舉其大略於此。

天元一釋卷下

欲求所不知，則以所求者爲矩，是爲立天元一。

《測圓海鏡》立天元一爲圓徑者三十一，爲半徑者六十六，爲大差者六，爲大句者四，爲平句者五，爲叀句者二，爲叀股者七，爲叀弦者二，爲明句者六，爲明股者二，爲句圓差者二，爲太虚黄方面者三，爲小差者七，爲虚句者三，爲虚弦者四，爲皇極弦者二，爲中差者二，爲乙南行者二，爲乙東行、甲南行、柳至城心步、槐樹至城心步、小句、叀小句、皇極弦上股差、皇極句、虚較、小差股、大弦、通弦、半大弦、平弦、黄極黄方面各一，其之分則立爲一分之數，或立爲此，則兼彼。如邊股第九問立爲半徑，就以爲小句。明叀前第一問立爲圓徑，便以爲三事和，是也。有兼而爲三者，明叀後十六問立爲半虚黄，便爲明小差，又爲叀大差，是也。或不立於寄數，而立於又數者，如雜糅第五問，本如大小差數，相乘爲圓冪，寄左。然後立天元爲圓徑以自之，與左相消，是也。若明叀前第三問，前既立天元一爲半圓徑，寄左。後又再立天元一爲半徑，半徑即半圓徑，文偶累耳。斷無前立一天元，後別立一天元之理也。《益古演段》第三問云立天元爲内池，又云立天元爲池徑，其説亦同。

秦道古《數學九章》卷一大衍術，有立天元一法，其名同，其用異，未可强爲合也。其一爲求衍數法云：『以定相乘，爲衍母。以各定約衍母，得各衍數。或列各定數于右方，各立天元一爲子于左行，以母互乘子，亦得衍數。』又云：『以右行互乘左行異子一，弗乘對位本子，各得對數。』按此即《張丘建》蕩杯之法。衍母者，右行三母相乘之數也；衍數者，右行二母與左行一子維乘之數也。左行本無子數，借一爲子，是爲立天元一。一乘不長，其實仍右行二母相乘耳。衍母爲三母相乘，衍數爲二母相乘。以一母除衍母，猶之二母相乘，故或立天元一以乘二母之所乘。或不立天元一，而以各定約衍母，其理可通也。

二 三 四	此行即大衍數之定母。
一 一 一	此行即大衍數之立天元一。
三 二 二	以右行互乘左行異子一，弗乘對位本子。右上于左上爲本子，于左中下為異子。
二十 八 六	此行即大衍術之衍數。
二 三 四	以定相乘為衍母。
二乘三得六，三乘六得二十四	此行即大衍术之衍母。

《張丘建》云置人數二三四列於右行，置一一一杯數左行，以右中三乘左上一得三，又以右下四乘之得十二，又以右上二乘左中一得二，以右下四乘之得八，以右上二乘左下一得二，又以右中三乘之得六，又以二三四相乘得二十四。

其一爲大衍求一術云：『置奇右上，定居右下，立天元一于左上。先以右上除右下，所得商數，與左上一相生入左下。相生即相乘。然後乃以右行上下，以少除多，遞互除之。所得商數，隨即遞互累乘，歸左行上，下須使右上末後奇一而止。乃驗左上所得，以爲乘率，或奇數已見單一者，便爲乘率。說者謂其極和較之用，窮奇偶之情，又謂遞互乘除之語未詳。』循按：大衍之術即《孫子算經》三三五五七七之術也。此術《九章》所無，而見于《孫子》。今則婦人孺子，或以爲戲。《孫子》雖詳其術，而秦氏則闡其微而暢發之。其三三置七十，即大衍求一術也。大衍術者，以元母用連環求等法求得定母，定母連乘得衍母，立天元一互乘得衍數，以定母約衍數得奇，以奇與定母用求一術得乘率，以乘率乘衍數得用數，以用數乘所問之餘數，併之爲總，滿衍母去之，不滿爲所分。今先以孫子術解之。題云：『今有物不知其數，三三數之賸二，五五數之賸三，七七數之賸二，問物幾何？』答曰：『二十三。』三五七，元母也，約之得一爲無等。不用連環求等法，則元母即定母也。賸二賸三賸二，分數也。二十三，總數也。術曰：『三三數之賸二，置一百四十五；五五數之賸三，置六十三；七七數之賸二，置三十。并之，得二百三十三。以二百一十減之，即得一百四十，六十三，三十，用數也。二百三十三，總數也。二百一十，衍母約兩次也。』術又曰：『凡三三數之賸一，則置七十；五五數之賸一，則置二十一；七七數之賸一，則置十五。一百六以上，以一百五減之，即得。』置七十，置二十一，置十五，乘率也。二十一，十五，以衍數爲乘數也。七十，以定母與奇用求一術得之也。何也？三七二十一，以五約之，餘一。三五一十五，以七約之，亦餘一。所謂奇數已餘單一，便爲乘率，是也。五七乘得三十五，以三約之，去三十三。餘二，不可爲乘率。乃以餘二列右上，定母三列右下，立天元一于左上，以右上約右下，餘一，歸左下。又以餘一約右上，使右上奇一，商數得一，與左下乘，仍得一，與左上天元一相加爲乘率二，以一乘二十一，與一十五，俱不變。以二乘三十五，爲七十，此所以置七十也。依秦氏式列于左方。

3	5	7	元數即爲定母　105 衍母
一	一	一	立天元一
35	21	15	衍數
2	1	1	奇數
2	1	1	乘率
70	21	15	乘數
2	3	2	分數
140	63	30	用數

大衍求一術，所以用遞互乘除者，蓋是術之分數，與盈不足方程差數異。去差數則母齊，加分數則總齊。惟母不齊，斯分亦不齊。用連乘，所以齊其母也。分即奇也。分不止於一，乃必令奇成一數。而奇乃齊，此所以既立天元以求母衍數，復立天元以求乘數也。既齊其母矣，又以一母互約之而得奇，

約之而奇一，無煩更齊之矣。約之而奇不止一，則務齊其奇數之一，而不妨數倍其母，以化不一者爲一也。倍其母以齊其奇，有二法焉。一以奇遞加，以母遞減之，餘一而止，列其減數與餘爲乘率；一以奇遞減母，又以母遞減奇，餘一而止，列其減數與餘爲乘率，即求一法也。立天元一于左上者，與右上餘一爲預存倍數也。既以奇減母，而母亦存奇。以母之奇減奇，故商一即一倍，商二即二倍。惟右上奇減母一次，固猶是一耳。若二三以上，則必以母之奇所減奇之數，與此相乘，而後加于天元一。故曰遞互除之，又曰遞互累乘也。此可詳者也，如衍數十五，以四四數之，約去十二，奇三。欲齊奇，因而倍母，以三列右上，四列右下，立天元一于左上，以三約四，一次得奇一。乃列一于左下，又列奇一于右下，以一約三，二次而得奇一。以二次乘左下一，仍是二，加於天元爲三，是爲乘率。以三乘衍數十五，爲四十五，以四約之。約去四十四，恰餘一。此左下歸數是一，不見互乘之妙也。設如衍數十七，以七七數之，約去十四，奇三。欲齊奇，因而倍母，以三列右上，以七列右下，立天元一于左上。以三約七二次，而得奇一。乃列二于左下，又列奇一于右下，以一約三，二次而得奇一，以二乘左下二得四，加天元爲五，是爲乘率。以五乘十七，得八十五，以七約之，去八十四正餘一。蓋以奇減母，則不必以奇遞加，而以母之奇約之，即得所減之母，不啻所加之奇。減母二次，則約奇一次，即加兩次矣。非用互乘，何以合耶？加奇以減母，鼂雁術之義也。減母以減奇，矯矢術之義也。詳見《加減乘除釋》第五卷。李氏之立天元一，蓋不知真數，立一數爲比例之根，其究不必一也；秦氏之立天元一，乃欲得一數，立一數以爲齊同之準，其究必是一也。李氏立天元一之相消，此元殊于彼元，以不齊而得其齊也；秦氏立天元一之相約，此一即合彼一，以齊而齊不齊也。李氏之奇左，乃同類之一率，寄之以待類之合也；秦氏之寄左，則未齊之衍數，寄之以俟奇之齊也。李氏之所立，可以馭一切之算；秦氏之所立，止以定歸奇之用。二者藐不相同，各有秘奥。或言李演秦説，豈其然邪？至大衍術連環求等之法，亦互約以化繁爲簡，所以爲奇一地耳。如九與十五，其等爲三，何也？九爲三三，十五爲五三也。可約九爲三，亦可約十五爲五，蓋可半則半之遺意也。三數以上，彼此遞約，故有連環之名。連環約後，猶有可約之等，則續約之。續約者，約此則乘彼，如甲二十七，乙一十二，丙三十二。甲乙之等三，乙丙之等四，甲丙無等。以三約甲爲九，以四約乙爲三，此連環求等也。甲九乙三，尚可求等得三，乃以三除乙三爲一，以三乘甲九爲二十七，此續等也。秦氏所謂皆約而猶有類數存，姑置之，俟與他約徧，而後乃與姑置者求等，約之，是也。術云『求定位，勿使兩位見偶』，又云『約奇弗約偶，或元數俱偶，約畢，可存一位見偶』。解者云：『衆數連乘中，有兩偶數，則所得總數，以一偶數除之，必仍得偶數，不能求餘一之乘數，是也。』解者又云：『約奇弗約偶，專爲等數爲偶者言之。若等數爲奇者，則約偶弗約奇。』解者蓋以求等後約元數所得，爲約奇約偶。按元數兩偶者，求等約之，可得奇；元數兩奇者，求等約之，不能得偶。如三與九，其等三，約三得一，約九得三，皆奇。五與十五，其等五，約五得一，約十五得三，亦皆奇。他若七與二十一，九與二十七，亦然，皆約得奇，不能約得偶也。元和李尚之解奇偶爲元數，其説最詳。謂約元數爲定母，必令約畢更無可約，而後得爲定母。欲令無可約，須先令無等。欲令無等，則兩兩相約時，須先令約得之數，皆爲奇數。蓋凡兩奇，與一奇一偶，相約，或有等，或無等。凡兩偶相約，必有等，今約得皆奇數，則約畢之後，必止有一位偶，而衆位皆奇。若有兩偶，則必又有等。又云：一奇一偶相約，所求之等亦必奇。以約奇數，必得奇；以約偶數，必得偶。今欲令約得爲奇，故術云約奇弗約偶也。兩偶相約，所求之等必偶。以約兩偶數，或皆得奇，或一得奇一得偶。今亦欲令得奇，故術云或元數俱偶，可存一位見偶也。又云約奇弗約偶一法，有時當約偶弗約奇，其故有二：其一恐約畢仍有等數也。如甲二十五，乙二十，求等得五，常法約甲爲五。然五與二十仍有等，須約乙爲四。二十五與四，則無等矣，故術云：約得五而彼有十，乃約偶而弗約奇也。其一恐定母見一也。凡定母見一則無衍數，而有借用之繁，故求定位術云：勿使見一太多。程行計地草云：于術約奇不約偶，慮恐無衍數，乃先約甲三百也。兩偶求等，約得單一，亦當舍此而約彼。然約彼得奇，則可不見一。若約彼得偶，則不得不見一，何也？兩偶必有等，展轉推之，終須見一也。尚之此解，可發秦氏之藴，而正前此之誤解矣。所以必求定母者，如甲二、乙三、丙四，二與四有等，約爲甲一乙三丙四，依法求之，得用數一一三。若不約，則二三四之衍數爲𝍩𝍡𝍧𝍥，奇數爲𝍡𝍡𝍡。以𝍡與四立天元求一，不可得一，此所以必用求等法也。

太極朒，則天元爲盈。太極盈，則天元爲朒。真數積於下。而盈朒差於上也。

股全數六百，句三百二十，差數二百八十。今舉股四百八十，句二百，既非全數，亦非差數，于是有加減之法，而盈朒生焉。何也？以四百八十爲股，則朒。因以所朒者爲天元一而加之，是爲四百八十步加一天元，在四百八十則朒，在所加天元則盈。朒者，于股全數不止四百八十也。盈者，餘于四百八十之外也。若以四百八十爲差，則盈。因以所盈者爲天元一，而減之，是爲四百八十步減一天元。在四百八十則盈，在所減天元則朒。盈者，四百八十多于差也。朒者，四百八十中當少去此數也。減爲分數，加爲合數。分者，分于太極之中。合者，合于太極之外。分于太極之中，而合之以所分之餘，比例得矣。合于太極之外，而分之以所合之形，比例得矣。

太極可減天元，天元亦可減太極，故如積之數，在太極位也。

太極加天元，天元加太極，其義一也。惟減則有不同。如全股六百，容圓半徑一百二十。但知四百八十，則立天元一爲股，而減去四百八十爲半徑，是爲一天元少四百八十步也。是天元一盈于四百八十之實數，而四百八十之實數，轉宜減于天元之中矣。明叀之數，或小於半徑，故《測圓海鏡》于明叀以下，多于天元一之中減太極。明叀前第二問云：『立天元一爲半徑，上減明句得[illegible]爲虛句，下減叀股得[illegible]爲虛股，句股相乘，倍之，加差冪得[illegible]爲弦冪，寄左。然後並二行步以自之得[illegible]于太極位爲同數。蓋差在太極位，故必于太極位比例得同數也。

同名相加，則異名相減，減以平加之溢也。同名相減，則異名相加，加以補減之過也。從乎盈以爲正負者，減餘本在盈也。反減則正負相變者，變其名命使數不紊，消息之妙也。

兩同名爲母，兩異名爲子，兩母均正，兩子一正一負，是必以母子皆正者，同加入母之正也。而母之正者，其子又負，是母之正且非全數，故必減去此負也。余于《加減乘除釋》卷五已詳言之。減者，于盈之中去其朒，所存者盈。其從乎盈，自然之數如此也。餘在左則異加之正負，依乎左行；餘在右則異加之正負，依乎右行，亦從乎盈也。又有反減之例，專以本行爲主。減餘在本行不必言，若在彼行，而異加既依本行之正負，則減餘轉必變正爲負，變負爲正，以就本行之異加也。因反復于其理，盈在彼，而彼之加數爲正，是益于盈數者也。此之加數，本于減數爲負，減數中未減此數，則所以減之者過乎所宜減，故以此之負，予彼之正，以補之。彼之加數爲負，是損于盈數者也。此之加數，本與減數同正，減數未加此數，則所以減之者，不及所宜減，故以此之正，子彼之負，以平之。反減則朒之中去其盈，不足符其所去，必取諸加數以充之，是所減爲彼之餘，轉爲此之歉也。餘爲多而歉爲少，烏得不正負相變哉？

然假如左行爲三多二，右行爲五少一。以左爲主，三反減五爲歉二，一加二爲三，必于此三數減去所歉之二，故本是子三多母二，卻顛倒爲母三少子二矣。若以右爲主，則五中減三餘子二，此多數也。而母加爲三是少數，以三減二，亦是反減。是又宜以子二少母三，變爲母三少子二，何也？右五雖盈於左三，而五少一爲四，三多二爲五，以五減四，則左朒而實盈，右盈而實朒，故以五與三言之，明有減餘，而以五少一與三多二較之，正是反減。反減而多少相變，例也。明爲正減，陰實反減，此又反減中之變例也。

又如本是左三少二，右五多一，則反減異加之後，必右皆多數，左皆少數。此既盈俱在右，本宜從乎右，強右于左，而左數皆少，于術則通，于理未協，此反減之又一義也。

又設左爲三少二，右爲五少一，以右爲主，五中減三，餘二，多仍爲多也。一中減二，則必反減，反減則不爲餘一，轉爲歉一。乃二在左，本是三中之少數，三少二，止宜以一減五爲四，今竟以三減五爲二，已多減二數，則此反減所餘之二數正用以補之，故不爲歉而轉爲餘。理雖平易，而實造微矣。

置本數于左，爲寄左。設又數與之加減爲相消，相消與相減，皆同減而異加也。然相減者，有減餘者也；相消者，無減餘者也。

相減者，隨舉一母子爲本數，又隨舉一母子以減之，同減異加之後，得數。或加或減，皆得所餘。相消者，彼此俱爲同數，雖參差不齊，而平其差則皆齊。如云五少一四也，二多二亦四也。五與二減得三，一與二加亦得三。上下相比，數本相合，而特叢雜於或盈或朒之差，去其叢雜，使數之相合，了然明露。夫陰消陽息，《易》卦有之。此云相消，亦其義也。相消乃相減之一端，猶開方爲除法之一端。開方者，自乘無從之除；相消者，減盡無差之減。名義可通，而用有辨矣。

同名相乘均得盈，異名相乘均得朒。朒乘朒轉得盈者，朒中之盈也。朒乘盈必得朒者，盈外之朒也。

盈之乘盈，其得盈也，可知者也。朒之乘朒，亦轉得盈，蓋朒在實數之内，實數已乘得積，而又以朒乘實數，以爲減之地，兩朒交乘實數，成兩廉形，而兩廉之交處，必疊兩隅。疊兩隅，是多一隅也，多一隅即多此朒乘朒之數也。多此朒乘朒之數，是于宜減之數，而又減之。減于廉之中，不啻益于實之中。于實爲朒，于廉轉爲盈，故朒乘朒得盈也。若所加之天元在實外，實乘爲方矣。天元自仍在方外，雖與實相乘，難與實相混矣。

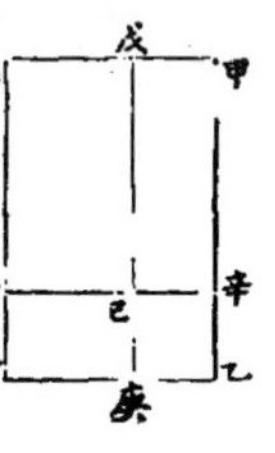

丙戊與丙壬爲實，戊甲壬丁爲天元，丙丁爲實，外天元。

右皆盈與盈同名相乘。

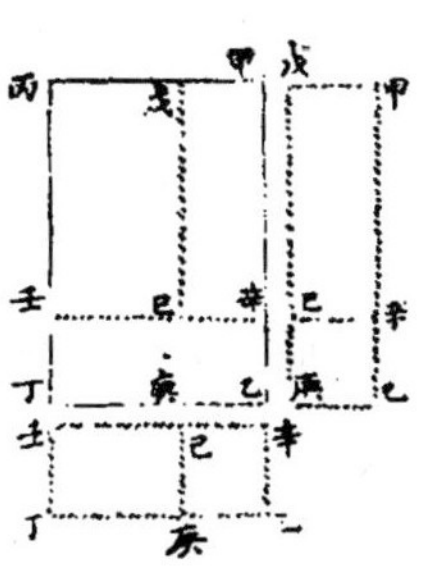

於甲乙丙丁內減去甲戊乙丁壬己曲尺形，今乘得甲戊乙及庚壬丁辛乙兩形，比曲尺多一辛乙己庚朒乘朒之形。

甲戊爲朒，甲乙爲盈，壬丁爲朒，丁乙爲盈。

其不可除者，爲不受除。不受除者，寄之，謂之寄分母。分母之中，有不受除者，則分母之中，又寄分母。

邊股第四問云：『置東行步爲小句，以中股乘之，得[illegible]。合以中句除，今不受除，便以爲小股也。』下注云：『內寄中句分母。』舊校云：『不受除者，無可除之理也。』凡二數，此數與彼數無可除之理，則不受除也。蓋除有法有實，實可二，法不可二。此題以中句爲法，而中句內有一元，又有十六步，其爲數已二矣，又何以均分不一之數乎？故曰不受也。第九問草云：『立天元一爲半徑。』即以爲小句率。其二行差，即以爲小股率。乃置甲南行步，加入天元一爲股。以小句乘之，合以小股除。今不受除，便以此爲大句，內寄小股分母。舊校云：『此所謂不受除，乃其數奇零不能盡，非無可除之理也。』

第五題云：『置大股在地，以小句乘之，得下式，合以小股除之。今不受除，便以爲大句，內寄小股分母。又置天元半徑，以分母小股乘之，以減大句。』循按：此問，欲得底句，因先求大句，大句必從小句比例，乃有小句。而小股不可用以除，因委曲而用寄分之法，徑得大句。然大句較底句，尚多一半徑，而此大句者，既爲寄分，徑得之大句，不可與半徑減，故必以分母乘半徑而後可減也。大句爲分母所乘之大句，則半徑亦必爲分母所乘之半徑。此問蓋李氏示人以相減例也。大股第十三問草云：『立天元一爲半徑，二之，減甲南行爲大差。以自之爲大差冪，加于南行冪，半之爲大弦。內帶大差分母，別寄。又置乙斜行，爲小弦。以大股乘之，合大弦除，不除便以此爲小股也，內帶大弦分母。』按此大弦爲小股中所帶之分母，而大弦之分母中又帶大差分母，蓋欲得小股，先求大弦。欲求大弦，先得大差。轉轉寄帶，不憚委曲。繁瑣者，爲同數相消地也。心思之妙，不啻蟻之穿九曲珠。夫所以啟後學之聰明者，可謂至矣。

分母以不除寄之，即以不乘消之。寄左不可消，則又數以分母乘之。分母之中有分母，則寄左以分母中之分母乘之。分母中之分母，帶分母者無之也。

寄分母之法，其相消之例有數端。邊股第六問草云：『置大股，以小句乘之，合以小股除。今不受除，便以此爲大句內帶小股分母。又倍天元，以小股乘之，以減於大句，爲句圓差。合以股圓差乘之，緣此句圓差內已帶小股分母，小股即股圓差。更不須乘。便以此爲半段黃方冪，更無分母也。』按此言相消之法，甚明了。句圓差乘股圓差，得城冪之半，即半段黃方冪，是必乘而得冪也。小股爲一率，小句爲二率，大股爲三率，必小股除之乃得大句也。而小股既即爲股圓差，則前之不除，正可以代後之乘；而後之不乘，正可以代前之除，故前不除而寄分母者，後不乘而更無分母也。

第四問寄左中寄中句分母，其又數以中句乘之，爲同數。第五問寄左中寄小股分母，又數以分母小股乘之，爲同數。此緣寄左中，不能以一乘一除，兩相消抵，故于又數中乘之，以消此不受除之數。同在寄數中，以不乘消之，分在寄數又數中，以乘消之，不除則數多而溢于彼，不損此之溢，而增彼之坳，則兩相平矣。譬之市儈負我債，我取其貨物，而不留值，此以不乘消之之義也。醫者欲制肝，而先強肺。相墓者，苦右高，而左加隄焉。則乘以消之之謂也。

第十問草云：『置乙南行步爲小股，以句率乘之，合以股率除。今不受除，乃便以此爲小句，內寄股率分母，以小句大句相乘爲半徑冪，內帶股率冪爲分母，寄左。然後置天元自乘，又以股率冪乘之，爲同數。』按此兩相比例，大句小句內，皆寄股率分母。小句大句既相乘，則所寄兩股率，亦相乘而爲股冪矣，故寄左中帶股冪，而又數亦以股冪乘也。

大股第十三問草云：『大弦帶大差分母，別寄小股，又帶大弦分母。因以邊股乘小股，爲半徑冪。此半徑冪內，有大弦分母，緣別寄大弦分母，元帶大差分母，故又用大差分母，乘上半徑冪，爲帶分半徑冪也。所帶之分，謂止帶大弦分母也，寄左。然後以大弦乘天元冪爲同數。』循按：此寄分中，又有寄分之相消法也。帶大差分母之大弦，既別寄矣，而小股中所帶之大弦分母，乃不帶分之大弦，非別寄帶分之大弦也。又數以大弦乘天元冪，此大弦正別寄之大弦，中有大差分母者也。然則寄左數中所帶之分，别無所帶，而又數中所乘之大弦，轉多一大差分母矣。故豫于寄左數中，以大差分母乘之，以爲同數相消地耳。别寄之分母，隨乘而入，不用之以除，則大差分母無由入小股中。不受除而帶分母，自帶大弦之正數，不帶大弦之假數也。第十四問草以股冪加大差冪，半之爲大弦，内帶大差分母。又置股冪減大差冪半之，爲大弦，内帶大差分母。又置股冪減大差冪半之，爲大句，亦帶大差分母。大差即句弦較。乃置明弦，以大句乘之，合以大弦除。不除，便以此爲小句，内帶大弦爲母。其大句内，元有大差分母，不用，即明句也。以底句乘明句，爲半徑冪，内帶大差及大弦爲母，寄左。然後置天元冪，以大差通之，又以大弦通之，爲同數。此寄數帶兩分母，而又數又以兩分母乘之也。大句中有分母，不用者。又數之大弦，其中有大差分母，依前法，則寄數中之半徑冪，宜豫以大差乘之。今因小句中本帶大差大弦兩母，故以不乘抵之，非不用也，有以消抵之也。蓋寄數小句中，有分母二，底句中有分母一。在小句中者，其一爲不帶分之大弦，其一爲大句中所帶之大差。在底句中者，爲大句中之大差，是帶兩大差一大弦也。又數既以大差通之，又以帶大差分母之大弦通之，是亦兩大差一大弦，適相消抵，因不必復用相抵之法，冥然化其消息之跡，故曰不用也。是明帶兩分母，實暗帶三分母也。又一法，草云：『股圓差即大差。冪加股冪，半之，爲大弦。寄大差分母，減股冪，半之，爲大句。寄大差分母，以大句乘明弦，合大弦除。不除，便以爲小句，寄大弦分母。又以股乘明弦，合以大弦，除爲小股。不除，而又以同母通分之，爲同分小股也。又置明弦，以大弦通之，得通分小弦也。三位相併爲股圓差，寄左。然後以天元大差，以大弦分母通之，爲同數，此則寄數中，共帶六分母，而以一分母齊之。』法至此，精妙極矣。六者何？大差三，大弦三也。其在小句中，有大句所帶之大差，有不帶大差之大弦，是爲一大差、一大弦也。其在小股中，有同母通分之大差，有不帶大差之大弦，是又一大差、一大弦也。其在小弦中，有通分之大弦，有大弦中所帶之大差，是亦一大差、一大弦也。而小句小股小弦併之，即股圓差。則以帶大差之大弦通之，不啻以六分母通句股弦之三位也。原注云：『大股乘時，無大差分母，故令通之，以齊大句上所有大差分也。』云大股乘時無大差分母者，言大股中無大差分母，非若大句中有之，故前大句乘明句弦爲小句，其中有大差母。其股乘明弦爲小股，則無大差母也。以同母分通之，則均有大差母，故曰通之以齊也。同分，同於大句中之分也。審此用同分以齊大句中之大差分母，則前所謂大差分母不用者，詎真不用乎哉？第十八問草下注云：『其大句中有大差分母，其大股内卻無分母，故今乘過，復以大差通之，齊分母也。』此注尤彰明較著矣。寄分之法，爲天元一造微之境，比例齊同，全賴此以濟其窮。故李氏詳乎言之，即其一隅，可以知三。因復闡明其故，俾學者易知，故不憚煩云。

又數與寄數相齊，謂之同數，亦謂之如積。如積之例，當其較，則舍所盈，故加於盈而數合也。當其和，則包所朒，故減其朒而數合也。

《測圓海鏡》列加減二法，謂之正率。天元一之術，實無出此二者，其他變化錯綜，皆由此而推之耳。題云：『或問出西門南行四百八十步有樹，出北門東行二百步見之，問徑幾里？』其減法云：『立天元一爲半徑。置南行步在地，内減天元半徑，得$\begin{matrix}-1\text{元}\\480\end{matrix}$。爲股圓差。又置乙東行步在地，内減天元，得下式〔算式〕，爲句圓差。以句圓差乘股圓差，得〔算式〕爲半段黃方冪，即城徑之半也，寄左。又置天元冪以倍之，得〔算式〕，亦爲半段黃方冪。與左相消，得〔算式〕，如法開之，得半徑一百二十步。』循按：置南行步減天元者，積數二百中少天元一也。置東行步減天元者，積數二百中少天元一也。兩行步本是一半徑帶一圓差，今減去天元半徑，故爲句圓差、股圓差。所減雖在天元，實不啻在積也，及兩積相乘除，去天元所當之積，餘爲半城冪之積，故如積者。但如此半城冪之積，以爲之冪，或爲之天元，以合於除去之天元，則與下積適相當矣。譬之積如粟。天元，天元冪，如錢，粟一斗值錢二百。先付錢六十，當減去粟三升。今不減，但記曰，已納錢六十，則他日持錢取粟，僅持七升之值百四十錢，而遂當一斗之償矣。粟未減也，亦非妄以七升之值，當一斗之值也，前後之值相合也。此乘得積數九萬六千，如斗粟也。六百八十天元多一天元冪，如先付三升值也。如積之二天元冪，與一天元冪相減，爲一天元冪，如他日持七升之值也。夫付過三升之值，則我他日之持錢，朒三升之值，而取盈三升之粟矣。後所持合于先所付，自不虧缺。而後之所持，則必舍乎先之所付，此減法之如積也。

其加法云：『置南行步，加天元一，得〔算式〕爲大股。又置乙東行步，加天元得〔算式〕爲大句，相乘得〔算式〕爲一个大直積。以天元除之，得下式〔算式〕爲三事和，寄左。然後併二行步，又併入句股，共得〔算式〕爲同數。與左相消，得〔算式〕，以平方開之。』循按：加于行步之外，則爲四百八十步多一天元，二百步多一天元也。句股相乘爲句股積。今句股中各朒一半徑，則所乘得之實數。不足一句股積數。不知積數所缺者若干，惟知所缺之天元及天元冪若干，故爲九萬六千步多六百八十元一天元冪，此之所多在實積外。而如積之數，必如句股積以爲之天元及天元冪，而齊之。夫天元既在實積之外，而如積又合天元與實積之形，則于如積中，減去實外之天元及冪，自適當乎積矣。譬之以錢二百，買粟一斗，而此一斗粟中，適欠六十錢之粟。今持錢二百買之，而粟止有七升，則必于所持之錢除去六十而後相合也。句股冪如粟一斗值也，九萬六千步如七升也。六百八十元一天元冪，如所欠六十錢之粟也。一千三百六十步二天元，即句股冪之如積者也。蓋句股冪不可得其同數，故以天元除之，爲三事和。三事和者，句股弦相併也。而句股弦又無實數，故但爲一千三百六十多一天元也。試又譬之，農與市儈交易，農舊負儈錢三十，儈舊負農粟六升。今農持錢八十，向儈買粟八升半。儈曰：于錢減三十，餘五十；粟減六升，餘二升半。蓋粟八升半暨錢三十，與粟六升暨錢八十，適相等。九萬六千步多六百八十天元一天元冪，與一千六百步二天元適相等，其義亦猶是也。

三層之相消，較必合二；四層之相消，較或合三。較均在上，則和在下也；較合于下，則積必益也，其減餘必分兩畔者也。

兩畔之數既等，其相消之餘，亦必兩邊相等。其兩層者，一法一實，不待言矣。三層者，相消之後，必分兩畔。而兩畔所分，必一畔得一層之減餘，一畔得兩層之減餘。其兩層之減餘，與一層之減餘，數既相等，則此兩層者，必爲一層之較；而一層者，必爲兩層之和。兩層餘在上中，則和在下。兩層有一層餘在下，則和必在上中。而其一層在上中，與下相耦者，則益隅益方也。其情甚隱，其理實平，余于《加減乘除釋》卷五，已發明此旨。相消必分兩畔者，緣兩畔之相等也。若不相等，則減餘可偏在一邊，此相消與相減，所以同而異也。亦惟減餘必分兩畔，所以天元一之相消，與方程之直除，亦有間也。譬之粟每斗值錢一百二十，豆每斗值錢八十。今一農有粟一斗，豆二斗，錢二十文；一農有粟一斗五升，豆五升，錢八十文。數各不同，而值實相等。皆三百文。因而相消，一農餘豆一斗五升；一農餘粟五升，餘錢六十文，又爲相等。各餘一百二十。而豆之一斗五升，已足敵粟與錢之兩色，是豆和而錢粟較矣，必益錢于粟，乃可敵豆，是錢爲益隅也。

借根之用加減，與相消法異而數同，何也？試質言之，有如左之數五，右之數十，不等也。今曰左之數五多五，則與右之十等矣。其相消以下五減十，餘五。上多五無對，是上下皆五，爲相等矣。其用加減也，則左右各減以五，左之多五者，今不復多；而右之十者，今以減去五，而亦止存五，是亦兩相等也。蓋兩邊各減，仍不啻以左減右，故爲法不同，而數必同耳。或左數五，右數十，不曰五多五，而曰十少五，亦相等。則相消以五減十，亦上下皆五，而相等矣。或各加以五，則右十之少五者不復少，而左五亦加五而爲十，是亦兩相等也。此所加減之五，未嘗一乘再乘，故明了易知。若以乘隱之，假如以五爲一根之數，則左五之多五，爲左五多一根；右十之少五，爲右十之少一根。相消，則是以五當一根，以一根除五，仍得五，猶五與五等也。相減，則左五本多一根，今減一根，相抵爲五；右十減一根，爲十少一根。相加，則左五加一根，爲五多一根；右十本少一根，今加一根相抵，爲十。然後均用相減，爲一根與五等，仍相消也，是多費一番加減也。學者言算數之術，後人勝于前人，恐亦未盡然乎。

當其空，則正負相變者。同名相就，同必化爲異也；異名相投，異必化爲同也。

相消之理，既詳之矣。兩畔俱空，則此層爲從空廉空矣。若一畔空，一畔有數，《九章》謂之無入。無入者，無對也。試以三層言之。此畔上下皆正，彼止有中正，此同名也。然此中正者，與彼上正下正爲相等，則以此就彼，此和而彼較，不得仍皆稱正，而混淆無別，故正變爲負也。若負則必有兩層，或彼一畔上正下正，此一畔中負下正，兩下正同名相減，而彼之上正，投入此畔，化而爲負，何也？此下正爲和，中負爲較，尚少一較，移彼正于此，全其爲較矣，故亦正變爲負也。若不以彼上正投此，而以此中負下正就彼，亦變爲中正下負，蓋下本爲和，雖經減去，恰合增入之數，仍爲和也。表之于左方。

三正	口	四正	三正	七負	四正
口	七正	口	三負	七正	四負

右同名變異表一

三正	口	四正	三正	六負	三正
口	六正	一正減餘三	三負	六正	三負

右同名變異表二

三負　口　十正　三負　二正　一正

口　二負　九正減餘一　三正　二負　一負

右同名變異表三

三正　口　四正　三正　二正　五負

口　二負　九正減餘五　三負　二負　五正

右異名變同表一

八正　口　一負　八正　二正　十負

口　二負　九正加得十　八負　二負　十正

右異名變同表二

如積相消，則同減而異加；開方相生，則同加而異減。何也？緣相就而相化也。

同名相減，異名相加，余既詳之矣。而秦道古所詳開方法，則同名相加，異名相減，截然不可紊。蓋天元如積相消，加減在兩行；開方商生相入，加減在一行。彼行之正，入此行則爲負；彼行之負，入此行則爲正。是兩行之同名，乃一行之異名；兩行之異名，乃一行之同名。在兩行用同減異加，在一行用同加異減。法不同，而義實相通矣。凡如積相消，無論同名異名，消餘必是異名。三層以上，雖有同名，必有異名也。表之于左方。

三正　三正 減餘一　一負 左餘入右 二七　一正

四正 減餘一　二正　一正　一負 右餘入左

右同名相減化爲異名相減

三正　一負　五正 左加右　五負 左加右 減盡

二負 加得五　四正 加得五　五負 右加左　五正 右加左

右異名相加化爲異名相減

三正　一正　三負 左餘入右　三正 左加右 減盡

六正 減餘三　二負 加得三　三正　三負 右加左

右一同名相減一異名相加化爲異名相減

其同減異加，則盈不足之義也。

同數相消，似于方程，乃細揆之，實爲盈不足之理。何也？方程之直除，可同減異加，亦可異減同加。惟盈不足，則止可同減，不可異減；止可異加，不可同加。天元一之相消，亦然。蓋方程之兩色相對待，各樹一幟，雖有隱伏，而自備和較之全。盈不足之多數少數，止露其端倪，兩行之差，不啻呼吸相關，縷牽身動。和較備者，加減可無定；止有差者，加減必有定也。天元一下爲實數，即盈不足之出率也。上爲多數少數，即盈不足之兩盈兩朒、一盈一朒也。必兩相消而後和較乃備。是未消則盈不足之兩行，既消則方程之一色也。邊股第八問，大句[illegible]，自乘得句冪[illegible]，寄左。又以大弦六百八十，加大股[illegible]，得[illegible]。以小差[illegible]乘之，得[illegible]爲同數。相消，得[illegible]。按舊術，股弦較乘股弦和，即句冪，小差即股弦較，故乘股加弦之數，而與句冪同數也。此數方矩積皆有對，在左者積四萬，則多四百天元一天元冪也；在右者積二十三萬，則少九百六十天元一天元冪也。分明爲假令之一盈一朒矣。於是兩實同名相減，兩天元兩冪異名相加，而得一十九萬二千少一百三十六天元二天元冪。此天元一數爲一百二十，乘一百三十六，得一十六萬三千二百二十，自乘得一萬四千四百，二之得二萬八千八百，合此二者，正與實合。是實爲和，而天元與冪爲較也。即此三層皆對者，而推諸無對，無不皆然。若以兩實同名相加，則實愈多；兩天元兩冪異名相減，則愈少，何以成一和兩較之式？不成一和兩較之式，而天元一之數，何從而得之乎？

其有和有較，則方程之體也。

既消之後，和較皆備，與方程之一行同。但方程之隱伏，在通色一乘，此則多一層，多一乘。方程層層俱隱伏，此則下層必露真數，天元以上，乃遞增乘爲隱伏，故方程無論幾色，一以除法馭之。天元一必視多層，以乘方馭之，仍報除之理耳。之分第九問、第十問，皆以方程法入之。其一純用減，而首色減盡，謂之曰直減。直減者，直除也，減盡謂之空。其一首色相加，謂之直加。次色減盡，謂之中空。前一法同減，後一法同加異減。此方程異于天元一者，故標之以方程也。而方程之同加同減，可以隨用。蓋《九章》古法，欒城時猶守未替也。

其借算，則少廣之遺也。

《九章算術》開方術云：『置積爲實，借一算步之。』夫不知冪之數，而借一算以爲方，不啻不知矩之數，而借一算以爲天元也。然則天元一之術，正古《九章》之遺。《九章》止言開方，未詳帶從，故止借一爲冪。蓋可借一算爲冪，即可借一算爲天元。按而求之，蛛絲馬跡，尚可尋也。

其貫方於從，則商功之流也。

王孝通《緝古算經》，亭台羨道諸術，以積求邊，以差求全，以所知者爲從，以不知者爲分，開方得之，天元一之所本也。但《緝古》之術，有積有差；而天元一術，有差而積不具。彼爲徵實，故減其不齊以爲齊；此爲課虛，故必有立天元寄分母如積相消諸法，益造於微也。

其如積相比，則均輸之趨也。其寄分取率，則衰分粟米之變也。

均輸者，于無比例之中，求爲比例。如積者，亦于無比例之中，求爲比例也。惟均輸所求者，相同之率；天元一所求者，相同之數。相同之率，由似以得其真，故異乘而除之。相同之數，緣分以得其合，故相消而除之。邊股第四問云：『置東行步爲小句，以中股乘之，合以中句除。今不受除，便以爲小股。』按此即三率比例，中句爲所有率，中股爲所求率，小句爲今有數，小股爲所求數。緣中句半虛半實，不可以除，故有寄分之法，以參其變。而其本原，則衰分粟米之今有而已矣。以乘代除之法，一見於方田章注七人賣馬之題，一見於均輸章太倉三返之題。詳見《加減乘除釋》卷七。彼因後有所除，而豫以乘氏之，此因前未曾除，而後以乘齊之。彼相代于今有之外，此相齊于今有之中也。且今有之理，中二率相乘，同于首尾兩率相乘。今寄數，以中二率相乘，又數同於首率乘尾率，自然相等。其義亦甚常矣。

其就分，則方田之餘也。

《測圓海鏡》末，有之分一卷，所以治諸分也。夫諸分之有分母，正不啻天元一術之立天元，故幾分之幾即以一分爲一天元也。但諸分之子母，同是渾稱。而天元之下實，則爲真數。下實者，未除之子數也。故術有不同耳。

其測圓，則句股之精也。

《測圓海鏡》一書，專以明句股之精微也。第一卷詳列識别雜記，極神明變化之用，所以如積，所以同數，其樞機全在于此。如大直積，必化爲三事和，兩相乘，即爲半段黄方冪是也。識别已詳，兹不具録。

或謂李冶之説天元一，爲演秦九韶之法，蓋以秦爲宋人，李爲元人，元宜在宋後也。循按《元史》，治以至元二年卒於家，年八十八，是爲宋度宗咸淳元年。上溯生年，爲金世宗大定十九年，當宋孝宗淳熙六年。治卒後十六年，元世祖始并宋。又按秦九韶之名，不著《宋史》，惟周密《癸辛雜識續集》言：『九韶字道古，秦鳳間人。』《數學九章》叙自稱其籍爲魯郡。近盧氏補《宋史·藝文志》，因以九韶爲魯郡人，蓋失考核。年十八，在鄉里爲義兵首。既出東南，多交豪富，性極機巧，星象、音律、算術以至營造等事，無不精究。從李梅亭學駢儷詩詞，《花庵》、《中興絶妙詞選》云：『李公甫，名劉，號梅亭。』遊戲、裘馬、弓劍，莫不能知。性喜侈好大，嗜進謀身。或以曆學薦于朝，得對，有奏稾，及所述《數學大略》。淳祐四年，韓祥請召山林布衣造歷，從之，薦九韶宜在此時。《數學大略》，即《數學九章》。與吴履齋交尤稔。履齋即吴潛。吴有地在湖州西門外，當苕水所經入城，面勢浩蕩，乃以術攫取之。以術攫取説亦荒渺，果如是，則忤履齋矣。何得又有從履齋事？建堂其上，位置皆出自心匠。賫錢如揚，徧謁臺幕，賈秋壑宛轉得瓊州，至郡數月罷歸。又言吴履齋在鄞，亟往投之。吴時入相，使之先行，曰當思所處，秦復追隨之。吴旋得謫，賈當國，徐摭奏事，竄之梅州。在梅治政不輟，竟殂于梅。《癸辛雜識》所紀甚詳，今撮其略。考賈鎮淮揚時，在理宗淳祐十年，當元憲宗時。履齋之謫，在景定初年。其殂梅之時，與治之卒相先後，年齒未必大于李。況李居河北，秦處浙西，同時異國，不得謂李演秦説也。九韶爲秦鳳間人。若以秦鳳路言之，建炎間已入于金。九韶爲義兵首，年已十八，則年百餘歲矣。然秦鳳路所屬之階、成、岷、鳳四州，終金之世，未嘗去宋。九韶蓋此四州人，周密本舊時地名稱之耳。但爲義兵首，不知在何年，其齒遂無可考。治本傳，治登金進士第，《中州集·李治中遹》：『子治，字仁卿，正大七年收世科。』辟知鈞州事。歲壬辰，城潰，治北渡，流落忻崞間，聚書環堵。世祖在潛邸，聞其賢，召之。《太宗紀》：『四年，攻鈞州，克之。』《世祖紀》：『歲甲辰，帝在潛邸，思有爲于天下，延藩府舊臣，及四方文學之士，問以治道。』辛亥，憲宗即位，盡屬以漠南漢地軍國庶事，遂南駐瓜忽都之地。是治以元太宗四年北渡，其召見潛邸，則在憲宗辛亥以前。《測圓海鏡》自叙標『戊申秋九月』，去甲辰止五年，則此書蓋創始于流落忻崞時也。《自叙》云：『老大以來，得《洞淵》、《九容》之説，日夕玩繹而鄉之。病我者，使爆然落去，而無遺餘。山中多暇，客有從余求其説者，于是又爲衍之，累一百七十問。』本傳云：『冶晚家元氏，買田封龍山下，學徒益衆。』按：言『山中多暇』，則是買田聚徒之日。蓋甲辰召對後，即歸元氏山下。言客有求其説者，即學徒益衆之一。乃《叙》稱『病我者，使爆然落去』，稱『又爲衍之』，可見先已有成稿，至元氏山中復理之耳。所云『老大以來』，蓋指忻崞聚書時事。壬辰已五十五，故稱『老大』。九韶《數學九章・叙》標『淳祐七年』，是年歲次丁未，比戊申止前一年，冶書之不本於秦，明矣。郭守敬《授時術》，用天元一算句股弧矢容圓。郭卒于仁宗三年，年八十六。上溯欒城叙書之年，相距七十載，邢臺時才十六歲。方冶學《洞淵》、《九容》之説，蓋猶未生。邢臺之學，實欒城啟之。乃世祖至元十三年，召修授時術，而冶已前卒。故一代製作，遂首推邢臺，無復知有欒城矣。學者稱秦在李前，或叙郭于李上，均非實也。王德淵《海鏡・後叙》云：『敬齋先生病且革，語其子克修曰：「吾生平著述，死後可盡燔去。獨《測圓海鏡》一書，雖九九小數，吾嘗精思致力於此，後世必有知者。」』嗚乎！百餘年來，不絶如線，至今日而其學大著，精神所結，鬼神護之。欒城自信，詎虚言哉！秦九韶爲周密所醜詆，至于不堪，而其書亦晦而復顯。密以填詞小説之才，實學非其所知。即所稱與吴履齋交稔，爲賈相竄于梅州，力政不輟，則秦之爲人，亦瑰奇有用之才也。密又述楊守齋之言，稱斷事不平，薦湯如墨，恐遭其毒手。此亦影響之言。又言以劍命隸，殺所養子。又言聞透渡而色喜，密自標聞于陳聖觀，又惡知聖觀之非謗耶？乃九韶之履歷，頗賴此以傳，則謗之，正所以著之耳。《元史・李冶傳》不言其天元一之學，且誤『海鏡』爲『鏡海』，《自叙》稱取『天臨海鏡』之義，則必不名鏡海矣。《益古演段》爲《益古衍疑》，明儒之苟率，又何至箬溪始然耶？

甲編（子部）

釋弧

釋弧序

數之用，莫大於步天。步天之道，莫要於測渾圜之體。考之於古，漢四分術，始有黄赤道度進退之率。隋《皇極術》又創爲分至前後每限增損之法。至宋《崇天術》以後，則用入限相減相乘，以求黄赤差。然此皆約略其數，僅得大概，而於天體弧曲之勢，究不能指其名狀。沈存中稱《綴術》爲不可以形察，但以算數綴之而已，蓋古法麤疏類如此也。元郭守敬造《授時術》，以立天元一求周天每弧矢度，有弧背、弧徑之數，有平視、側視之圖，較古術家爲精密。然以帶縱三乘方取矢，運算繁難，其立法之根，仍用徑一圍三古率，議者猶有歉焉。近世歐邏巴精算之士，傳有測球體之法，定天周爲三百六十度，以三角八線更互相推舉。凡黄赤之交變，北極之高下，日月五星之交會留逆，無不可求其度分秒之數。於是周天經緯如指諸掌。測圜之妙，雖百世之後，當無有加於此者。宣城梅徵君，爲國朝算學第一，其所爲《弧三角舉要》、《環中黍尺》、《塹堵測量》等書，實能於渾圜之理，有以精熟而貫串之。吾友戴翰林東原以西人三角即古人句股，乃易其弦切割線爲矩分引數諸名，作《句股割圜記》三篇，以求合於古所云者，其用心蓋綦密矣。

江都焦子里堂好讀書，邃於經學，所著《群經宫室圖》已久行世。今又出其餘力，竭二旬之功，撰

《釋弧》三卷，以余昔嘗從事於斯而屬叙焉。讀之，其於正弧、斜弧、次形、矢較之用，理無不包，法無不備，舉其綱而陳其目，以視梅、戴二君之書，無異冰於水、青於藍也。

余惟孤絶之學，易於失傳。天元如積之術，實宋元算儒家升堂入室之詣，至明代顧箬溪、唐荆川輩，已不解爲何物。此由習之者鮮，無好學深思其人爲之持其後也。弧三角法，得自遠西，爲二千年來所未有。又得梅、戴兩家振興於前，里堂闡明於後，則測天之學不難人人通曉，而此道之傳，可引而弗替矣。故樂爲叙之如此。

乾隆乙卯嘉平，竹汀錢大昕書。

釋弧序

書之言曰：號物之數謂之萬，物成生理謂之形。無形者道通爲一，莫知端倪，數之所不以能分也。逍遥於天地之閒，巧曆不能得，吾惡乎求之？衆有形者，形名已明，則差數覩矣，其數一二三四是也。大小長短修遠，何貴何賤，何少何多，或不足於數，或有餘於數，消息盈虚，謋然已解。執而圓機，面觀四方，託於同體，以差觀之，假於異物，以不同形相禪，察同異之際，反復終始，不主故常。天地雖大，明於本數，齊於法而不亂，善哉！且吾聞之，天下之治方術者多矣。吾求之於度數，舊法世傳之史，時或稱而道之，以名爲表，以約爲紀，六通四闢，形物自著，以爲法式。古之人其備乎？今世之人，識其一，不知其二。左手攫之，莫得其倫；右手攫之，莫知其處。以規法度，不該不遍，猶之可也。而愚者不擇是非而言多辭，繆説因以曼衍。且爲聲爲名，瞋目而語難，不同於己，不免於非，而容岸然，曰：天有曆數，吾自以爲至達已。嘻！惡乎可？有人於此世之才士也，而多方乎聰明之用也，吾與之友矣。其所言者：一曰兩者交通咸和，二與一爲三是已；二曰損之又損之，一尺之棰，日取其半是已；三曰合異以爲同，道通其分也；四曰散同以爲異，其分也以備。此四者，始終相反乎無端，千轉萬變而不窮，整之齊之，斯而析之，言而當法，其理不竭。是乃所謂冰解凍釋者，是相於藝也。謀乎我，察而審，而所言之踶，足以自樂也，所以行於世也。

右集《南華經》。戊午秋季，愚弟汪萊拜叙。

釋弧卷上

曲線謂之弧，直線謂之弦，以弧爲弦，復以弦爲弧，則弧得；合弧限謂之正弧，差弧限謂之斜弧，以斜爲正，復以正爲斜，則斜得；不變者謂之本形，旁通者謂之次形，以本形爲次形，復以次形爲本形，則本形得。此三者，弧角之樞也。其術之目，曰：以角求弧，以弧求角，以弧角求弧，以弧角求角。舉其三以測其三，比例之精，轉移之巧，非覃思冥索，未易言得。梅徵君文鼎著《弧三角舉要》及《環中黍尺》，以啟發其旨趣。戴庶常震又爲《句股割圜記》，以衍極《周髀》之旨。乃梅書撰非一時，繁複無次敘；戴書務爲簡奧，變易舊名，極不易了。乾隆乙卯秋八月，取二書參之，爲《釋弧》三篇。上篇釋正弧弦切之用；中篇釋内外垂弧之義；下篇釋次形及矢較之術。今三年矣。或以立表之理不明，則裁弧爲弦之法不備，宜補之。嘉慶戊午秋九月，省試被落後，温習舊業，因取昔年所論六觚八線未成之帙，删益爲此書上卷，而删合原上中二卷，以爲中卷。微必求彰，期於簡要，讀梅、戴兩家之書者，庶得其輗軏焉。

弧矢之術，起於方田。全圜謂之周，半其全周謂之半周，半其半周謂之象限。凡析其周如弧，則統謂之弧。依弧而裁之爲稜謂之觚。兩觚之間，如弧之有弦者，謂之弦，半之爲正弦。弦之中於圜者爲徑，半之爲半徑。

《周髀算經》曰：『數之法，出於圓方。圓出於方，方出於矩，矩出於九九八十一。』九九者，數也。以數相加減，不出乎矩。趙爽云：『矩，廣長也。即所謂直線。』以數相乘除，不出乎方，故開方句股，均可以乘除之理言之。由方而圓，則以形生形，必依形以求義。古人既明以圖，復象以器，以形故也。乃《九章算術》方田章，有圓田弧田之術。圓爲弧之合，弧爲圓之分，於此可見。其術有周徑，有半周半徑，有矢，有弦，爲割圓弧矢之術所從出。亦即三角八線之理，所不能外也。

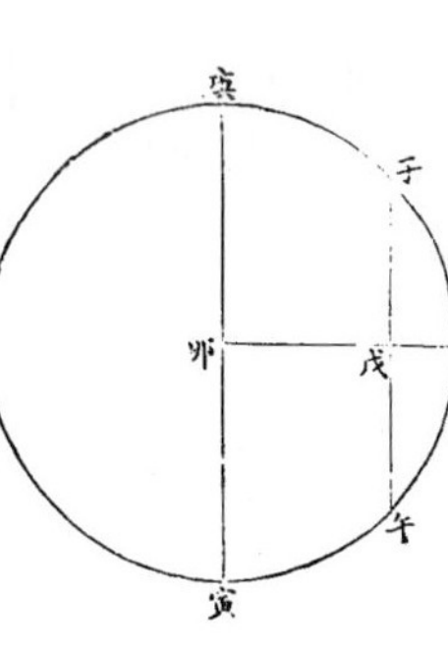

右圖，辰庚亥寅爲圓周，庚辰寅爲半周，庚辰爲象限，庚卯寅爲徑，卯辰爲半徑，子辰午爲弧，子戊午爲弦，觚見下。

以半徑爲弦，其觚必六。有半徑得正弦，有正弦得餘弦，有餘弦得正切，有正切得正割，以餘弦減半徑爲正矢。四者，分象限而繫之。在本弧謂之正，在他弧謂之餘，是爲八線。

古之圓率，徑一周三。劉氏徽曰：『周三者，從其六觚之環耳。』又曰：『假令圓徑二尺，圓中容六觚之一面，與圓徑之半其數均等合，徑率一而外周率三也。』西法以半徑爲一千萬，與劉氏假令二尺，不謀而合，則不獨以徑求周，必由此起，即以弧求弦，又孰能外乎此哉？蓋設徑爲二，則半徑爲一。六觚之弦，即同半徑，則弦亦一也。半之，爲零五，徽曰『半面』。八線則爲正弦矣。於是正弦有數爲句，半徑有數爲弦，用弦句求股術得餘弦，於是餘弦有數矣。乃以餘弦爲一率，正弦爲二率，半徑爲三率，求得四率爲正切，而正切有數矣。乃以正弦爲一率，半徑爲二率，正切爲三率，求得四率爲正割，而正割有數矣。餘弦既爲他弧之正弦，又求得他弧之切割，而八線備矣。

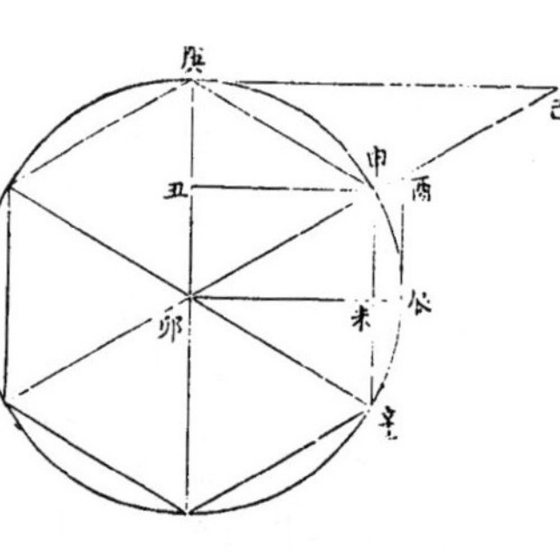

右圖，申辛爲六觚之一面，申未爲正弦，未卯爲餘弦，酉辰爲正切，卯酉爲正割，未辰爲正矢，申辰爲本弧，庚申爲他弧，丑申爲他弧之正弦，同於未卯，卯己爲餘割，庚丑爲餘矢，庚己爲餘切。

有矢，有正弦，可以倍六觚爲十二，可以半六觚爲三。

劉氏割圓之術曰：『置圓徑二尺，半之爲一尺，即圓里六觚之面。令半徑一尺爲弦，半面五寸爲句，爲之求股，以減半徑，謂之小句。觚之半面，又謂之小股，爲之求弦，即十二觚之一面也。由是割十二觚爲二十四，割二十四爲四十八，割四十八爲九十六。西人有三要之術：其一由正弦得餘弦；其二以正弦得半弧之弦，即此術也；其三以正弦得倍弧之弦，法以半徑爲一率，正弦爲二率，餘弦爲三率，求得四率，倍之，是也。術雖傳自西人，而其理仍割六觚爲十二觚之理耳。何也？六觚之餘弦，即三角之中垂線。而三角之中垂線，即三觚之正弦。若以此中垂線，横畫於三角之中，則三半徑。變而爲三餘弦，而三半徑適爲三餘弦之比例。三半徑既爲三餘弦之比例，則一半徑一半徑之半，必爲一餘弦一餘弦之半之比例。半徑之半，正弦也。餘弦之半，倍弧之弦也。故有半徑，有正弦，有餘弦，而倍弧之弦得矣。均割圓之理也。

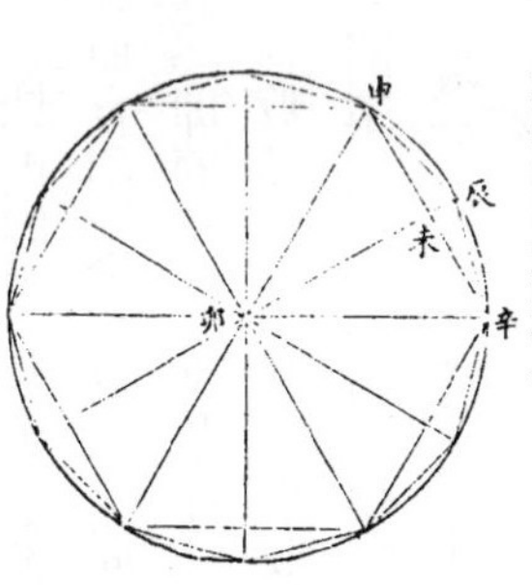

右圖，辰未爲小句，未辛爲小股，辰辛直線爲求得弦，即十二觚之一面。

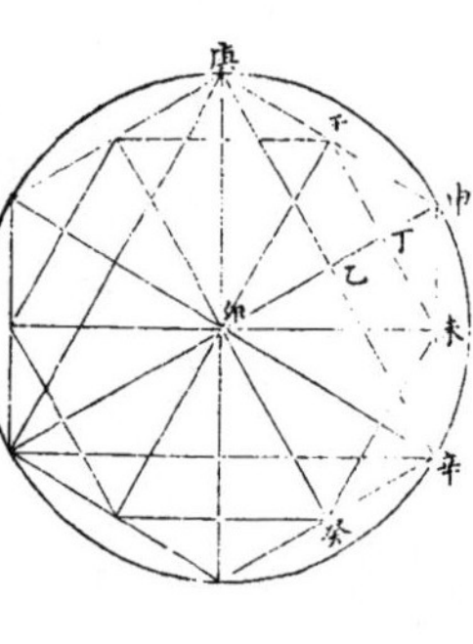

右圖，卯壬之餘弦，横之爲卯未中垂線。中垂線詳見後。錯之爲壬未，爲六觚内所容六觚之一面。倍之，即庚辛，爲三觚之一面。卯壬未三餘弦，爲卯申辛三半徑之比例。卯壬丁句股形，爲卯申未句股形之比例。

以半徑乘六觚之弦，得其斜弦，則觚可以四。以半徑乘六觚之正弦，得其斜弦之較，則觚可以十。六觚之一面，與兩半徑相合，成三角形。是形三面之度皆十，三角所當之弧皆六十，無庸算者也。故算從此起，由此變化之有二：一爲半其兩角，以倍其一角。一爲半其一角，以倍其兩角。半其兩角以倍其一角，惟四分圓周之一。半其一角以倍其兩角，惟十分圓周之一。四分周之一者，其觚兩畔所當，必八分之一。十分周之一者，其觚兩畔所當，必十分之二。此二者，相爲消息於六觚之面者也。凡三角之合數，必如半周之數。三角每角六十度，合爲一百八十度。四觚之面九十度，其餘二角所當，每角必四十五度。四十五度於全周爲八分之一。十觚之面三十六度，其餘二角所當，每角必七十二度。七十二度於全周爲十分之二。兩三角之度，合之，亦百八十度。四觚兩半徑相交爲直角。其觚面之絚於下者，適爲平方内之斜弦，故用平方求弦術得之。平方求弦，以方邊自乘，倍而開方除之。今方邊即半徑，而半徑即六觚之一面，故半徑乘六觚之弦，不啻方邊之自乘也。

十觚之兩半徑相交爲鋭角。鋭鈍詳見後。若以中垂線爲股，半徑爲弦，可得句，爲十觚面之半。然弦有數，中垂線無數，則句不得而求也。於是不可求以數，而可求以形。剖四觚之倍角，九十度之角。以垂於觚面，則分一三角形爲兩三角形，其形適相等。剖十觚之倍角，七十二度之角。以垂於半徑，則分一三角形爲大小兩三角形。其小三角形，與本形適相等。既有相等之形，則可以爲例。一三角形既分爲大小兩三角形，則一半徑，亦分爲大小兩徑。其大徑等於十觚之面，其小徑即可比例十觚之面。小徑可比例十觚之面，則大徑可比例半徑之全矣。半徑與大小二徑，互相比例，是三率比例術之中末二率同於首率者也。此理分中末線所爲用也。梅勿庵於《幾何通解》中，明是術本於句弦和較相乘，即句股冪，而反復於遞加倍角之理。蓋角之有倍有半，猶徑之有倍有半。有角倍於角，則中分倍角，而得其對邊之度，以減對邊而得大分。有邊倍於邊，則中分倍邊，以其半減直角之對邊，而得大分，其義一也。惟四觚之角，兩半一倍。惟十觚之角，兩倍一半。兩半一倍者，自其倍剖之，其垂線必如底之半。兩倍一半者，自其倍剖之，其垂線必如底之全。而如要之大半，要之小半，乃轉相爲底，故倍半之比例，爲十觚之所專。此所以獨用理分中末線也。

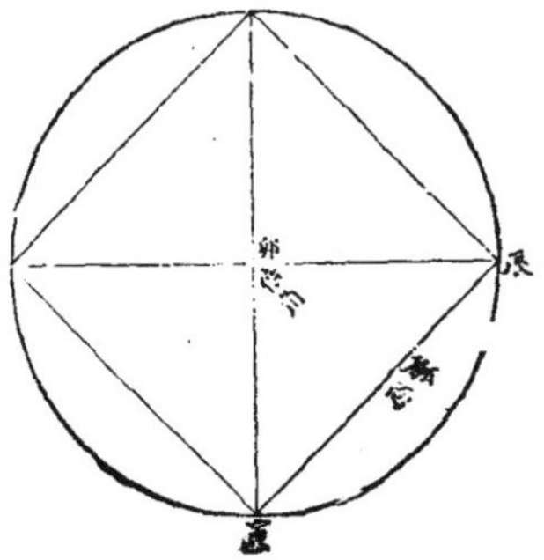

右圖，卯角九十度，辰角寅角各四十五度。自倍角剖之，其中垂線，即等觚面之半。以辰寅爲半徑，則卯寅爲正弦，辰卯爲餘弦。

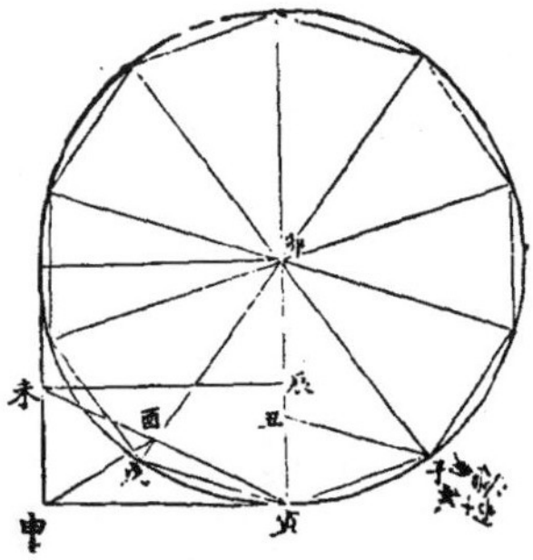

右圖，寅戊與子寅，皆十觚之一面。卯丑丑子同，辰寅半徑之半爲句，辰未半徑爲股，未寅爲弦，酉寅爲句弦較，即戊寅十觚之一，亦即卯丑之大分。

有兩弧之餘弦，各規之，互得其正弦，則兩正弦相加，得兩弧相加之正弦。相減，得兩弧相減之正弦。其理出於圓内容方，方内容圓也。

西人有二箇之法：其一用加減甚精，術以半徑與此弧正弦，例彼弧餘弦，而得四率。又以半徑與此弧餘弦，例彼弧正弦，而得四率。兩四率相加，則得此弧加彼弧之正弦。兩四率相減，則得此弧減彼弧之正弦。試爲推其本原。凡四觚内容圓，容圓内又作四觚，内之四觚，必與半徑同度，則内之正弦，必當半徑之半。故合内之兩正弦，即得半徑。半徑爲九十度之正弦，合兩正弦即得半徑。是既知兩四十五度之正弦，可得九十度之正弦，易明者也。由正方推之縱方，則不獨兩四十五相加也。六十度加三十度，亦可得九十度之正弦。四十五度加三十度，亦可得七十五度之正弦也。於四觚内容圓，圓之所值，必中垂線，亦即四十五度之餘弦。故推之於他數之加減，亦必自餘弦規之也。圓内容四觚，四觚同一圓，兩半面即一半徑矣。兩觚不齊，則兩正弦必一長一短，并之，必溢於兩弦相加之正弦。互之則長者短，短者長，兩相消息，而適相合，此自然之理也。兩線所在，與兩正弦互爲同形之句股，故以比例求之耳。

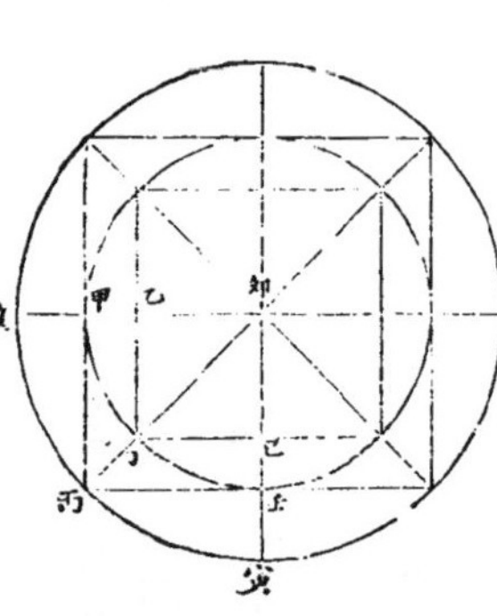

右圖，甲丙丙壬兩正弦，乙丁丁己容圓內兩正弦，卯甲卯壬兩餘弦，卯寅半徑。乙丁丁己相加，即卯寅；相減盡，仍存甲丙四十五度之正弦。

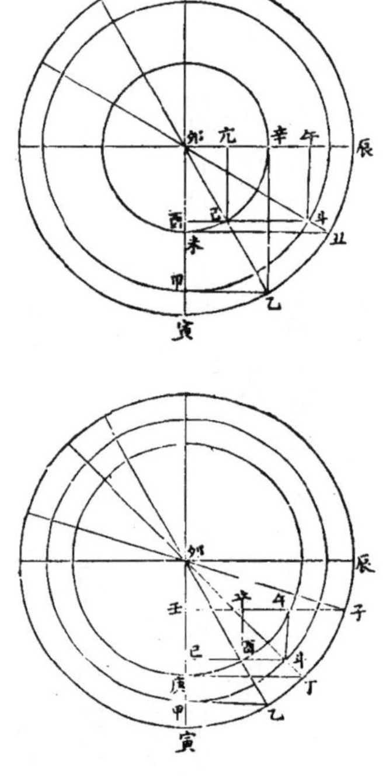

右二圖，前圖寅乙三十度，甲乙爲正弦，甲卯爲餘弦，寅丑六十度，未丑爲正弦，卯未爲餘弦。己酉爲三十度内互得之線，酉斗爲六十度内互得之線，相加即卯辰，爲半徑，即九十度正弦；相減爲午亢，即三十度正弦。午辰與己酉等，午亢與甲乙等。自未辛作圓周於内，卯酉爲六十度餘弦者，爲未辛小圓中半徑。己酉即爲酉辛小圓三十度之正弦，可以例寅辰大圓三十度之半徑正弦矣。卯甲爲三十度餘弦者，爲甲斗次圓中半徑，酉斗即爲甲斗次圓六十度之正弦，可以例寅辰大圓六十度之半徑正弦矣。後圖寅乙三十度同前，寅丁四十五度，庚丁爲正弦，卯庚爲餘弦。寅子七十五度，壬子爲正弦，卯壬爲餘弦。己酉爲三十度内互得之線，己斗爲四十五度内互得之線，相加，即壬子七十五度之弦；相減，爲午辛十五度之正弦。卯庚爲庚午小圓半徑，己酉爲正弦，卯甲爲甲斗次圓半徑，己斗爲正弦，與寅辰大圓之半徑正弦，皆得爲例矣。以餘弦比半徑，未易了然。以餘弦爲半徑而規之使圓，則内外容圓之理，與距等圈之理，可相參而得矣。距等圈詳見後。

有所知一正弦，以倍半之術推之；有所知兩正弦，以加減之術推之。以倍半之術推之，而觚之無奇零者得矣。以加減之術推之，而觚之有奇零者得矣。

析圓周爲三百六十度，每度作直線與徑平行，而達於左右，則自一度至九十度，即自二度至一百八十度也。而自九十度至一百八十度，猶之自一度至九十度，故止得一象九十度之弦，即可概圓周三百六十度之弦也。然自近於一度者，弦與弧不啻平行；近於九十度者，弦與弧不啻旁午，逐度變移，不可爲定。如一度二度相差約五三，而十五度以後相差，止四八有奇。蓋一之於二，相去以倍，以漸而減，至八十九、九十，則所差甚微矣。非比例可得而知，則必本割圓之術，求其每面以爲通弦。本六觚之形，推之於四觚十觚，又倍之半之，由三而得九，三觚六觚十二觚，二觚四觚八觚，五觚十觚二十觚。得九則加減之法可施矣。蓋以度衡觚，觚有無奇零者，有有奇零者。無奇零，適當每度之數者，止有十七，其餘七十三皆有奇零。有奇零，則不可以割圓求觚，亦不能以倍半之術推而得，且數之自然而得者，惟六觚四觚十觚，每觚一半一倍，故止於九，其餘無奇零之觚八。皆不可以倍半求者，唯十五觚、十八觚。可由五觚六觚，以三分得一之術求之，餘觚六，則必用加減得之。雖無奇零，同於有奇零者矣。今逐度表之於左。

一度	一百八十觚
二度	九十觚
三度	六十觚
四度	四十五觚
五度	三十六觚
六度	三十觚
七度	二十五觚十四分觚之一
八度	二十二觚半
九度	二十觚

十度　十八觚
十一度　十六觚二十二觚之八
十二度　十五觚
十三度　十三觚二十六分觚之二十二
十四度　十二觚二十八分觚之二十四
十五度　十二觚
十六度　十一觚三十二分觚之八
十七度　十觚三十四分觚之二
十八度　十觚
十九度　九觚三十八分觚之二十七
二十度　九觚
二十一度　八觚四十二分觚之二十四
二十二度　八斛四十四分觚之八
二十三度　七觚四十六分觚之三十八
二十四度　七觚半
二十五度　七觚五十分觚之一

二十六度	六觚五十二分觚之四十八
二十七度	六觚五十四分觚之三十二
二十八度	六觚五十六分觚之二十四
二十九度	六觚五十八分觚之十二
三十度	六觚
三十一度	五觚六十二分觚之五十
三十二度	五觚六十四分觚之四十
三十三度	五觚六十六分觚之三十
三十四度	五觚六十八分觚之二十
三十五度	五觚七十分觚之一十
三十六度	五觚
三十七度	四觚七十四分觚之六十四
三十八度	四觚七十六分觚之五十六
三十九度	四觚七十八分觚之四十八
四十度	四觚八十分觚之四十
四十一度	四觚八十二分觚之三十二

四十二度	四觚八十四分觚之二十四
四十三度	四觚八十六分觚之一十六
四十四度	四觚八十八分觚之八
四十五度	四觚
四十六度	三觚九十二分觚之八十四
四十七度	三觚九十四分觚之七十八
四十八度	三觚九十六分觚之七十二
四十九度	三觚九十八分觚之六十六
五十度	三觚一百分觚之六十
五十一度	三觚一百零二分觚之六十
五十二度	三觚一百零四分觚之四十八
五十三度	三觚一百零六分觚之四十二
五十四度	三觚一百零八分觚之三十六
五十五度	三觚一百一十分觚之三十
五十六度	三觚一百一十二分觚之二十四
五十七度	三觚一百一十四分觚之十八

五十八度	三觚一百一十六分觚之十二
五十九度	三觚一百一十八分觚之六
六十度	三觚
六十一度	二觚百二十二分觚之百一十六
六十二度	二觚百二十四分觚之百一十二
六十三度	二觚百二十六分觚之百零八
六十四度	二觚百二十八分觚之百零四
六十五度	二觚百三十分觚之百
六十六度	二觚百三十二分觚之九十六
六十七度	二觚百三十四分觚之九十二
六十八度	二觚百三十六分觚之八十八
六十九度	二觚百三十八分觚之八十四
七十度	二觚百四十二分觚之七十六[一]
七十一度	二觚百四十二分觚之七十六

[一] 此處當爲『二觚百四十分之八十』。

七十二度	二觚百四十四分觚之七十二
七十三度	二觚百四十六分觚之六十八
七十四度	二觚百四十八分觚之六十四
七十五度	二觚百五十分觚之六十
七十六度	二觚百五十二分觚之五十六
七十七度	二觚百五十四分觚之五十二
七十八度	二觚百五十六分觚之四十八
七十九度	二觚百五十八分觚之四十四
八十度	二觚百六十分觚之四十
八十一度	二觚百六十二分觚之三十六
八十二度	二觚百六十四分觚之三十二
八十三度	二觚百六十六分觚之二十八
八十四度	二觚百六十八分觚之二十四
八十五度	二觚百七十分觚之二十
八十六度	二觚百七十二分觚之十六
八十七度	二觚百七十四分觚之十二

八十八度	二觚百七十六分觚之八
八十九度	二觚百七十八分觚之四
九十度	二觚

右表六十度之弦，爲三等觚之一。觚盡於三，直線無二觚也。二觚即全徑。剖圓爲二，有兩全徑，則亦二觚耳。二觚有零，則三觚之不等者也。凡有零，皆不等之觚也。遵御製新增三分取一，用益實歸除得之。自三度半之爲一度半，是爲九十分。又半爲四十五分。三分取一得十五分。又得五分。又半爲二分半，是爲一百五十秒。又三分取一，爲五十秒。乃以五十秒之弦，比例得六十秒之弦，是爲一分。由是求之，每度六十分之弦皆得矣。益實歸除者，以一面分爲三面，則三面之弦，必溢於一面之弦，故於一面之原度益之也。此用以求十八邊之一面。十八邊，即六觚之三倍。六觚邊與徑同度，故以半徑爲一率，即以六觚之邊爲一率也。邊所溢之形，似於三分之一之形，故以爲比例。詳見左圖。於是設爲四率相求一率加四率同於二率三倍之法。若六觚以外之通弦，與半徑不等，則半徑雖仍爲一率，而一率加四率同於二率之三倍者，非半徑矣。故必以半徑與弧度之通弦相乘，以爲首率也。是術於比例之形，得其理，而比例之率，除半徑而外，餘皆無數可舉，故有比例而不能用。惟三分首率，以所分者爲二率，益之，以求合乎首率加四率如二率之三倍也。

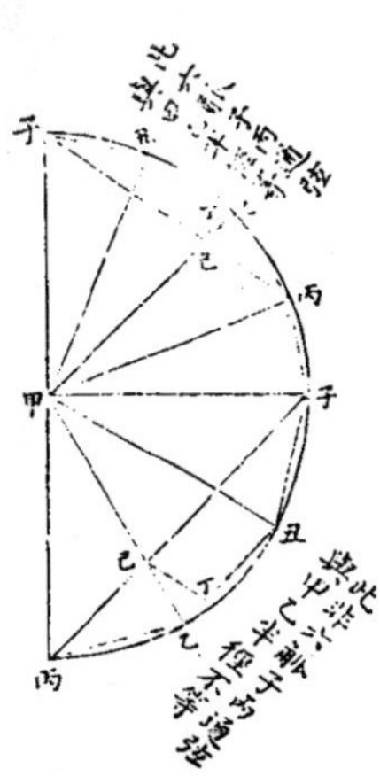

右圖。己丁乙小形，同於甲乙丙大形。乙丁底同於乙丙底，而子丙通弦，與子丑丑乙乙丙三面相較，三面正溢一乙丁，故必於子丙加乙丁，三分之，乃得乙丙。比例之理，以甲乙爲一率，乙丙爲二率，己乙爲三率，求得四率乙丁。今乙丙己乙皆無數，故用益實歸除之法。子丙通弦，不同甲乙半徑，又不可竟用子丑，故以甲乙乘子丑爲首率。六觚之弦，同於半徑，則竟以甲乙爲首率矣。益實歸除之法附於左。

以一率自乘再乘，成一立方積爲實。通弦與半徑不等，則以半徑自乘，通弦再乘。又以一率自乘，三因之，成三平方積，爲法。以法除實，爲未定之二率。以此二率自乘再乘，益於原實內，爲共實。又以此未定之二率，與法相乘，得數減其實，餘爲第二位實。又以法除之，得數。加於前未定之二率，仍爲未定之二率，復如前法求之，得第三位實。又以法除之，得數，加爲二率。務令二率三倍，當一率併四率之數，而後二率定，三率四率亦定。

以六觚之形，參之以四觚，則一度至於三十度，爲六觚之半。三十一度至於九十度，爲六觚之全。

依象限爲弦，則半者弧度之弦，適等於全者弧度之弦。

二簡法之二，以六十度内外相距等者，加減相求，即互得其度。此理即六觚之理也，試爲解之：凡形之四方者，必合四而成四觚。形之三角等者，必合六而成六觚。六觚之半，必一三角形正立。兩三角形倒垂，相銜而合爲一也。每三角形，作中垂線，而横分以弦。其正立者，弦依於六觚之面。其倒垂相銜者，弦依於半徑之横。自中垂線而分之，弦必半於未分者之弦，不待智者知之也。依六觚之面，爲弦以截之，其弦即等於所截之邊。依其邊以爲邊，猶之乎弦也。以邊所截之弦及邊與弦所截之邊，猶之乎三觚也。依中垂線而垂之，猶之垂線也。則所截之邊，必倍於所截之弦矣。平行線而得同度之形，幾何此言，實爲以形求形之至論。今列爲圖明之。

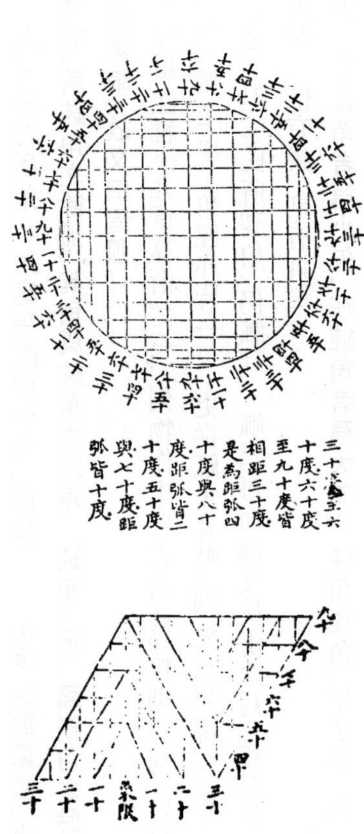

三十度至六十度，六十度至九十度，皆相距三十度，是爲距弧。四十度與八十度，距弧皆二十度。五十度與七十度，距弧皆十度。

心之所湊者爲角。角應乎圓周之度，爲角度。角度滿於象限，爲正角，不滿爲鋭角，過曰鈍角。鋭角之弧，爲鈍角之餘弧，其角爲鈍角之外角。鈍角之弧，爲鋭角之餘弧，其角爲鋭角之外角。鈍角之弧，過於象限，故又曰過弧。

李淳風注釋《九章算術》云：刻物作圭形者六枚，枚别三面，皆長一尺。攢此六物，悉使鋭頭向裏，則成六弧之形。角徑亦皆一尺，更從觚角外畔，圍繞爲規，則六觚之徑，盡達規矣。然則曰角曰鋭，古已名之。但李氏所謂角，仍觚耳。觚爲每面線交接處之稜，趙友欽又名爲曲。西法所云角，即李氏所云鋭頭。惟有鋭，則有鈍矣。

矢之在鋭角者爲小矢，在鈍角者爲大矢。鈍角鋭角，用弦同，用矢異。弧三角每線皆弧，用止弦切，矢較之術，馭弧以平，則專於矢。

一象限止於九十度，過此則又爲一象限，度雖增而弦不出乎此限也。如九十一度之通弦，即八十九度之通弦，一百七十九之通弦，即一度之通弦，故鋭角之弦，與鈍角等。鋭角主乎限內，故半徑在限內者爲矢。鈍角主乎限外，故半徑在限外者爲矢。以象限言之，則爲正矢，爲餘矢，以縱横分之也。以半周言之，則爲小矢，爲大矢，以長短分之也。凡大矢減全徑得餘弦，小矢減半徑得餘弦。凡過弧半周則減半周，用餘弧限外之餘弦，過三象限則減全圓，用餘弧之餘弦。矢較詳見後。

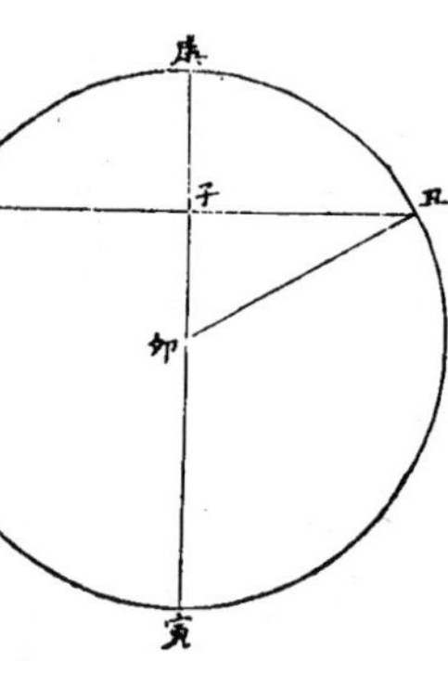

右圖，庚卯丑爲鋭角，丑卯寅爲鈍角，子丑爲正弦，庚子爲小矢，子寅爲大矢，庚丑爲鋭角度，丑寅爲鈍角度。

以弦爲切，以切爲弦，以割爲半徑，以半徑爲餘弦，各依而規之，皆同其度，是爲距等圈，測量之術以之。

句股以斜者爲弦，以句股有似於弧，斜者有似於弦也。方田以直者爲弦，以圓周有似於弧，直者有似於弦也。《海島算經》用兩竿測高即兩句股之比例，距等圈之義，亦即幾句股層層相疊也。是圈平三角法用之。蓋平三角所求者尺寸，距等圈層層之度皆等。以相等之度，比例所求之尺寸，自一寸以至百尺，或高或深，無不脗合。弧三角惟論度不論數，距等之度不待求而自知，故不用也。

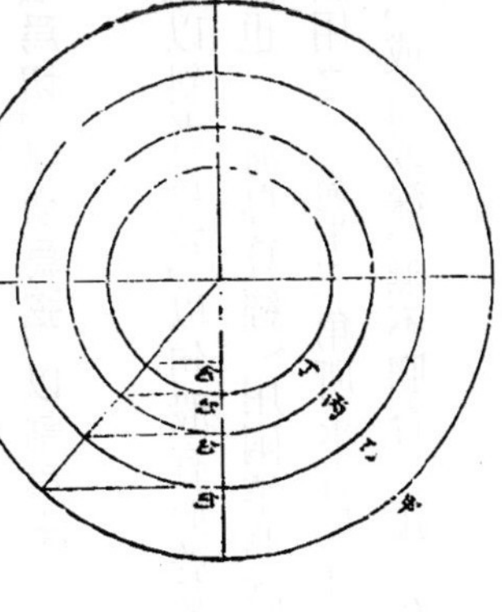

右圖，甲乙丙丁四圓周，即距等圈。同是句也，在甲爲弦，在乙爲切；在乙爲弦，在丙爲切；在丙爲弦，在丁爲切。

惟半徑橫則爲句，縱則爲股，斜則爲弦，倍之爲割線之準，半之爲正弦之準，視所合以爲之用。故八線者，成於六觚之半徑者也。

割圓起於半徑，而半徑隨弧度之分以爲之截，故角之鈍鋭，弦之正餘，皆視乎半徑之所在。以爲短長小大之則。不出象限，故不能逃乎半徑。值乎短者小者，則半徑斜就之爲弦。值乎長者大者，則半徑縱横合之以爲句股。故弦之與徑，猶切之與割，亦猶徑之與餘割。割之於徑，猶徑之與餘弦，亦猶餘割之與餘切。皆自然之數也。以一六觚之形，剖而半之，則半徑必半於兩形相貫之半徑。兩形相貫之徑，即六十度之割線也。故正弦與半徑，不啻半徑與餘割。由是而推之，正割之較半徑，多一圓外短線。半徑之較餘弦，多一圓内短線。弦切以圓周内外爲限，故半徑與餘弦，猶之正割與半徑。而半徑與餘切，猶正割與餘割。正弦與餘弦，亦猶正割與餘割，均可知矣。梅勿庵《弧三角舉要》第五卷，分相當之法九，互視之法十二，推明其錯綜反變之理，謂八線比例，同宗半徑。凡一率乘四率，二率乘三率，皆等於半徑自乘。可云至精至悉矣！而以六觚之理衡之，益信劉氏割圓之術，爲西人不能外也。

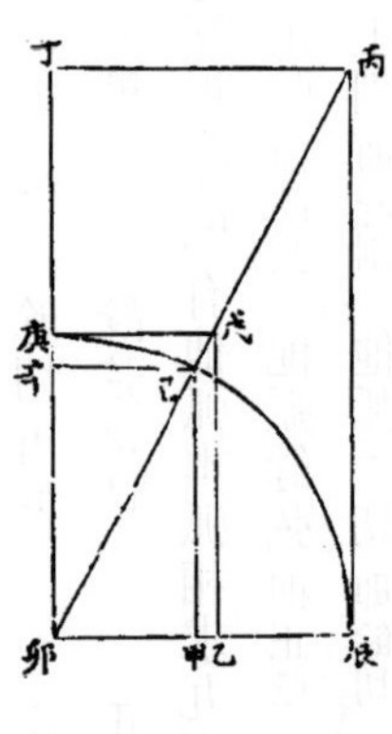

右圖。庚己三十度，己辰六十度，庚卯、己卯、辰卯皆半徑，丁丙戊乙同，辛己己甲皆正弦，亦即餘弦。卯甲辛卯同，庚戊丙辰皆正切，卯乙丁卯同。以四率相求，明之於左。

正弦辛己　半徑己卯　半徑丁丙　餘割丙卯

餘弦辛卯　半徑卯己　半徑庚卯　正割卯戊

正切戊庚　半徑庚卯　半徑丙丁　餘切丁卯

正弦己辛　餘弦辛卯　半徑丙丁　餘切丁卯

餘弦甲乙　正弦己辛　半徑乙戊　正切戊庚

正割卯戊　正切戊庚　半徑卯己　正弦己辛

餘割卯丙　餘切丙辰　半徑卯己　餘弦己甲

正割卯戊　餘割卯丙　半徑卯庚　餘切卯丁

餘割丙卯　正割戊卯　半徑辰卯　正切乙卯

正弦卯甲　正切卯乙　餘切卯丁　餘割丙卯

餘弦己甲　餘切丙辰　正切庚戊　正割戊卯

正弦卯甲　餘弦甲己　正割卯己　餘割卯丙

勿庵互視之法，有他弧本弧相求九則。按之前十二則，已盡之。但變名耳。今釋於後。

他弧正弦即餘弦　他弧餘弦即正弦　他弧餘割即正割

他弧正割即餘割　他弧正切即餘切　他弧餘切即正切

釋弧卷中

平三角自内以例外，弧三角自外以例内，内弧之度，成於半周，與距等圈之度異。

距等之周，本小於圓周。小周大周同度，故以大當大，以小當小，亦同度。兩半周之大同，而兩徑之間，一當大，一當小，則其度遂不同矣。蓋平三角所求者尺寸，必以度與尺寸相比例，故同度之中，而有不同。弧三角所求者角度，自一度以至半周，不出大弧之内，故不同度之中，而有同焉之理也。

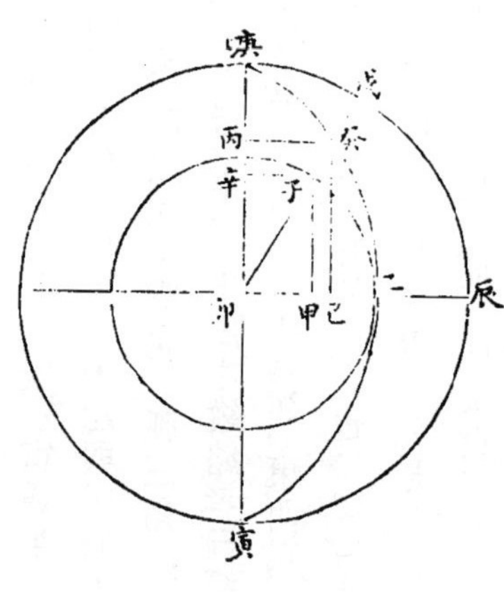

右圖。子乙爲距等圈，庚乙寅爲半周，同於庚辰寅。戊卯半徑所截，在距等圈，則子辛子甲爲弦；在半周，則癸丙癸己爲弦。子乙與戊辰大小同度，癸乙與戊辰大小不同度。

平三角，所以測平圓也。弧三角，所以測渾圓也。渾圓之周，等於平圓。其線之匝於渾圓者，皆爲圓周，半之皆半周。半周之縱絡者曰經，距等圈之横亘者曰緯。爲緯線者爲經度，爲經線者爲緯度。《大戴禮》云：『南北爲經，東西爲緯。』經之半周，所以有百八十度者，緯線成之也。緯之半周，所以有百八十度者，經線成之也。以線言之，則縱爲經而横爲緯。以度言之，則縱爲緯而横爲經。求黄赤道之度，即求北極剖分之三百六十線也。求過極經圈之度，即求黄赤距緯之距等圈也。今恐易於惑人，惟以弧角言之，而辨明於此。

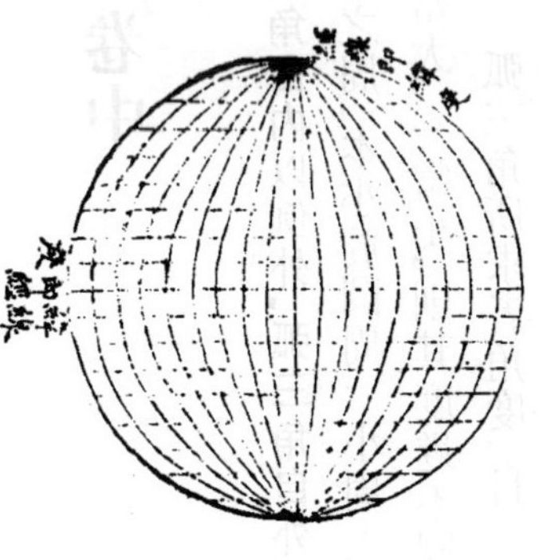

緯線即距等圈

線以曲而成弧，弧以交而成角。弧之去角，適當半徑者，爲角度；不合者，爲弧度。正角用半徑，鈍角鋭角各用其弦切。渾圓之弦切，即平圓之弦切也。

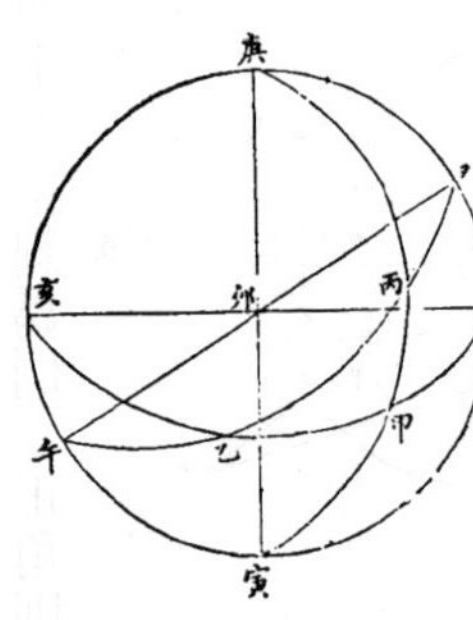

右圖。癸乙午，亥乙辰，庚丙寅，皆半周。相交成甲乙丙三角形，即弧三角也。癸辰爲乙角度，丙甲爲弧度，午寅爲丙角度，乙甲爲弧度，庚亥爲甲角度，乙丙爲弧度。

渾圓之冪，弧有短長。爲弧則遇，爲弦則違。各主一周，互爲高下。欲知其端，必辨厥角。角之在心者，切所集也。角之近極者，弦所湊也。在心者，兩經兩緯之交也。近極者，經緯之斜交也。經緯之正交者，正角也。正角居半徑之間，從乎縱則成切，從乎横則成弦，故對弧之切，連於右弧之弦；右弧之切，連於左弧之切；左弧之弦，連於對弧之弦，皆因諸其角也。

平圓半徑，以每度分之，則有三百六十，皆自心達於周。渾圓之周，以徑線分之，則有三百六十。每周半徑三百六十，共得半徑一十二萬九千六百，皆自心達於渾圓之冪。每周内弧線滿乎九十度，則兩平圓相銜共一半徑。若不及九十度而有弧以截之，則自所截之處，必交爲二角。此二角之弦，必行於心之外。冪之內，隨所截之多寡，以爲高下。切線皆在冪外。總之，每一弧即爲一平圓周之所截，三弧雖合成一三角形，其實爲三平圓之周所成，故各依平圓周爲切爲弦，必不能相交而成三角矣。經與經交，緯與緯交，必居正中。經交在赤道之中，緯交在兩極之中。經緯十字相交，必爲正角。居經角緯角之偏，自一度以至九十度。其經緯斜交在經角必近兩分，在緯角必近兩極。自心旁行，由高向下，故線浮冪外爲切。由側向心，故線行渾圓體中爲弦。正角一旁，由高向下，一旁由側向心，故一線在外，一線在內也。對弧左弧右弧之稱，以所知之角定之。而角度與對弧爲一例，其左右之弧，即與角度之兩半徑爲例。大約對弧之弦切，與角度之弦切爲例。其左右弧之當正角者，與半徑餘弦爲例。其左右弧之當銳角者，與半徑正割爲例。正角則恒爲半徑之例也。

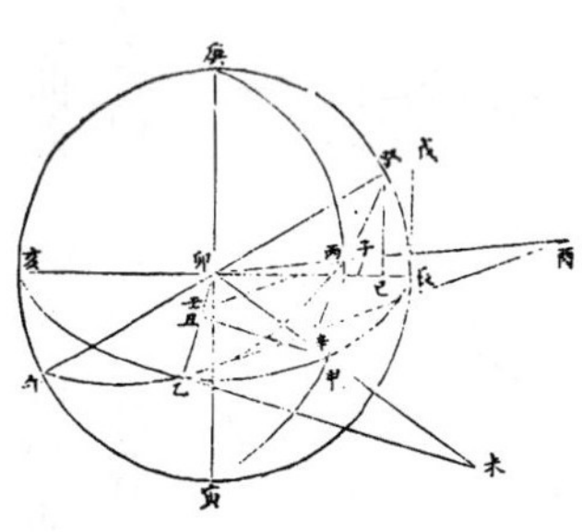

《測量全義》第七卷第一題下有圖。爲赤道，即右亥甲辰半周。爲黃道，即右午丙癸半周。爲極至交圈，即右庚辰寅亥全周。二分爲心則兩至爲各度。爲過極經圈，即右庚丙寅半周，爲黃赤距度之垂線成弦切割餘弦，即右癸辰度之戊辰切。癸己弦。卯癸割。卯己。餘弦。自黃道垂線爲經圈正弦。又垂線爲黃弧正弦，即右丙辛丙丑兩正弦。自赤道作線上行爲經圈正切，又旁行爲赤弧正弦，即右子甲切，與甲壬弦以赤弦合經切。爲半徑與角切之比例，以黃弦合經弦，爲半徑與角弦之比例。梅氏《三角舉要》，以雅谷所圖，闕黃赤二弧之切，則舉角可以求弧，舉弧不可以得角。乃補二線爲乙未爲乙酉，右圖依之。有此二切，可以爲半徑餘弦之比例，可以爲正割半徑之比例，正弧三角於此盡矣。乃雅谷於經弦黃弦之端，與赤弦經切之端，作虛線連之，爲直線直角形。即句股形。《弧三角舉要》因之爲五句股，以明其相似。又取《九章》商功之塹堵鼈臑，明立三角之理。蓋自弧言之爲弧三角，自弦割半徑言之則爲立三角，觀其裏可知其表也。戴東原《句股割圜記》，本之爲立三角三成圖：一成，兩切也；二成，一弦一切也；三成，兩弦也。以赤爲句，以經爲股，以黃爲弦。兩切爲弦句，加以虛股。兩弦爲弦股，加以虛句。一弦一切爲句股，加以虛弦。亦緣全義舉要之圖，分析明之，以盡其致也。循謂黃赤兩道，夾經線之弧爲角度，則自一度以至九十度，其度移，則相距之經度亦移，多寡均可以相例，則乙丙甲之三弧，等於乙癸辰之三弧，其相似而可爲比例也。不待辨而自見。惟平圜八線之法，所以用弦切者，固以曲線不可算，必直之而後可算也。直之而後算，則任以一半徑爲底，直其內爲弦，直其外爲切，此自然之理也。有弦則短半徑以就之爲餘弦，有切同續半徑以就之爲正割，亦自然之理也。今三弧皆曲線，其不可算，猶之乎平圜之一弧也。如卯癸辰，止癸辰一弧爲曲線。皆曲線而欲算之，必皆直之爲弦切無惑也。其乙癸辰之三弧，乙癸乙辰，皆滿弧限，皆以半徑爲弦，與心與角度，無高下之不齊，故其端相遇。然黄弦卯癸，與角弦癸已爲弦股，則赤弦卯辰，即不可以爲句。赤弦卯辰，與角切戊辰爲句股，則黄弦卯癸，即不可以爲弦。黄弦卯癸，與赤弦卯辰爲弦句，則角之弦切，均不可以爲股。所有之餘弦正割，仍癸辰角度之半徑所成，非增損黄赤兩弦以就之也。因角度應有之半徑與黄赤之弦適合，故概曰用半徑，不知同一半徑，而各有所主也。如以酉乙黄切例卯癸半徑，以乙未赤切例卯已餘弦，此半徑爲乙癸之弦，餘弦自屬角度癸辰，與乙辰之弦無涉。以卯辰半徑例赤切乙未，以卯戊正割例黄切酉乙，此半徑爲乙辰之弦，正割自屬角度癸辰，與乙癸之弦無涉。此卯戊正割、卯已餘弦，與戊辰正切、癸已正弦爲一類，不屬諸黄赤兩弦，顯然可見。既爲緯度所截，成乙丙甲三弧，而每弧皆曲，猶之乙癸辰三弧，每弧皆曲也。乙癸乙辰滿限，用半徑爲弦，截爲乙丙乙甲，不滿象限，自當别爲弦切。試自乙丙、丙甲、甲乙三弧，各剖爲平圜，則各有半徑，卯丙、卯甲、卯乙。各有餘弦，卯辛、卯丑、卯壬。各有正割。卯子、卯酉、卯未。與角度等，又何詫於黄赤兩弧之切，出於體外哉？其酉乙與乙未連，不與子甲連，猶卯癸與卯辰連，不與戊辰癸已連也。其丙丑與丙辛連，不與甲壬連，猶卯癸與卯已連，不與卯辰連也。子甲與甲壬連，不與丙丑連，猶戊辰與卯辰連，不與卯癸連也。惟其有一線之不連，此半徑之或與弦用，或與切用，所以各有指歸。而乙丙甲三弧之弦切，不能漫取爲例，亦於是乎定。故相似比例之義，觀乙癸辰與乙丙甲兩形可見。設爲虚線，轉令炫矣。今不以立三角明之，而廣諸半周爲全圓，以明三弧比例之義。

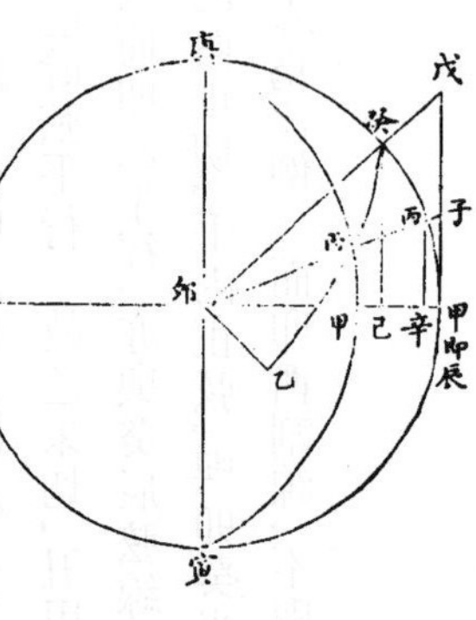

右圖。庚甲寅與庚辰寅側交如一瓣瓜形。從圓外截之於癸，則得癸辰角度。截之於丙，則得丙甲角度。卯丙與卯癸，同是半徑也。庚甲與庚辰，同是象限也。剖庚辰寅爲平圓而卯癸截之，剖庚甲寅爲平圓而卯丙截之，其爲角度，其有弦，有切，有割無不同。而卯癸所截之癸辰得稱角度，卯丙所截之丙甲不得稱角度，何也？弧三角以弧線爲主，所以截自癸者，以癸乙弧交庚辰於癸也。截自丙者，以癸乙弧交庚甲於丙也。乙癸滿一象限，乙丙不滿一象限，故丙甲在平圓，同是角度，而在弧線不得爲角度也。惟其在平圓同是角度，伸丙甲合諸癸辰，則子甲切，猶之戊辰切；丙辛弦，猶之癸己弦，得爲比例。卯戊割與卯子割不平行，則不得爲比例也。

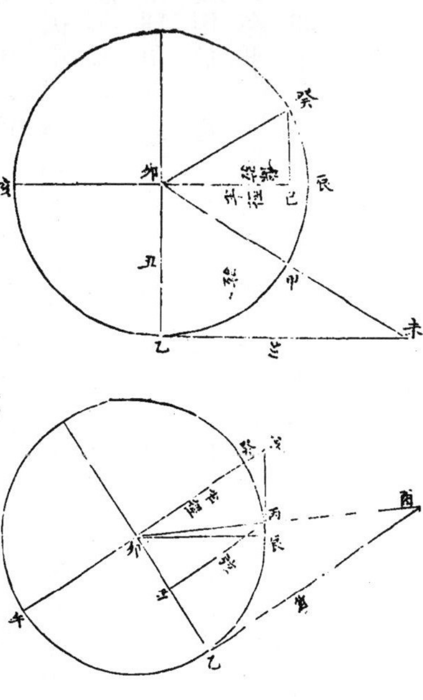

右二圖。伸甲乙弧爲辰乙亥平圓，合諸癸辰弧之平圓，則乙未正切，丑甲正弦，與卯辰半徑平行，即與卯己餘弦平行。故乙未切，丑甲弦，得與卯辰半徑，卯己餘弦爲比例。而卯未割線，不與卯癸割線平行，因而卯乙半徑，亦與癸辰弦線相差，均不可爲比例矣。伸丙乙弧爲癸乙午平圓，合諸癸辰弧之平圓，則乙酉正切，壬丙正弦，與卯癸半徑平行，即與卯戊割線平行。故乙酉切，壬丙弦，得與卯癸半徑，卯戊割線爲比例。而卯酉割線，不與卯辰半徑平行，卯乙半徑，不與戊而切線平行，不可爲比例矣。

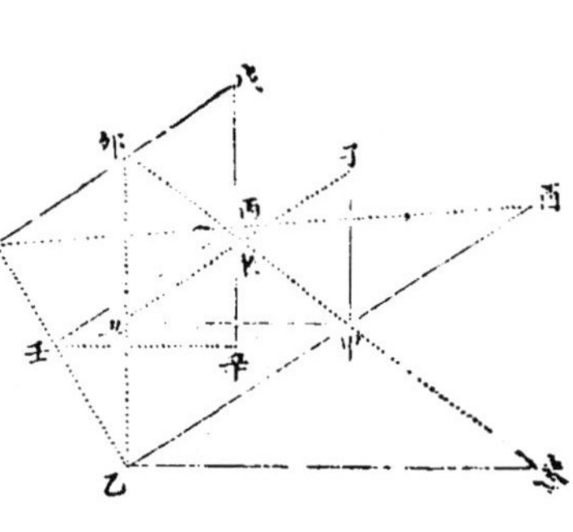

右圖。戊卯辰、子丑甲、丙壬辛、酉乙未四形相等，可爲比例。酉卯乙、未卯乙與戊卯辰不相等，故不可爲比例。子甲爲丙甲弧之切，甲丑爲甲乙弧之弦，合之以例戊丙與丙卯。丙辛爲丙甲弧之弦，丙壬爲丙乙弧之弦，合之以例丙戊與戊卯。酉乙爲乙丙弧之切，未乙爲甲乙弧之切，合之以例戊卯與卯辰。觀於此圖，而弧三角比例之理，如視掌矣。

角度在經，則經之弧皆正。角度在緯，則緯之弧皆正。緯線不爲角而爲弧，則交於緯之正弧者爲斜弧。經線不爲角而爲弧，則交於經之正弧者爲斜弧。有兩正弧，乃有一正角。有正角，而後半徑可用也。

凡弧三角，三角正三弧足者，兩正角足弧者，均無俟算而自知。其待算者，或正角一、鈍角二，或正角一、鋭角二，或正鈍鋭各一，或大弧二、小弧一，或三弧並小，皆謂之正弧。正弧者，弧之正行不斜之謂也。三正角，兩正角，既不用算。三鈍三鋭，及二鈍一鋭，二鋭一鈍，並爲斜弧之角，故正弧之角，止於三類。三足弧，兩足弧，既不用算。三大弧爲三鈍之弧。二大二小，必無足弧；二小一大，二大一小，均必兩鋭一鈍，皆斜弧之弧。故正弧之弧，止於二類。其兩鋭兩鈍，又有同度不同度之分，而比例之法一也。

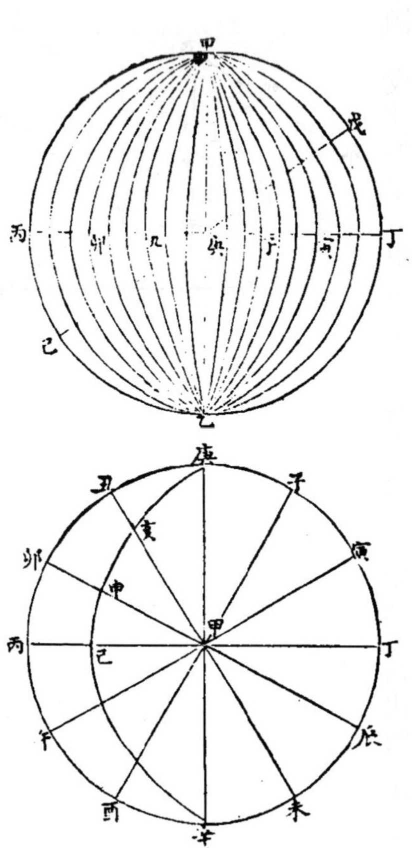

右圖。甲庚丁爲三正三足，甲丁寅爲兩正一鋭、兩足一小，甲丁卯爲兩正一鈍、兩足一大，庚亥未爲一正二鈍，庚亥丑爲一正二鋭，亥辛未爲正鋭鈍各一，庚申辰爲二大弧一小弧，庚申卯爲三小弧。兩緯交，則角度在經，如戊丁是也。丁丙爲緯正弧，與甲丁、甲寅等經線交，皆成正角。戊己於丁丙爲斜弧。若經線所交，以緯爲角，如丁寅子卯之類，則庚又爲丁甲丙之極，而己庚之斜弧爲正弧，甲寅甲子甲丑甲卯諸正弧，又爲斜弧矣。

角度對弧求右弧

一率 角度切　二率 對弧切　三率 半徑　四率 右弧弦

角度對弧求左弧

一率 角度弦　二率 對弧弦　三率 半徑　四率 左弧弦

角度右弧求對弧

一率 半徑　二率 角度切　三率 右弧弦　四率 對弧切

角度左弧求對弧

一率 半徑　二率 角度弦　三率 左弧弦　四率 對弧弦

角度右弧求左弧

一率 角度餘弦　二率 半徑　三率 右弧切　四率 左弧切

角度左弧求右弧

一率　角度正割　　二率　半徑　　三率　左弧切　　四率　右弧切

對弧右弧求角度

一率　右弧弦　　二率　對弧切　　三率　半徑　　四率　角度切

對弧左弧求角度

一率　左弧弦　　二率　對弧切　　三率　半徑　　四率　角度弦

右弧左弧求角度

一率　右弧切　　二率　左弧切　　三率　半徑　　四率　角度正割

斜弧之垂線曰垂弧，在內曰形內垂弧，在外曰形外垂弧。角兩銳，上鈍角而內垂，得正角二；上銳角而內垂，得正角一。一正角，不可以算，故上鈍角必內垂，上銳角必外垂。上鈍角，則下之類同也；上銳角，則下之類異也。

《九章算術》題云：『今有圭田，廣十二步，正從二十一步。』圭田，即三銳角形。正從者，中垂線也。有中垂線，則分爲兩句股。故半其廣，而以正從除之。化三角爲句股之理，已發蒙於是。蓋兩句股相背，三銳角也。有全形闕半者，一銳角一鈍角居於下也。合者分之，作其股於中，則爲中垂線。闕者補之，作其股於外，爲外垂線。三角均銳，爲中垂無疑。惟兩銳一鈍，則或中或外，不可豫定，何也？凡三角必剖爲兩句股，以兩銳向下，其上或銳或鈍。自中剖之，兩形皆句股。若一銳一鈍向下，其上之銳角，不能居正中，而斜偏於一畔。依鈍角中垂，則必不能得兩句股。故宜自銳下垂，虛作一小句股，以補成一大句股。《測量全義》云：『凡底邊兩旁角爲同類，垂弧在形内；若異類，垂弧在形外。』勿庵以兩鈍雖同類，不可以内垂；兩鈍一鋭雖異類，不可以外垂。然兩鈍一鋭，必用次形。次形之内垂外垂，仍不外同類異類之例也。

垂弧之法，非别有術也。垂弧者，所以欲得正角也。斜弧無半徑，徑用之，不得斜弧，得正弧矣。得正弧，斯得斜弧矣。

『粟米章』法賤實貴之術，不可以平除而先以平除得之，然後加減得其貴賤。斜弧之理亦如是耳。先得正弧，或在形外，或在形内，皆得諸自然。既得而以形名之，故謂之垂弧。有垂弧而更求斜弧，猶平除而後得貴賤也。

垂弧之法，無定角也，視其所舉也。舉兩角一弧，則垂於不舉之角；舉兩弧一角，則垂及於不舉之弧。連角之弧，其不連之端，弧之所垂也。内垂之法，得其半而求其半；外垂之法，得其全而用其虚。

内垂惟一角分爲兩角，一弧分爲兩弧，與原角原弧不同，其左右之兩角兩弧，則與正角共之也。故隨取兩畔之一角一弧，合正角求之得中線。外垂之鈍角，廣而爲正角。一鋭角因垂線增之。一弧設於形内，一弧增長，皆異於原角原弧。其餘一弧一角，則與正角共之，故合正角求之得外線。

正弧之法，舉二可得，有正角也。斜弧之法，舉二不可得，無正弧也。

求正弧者，有一弧一角，或兩弧合正角爲三。斜弧必舉兩弧一角，或兩角一弧，其故何也？一弧一角，合正角求得垂線，又必有一弧，或一角，合此垂線及正角，乃可得其斜也。

平角之垂，例以正弦。弧角之垂，例以半徑。平角之垂，有三邊而角可得也。弧角之垂，有三邊而不等，則角不可得也。

三弧求角之法，可施於正弧。若斜弧，惟三弧中有二弧相等者，而後可。蓋正弧有三弧，任取二弧，與正角合求，則得角。斜弧之三弧，自中作垂線，則兩形均止一弧，與正角同其底弧，中分爲二。惟兩要之弧相等，則垂弧所折半之底弧，亦相等。故可分底弧之半，與正角及所知之弧，求得角也。苟兩要有大小，則底弧爲垂弧所分者，亦有大小，其數不可知矣。

平角之垂，有一鈍角，無兩鈍角，垂線得而盡也。弧角之垂，有二鈍角，有三鈍角，垂弧不得而窮也。惟兩鋭角而後成平角之形。惟平角而後得弧角之度。

弧線皆曲，故有二鈍三鈍之角。弧必改爲弦切，則亦平三角矣。兩鈍三鈍之線，在平角必不能成三角形，故弧角之兩鈍三鈍者，不可改爲平三角形，即不可作垂弧也。

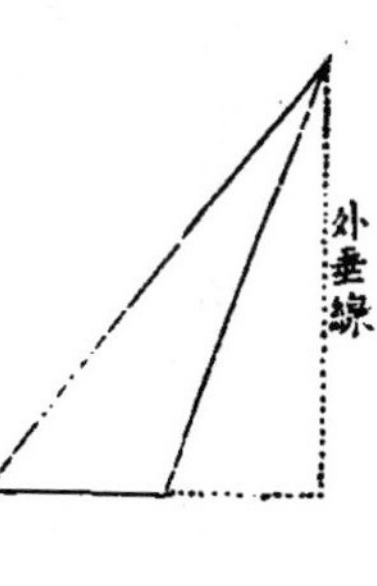

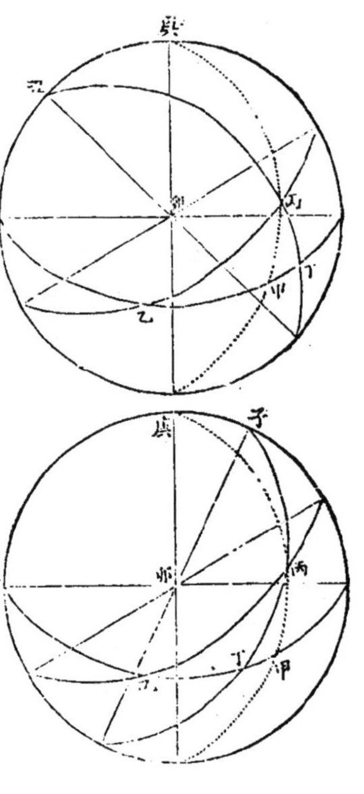

右圖。甲爲正角，甲丙乙爲正弧三角。易甲爲丁，則變爲斜弧三角。丁爲鋭角，則丙甲爲形内垂弧。丁爲鈍角，則丙甲爲形外垂弧。庚甲亥如庚卯亥，丑丁亥如丑卯亥，子甲亥如子卯亥，觀此正鋭鈍可見。乙角乙丙弧，爲甲乙丙正弧三角之所有，亦即爲乙丙丁斜弧三角之所有，故據此可求得正弧。有正弧以爲之推移，斜弧可求得矣。今用甲乙丙丁爲識，表其算例於左。

有乙角，有乙丙弧，有丁丙弧，求乙丁弧。

先以乙角，甲角，乙丙弧，求得丙甲弧。又求得乙甲弧。次以甲角，丁丙弧，丙甲弧，求得甲丁弧。次以乙甲弧，併甲丁弧，得乙丁弧。

有乙角，有乙丙弧，有乙丁弧，求丁丙弧。

先以乙角，甲角，乙丙弧，求得丙甲弧。又求得乙甲弧。次以乙甲弧，減乙丁弧，得甲丁弧。次以甲角，甲丁弧，丙甲弧，求得丁丙弧。

有乙角，有丙角，有乙丙弧，求乙丁弧。

先以乙角，甲角，乙丙弧，求得丙甲弧。又求得乙丙半角。又求得乙甲弧。次以乙丙半角，減丙角，得丁丙半角。次以丁丙半角，甲角，丙甲弧，求得甲丁弧。次以乙甲弧，併甲丁弧，得乙丁弧。

有乙角，有丙角，有乙丙弧，求丁丙弧。

先以乙角，甲角，乙丙弧，求得丙甲弧。又求得乙丙半角。次以乙丙半角，減丙角，得丁丙半角。

次以丁丙半角，甲角，丙甲弧，求得丁丙弧。

有乙角，有丁角，有乙丙弧，求乙丁弧。

先以乙角，甲角，乙丙弧，求得丙甲弧。又求得乙甲弧。次以丁角，甲角，丙甲弧，求得丁甲弧。

次以丁甲弧，併乙甲弧，得乙丁弧。

有乙角，有丁角，有乙丙弧，求丁丙弧。

先以乙角，甲角，乙丙弧，求得丙甲弧。次以丙甲弧，丁角，甲角，求得丁丙弧。

有乙角，有乙丙弧，有乙丁弧，求丙角。

先以乙角，甲角，乙丙弧，求得丙甲弧。又求得乙甲弧。次以乙甲弧，減乙丁弧，得甲丁弧。次以甲丁弧，丙甲弧，甲角，求得丁丙半角。次以乙甲弧，乙丙弧，甲角，求得乙丙半角。次以乙丙半角，併丁丙半形，得丙角。

有乙角，有乙丙弧，有乙丁弧，求丁角。

先以乙角，甲角，乙丙弧，求得丙甲弧。次以丙甲弧，乙丙弧，甲角，求得乙丙半角。次以乙丙半角，乙丙弧，甲角，求得乙甲弧。次以乙甲弧，減乙丁弧，得甲丁弧。次以甲丁弧，丙甲弧，甲角，求得丁角。

有乙角，有乙丙弧，有丁丙弧，求丙角。

先以乙角，甲角，乙丙弧，求得丙甲弧。又求得乙丙半角。次以丙甲弧，丁丙弧，甲角，求得丁丙半角。次以丁丙半角，併乙丙半角，得丙角。

有乙角，有乙丙弧，有丁丙弧，求丁角。

先以乙角，甲角，乙丙弧，求得丙甲弧。次以丙甲弧，丁丙弧，甲角，求得丁角。

有乙角，有丁角，有乙丙弧，求丙角。

先以乙角，甲角，乙丙弧，求得丙甲弧。又求得乙丙半角。次以丙甲弧，甲角，丁角，求得丁丙半角。次以丁丙半角，併乙丙半角，得丙角。

有乙角，有丙角，有乙丙弧，求丁角。

先以乙角，甲角，乙丙弧，求得丙甲弧。次以丙甲弧，乙丙弧，甲角，求得乙丙半角。次以乙丙半角，減丙角，得丁丙半角。次以丁丙半角，丙甲角，甲角，求得甲丁弧。次以甲丁弧，丙甲弧，甲角，求得丁角。

形内垂弧 按：所舉乙角，乙丙弧，故以乙角爲本角。若所舉丁角，丁丙弧，則丁角爲本角矣。若乙角與乙丁弧並舉，或與丁丙弧並舉，則垂弧並在下。

有乙角，有乙丙弧，有丁丙弧，求乙丁弧。

先以乙角，甲角，乙丙弧，求得丙甲弧。次以乙角，甲角，丙甲弧，求得乙甲弧。次以丁丙弧，丙甲弧，甲角，求得甲丁弧。次以甲丁弧，減乙甲弧，得乙丁弧。

有乙角，有乙丙弧，有乙丁弧，求丁丙弧。

先以乙角，甲角，乙丙弧，求得丙甲弧。又求得乙甲弧。次以乙甲弧，減乙丁弧，得丁甲弧。次以丁甲弧，丙甲弧，甲角，求得丁丙弧。

有乙角，有丙角，有乙丙弧，求乙丁弧。

先以乙角，甲角，乙丙弧，求得丙甲弧。次以乙角，甲角，丙甲弧，求得乙甲弧。次以乙甲弧，丙甲弧，甲角，求得丙全角。次以丙全角，減丙角，得丙半角。次以甲丙弧，丙半角，甲角，求得丁甲弧。次以丁甲弧，減乙甲弧，得乙丁弧。

有乙角，有丙角，有乙丙弧，求丁丙弧。

先以乙角，甲角，乙丙弧，求得丙甲弧。次以丙甲弧，乙丙弧，甲角，求得丙全角。次以丙全角，減丙角，得丙半角。次以丙半角，甲角，丙甲弧，求得丁丙弧。

有乙角，有丁角，有乙丙弧，求乙丁弧。

先以乙角，甲角，乙丙弧，求得丙甲弧。又求得乙甲弧。次以丁角，減半周，得丁外角。次以丁外角，甲角，丙甲弧，求得甲丁弧。次以甲丁弧，減乙甲弧，得乙丁弧。

有乙角，有丁角，有乙丙弧，求丁丙弧。

先以乙角，甲角，乙丙弧，求得丙甲弧。次以丁角，減半周，得丁外角。以丁外角，甲角，丙甲弧，求得丁丙弧。

有乙角，有乙丙弧，有乙丁弧，求丙角。

先以乙角，甲角，乙丙弧，求得丙甲弧。以丙甲弧，乙丙弧，甲角，求得丙全角。又求得乙甲弧。次以乙甲弧，減乙丁弧，得丁甲弧。次以丁甲弧，丙甲弧，甲角，求得丙半角。次以丙半角，減丙全角，得丙角。

有乙角，有乙丙弧，有乙丁弧，求丁角。

先以乙角，甲角，乙丙弧，求得丙甲弧。次以丙甲弧，乙丙弧，甲角，求得乙甲弧。次以乙甲弧，減乙丁弧，得丁甲弧。次以丁甲弧，丙甲弧，甲角，求得丁外角。次以丁外角，減半周，得丁角。

有乙角，有乙丙弧，有丁丙弧，求丙角。

先以乙角，甲角，乙丙弧，求得丙甲弧。次以丙甲弧，丙丁弧，甲角，求得丙半角。次以丙甲弧，乙丙弧，甲角，求得丙全角。次以丙全角，減丙半角，得丙角。

有乙角，有乙丙弧，有丁丙弧，求丁角。

先以乙角，甲角，乙丙弧，求得丙甲弧。次以丙甲弧，丁丙弧，甲角，求得丁外角。以丁外角，減半周，得丁角。

有乙角，有丁角，有乙丙弧，求丙角。

先以乙角，甲角，乙丙弧，求得丙甲弧。次以丁角，減半周，得丁外角。次以丁外角，甲角，丙甲弧，求得丙半角。次以乙丙弧，丙甲弧，甲角，求得丙全角。次以丙全角，減丙半角，得丙角。

有乙角，有丙角，有乙丙弧，求丁角。

先以乙角，甲角，乙丙弧，求得丙甲弧。次以乙丙弧，丙甲弧，甲角，求得丙全角。次以丙全角，減丙角，得丙半角。次以丙半角，甲角，丙甲弧，求得丁丙弧。次以丁丙弧，丙甲弧，丙半角，求得丁外角。次以丁外角，減半周，得丁角。

形外垂弧　按：形外垂弧與形內垂弧同，惟丁角之度在形內，則居丙丁甲正弧之內；在形外則屬乙丙丁邪弧之中。故必多一求外角之例。

釋弧卷下

求二鈍三鈍之術，必以次形。立三弧三角之法，必以矢較。次形之設有二：一互以小大，一互以弧角。互以弧角者，以角爲心，距半徑而弧之，以爲半周弧。其三角爲三弧，交其三弧爲三角，是爲次形。在此爲外角，在彼爲弧，在此爲餘弧，在彼爲角，故鈍可易而鋭也。鈍易而爲鋭，正弧斜弧之恒，術可施矣。

《弧三角舉要》言垂弧之法有三：一内垂，一外垂，一垂於次形。又曰正弧三角，斜弧三角，並有次形法，而其用各有二：其一易大形爲小形，則大邊成小邊，鈍角成鋭角。其一易角爲弧，易弧爲角，則三角可以求邊，亦二邊可求一邊，此言次形甚明。又云三角減半周，得次形三邊；算得次形三角，減半周，得原設三邊。又云：法以本形三外角之度，爲次形三邊。以本形三邊，減半周之餘，爲次形三角。次形之義，數言盡之矣。循按：渾圓之上，有一周，必有一周與之相交，縱横成十字。縱者爲弧，則横者爲角。横者爲弧，則縱者爲角。弧三角爲三弧之相交，每弧一縱一横，縱者交爲三弧，横者亦交爲三弧。兩横之相交爲鈍角，其兩縱相交必爲鋭角。蓋此縮則彼盈，此盈則彼縮，數之自然者也。

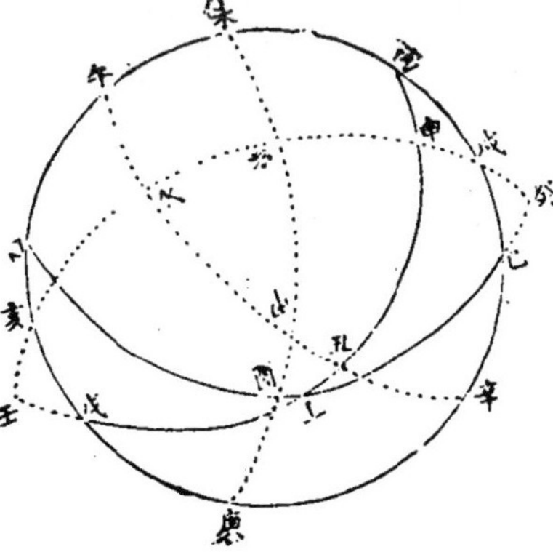

右圖。乙丙丁三鈍角爲心，作未甲庚，午丑辛，壬卯申或辰申癸。三半周，相交成卯子甲三鋭角形，是爲次形。酉未爲乙角，酉庚爲乙外角。午丑爲丙角，辛丑爲丙外角。申辰爲丁角，申癸爲丁外角，壬辰亦丁外角。卯甲酉與甲酉庚皆象限，同減甲酉，則次形甲卯弧與乙外角酉庚同。辛丑甲與丑甲子皆象限，同減丑甲，則次形子甲弧與丙外角辛丑同。癸申卯與申卯子皆象限，同減申卯，則次形子卯弧與丁外角癸申同，壬辰子與辰子卯同減辰子，壬辰亦與子卯同。己丙爲乙丙弧之餘，午未爲甲角。丁己爲乙丁弧之餘，酉辰爲卯角。戊丁爲丁丙弧之餘，丑申爲子角。己丙未與丙未午皆象限，同減丙未，則乙丙餘弧之己丙，與甲角度午未同。己丁酉與丁酉辰皆象限，同減酉丁，則乙丁餘弧之丁己，與卯角度酉辰同。依丁角之半周，則酉辰爲卯角度。依乙角之半周，則庚亥爲卯角度。庚亥之於乙午，猶酉辰之於丁己，其度亦同。戊丁丑與丁丑申皆象限，同減丑丁，則丁丙餘弧之戊丁，與子角度丑申同。依丁角之半周，則丑申爲子角之度。依丙角之半周，則戊辛爲子角之度。戊辛與丙未，猶丑申與丁戊。或以寅癸爲子角，亦同。辛未爲甲外角，與乙丙弧同。酉癸爲外角，與乙丁弧同。壬丑爲子外角，與丁丙弧同。

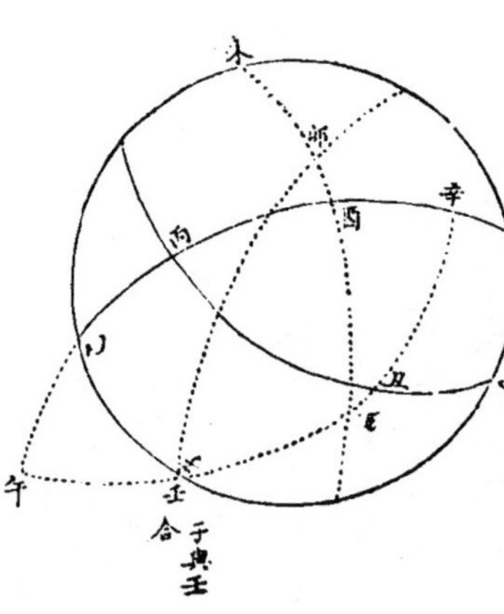

右圖。乙丙丁，二鈍角一鋭角。次形子卯甲，二鋭角一鈍角。二圖本梅勿庵《弧三角舉要》，今復爲二圖於左，以明其理。

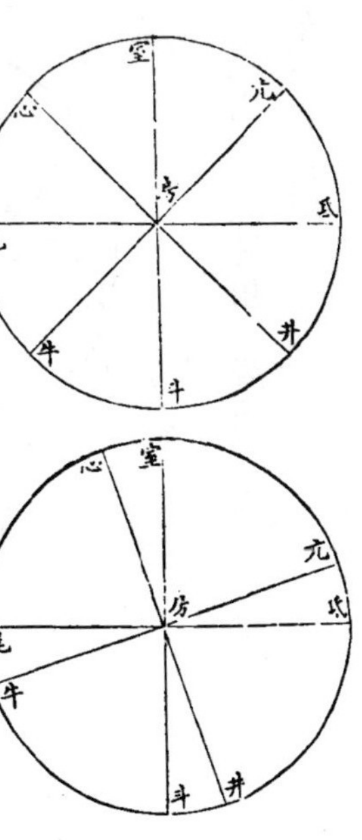

右二圖。室斗與尾氐交，亢牛與心井交。若以亢房尾爲三角形，則尾心室亢爲角度。而外角亢氐，即室心次形一弧也。室房爲尾角度，心房爲亢角度，即爲心房室次形之兩弧，且尾心室亢爲本形弧，亢氐爲餘弧，心室亦爲次形房角度。於此可明弧角相易之理。

互以小大者，於圓中爲兩半周，相交而得四形。鋭角之弧，必鈍角之餘。減餘之弧二，共用之弧一，合而成之，亦曰次形。三鈍之形，減本形而得次形；次形所得，不待減而得本形。兩鈍之形，次形必三鋭。角之鋭者，弧之朒者，不必兩相易也。

對角外角之理，詳於《幾何原本》。凡圓內分四形，各形必有兩外角。一對角，必有兩餘弧，一共用之弧。三鋭形隨舉一角一弧，皆必減半周，用外用餘，而所得者，必對角，必共用之弧。故次形所得，即本形之度，不必復減半周，如弧角相易之例也。兩鈍一鋭形，其每形之爲兩外角，一對角，兩餘弧，一共用之弧，無異也。唯所舉兩鈍角，必易爲次形之鋭角。若所舉爲鋭角，其外角轉爲鈍角，則不可用外角，而宜用對角。對角無容易者也。抑唯所舉兩大弧，必易爲次形之小弧。若所舉爲小弧，其餘弧轉爲大弧，則不可用餘弧，而宜用共用之弧。共用之弧，無容易者也。其次形之所得亦然。求得外角鋭角，必仍易爲鈍角。求得餘弧之小弧，必仍易爲大弧。若對角及共用之弧，則無容易，何也？對角，即本形之鋭角，共用之弧，即本形之小弧也。

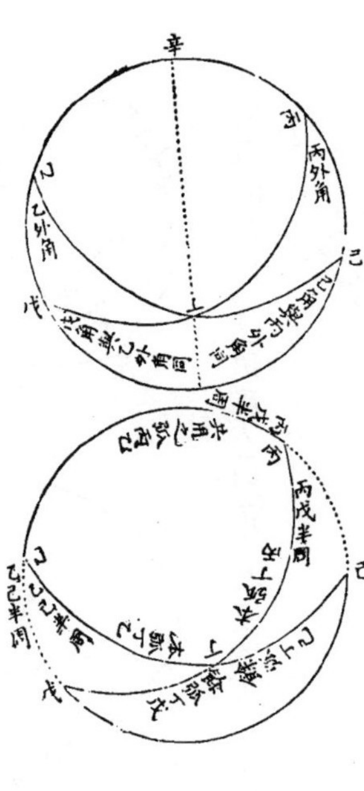

右圖。己戊乙與丙乙戊，皆爲半周。同減乙戊，則丙乙與戊己同。

右圖。戊角爲丙對角，己角爲乙對角，其度皆等。本形乙丙丁三鈍，次形爲兩鋭一鈍。鈍角戊己，皆對角。

右圖。丁丙乙，兩鈍角，一鋭角。次形丙乙戊，必三鋭角。丙乙兩鈍角用外角，丁鋭角即用本角。丁丙、丁乙兩大弧，用餘弦。丙乙小弧即用本弧。此本形變次形，與三鈍角異也。得戊角，不減半周，即丁角。得丙乙兩鋭角，必減半周，乃得丙乙兩鈍角。得次形丙乙弧，不減半周，即本形丙乙弧。戊丙、戊乙兩小弧，必減半，乃得丁丙、丁乙兩大弧。

以角得角，以弧得弧，爲簡。然鈍角鋭角之減不減，一鈍三鈍之不同法，算時宜分别不誤。以角得弧，以弧得角，兩費減半周之勞，而其用外角，用餘弧，無分鋭角鈍角也。用之爲便，故表其例於左。又正弧及斜弧之二鋭三鋭者，均可用次形。梅氏書詳言之。然以無正角而用垂弧，不能垂弧而用次形者，爲三鈍二鈍而設也。今專詳三鈍二鈍之次形，而正角鋭角者略焉。顧鈍角之次形明，則正角鋭角之次形，可以推而識之。惟不同於鈍角者有二：凡鋭角弧度滿於限，則次形必得正角；一鈍三鈍之弧無滿限者，則次形必無正角之理，一也。三鋭二鋭，用一外角、兩本角以得次形；三鈍二鈍，皆用外角以得次形，二也。明於此二者之異，其同者不待言矣。

有兩角一弧求弧：

以兩角一弧，各減半周，爲次形之兩弧一角。用兩弧一角求得次形所求之角，減半周，得本形之弧。

有兩角一弧求角：

以兩角一弧，各減半周，爲次形之兩弧一角。用兩弧一角求得次形所求之弧，減半周，得本形之角。

有兩弧一角求弧：

以兩弧一角，各減半周，爲次形之兩角一弧。用兩角一弧求得次形所求之角，減半周，得本形之弧。

有兩弧一角求角：

以兩弧一角，各減半周，爲次形之兩角一弧。用兩角一弧求得次形所求之弧，減半周，得本形之角。

矢較之法有二：一以總弧較存弧，一以初數得後數。

二法並詳梅氏《環中黍尺》。戴氏《句股割圜記》謂之正視之規。差角與弧爲比例，止舉三弧，無比例之處，故不用弦而用矢，不用側視而用平儀。

所求之角曰本角，居兩个者曰夾角，角兩个之弧曰夾弧，對本角曰對弧，夾弧之修者曰大弧，促者曰小弧。循弧而規之，其一爲圓周，其二爲半周。夾弧之半周，形必縮；對弧之半周，形必側。其弧縮者弦縮，其弧側者弦側。惟其縮故度不減，惟其側故法以互。弧有大小，而較生焉。較弧有弦，而矢截焉。以較弧之矢，減對弧之矢，其減之餘曰兩矢較。欲得對弧之矢，必先得兩矢之較，以兩矢之較，合較弧之矢，而對弧之矢得矣。兩矢之較，未易得也。求同於兩矢之較者曰後數。同於兩矢之較，未易得也。求比於角度之矢者曰初數。此初數後數之義也。

用平儀，則距等弧之矢，可以例全徑；距等矢之半，可以例半徑。角度之矢，依角之鈍鋭爲大小，鈍角則大於半徑，鋭角則小於半徑。以半徑與角度之矢，例正弦，則所得之數爲初數。以半徑與小弧之弦，例初數，則所得之數爲後數。以初數爲弦，後數爲句；以半徑爲弦，小弦爲句，其例一也。有一半徑，一大弦，一小弦，求初數用大弦，則求後數用小弦；或求初數用小弦，求後數用大弦，皆可相通，無一定之例。

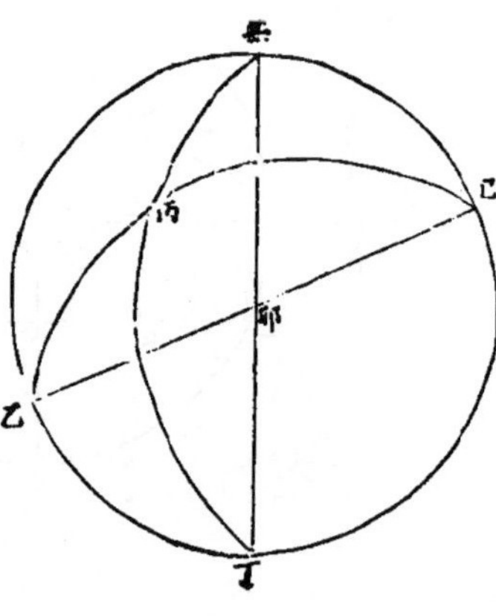

右圖。乙丙丁，兩鋭角，一鈍角。依乙丁夾弧，規爲圓周。依乙丙弧，丙丁弧，規爲己丙乙、壬丙丁兩半周。壬丙丁必縮，己丙乙必側。

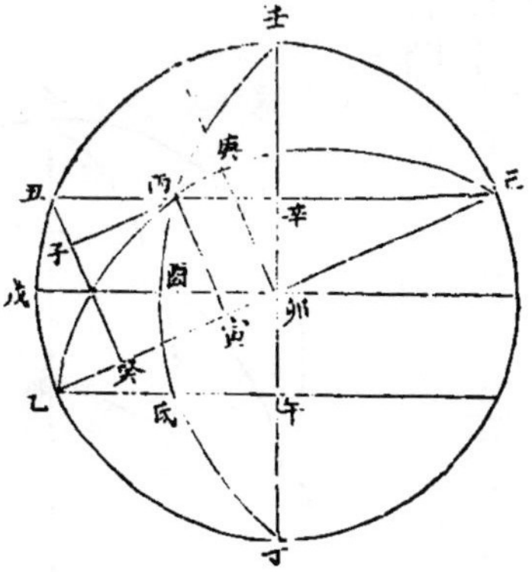

右圖。三弧求鋭角。

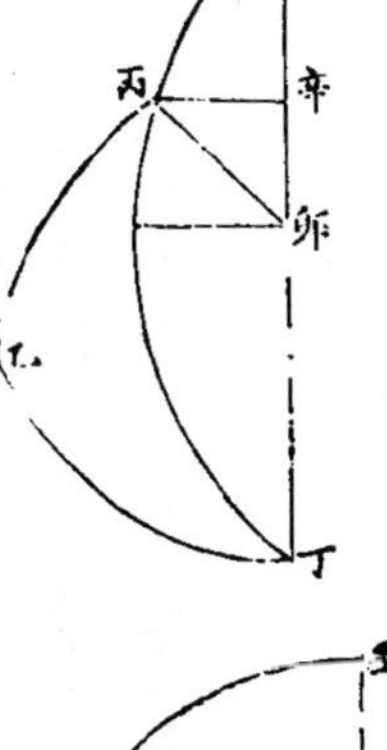

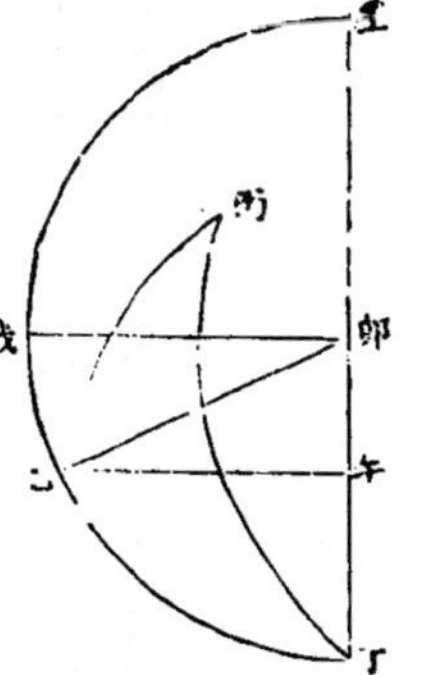

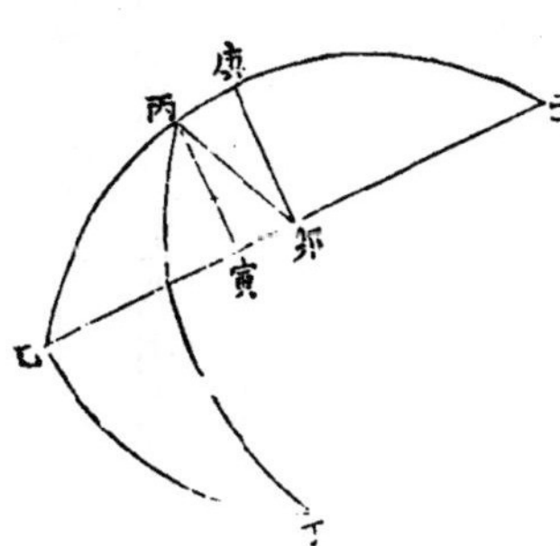

右圖。丁丙弧，丙辛正弦，卯辛餘弦。丙乙弧，丙寅正弦，辛寅餘弦。乙丁弧，乙午正弦，卯午餘弦。

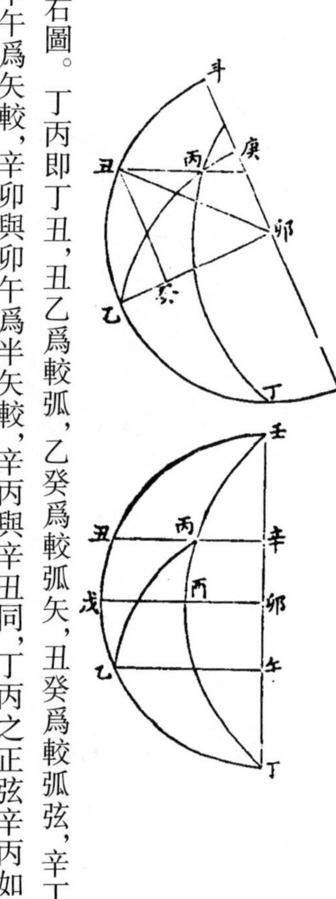

右圖。丁丙即丁丑，丑乙爲較弧，乙癸爲較弧矢，丑癸爲較弧弦，辛丁爲丙丁之矢，午丁爲乙丁之矢，辛午爲矢較，辛卯與卯午爲半矢較，辛丙與辛丑同，丁丙之正弦辛丙如丁丑之正弦辛丑。

右圖。乙癸爲較弧矢，寅乙爲對弧矢，寅癸爲兩矢較。丑丙爲初數，與乙氐同。丙子爲後數，與寅癸同。卯戊與酉戊，猶辛丑與丙丑。卯乙與乙午，猶丙丑與丙子。卯戊爲丁角之半徑，卯乙爲丁乙弧之半徑，辛丑爲丁丙弧之弦，乙午爲乙丁弧之弦。凡距等之矢，皆夾弧之弦。卯乙午句股形，猶丑丙子句股形，或大或小，而比例皆同也。以午乙與乙卯，例丙子與丙丑，則得丙丑。以辛丑與丙丑，例卯戊與酉戊，則得酉戊。是爲丁角度。以半徑卯戊與大弦辛丑，例丁角酉戊與初數丙丑，以卯乙例小數之弦，得後數丙子。或以卯戊與乙午比例，得乙午。得乙氐爲初數。次以卯丁與辛丑比例，得後數，其義亦同。

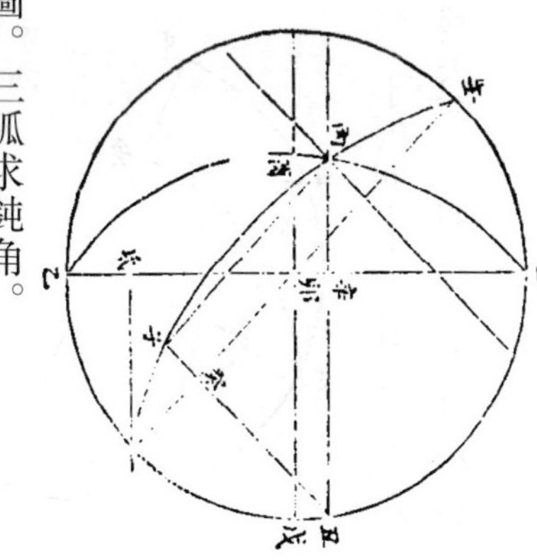

右圖。三弧求鈍角。

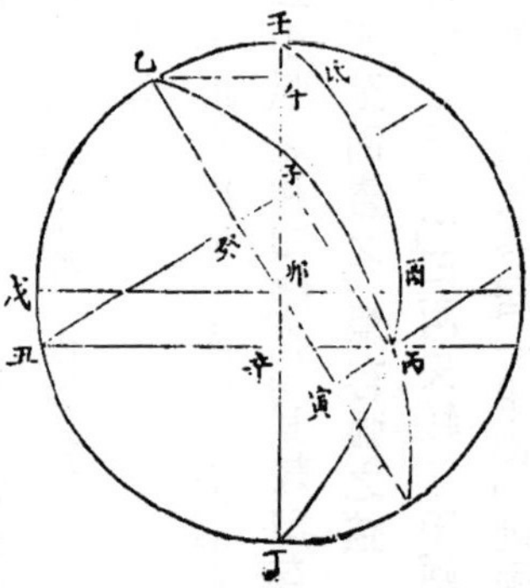

右圖。乙丙丁三鈍角。以卯戊與酉戊，例小弧之弦丙辛，得初數丙丑。以卯乙例大弧之弦乙午，得後數。

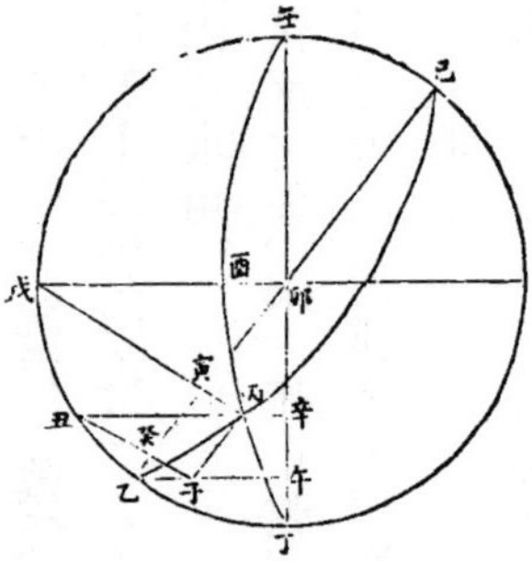

右圖。乙丙丁三鋭角。戴氏《句股割圜記》第五十、第五十一二圖，吴氏以上圖爲三鋭，下圖爲三鈍。按之第五十圖仍兩鋭也。今曲阜孔氏刻本，雖爲改正，遂缺三鋭一圖，爲此補之。

一角兩弧求角

先以角度之矢，乘一弧正弦，半徑除之，得初數。次以初數乘一弧正弦，半徑除之，得後數。次以後數併較弧之矢，得對弧之矢。次以對弧之矢，減半徑，得對弧餘弦。

兩角一弧求角

先以本形求次形。次以兩弧一角，求得弧。又以次形復爲本形。

三弧求角

先以兩矢較乘半徑，以一弧正弦除之，得初數。次以初數乘半徑，以一弧正弦除之，得角度之矢。次以角度之矢，減半徑，得餘弦。

三角求弧

先以本形求次形。次以三弧求角。又以次形復爲本形。

大弧小弧之和曰總弧，其較曰存弧。截總弧之所至而畫之，爲總弧之弦。以弦截矢，爲總弧之矢。截存弧之所至而畫之，爲存弧之弦。以弦截矢，爲存弧之矢。自所截以及於心，爲兩弧之餘弦。總弧之矢減存弧之矢，亦曰兩矢較。中兩矢較而半之，曰半矢較。兩矢並集一半徑，則兩餘弦相減，減之同半矢較之度。兩矢各居一半徑，則兩餘弦相加，加之同半矢較之度。以半矢較求對弧較弧之兩矢較，

猶以半徑與本角之矢，此之謂以總弧較存弧也。總弧適足半周，則存弧之矢必半徑，其餘弦亦如之。於是總弧以全徑爲之矢，以半徑爲兩弧之矢較。兩夾弧同度，則無對弧存弧矢較，而有對弧之矢。於是以正弦爲總弧之弦，以對弧之矢爲半矢較，此又總弧存弧之變也。

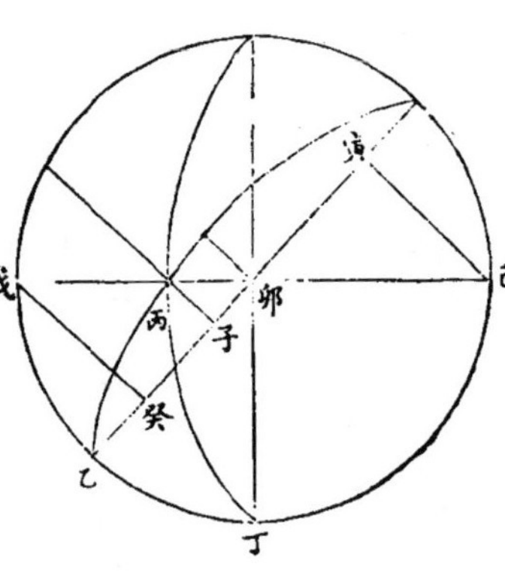

右圖。乙丁己總弧，戊乙存弧，合得半周。己寅總弧弦，寅乙總弧矢，戊癸存弧弦，癸乙存弧矢，寅卯總弧餘弦，癸卯存弧餘弦。子癸爲對弧矢，減較弧矢之兩矢較，寅癸爲總弧存弧之兩矢較。

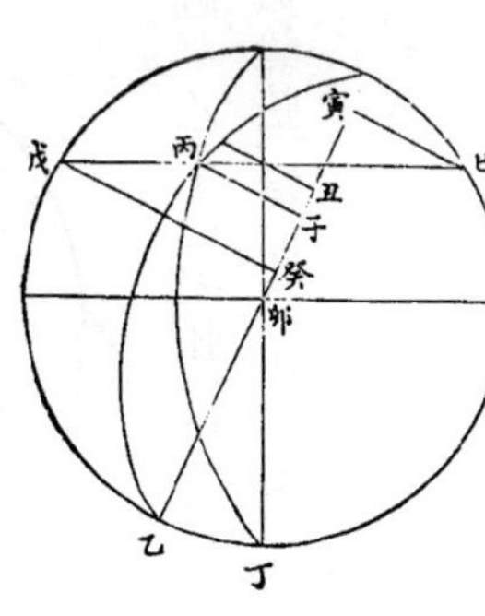

右圖。總弧存弧均過象限。前圖寅癸折半恰當卯，此折半當丑。寅丑與癸丑皆半矢較，鈍角丑在子癸之間，鋭角丑在子癸之外。

右圖。總弧乙丁己過象限，存弧戊乙不過象限。

右圖。總弧乙己丁過兩象限，存弧不過象限。

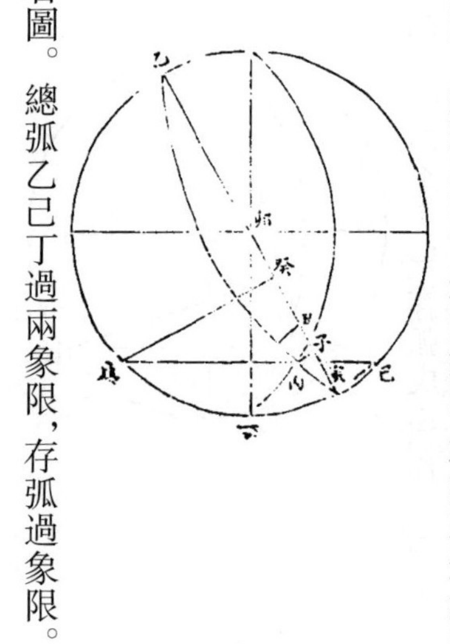

右圖。總弧乙己丁過兩象限，存弧過象限。

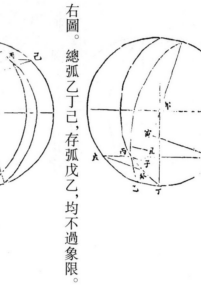

右圖。總弧乙丁己，存弧戊乙，均不過象限。

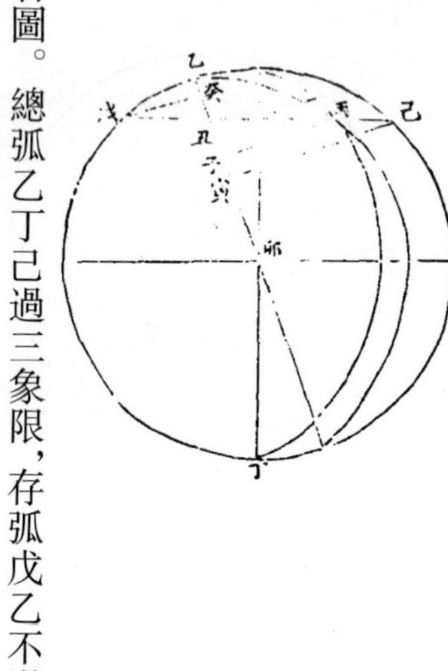

右圖。總弧乙丁己過三象限，存弧戊乙不過象限。

《環中黍尺》之例云：『角旁兩弧度相加爲總，相減爲存。總弧過象限，以總存兩餘弦相加，不過象限則相減，並折半爲初數。若總弧過兩象限，與過象限法同。過三象限，與在象限内同。若存弧亦過象限，則反其加減。』以循考之，餘弦必以矢端至心爲度，如癸之於卯，寅之於卯是也。癸爲存弧之矢端，寅爲總弧之矢端，卯爲圜周之心。今所用者，癸寅兩餘弦，必兼以卯。各居一半徑，則卯在寅癸之間。卯無礙於寅癸，直以寅卯與卯癸合之，可也。共集一半徑，則卯或在寅外，如右總弧過三象限。或在癸外。如前總弧存弧均過限圖。用寅癸，則卯爲多度，故必去寅卯，存寅癸；或去癸卯，存癸寅。然則餘弦之或加或減，視乎卯之在外在中。卯之在外在中，視乎兩矢端之在一半徑與兩半徑。而兩矢端之所在，正不繫乎總弧存弧之過與不過，故直易其過不過之例，曰竝集，曰各居，而後爲一定之例也。然所用者，癸寅也。癸寅者何？即兩矢端之間，餘弦之所以加所以減，皆由兩矢端之故。則與其用餘弦而多一加減之繁，何如直用兩矢端之爲捷？故東原氏之例曰：『以左右兩距，相併爲和度，相減爲較度。』即總弧存弧和度較度之矢，相減半之，爲矢半較。東原氏之術，視勿庵爲約矣。

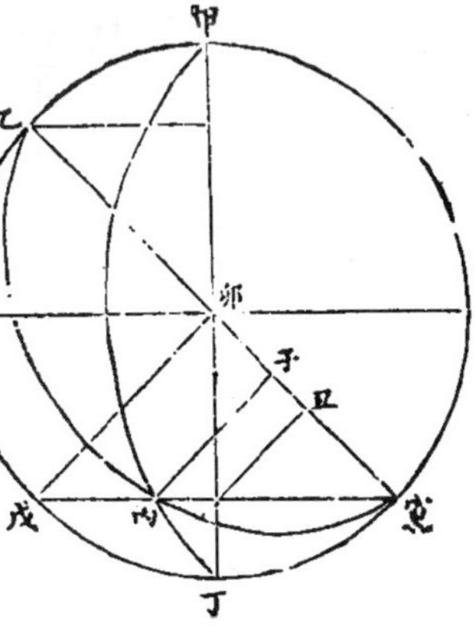

右圖。戊卯爲存弧之弦，乙卯爲存弧之矢。總弧滿半周，則無弦，其矢即乙卯寅。則以乙卯減乙卯寅，存卯寅，爲兩矢較，亦即爲半徑也。勿庵以半徑爲餘弦，東原氏駁之。蓋大矢已滿圜徑，不容有弦，何有餘弦？則半徑爲矢較之説長也。然存弧以半徑爲矢，與全徑相減，故半徑得爲總弧存弧之矢較。而存弧以半徑爲矢，即以半徑爲弦。以半徑爲弦，即以半徑爲餘弦。則謂半徑爲總弧之餘弦，不可；謂半徑爲存弧之餘弦，無不可。存弧總弧之餘弦，加減而折半之例也。梅氏之例。今止有存弧餘弦，無總弧餘弦。相減，則竟用而半之爲初數，用矢半較，自捷於用餘弦。總弧滿半周，既一於用半徑，則從乎矢較，謂之矢較，可也。從乎餘弦，謂之存弧餘弦，可也。

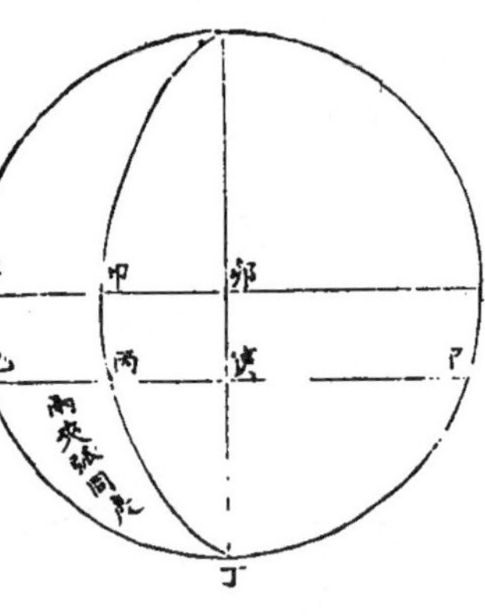

右圖。乙丁，丙丁，兩夾弧同度。卯子爲半徑，甲子爲丁角，寅乙爲夾角正弦，丙乙爲對弧之矢。無存弧，不得有存弧之餘弦。無矢較，自不必有矢半較。總弧之弦己寅，猶正弦寅乙。半徑角度與正弦比例，得矢半較。此比例得對弧之矢，亦如矢半較矣。

一角兩弧求弧

以兩弧相併爲總弧，又相減爲存弧。次以總弧之矢，減存弧之矢，又折半之爲半矢較。以半矢較乘本角之矢，半徑除之，得對弧之兩矢較。加較弧之矢，得對弧矢。以減半徑，得餘弦。

一弧兩角求角

以本形減半周作次形，用兩弧一角求弧法求之，復減半周，爲本形。

三弧求角

以本形減半周作次形，用三弧求角法求之，復減半周，爲本形。

若弧與限等，則兩矢之較，即以例本角之矢，或兩弧相若。而端抵於限，則本角之矢，即對角之弧。

正角有兩，無容算矣。

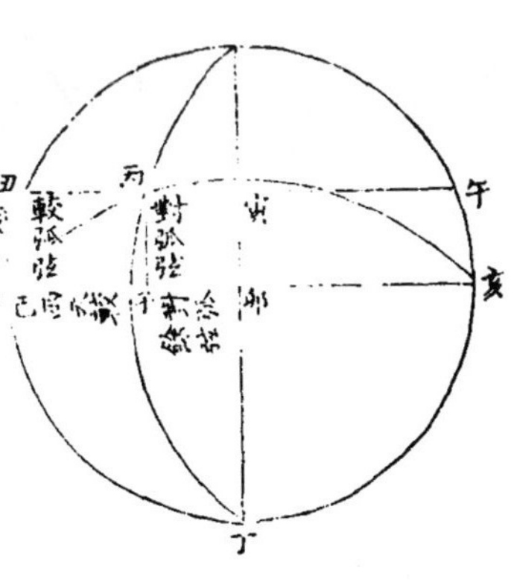

右圖。乙丁弧適滿象限，丑乙爲較弧，丑己爲較弧弦，丙子爲對弧弦，丑丙爲兩矢較，丙寅爲大弧弦，丑丙即子己，寅丑即寅丙。三弧求角，以丙丑乘半徑，寅丑除之，得角度之矢。以角矢乘寅丑，半徑除之，即丙丑。

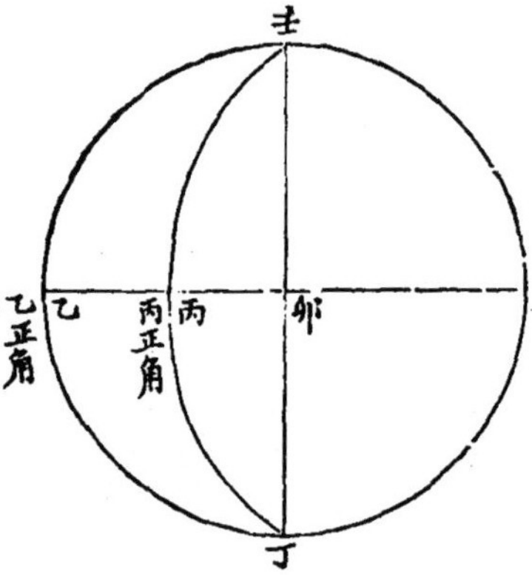

右圖。乙丙乙丁皆九十度，則丙乙爲丁角之度，即對弧之矢矣。其丙角乙角，皆滿九十度，既無待求。而丁鋭角即對小弧。對小弧，即丁鋭角，不待算而知也。

焦循算學九種

（清）焦循 輯　劉建臻 整理

廣陵書社

甲編（子部）
釋輪

釋輪書

接讀手教，如親謦欬。前于黄宗易處已領得大製《宫室圖》，兹復見惠，已分一部致李生尚之，并將尊札付其閲看。伊亦深佩服，以不得握手爲恨。所論月五星諸論，推闡入微。以實測之數，假立法象，以求其合，尤爲洞澈根原。弟衰病，不能進于此道，當賴英絶領袖之耳。舍弟在幕，想時親高論。兹託蔣生于野附致寸函，並候起居。不戩。弟大昕頓首。

本月十二日，謁見竹汀師，接到寄惠大作《群經宫室圖》一部，拜領之下，感謝無已。讀足下與竹汀師書，知足下于推步之學甚精，議論俱極允當，不可移易。蓋月體之于次輪，既行倍離之度，則其體勢，自與七政之在本輪不同。而月體既周行次輪，則圍繞一周，自不能成大圈與本天等。火星歲輪徑既有大小，則其軌跡自不能等于本天。反復數四，覺前人所説第舉其大分，而足下更能推極其精密，曷勝承教，佩服之至。足下又云：『有其當然，亦必有其所以然。』鋭愚以爲其所以然不外乎所當然也，何者？古法自三統以來，見存者約四十家。其于日月之盈縮遲疾，五星之順留伏逆，皆言其當然，而不言其所以然。本朝時憲書，甲子元用諸輪法，癸卯元用橢圓法。以及穆尼閣新西法，用不同心天，蔣友仁所説地動儀，設太陽不動，而地球如七曜之流轉，此皆言其當然，而又設言其所以然。然其當然者，悉憑實測；其所以然者，止就一家之説衍而極之，以明算理而已。是故月五星初均次均之加減，其故由于有本輪次輪。而其實月五星之所以有本輪次輪，其故仍由于實測之時當有加減也。以是推之，則月體一周，不能成大圈與本天等，其故由于有次輪。而所以有次輪之故，則由于朔望以外當有加減也。火星軌跡不能等于本天，其故由于歲輪徑有大小，而所以輪徑有大小之故，則由于以無消長之輪徑算火星，猶有不合，而更宜有加減也。若不此之求，而或于諸曜之性情冷熱，别究其交關之故，則轉屬支離矣。狂瞽之見，以質高明，是否有當，統祈裁正。李鋭再拜。

去年奉到手書竝《釋弧》數則，雖未窺全豹，即此讀之，足見用心之犀利也。戴氏《勾股割圜記》，惟斜弧兩邊夾一角及三邊求角，用矢較不用餘弦，爲補梅氏所未及。矢較即餘弦也。用餘弦則過象限，與不過象限有加減之殊，用矢較則無之。其餘皆梅氏成法，亦即西洋成法，但易以新名耳。如上篇即《平三角舉要》也，中篇即《塹堵測量》也。《塹堵測量》雖通西法於中法，然亦用八線，究與郭邢臺舊法無涉也。下篇即《環中黍尺》也。其所易新名，如角曰觚，邊曰矩，切曰矩分，弦曰内矩分，割曰經引，數同式形之比例曰同限互權，皆不足異。最異者，經緯倒置也。夫地平上高弧，此緯線也。此線以天頂言之，則自上而下，以北極言之，則自北而南，而緯度皆在其上，故今法以南北爲緯也。地平規，此經線也。此線自卯至酉，而經度皆在其上，卯爲東而酉爲西，故今法以東西爲經也。然剖緯線爲緯度者，是距等圈。其圈與高弧皆作十字爲東西線。蓋受緯度雖南北線，而成此緯度實東西線也。剖經線爲經度者，是高弧線。其線皆過天頂而交于地平圈爲南北線。蓋受經度者，雖東西線，而成此經度者實南北線也。故《大戴禮》曰：『凡地東西爲緯，南北爲經。』與此適相成，無相反也。而戴氏誤據之，易經爲緯，易緯爲經，於西人本法初無所加，轉足以疑誤後學。又《記》中所立新名，懼讀之者不解，乃託吴孝思[一]以注之，如矩分今曰正切云云。夫古有是言而云今曰某某可也。今戴氏所立之名皆後于西法，是西法古而戴

[一]『孝思』，倒文，當作『思孝』。《校禮堂文集》卷二十四《與焦里堂論弧三角書》、《揚州畫舫録》卷五均作『思孝』。

氏今矣，而反以西法爲今，何也？凡此皆竊所未喻者，鄙見如此，幸足下教之。

嘉慶元年六月十五日，愚弟淩廷堪頓首。

釋輪卷上

循既述《釋弧》三篇，所以明步天之用也。然弧線之生緣於諸輪，輪徑相交，乃成三角之象。輪之弗明，法無從附也。擬爲《釋輪》二篇，上篇言諸輪之異同，下篇言弧角之變化，以明立法之意由於實測。若高卑遲疾之故，則未敢以臆度焉。嘉慶元年春二月記，時寓寧波校士館中。

七政諸輪，生於實測。中地心而規之，則有本天。分之以四，各得九十度，自高卑至於中距，皆等焉。

由是自卑測之，至於中距，實行過之，爲積盈。自高測之，至於中距，實行不及，爲積縮。盈縮之差，其正切爲兩心差。以兩心差爲半徑，規之，是爲本輪。本輪者，爲中距之差設也。

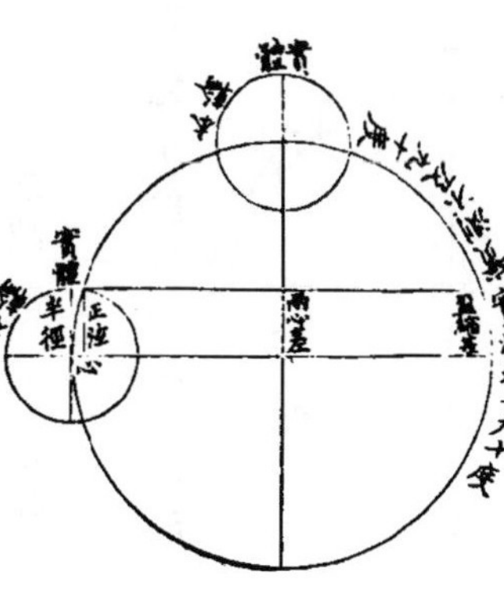

按：實體在最高，與本輪心、地心皆一線，無所用其本輪。惟測得盈縮差，故用本輪以消息之，使本輪心順行。實體逆轉，心當中距，實體當盈縮差。故有盈縮差，乃有半徑。有半徑，乃有本輪。有本輪，乃有最高。諸輪起於實測，夫又何疑？

李尚之云：『本輪至本天中距，則本輪半徑爲最大。均數之切線，即兩心差。若最大，均數之正弦，必小於本輪半徑，則亦小於兩心差。』

又由中距而上測之，當最高之前後，則半徑宜於長。由中距而下測之，當最卑之前後，則半徑宜於促。於是分本輪之徑，以爲均輪。均輪者，爲高卑前後之差設也。

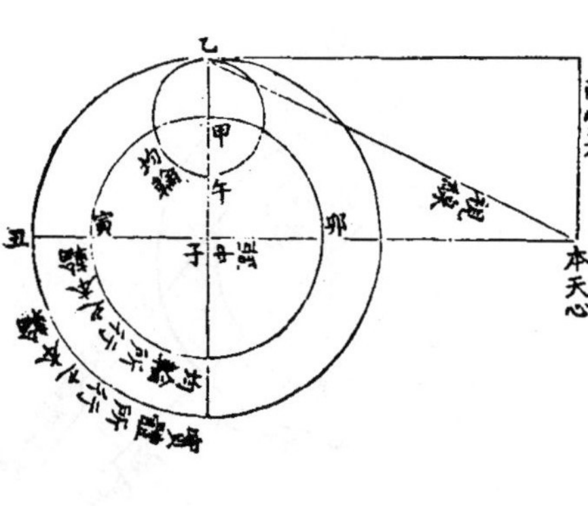

乙爲實體，甲爲均輪心，子爲本輪心。本輪心歷一限至中距，實體自丑亦行一限至乙。若分乙子三之一爲均輪半徑如乙甲，於是均輪心自卯行一限至甲。實體之行於均輪，自午行均輪心之倍度至乙，然則用均輪與不用均輪，實體皆至乙。是中距無所用均輪也。

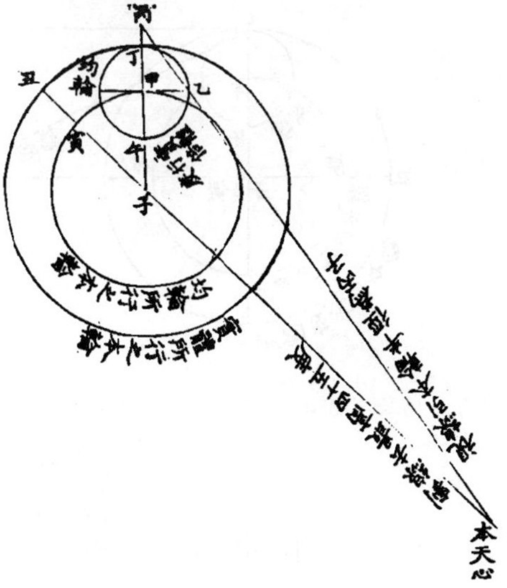

本輪心當最高後半限，實體亦宜自丑行半限至丁，乃實測則實體在丙。稍縮於丁，是必引半徑長至丙，乃合。今分爲均輪，使均輪心在甲，實體行倍度自午至乙，乙與丙合一線，在乙如在丙矣。自本天心視乙，猶視丙。若視丁，則盈，在最高前則爲縮。

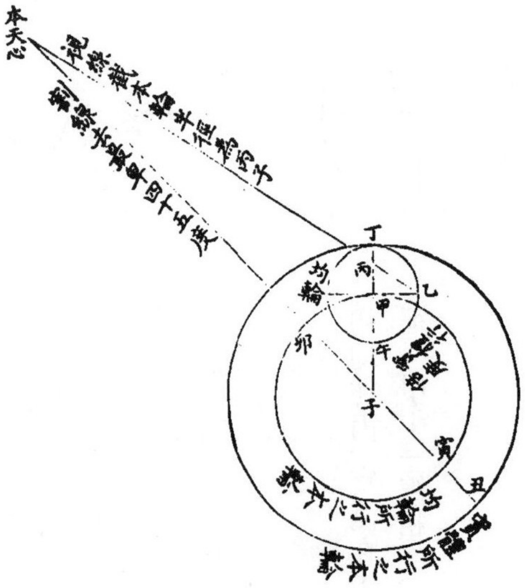

本輪心當最卑後半限，則實體應在丁。今實測在丙，爲促於丁子。均輪心自卯行半限至甲，實體自午行倍度至乙，乙與丙亦合爲一線。自本天心視丙，猶視乙。若視丁，則前於丙爲盈，在最卑前則爲縮。

按：舊止用本輪，以與實測不合，故用均輪，以消息之。弟谷設於地心，其推步亦等。可知諸輪皆以實測而設之，非天之真有諸輪也。不然，同一本輪，何以或大或小？同一均輪，何以或設於地心，或設於本輪也？

測月於兩弦，實體與均輪心差，乃設次輪以齊之。測月於兩弦朔望之間，實體與次輪心差，乃設次均輪以齊之。本輪爲中距設，不爲高卑設，必與高卑之線合。均輪爲高卑中距之間設，不爲中距設，

必與中距之線合。次輪爲兩弦設，不爲朔望設，必與朔望之線合。次均輪爲兩弦朔望之間設，不爲兩弦設，必與兩弦之線合。必與之合，此遠近上下之所由殊，左旋右旋之所由判也。

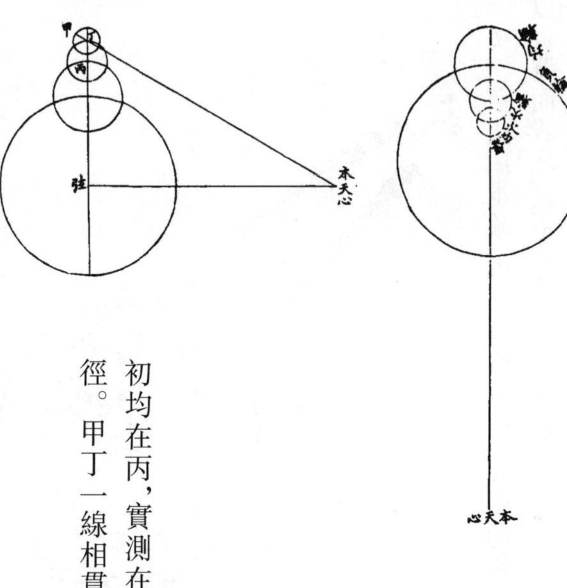

初均在丙，實測在丁，丁丙之差，即次輪半徑。甲丁一線相貫，故有次均輪而不用。

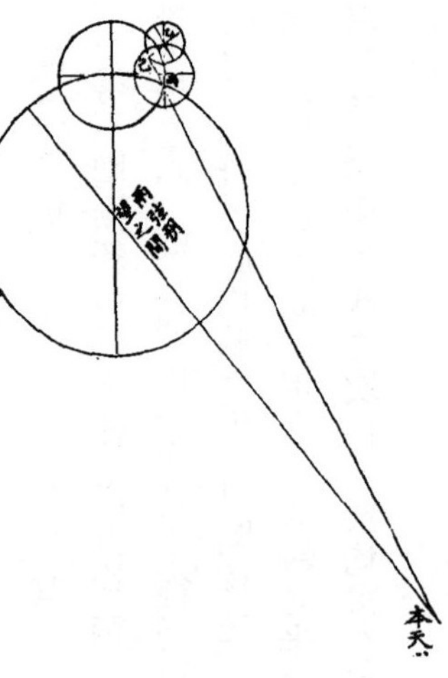

初均在丙，次均在乙，實測在己，乙己不一線相貫，故必加次均輪，以求三均。

初未設均輪，則次輪與本輪，兩周相切。既分本輪爲均輪，而均輪之周，與次輪之周，兩相切矣。

欲置次輪於均輪之周，乃以新本輪半徑，加次輪半徑，規之而爲負輪。以均輪次輪之較，爲負輪舊本輪之較，所以載均輪而就次輪也。

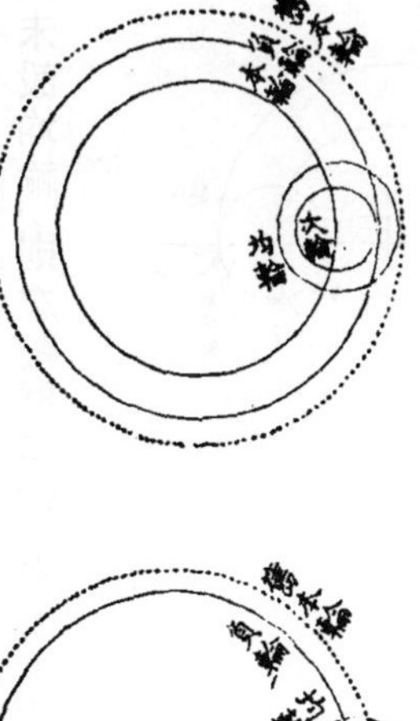

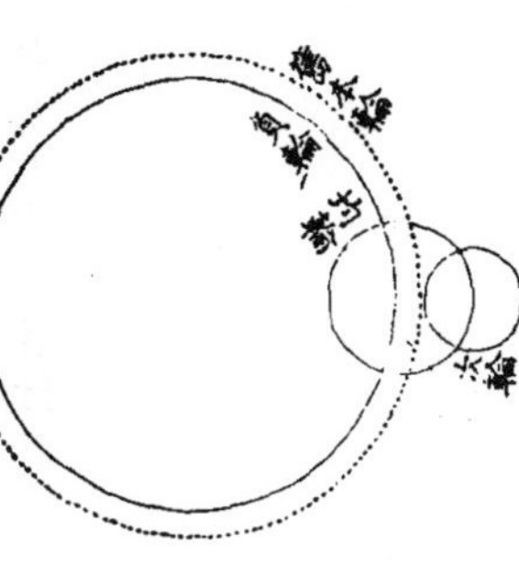

按：次輪之周，原與本輪之周相切，其度未可移易。今欲載次輪於均輪，惟使均輪就次輪。使均輪就次輪，不得不增損新舊兩本輪，以就均輪。蓋均輪在新本輪之周，其周與次輪之周相切，將伸均輪之周，以就次輪之心，則必伸出一次輪半徑乃可。故以次輪半徑，加新本輪半徑，爲負輪半徑，以載均輪。然次輪之心，雖載於均輪之周，以圖核之，仍與舊本輪之周兩周相切也。

均輪在負輪，與在本輪，相去一次輪之半徑。次輪在負輪之均輪，與在本輪之均輪，亦相去一半徑。初均消息本天，用本輪之次輪。次均求合倍離，用負輪之次輪。次輪之地易，而相承以心，故與均輪之徑平行也。

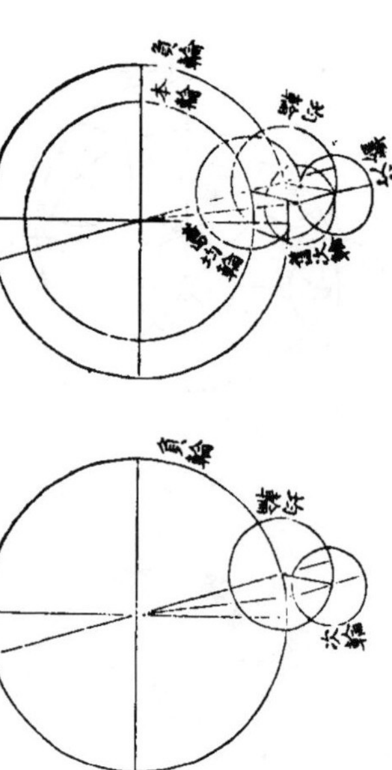

按：梅勿庵徵君云：『天西行，七政之本輪，皆從天而西轉，其行皆向最高。日天東移，月五星之合望，次輪皆從日而東運，其行皆向日。』又云：『本天挈小輪心東移，而七政在小輪上，常向最高，殆其精氣有以攝之。』循嘗細推其理，因兩心差而立最高之名，由最高規爲不同心圈，其跡緣最高而周，設爲本輪，易右行爲左行，在右行爲緣最高而下，在左行則爲常向最高，以爲常向最高可，以爲順最高右行亦可，不必真有小輪，而本天挈其心也。月五星依日而測，故因朔望兩弦，設爲次輪，又設爲次均輪。以其自朔望而測，自以距日爲之率，所以設負輪，增次均輪，行倍離，皆所以就實測之度，以爲之法。不然，同一距日，在五星之次輪，與日天同大，在月則視均輪爲尤小，何也？且五星次輪軌跡，可規成伏見輪之圜周，而月行倍離，其次均輪所載之體，規其軌跡，不可令圜，亦與日無一定相距之向，則諸輪皆巧法，非實跡。於此可見，故初均之均輪在本輪，次均之均輪在負輪，法隨乎測，則輪隨乎法也。徵君又云：『日有二小輪，月五星有三小輪，皆以齊視行之不齊，有不得不然者。』又云：『總是借虛率以求真度。』然則所云常向最高，精氣攝之者，未可泥於其説矣。

五星之合望留逆，依於日行，故次輪與日天同大。次輪軌跡所成，謂之伏見輪，故伏見輪與本天同大。金水之本天，小於日天，其次輪大於本天，故不用次輪，而用伏見輪。伏見輪以日爲心，其心不在本天，故不用金水之本天，而用日天，所以就伏見輪之心也。蓋日天即金水之次輪，伏見輪即金水之本天。土木火在日外，以本天載次輪。金水在日內，則反其用，以次輪載本天。土木火之伏見輪，大於日天，不用而用次輪，其義一也。

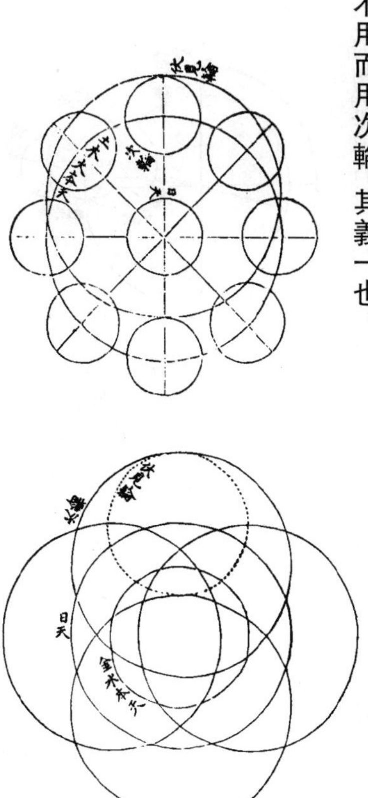

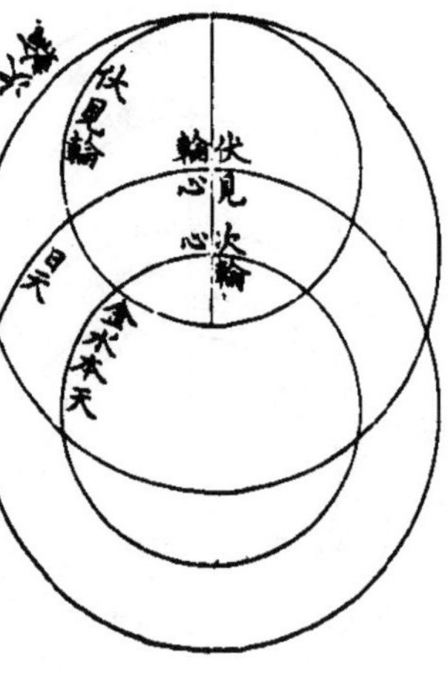

於火星在最卑之遠點，太陽在最卑，測得其最小之半徑。又於火星在最卑之近點，太陽在最高，測得其半徑，較之最小之半徑有差，故知有太陽高卑差也。於火星與太陽同在最卑，測得次輪最小之半徑。又於太陽在最卑，火星在最高，測得次輪半徑，與最小半徑有差，故知有本天高卑差也。太陽火星，俱在最高，則兩差相加爲半徑之度。蓋高卑之差，視乎本天，於是以均輪之心，當本輪之徑。過半徑者爲大矢，不過半徑者爲小矢。矢小則差小，矢大則差大。心在最高，則當本輪全徑之端，而差爲大之極；在最卑當全徑之末，而差爲小之極。極大極小之間，以矢例之。此半徑所以有小大，而次輪所以割入日天也。

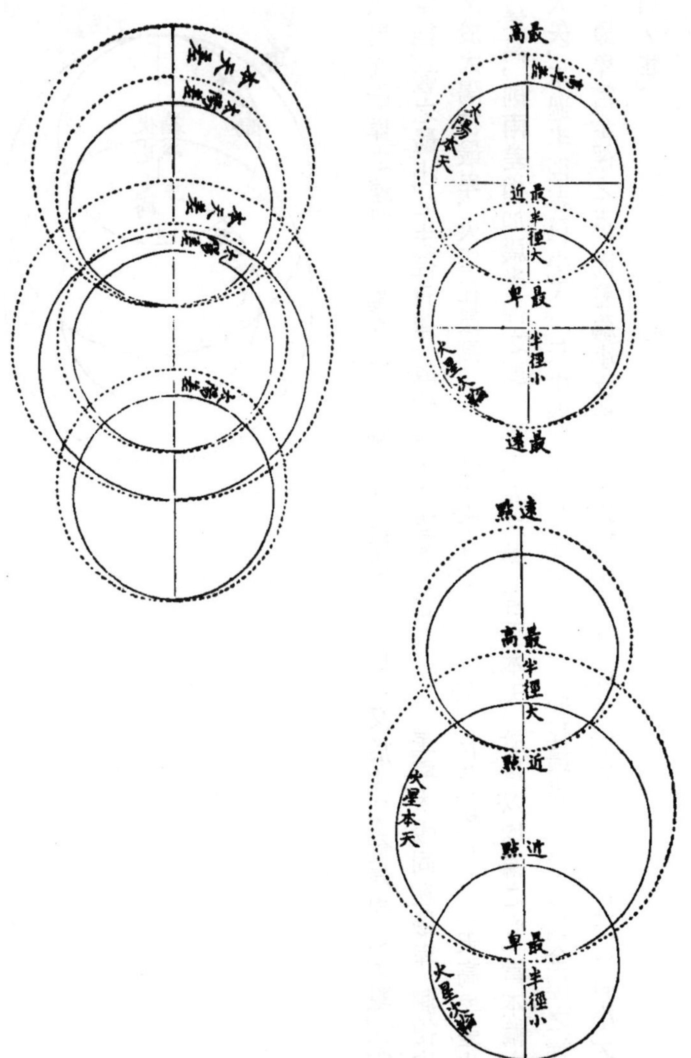
最高
太陽本天
最近
半徑大
最卑
半徑小
最遠
遠點
最高
半徑大
近點
火星本天
近點
最卑
半徑小
遠點

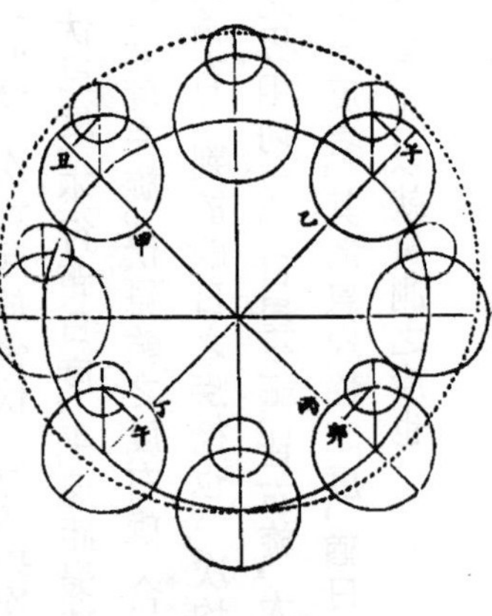

均輪心當子丑，則子乙丑甲爲大矢；當卯午，則丙卯丁午爲小矢。

按：弟谷曰：『日之攝五星，若磁石之引鐵，故其距日有定距。今考火星在最卑遠點，太陽在最卑，與火星在最高之近點，太陽在最卑，其相距之度皆等。惟火星在最高，太陽亦在最高，則既加太陽高卑之差，復加本天高卑之差，而星之距日，遂過乎常。』此定距之説，未可概也。梅勿庵徵君火星本法云：『火星兼論太陽之高卑，要不能改其徑線之大致。』今以求法考之，以均輪所當之矢，爲兩差之比例以相加，則其徑線隨本輪矢之高下爲高下，有不能不改其大致者矣。江慎修布衣云：『他星繞日，繞其本輪心爾。火日同類，獨以太陽實體爲心，故次輪大小，兼論太陽之高卑。』乃細度之，恐亦未然。高卑之差，惟有不同心之異，其輪則同大。今推求火星次輪之法，在最卑時，其半徑爲最小。稍離乎最卑之左右，增損一分一秒，則本輪之矢，隨之而長。即半徑之度，隨之而增。規此成圖，必大於本圈，非不同心圈與伏見輪之狀可比。或者火星之次輪，本割入太陽天內，高卑之差，緣是以起，然又無從得其貫通。總之，設諸輪以合實測，其所以然之故，終非可以臆度，謂火星次輪之大小，由於太陽實體，其理恐未可通也。

又按：日在本天之最卑，止見火星本天之高卑，爲本天高卑之差。若日在最高，則高差更加，本天之高卑不可見。故測本天之高卑，必當火在最高，日在最卑也。

本輪之遠近，視乎本天之心，差起於本天也。均輪之遠近，視乎本輪之心，消息乎本輪也。太陰次輪之遠近，視本輪不視均輪者，舊次輪之心，次均之所起也。五星次輪，不以本輪之心爲遠近，而視乎本天之心者，次均起於合伏，合伏與次輪本天，兩心相貫也。伏見輪不用最遠最近，而用平遠平近者，星行伏見度，不行距日度，平遠距最遠，爲初均加減地也。本輪之心右旋，均輪之心左旋，成其差也。次輪之度左旋，伏見輪之度右旋，合其跡也。星包於日，則次輪右，伏見輪左。日包於星，則次輪左，伏見輪右。判於距日之疾徐也。次均輪之上下，視本天之心，不視次輪者，三均起於次均輪心，必與次均之界相切也。日星之體皆右旋，太陰之體左旋者，間於次均輪，而與之消息也。星行距日度，太陰行距日倍度者，其消息次輪之度，猶日之於均輪也。金星伏見輪心自最近倍行，水星伏見輪心自最遠三倍行者，所以就實測之度也。

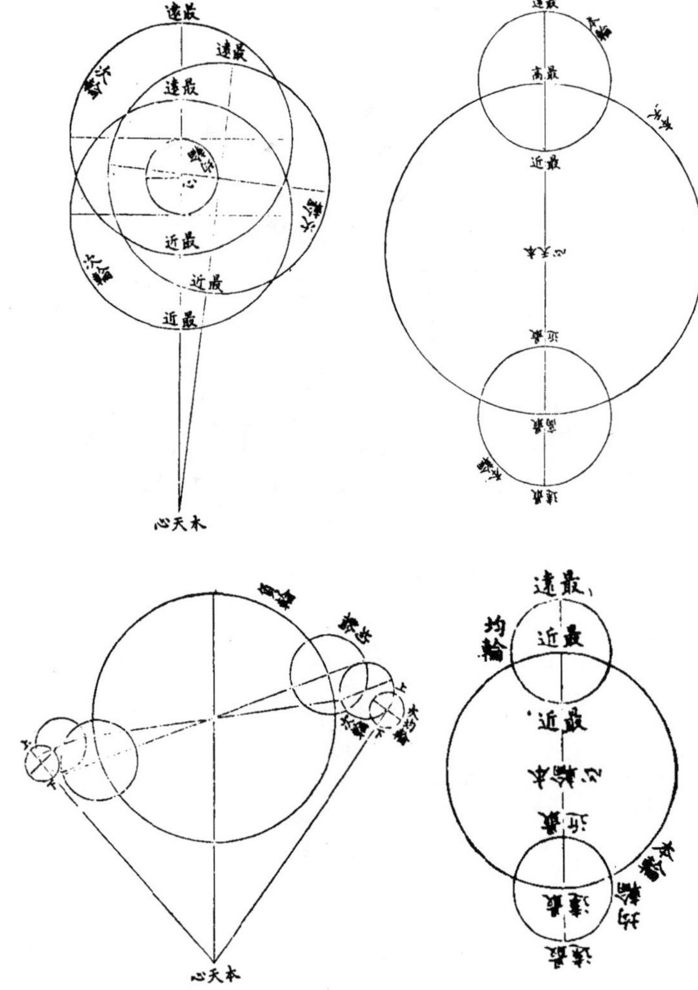
最遠
最遠
最遠
次輪
次輪
次輪
最近
最近
最近
本天心
最遠
最高
最近
本天心
最遠
本天心
最遠
均輪
最近
最近
本輪心
最近
最遠
均輪
本輪
最遠

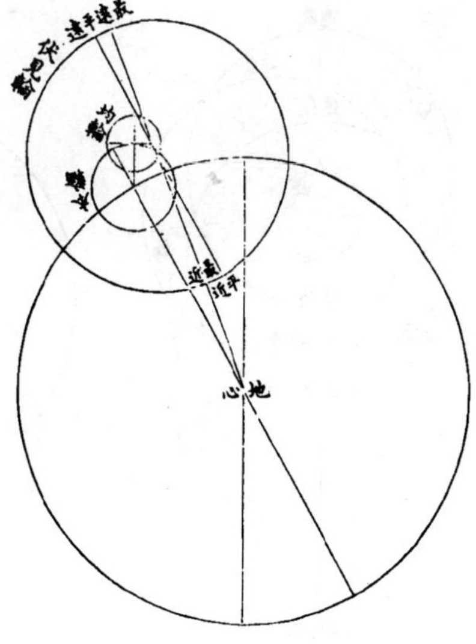
最遠
平遠
均輪
本輪
最近
平近
地心

釋輪卷下

以差而有徑，以徑而有輪。輪之周，統大小廣狹，而其度皆等，故其角也。等其心，即等其度。有角有弧，而弧三角之法可立矣。

規線作圜，分其周之度，爲三百六十。作線徑交午圜中，以交處爲心，爲距等圈於周內。距等之義詳見《釋弧》。隨其大小，爲度之廣狹。而皆同此心，即皆同此三百六十度。故無論本輪均輪次輪，得地心之角度，即得本天之行度也。

弧三角之法，由弧以知弦。諸輪之法，由輪以知徑，徑即弦也。

輪因徑而設，徑隨輪之大小爲長短。本天半徑一千萬，此常爲半徑而不移者。小於一千萬，則弦也，餘弦也。以諸輪之半徑相加，因而長於一千萬，則大切也，大割也。故半徑之名雖同，而所用實異。

用輪爲角，大小必齊。用角爲弦，長短互異。弦之數，生於半徑者也。半徑不同，則角亦異矣。

本天半徑一率，角度正弦二率，諸輪半徑三率，求得四率，爲諸輪正弦。倍之，即通弦。餘線亦然。

本輪心之行，謂之平行。均輪心之行，謂之引數。日之實體及次輪心之行，謂之倍引數。五星在次輪行太陽平行之度，謂之距度。次均輪心及月之實體倍行距日之度，謂之倍離。實體值平行之前，

謂之盈。值平行之後，謂之縮。自所盈所縮至於平行，爲地心角度，推得其度，謂之均數。以均輪推之，謂之初均。以次輪推之，謂之次均。以次均輪推之，謂之三均。均數者，消息乎平行者也。

日止用初均，五星兼用次均，月兼用三均。當其盈以平行加均數，當其縮以平行減均數。初均盈於平行，二三均盈於初均，以加益其加。初均縮於平行，二三均縮於初均，以減益其減。初均盈於平行，二三均縮於初均，則先加而後減。初均縮於平行，二三均盈於初均，則先減而後加。

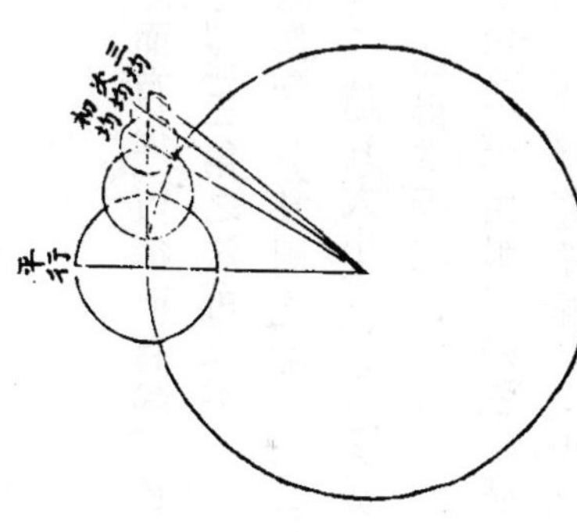

推算之法，諸輪心一線者無加減。若最高最卑。當中距，則有本天半徑，有本輪均輪兩半徑，有本輪心直角，是兩邊一角也。求得本天之角，即均數。

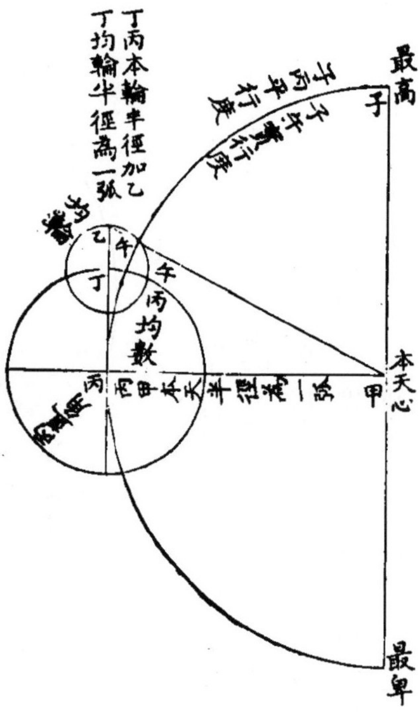

若當高卑中距之間，則本輪均輪之半徑不可以相加，本輪之心不可以爲角，本天之半徑不可以爲邊。則先以均輪心之行度爲角，以均輪半徑減本輪半徑爲邊，參以直角，有一邊兩角，以求未知之兩邊。又以所得之一邊，合本天之半徑，以一邊合均輪行度之通弦，參以直角，有一角兩邊，以求角。以所得之角，因盈縮而加減焉。自均輪最近，抵本輪半徑，必成句股之形。其通弦必與句相貫爲大句，右行一，左行二，其端必齊。此引數所以用倍也。

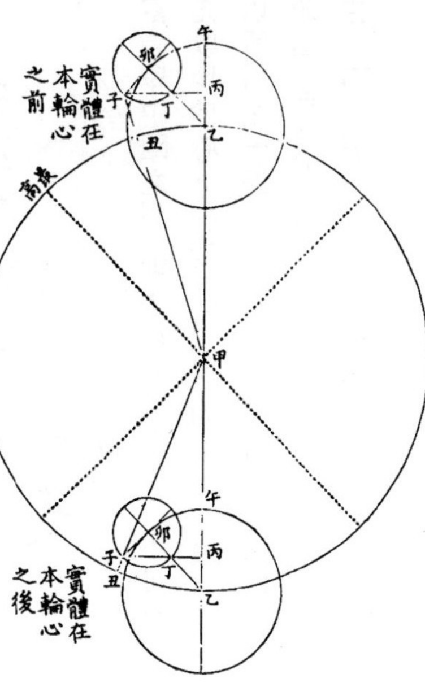

按圖，乙丑爲均數，亦即甲角，故求得甲角，即得乙丑均數也。欲求甲角，必先求乙丙丁句股形。午卯爲均輪心行本輪之餘弧，亦即本輪心之乙角，此有數者也。以卯丁均輪半徑減卯乙本輪半徑，爲丁乙，亦有數者也。有乙角，有乙丁邊，加以丙直角，可求丙乙邊及丙丁邊。有丙乙邊，加乙甲本天半徑，又有數者也。均輪心自最近所行之度丁子，其通弦加丙丁邊，又有數者也。有丙子邊，有丙甲邊，仍加以丙直角，可求甲角，即乙丑也。實體在子，本輪心在乙，子在乙前，則用加。子在乙後，則用減。

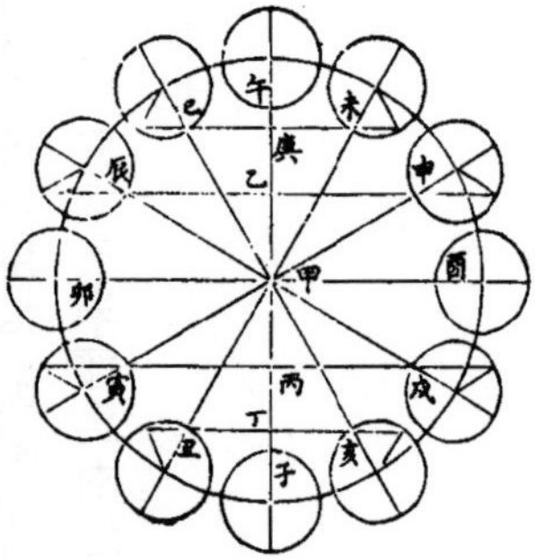

按圖，大者本輪，小者均輪。午甲子爲徑，己庚、未庚、申乙、辰乙、寅丙、戌丙、丑丁、亥丁，皆自最近抵半徑之線，十二辰皆最近。均輪心從最高左旋，實體自最近右旋倍度，所至與最近爲通弦，而必與抵徑之線爲一直，觀此可見。

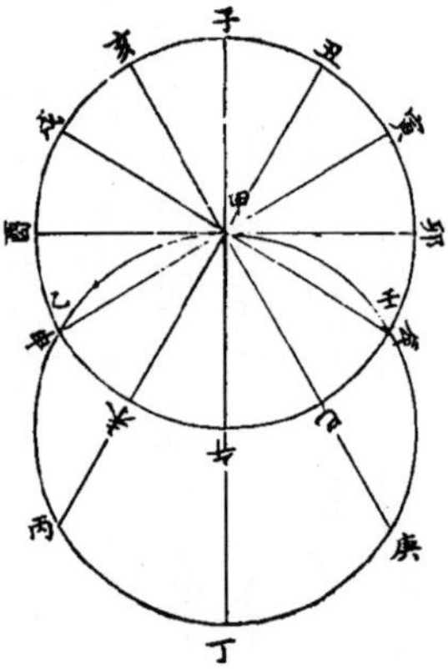

按：均輪通弦，與最卑抵經之線相貫爲大句。其所以必貫爲大句之理，前圖明之。猶恐未能了然，故更爲是圖。上圈本輪，下圈均輪。甲爲本輪心，即爲均輪之最近。午爲均輪心，十二辰爲最高。甲乙丙丁庚壬爲實體所行。如以丑爲最高，則丑未爲本輪徑線，辰甲爲通弦。起於最近甲，即抵於本輪之徑甲也。推之寅卯以下皆然。在本輪爲辰巳，巳午未申放此。在均輪爲辰庚，庚丁丙申放此。爲界角之與半徑，故本輪一，均輪二，必相遇也。

又按：子丁爲均輪通弦。用與丙丁線相加，必用三率比例，由半徑求得通弦真數。如三十度之正弦五百萬，爲六十度之通弦一千萬，與本天半徑等。以此與丙丁相加，必不入矣。唯以一千萬與太陽均輪半徑八萬九千六百零四相比例，則六十度之通弦，仍得八萬九千六百零四也。丁丙出於丁乙，丁乙爲兩半徑相減，則亦出於半徑者也。丁丙與丁乙，皆出於均輪半徑，合爲一邊，故無戾耳。

若引數不可以用倍，則不能以用大句。乃以本輪均輪兩半徑爲兩邊，行度爲角，求得對邊及本輪心角。以對邊與本天半徑爲兩邊，以本輪心角，加減均輪心距本輪最近之度，以爲角，有兩邊一角，而初均亦可求也。

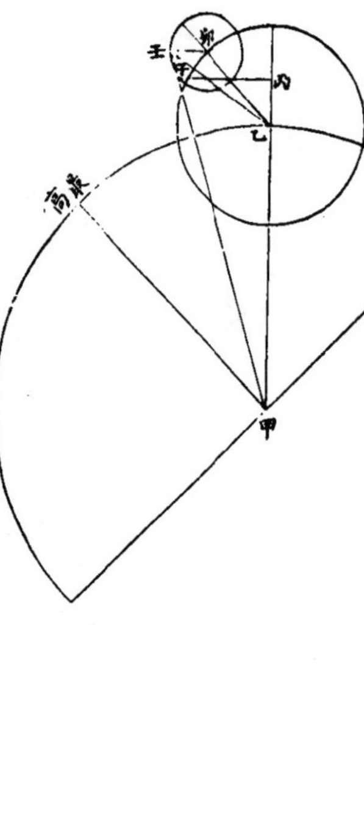

按：水星三倍引數，初均當壬，故以壬卯邊，均輪半徑。卯乙邊，本輪半徑。卯角，求得壬乙邊。合乙甲邊，本天半徑。乙角，又求得甲角。

按：辛卯爲均輪距本輪最近度，若初均在壬，則乙角爲子辛。於卯辛減乙角子卯，初均在癸，則乙角爲丁辛。於卯辛加乙角丁卯，故求壬卯乙之壬乙邊，必隨求乙角卯子，或丁卯，以爲加減地也。

更以次輪之行度爲之角，以半徑爲之邊，其一邊自初均而得之，於是有兩邊一角，求得角，而加減之，是爲次均。凡行度過半周，則用其度之餘。

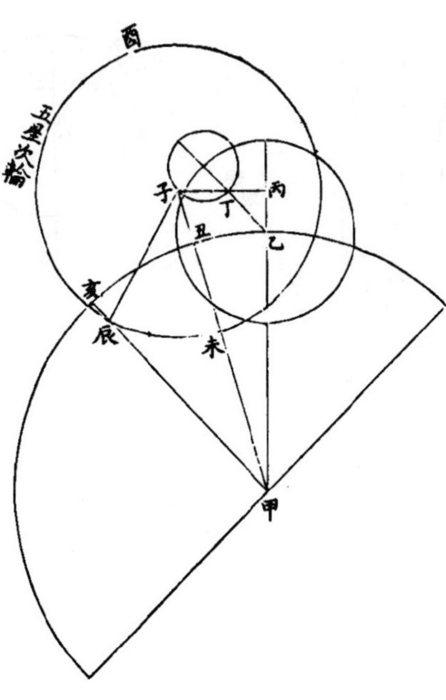

按：乙丑爲甲角，復以甲角、丙角、丙甲邊或丙子弧。求得子甲角，爲次均之一邊。以次輪半徑子辰爲一邊，行度辰未餘弧即子角。有子角，有子辰邊，有子甲邊，可求甲角丑亥。於平行加乙丑外，又加丑亥，爲次均數也。自未至酉爲半周，歷酉至辰，則過半周，行度爲未酉辰，餘弧爲辰未，故用辰未也。

又按：酉子丑未爲一線，丑以前爲初均得數，次均自丑起，即自酉起，次輪視本天爲遠近，於此益明。

月之次均，知兩邊，而行度不可以爲用。以初均所知之二角，併之以爲角，兩角之線相交，其外角即兩角併之數。

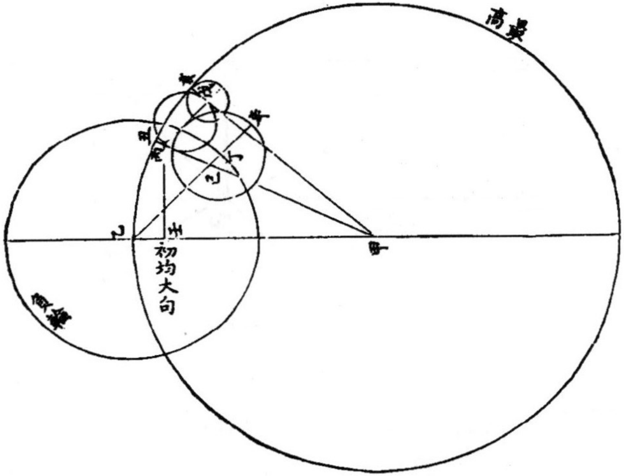

按：初均求得丙甲邊，爲一邊。即前圖子甲。次均輪適當次輪最遠。無通弦之度。以次輪全徑爲一邊，其丙角己戊行度之所不及，戊角丙辛，亦非行度所合。故行度爲角之法不可以據，而必合甲乙二角，以爲丙角也。

按：甲乙己三角，引乙至寅，引甲至庚，交於己。引己作子己午縱線，又引己作己丑横線，則乙子己如乙丑己，丑己甲如己午甲。乙子己之己角，即乙丑己之乙角。丑己甲之甲角，如己午甲之己角。己午甲之己角，即庚辰己之己角。乙子己之己角，即寅卯己之己角。合寅卯己之己角，於午甲己之己角，猶夫合庚辰己之己角，於乙子己之己角也。兩己角相併，即甲乙兩角相併之度。丙戌線與乙己辛線平行，則丙角猶夫兩己角併矣。

又按：乙角有二，不同。乙己甲之乙角，爲均輪心所行，與甲角併爲丙角者，此乙角也。乙丙甲之乙角，以丙甲邊、乙甲邊、甲角求之，可得。得之亦可求丙乙弧，然無所用之。蓋丙甲之得，由於丙壬大句，壬角直角，非由丙乙甲之乙角。本輪變爲負輪，均輪次輪之跡已移，最易惑人，故此圖去丙乙線，次輪遠近線。作壬丙線，初均次輪通弦冐抵徑線之大句。俾知丙甲之求，在壬角，不在乙角也。

又按：丑丙甲相貫爲一線，丑乙初均減平行之數，次均爲甲角丑亥。若次輪以本天爲遠近，則最遠最近必當丑亥之間，與丑乙不相屬。故在本天，必自丑起算。而在次輪，即必自丙起算也。蓋初均次輪心本在於丙，與丑甲爲一貫。次輪既移，則最遠最近不能與丑甲貫。以舊次輪之心爲最近，自此起算，用丙即不啻用丑也。

若次均輪之心，不與次輪之最遠合，則次輪平行之徑，不可以爲邊。亦先併所知之角得外角，又半行度之所餘而加減之，以爲角，即用通弦以爲邊。通弦者，兩正弦相合也。截行度爲弧背，有弧背必有通弦，有通弦必有界角。界角之度，倍於角度。新次輪之界角，爲舊次輪之角。蓋兩輪相貫，在此爲通弦，在彼爲爲半徑。故以行度之所餘，半之，以加減外角也。

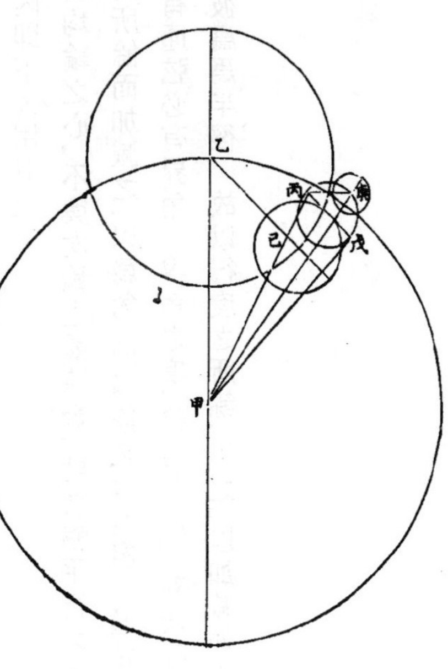

按：前圖，次均輪心在戊，故丙戊邊，即次輪全徑，而丙角即己外角。此圖，次均輪心在庚，爲丙庚甲三角形，於戊丙甲之丙角，更多一庚丙戊之丙角。故既併甲乙兩角爲戊丙甲之丙角，又以次均輪心所行之餘弧丙庚心右旋歷丙戊至庚。爲弧背，與半周減得庚戊。又折半之爲庚丙戊之丙角。合戊丙甲之丙角，爲庚丙甲之丙角。於是有丙角，有初均，求得之丙甲邊。有次均輪行度餘弧丙庚弧背之通弦，爲兩邊一角以求角，而甲角得矣。自丙右旋，歷戊至庚。自庚左旋，至丙。其通弦共丙庚直線，是以過半周用餘弧之通弦，與正弦之義同也。

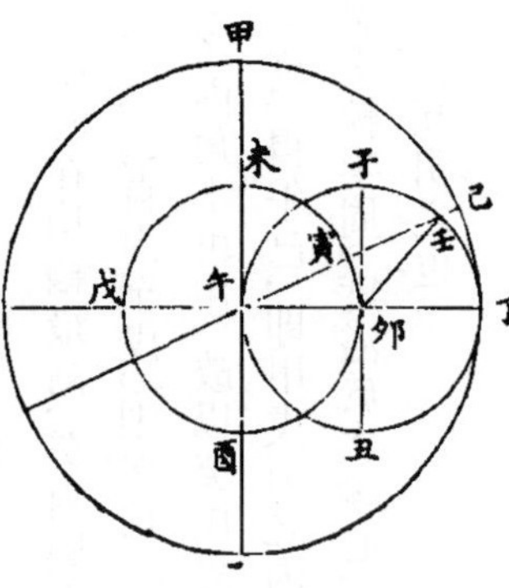

按：午子丁丑爲新次輪，未戊酉卯爲舊次輪，兩相貫，而間一午卯半徑。午爲舊輪之心，即爲新輪之近點。自午歷丑歷丁至壬，則壬子午爲餘弧，即弧背。午寅壬即通弦。於丁壬子午半周內，減去壬子午，餘丁壬爲午界角，其度四十五。若在新輪，正當寅卯，爲四十五度之半，二十二度三十分。故界角折半而得角也。若以丁午全徑爲半徑，規爲甲丙乙丁之大周，其午角己丁，亦四十五度之半。視午界角之丁壬，亦折半也。壬與己一線。

若無平行之線，則初均之角，必爲句股。兩角併亦得外角。又半行度之所餘而加減之，以爲角。兩角，一爲正角。矩之界以弦，弦外之腑角，與兩角之腑角等。規之界以弦，弦外之盈角，與正角腑角相併等。

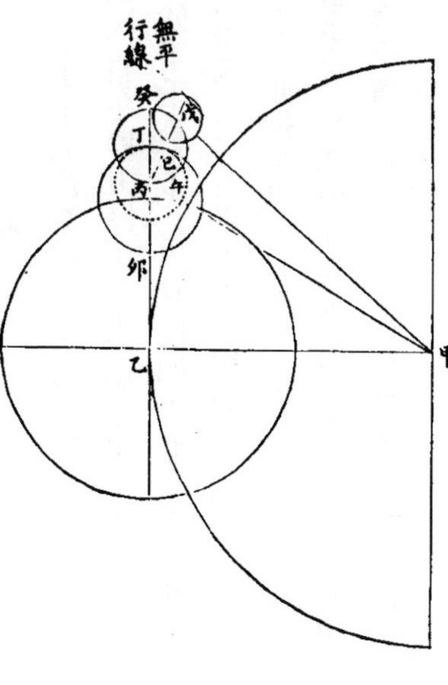

按：次輪心在均輪最高，癸丙與丁卯一線，無平行之徑。然合甲乙兩角，亦得外角午丁。但次均輪行次輪之度，爲自丙至戊，則次均三角形，乃甲丙戊。有丙甲初均求得之邊，有次均輪行度之通弦戊丙，而午丁之丙角不可用，故以癸戊界角之度四十五。折半爲己丁舊次輪之角度，二十二度三十分。減外角午己丁之度，得午己，即甲戊丙之丙角。有兩邊一角，而甲度可求矣。前圖界角用加，此圖用減者，次均輪心過次輪半周，度溢於次輪心，故加外角，乃得丙角。不及次輪半周，度朒於次輪心，故減外角，乃得丙角。圖互明之也。

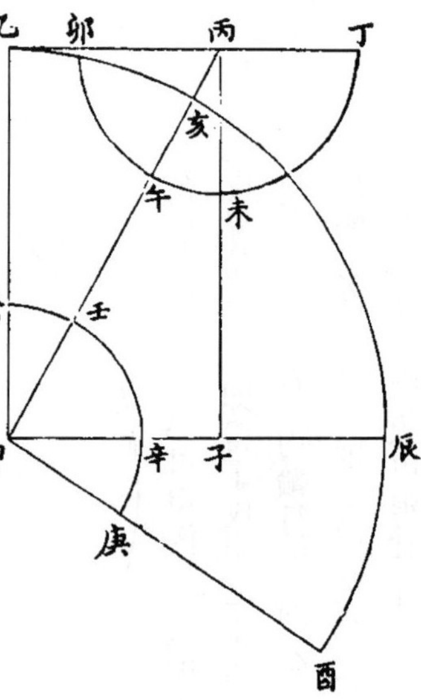

按：丙角之丁午不可知，因倍甲乙丙句股形，爲甲乙丙子縱方形。界以丙午壬甲斜弦，則甲丙子之丙角，即乙甲丙之甲角。復規此丙角爲卯午未丁之半周，亦界以丙午壬甲斜弦，則午丙丁之丙角，即乙甲酉之甲角。蓋辰甲酉之甲角，即乙甲亥之甲角，亥甲酉之甲角，即乙丙子甲縱方之甲角，亦即乙丙子甲縱方之乙角。規而小之，則癸壬辛庚，與午未丁等。故併乙甲兩角，爲丙角午丁也。

若不併兩角以爲角，則以初均對角之外角，加減次輪之界角以爲角，以初均之角度，本天之半徑，更合均輪之半徑，於負輪之半徑求之，乃得對角。有對角，斯得對角之外角。蓋均輪心左旋，近於最高，其行度未可爲角而併之。若以爲角，必減半周也。

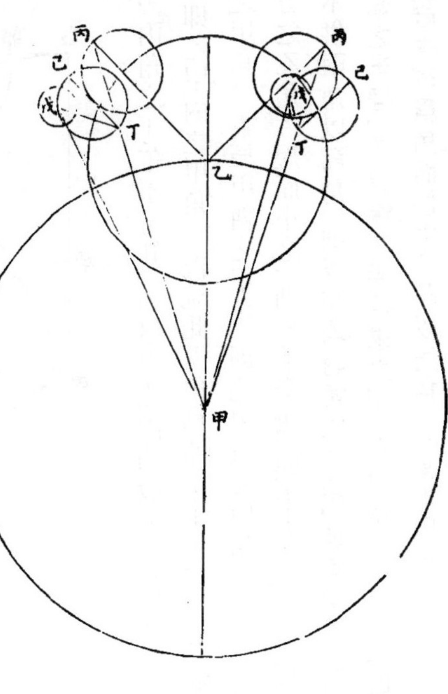

按圖，甲乙丙三角形，併甲於乙，可得丙外角，即丁己甲之丁。法與前同。若不併甲乙二角，竟用丙角之外角，加減己戊界角之半，即得丁戊甲之丁角。然丙角須待求而後得數也。所以用對角之度以得外角者，甲乙丙三角在最卑左右，均輪行度，即乙角之度，故以併初均求得之甲角，即得外角。甲乙丙三角在最高左右，均輪行度在九十度之内，則爲乙角之外角。在二百七十一度以上，則必減去半周，乃爲乙角。參差不一，不如竟求丙角，以得其外角也。

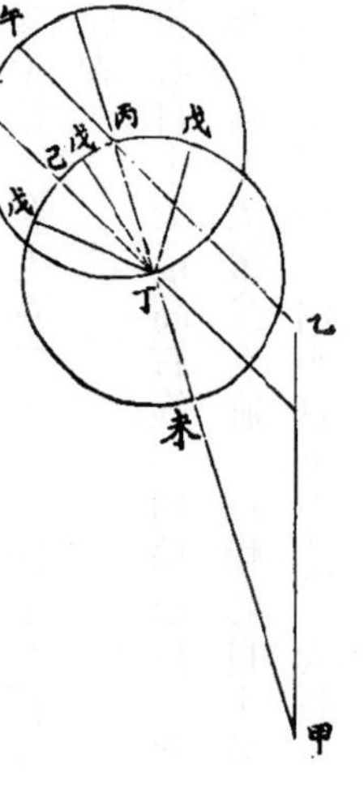

按：丙午丁之丙角，爲乙丙甲之丙外角。午丙與己丁兩線平行，則午丙甲同於己丁甲。戊在己後，則減己戊。戊在己前，則加己戊。戊在丙前，則加己戊，而用餘弧戊未爲丁角。

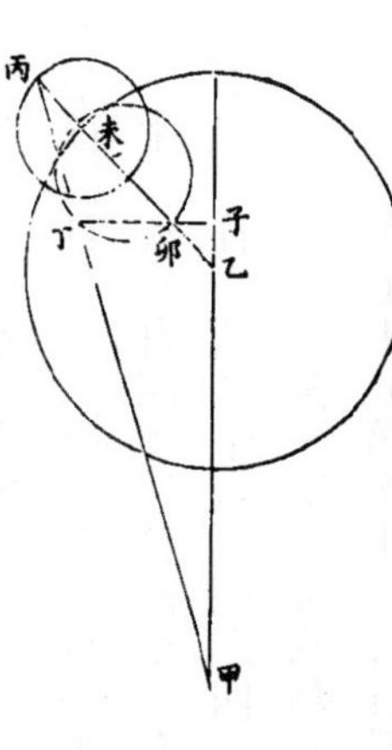

按：丙未均輪半徑，未乙負輪半徑，丁子甲初均數。有初均求得之甲角，有乙甲本天半徑，有丙未乙均輪本輪兩半徑，用兩邊一角以求角，乃得丙角。

諸輪之徑，或長或縮，由實測而得之。諸輪之行，或左或右，或一倍或三倍，由弧角之求而得之。不如是爲徑不合於測，不如是行不便於求。或以七政之行，真有諸輪，則鑿矣。

本天半徑　七政皆一千萬

本輪半徑　日二十六萬八千八百一十二　月五十八萬　土八十六萬五千五百八十七　木七十萬五千三百二十　火一百四十八萬四千　金二十三萬一千九百六十二　水五十六萬七千五百二十三

均輪半徑　日八萬九千六百□□四　月二十九萬　土二十九萬六千四百一十三　木二十四萬七千九百八十　火三十七萬一千　金八萬八千八百五十二　水十一萬四千六百三十二

負輪半徑　月七十九萬七千　日五星無

次輪半徑　日無　月二十一萬七千　土一百□□四萬二千六百　木一百九十二萬九千四百八十　火最小六百三十□萬二千七百五十　金水不用

次均輪半徑　月一十一萬七千五百　日五星無

伏見輪半徑　金七百二十二萬四千八百五十　水三百八十五萬　日無　月土木火不用

右半徑表。

日本輪心自本天最高右旋　均輪心自本輪最遠左旋　太陽自均輪最近倍均輪心右旋

月本輪心自本天最高右旋　均輪心自本輪最遠左旋　次輪心自均輪最近倍均輪心右旋　次均輪自次輪負輪周所載。最近倍距日度右旋　太陰自次均輪最下倍距日度左旋

土木火本輪心自本天最高右旋　均輪心自本輪最遠左旋　次輪心自均輪最近右旋　星自次輪最遠行距日度右旋

金本輪心自太陽本天最高右旋　均輪心自本輪最遠左旋　伏見輪心自均輪最近倍均輪心右旋　星自伏見輪平遠右旋行伏見度

水本輪心自太陽本天最高右旋　均輪心自本輪最遠左旋　伏見輪心自均輪最遠三倍右旋　星自伏見輪平遠右旋行伏見度

右左旋右旋表。

甲編（子部）
釋櫝

釋橢序

江都焦君里堂，厲節讀書，綜經研傳，鉤深致遠。復精推步，稽古法之《九章》，考西術之八線，窮弧矢之微，盡方圓之變，與淩君仲子、李君尚之齊名。嘉慶三年秋，里堂出所製《釋橢》一篇示予，考西法自多禄畝以至第谷，皆以日月五星之本天爲平圓。其後西人有刻白爾噶西尼等，以爲橢圓兩端徑長，兩要徑短。雍正八年六月朔日食，舊法推得九分二十二秒，今法推得八分十秒。驗諸實測，今法爲合，於是詔用今法。橢圓起於不同心，天之兩心差，引而倍之，爲倍心差。用面積求平行實行之差，於是有大小徑，中率與平圓之比例及差角之加減，與舊法不同矣。其法以面積之度，與角度相較，亦可得平行實行之差。然平行面積也，實行角度也，以積求角難，以角求積易。故先設以角求積，次設以積求角，次設借積求積，次設借角求角。四法最爲簡捷，與舊法迴殊。其言日躔之理，亦即盈縮高卑之説也。如橢圜以地心爲心，規橢圜之形，中畫爲午從地心作線，分爲三百六十度，每分之積皆爲一度，每一分積爲六十分。太陽每日右旋當每一度積之五十九分有奇，所謂平行也，則太陽在午線之下，是爲最卑，而地心至橢圜界之線短，角度必寬，是爲行盈。太陽在午線之上，是爲最高，而地心至橢圓界之線長，角度必狹，是爲行縮。盈縮高卑之理，雖與第[一]谷同，而橢圜之法，則密於第谷諸輪之法。若以諸輪法，測今日日月五星之天，有不謬以千里者哉？昔秦大司寇蕙田輯《五禮通考·觀象授時》一門，戴編修震分纂詳述諸輪之法，而不及大陽地半徑差，清蒙氣差。橢圜之説，不亦傎乎？是篇仿張淵《觀象賦》之例，自爲圖注，反復參稽，抉藴闡奥，爲實測推步之學者，所不可無之書也。學者從事於斯，以求日躔月離交食諸輪，無晦不明，無隱不顯矣。里堂不以藩爲譾劣，屬序是篇，乃書橢圜緣起，爲讀是篇者之先導云。

嘉慶三年季冬月，友人甘泉江藩作。

[一] 第，底本誤作『地』，據上下文改。

釋橢

十月初九日，李鋭啟。比來連接手書共三通并大作《釋橢》一本。悉心展讀，見所述圖説俱極簡當明白，真不朽之盛業也。偶有一二獻疑處，已别簽出，今一并奉上，即希照入。其簽語有未當，還望教正。過吴時，務示一音。阮閣學命校《測圓海鏡》，大約正月間可校畢。得讀秘書，惠由足下，感謝感謝！

王引之頓首。去歲奉書一函，託鄭星兄轉致，想已入覽。兹從沈四丈處得見大著《釋橢》及所和詩。《釋橢》爲沈丈鈔録未畢，尚未攜歸細讀。生平不喜略觀大概，於足下所作，尤不敢草草讀之，恐不能盡沈欝之思、澹雅之才也。正月二十日引之頓首。

去冬除月二十六日，接讀手翰，兼賜瑶章，及大著《釋橢》一書。鈁再三伏讀，覺視勿庵先生書尤朗若列眉。但鈁明圖説之理用法，尚祈提命耳。沈鈁頓首。

山莊别後，即渡江由吴至越，留西湖上與錢塘諸詩人遊詠數日，慁甚。抵東山，一路俱無恙。晤金輔之殿撰，以尊作《釋橢》、《釋弧》與參之。程易田先生尚未晤也。楊大壯頓首。

康熙甲子，律書用諸輪法。雍正癸卯，律書用橢圜法。蓋實測隨時而差，則立法亦隨時而改。循學習此術，以義藴深密，未易尋究，謹擇其精要，析而明之，庶幾便於初學云爾。嘉慶元年九月朔，録於吴與舟次。

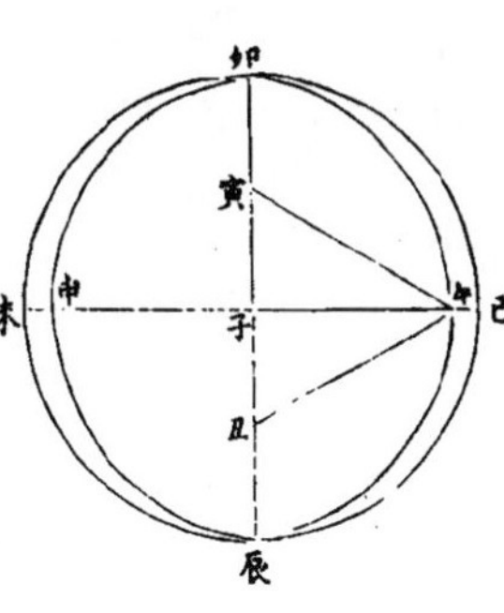

兩心差本無此濶，爲寅丑，以便於閲。

橢圜之法，起於兩心差。引兩心差而倍之，謂之倍心差。以倍心差爲底，以兩半徑爲要，得中垂線爲小半徑，亦曰小徑或以兩心差爲句，半徑爲弦，求得股，亦小徑。**倍小徑與全徑交，規而圜之，是爲橢圜。**

卯未辰己，平圜也。子丑爲兩心差，寅子丑爲倍心差。自子至己，至未，至卯，至辰，皆半徑。以寅丑爲底，以兩半徑爲兩要，成寅午丑三角形。午之所當，爲子。子午短於子己，故爲小徑。子午即寅午丑三角之中垂線，故求得中垂線，即子午線。倍子午爲申午，又倍子辰爲卯辰，即全徑。交於子。緣卯申辰午而規之，即橢圜形矣。

橢圜以地心爲心，分其度爲三百六十。抵最卑則短，抵最高則長。每度不均於弧而均於積。

細分之，筆畫難於均稱，分之爲四，其義已明。

丑爲地心，自丑分三百六十度。近辰之度線必短，弧必長。近卯之度線必長，弧必短。其面積則皆同。弧三角法，其弧度皆等，故以諸輪馭其所不等。此分以積，而弧本不等，故省諸輪之用也。

故橢圜之積，橢圜之度也，橢圜之角，平圜之弧也。

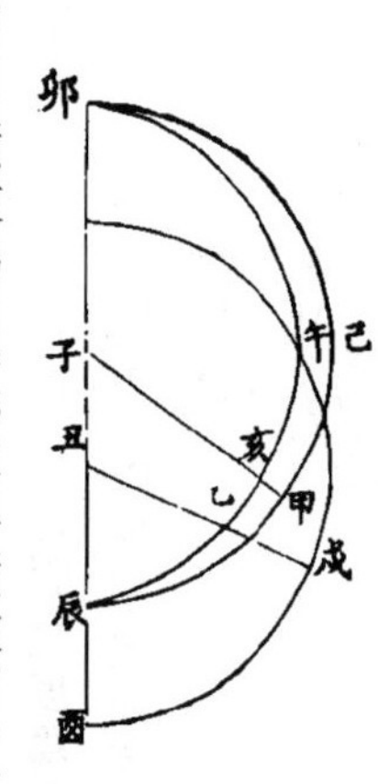

橢圜以積數爲角度，求得積數，以一度之積除之，即爲橢圜之弧度。若以角言之，子心不以亥辰爲角，仍以大圜甲辰爲角。地心丑，不以辰乙爲角，必以酉戌爲角。凡言平圜心角，皆甲辰。如後房辰角辰。凡言地心角，皆酉戌。橢圜可以弧言，不可以角言，故求得丑辰乙後作丑辰斗。面積，即得辰乙弧度。更求酉戌，乃丑角也。

平圜之度，其弧皆等，切其弧之度爲平行。詳見《釋弧》、《釋輪》。**以大半徑**即半徑。**小半徑乘而開方之，爲中半徑，謂之中率。以中率規而圜之，爲平圜，其度與橢圜等。得其面積，以三百六十分之，得橢圜一度之積，是爲實行。**

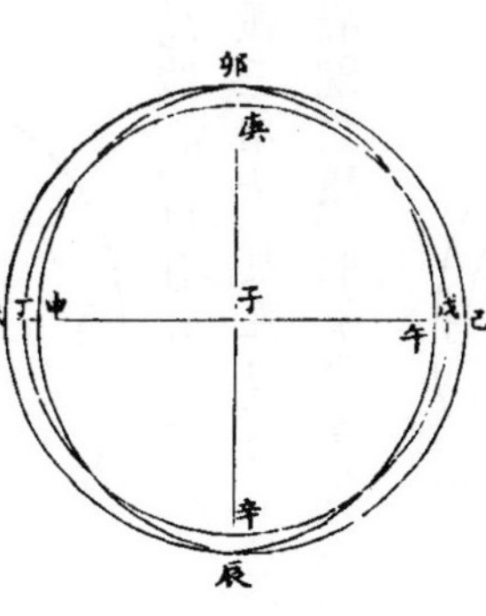

子己爲大半徑，子午爲小半徑，午己爲兩徑之較。自午己折而爲戊午，合小半徑爲戊子，成中半徑。以中半徑規而圜之，成戊庚丁辛平圜。子辛短於子辰，子戊長於子午，短長相覆，故其積與橢圜之積等。

以兩要線，憑橢弧而施之，同其底，則兩要之度，較異而和同。

以寅丑爲底寅午，丑午爲兩要，成三角形。若移寅午爲寅壬、寅癸、寅己，移丑午爲丑壬、丑癸、丑己，則成寅壬丑、寅癸丑、寅己丑三三角形。既同此寅丑底，同此辰午卯橢圜弧，則分兩要雖有較，丑壬必短於寅壬，丑癸必短於寅癸，丑己必短於寅己。合兩要而和之。此短則彼長，絶長補短，其爲二千萬之數，同也。半徑之率一千萬，兩半徑故二千萬。

自平圜心截平圜以爲度，其正弦之端，交於平圜，必不交於橢圜。若正弦交於橢圜，則必不交於平圜。又自平圜心作線，與正弦交於橢圜，其形必有差。若自平圜心作線，與正弦交於平圜，其形亦必有差。是差也，謂之橢圜差角。在平圜爲正弦，在橢圜爲矢。今概稱正弦，以便於覽。

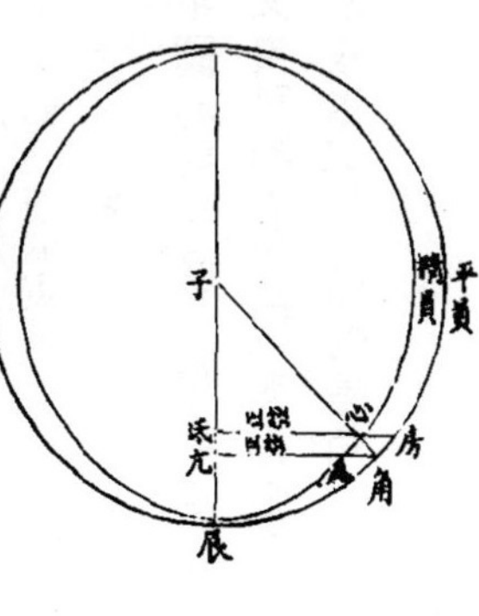

自子作線，截平圜於角，則角辰爲子角弧度，角亢爲正弦。與子角線遇於平圜交橢弧處，則爲亢尾，與角不相遇矣。若别作氐心正弦，遇於心，則氐房與子角亦不相遇，此自然之勢也。

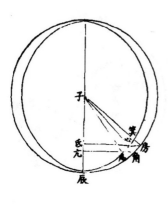

若以角亢正弦，自橢弧截爲亢尾，則自子作子尾線遇之。若氐心正弦伸至平圜爲氐房，則自子作子房線遇之，亦自然之勢也。自弦言之，子角尾爲子尾亢差角，子房心爲子心氐差角。自弧言之，子心箕爲子心辰差角，子房角爲子角辰差角。

自倍差點設徑線，即半徑所移線。**與平圜度線平行，**有角度即有此線。**謂之設角。**

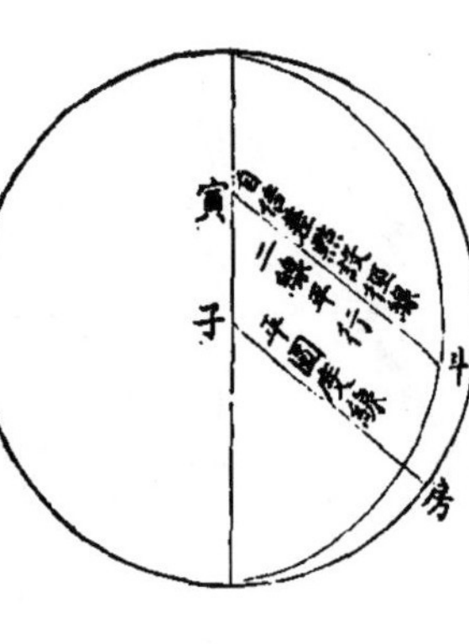

寅爲倍差點，丑爲地心，寅斗線與子房線平行，其角度皆等，故有子角，即有寅角也。

自地心設線，與倍差心線之端，遇於橢圜。在象限無差角之較，内於限，則大一差角，外於限，則小一差角。大則加之，小則減之。

丑寅兩半徑線會於斗，成寅斗丑三角形，即成丑斗辰橢圜三角形。午辰適滿象限，寅斗平行，丑斗會之，丑斗辰與子午辰積同。以斗午女補子丑女，雖微有差，大略相等。凡寅斗之平行，丑斗之交會，皆自此生也。

箕辰過象限，則子箕辰較丑斗辰，小一斗牛箕。

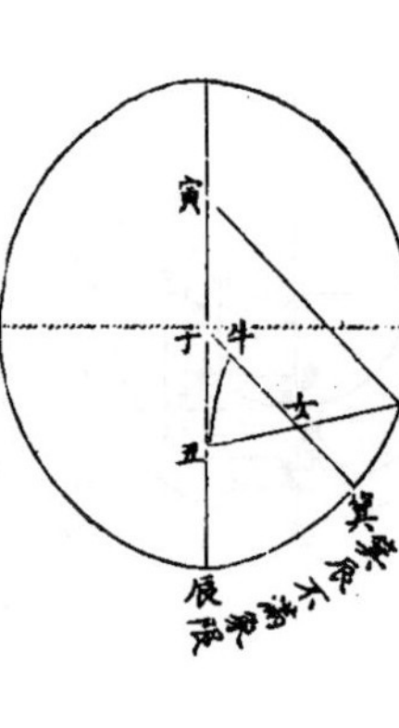

箕辰不滿象限，則子箕辰較丑斗辰，大一子丑牛。故求得丑斗辰積，必加子牛丑積，乃合子箕辰積。

子牛丑與斗牛箕，其積與差角同，故與差角爲加減也。

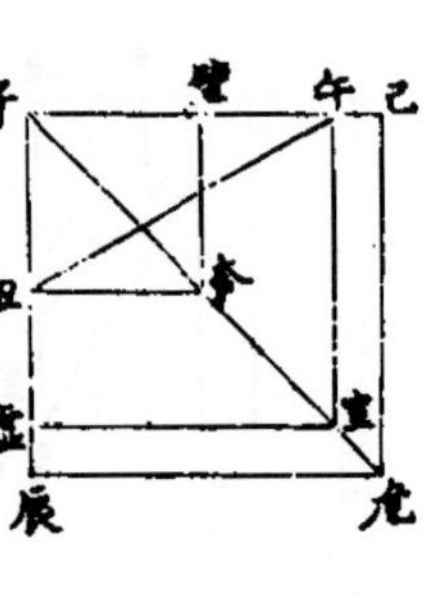

加子牛丑即橢圜差角，何也？今以丑午徑線，依象限與子午斜交，成子丑午句股形。以句子午。自乘，爲子午室虛正方。以弦自乘，丑午與子己等。爲子己危辰正方。二方相減，餘午己危辰虛室曲尺形。與股子丑。自乘之子丑奎壁積數等。子丑奎與室危虛辰等，子壁奎與午己室危等。

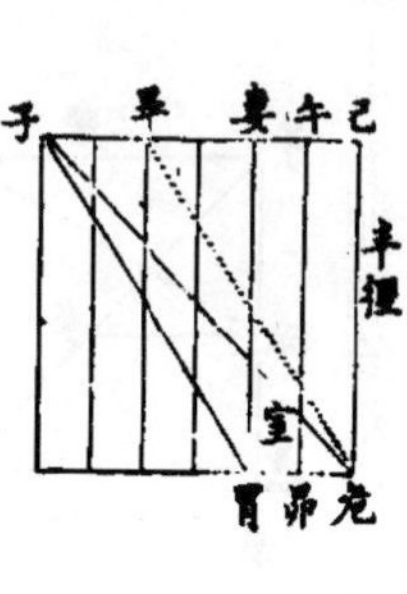

算差角之法，以底危昂胃。乘高，半徑即其高，亦即外垂線。折半即得。底乘高爲己婁危胃方形，折半爲己危午昂長方形。視己午危室，止少一室昂危。凡正方形分爲三，己婁一，婁畢二，畢子三。作子胃與畢危兩斜線，則畢危子胃斜方，與己危畢等。亦與子胃辰等。畢危子胃爲正方中三分之一，己婁危胃亦正方中三分之一。今子胃危爲畢危子胃之半，知即己婁危胃之半，己危午昂也。

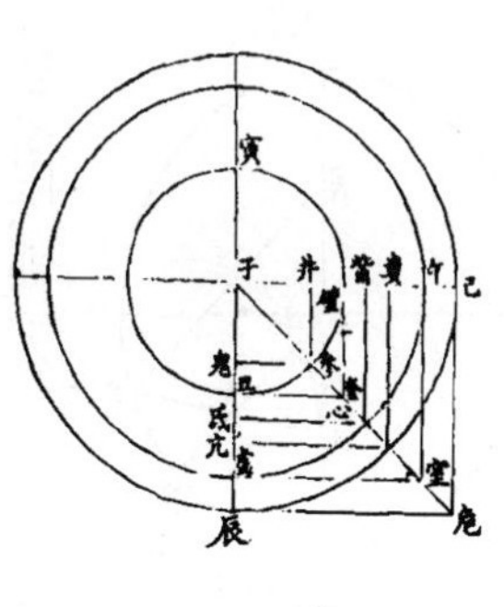

子丑奎壁，既與午己危辰虛室曲尺形等，若規小徑子午。作平圜，與大圜爲距等，改切線爲弦線，己危辰大圜之切線，午室虛小徑平圜之切線，婁角亢大圜之弦線，觜心氐小徑平圜之切線。亦以股自乘之方爲切壁奎丑，而規其内爲圜壁參鬼，復於其内作弦線井參鬼，則井參子鬼，亦與觜婁角亢氐心曲尺形等。

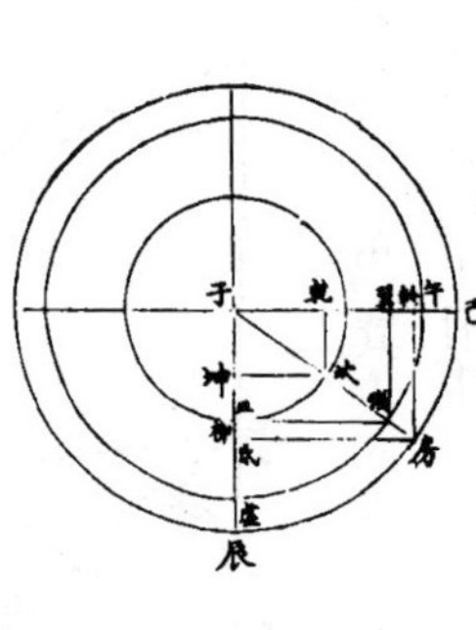

差角之線子房，以此分界，則圜内弦線，爲軫房氐柳張翼曲尺形，亦與圜内子坤乾坎縱方形積等。氐房長於房軫，而軫翼廣於柳氐，多少相覆，其數亦等。故子乾坎三角形與軫房張翼等，子坤坎三角形與張房柳氐等。

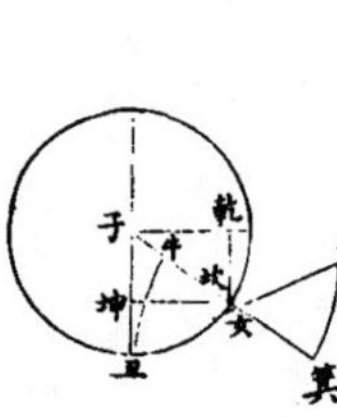

房震爲倍差底，與子氐相乘，成離震軫房形。折半，爲軫房翼心，是子房震倍差角，子心亢爲差角，半於子房震。即軫房翼心縱方形也。猶子胃危與己婁胃危縱方。軫房翼張與子坤坎等，子坤坎同子坎乾。則子房震倍差角形，即子坤坎句股形也。子心房爲子房震之半，子丑牛亦子坤坎之半，故子丑牛之積，與差角同也。惟差角與軫房翼心等，股自乘，與軫房翼張等，較之差一張心房三角形。而子丑牛視子坤坎之半微大，兩相消息，以意會之，可爲比例也。

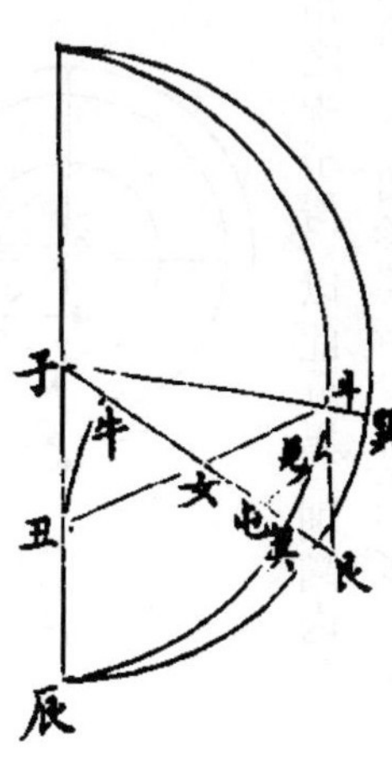

子巽屯倍差角，巽屯底與箕斗弧交於兑，則兑斗巽與兑屯箕等，故巽子屯與子斗箕等。自斗作斗艮線，則斗艮箕與子丑牛等。

大徑小徑者，比例之根也。

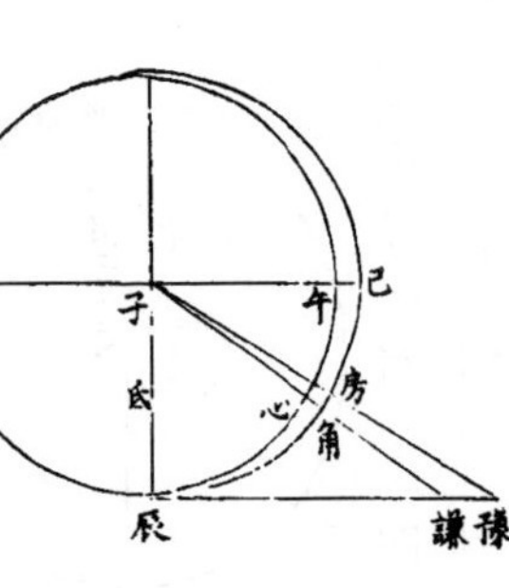

子己爲大徑，子午爲小徑。子己與子午，如房氐與心氐，亦如豫辰與謙辰，又如子房辰與子心辰。求角度，必比例得正弦。若自辰角求辰房，必以大小徑比例正切而得之。

大小徑比例之法，至精至妙，試化圜爲方，以顯其藴。大徑八，小徑六，大弦四房氏，小弦三心氏。以四乘六，得二十四，以八除之，得三。大徑一率，小徑二率，大弦三率，小弦四率。以八乘三，得二十四，以三除之，得四。小徑一率，大徑二率，小弦三率，大弦四率。大積子房辰十一，以氏房乘子辰折半。小積子心辰九，以氏心乘子辰折半，或以心氏乘子氏得九，以房氏乘子氏得十二。以十二乘六，得七十二，以八除之，得九。大徑一率，小徑二率，大積三率，小積四率。以八乘九，得七十二，以六除之，得十二。小徑一率，大徑二率，小積三率，大積四率。互相比例，無不皆合。推此而子豫辰與子謙辰積數，子房氏與子心氏積數，皆可例之。其子房辰不可與子角辰例，子箕辰不可與子房辰例，均於是了然矣。

率數者，角度之準也。

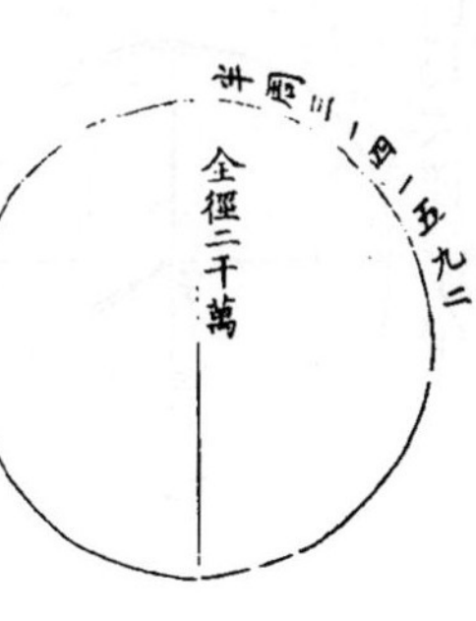

圜周求徑之法，每三一四一五九二，得全徑一。今全徑二，故三一四一五九二，爲半周也。以此比例，得中率平圜面積三一四一一四三九八二八二三三七。以三百六十除之，每度面積八七二五三九九九五二二九，即爲一度之積數。橢圓積數，必自大圓積數，以相比例。求大圓積數，先以角度化爲率數，以一百八十度化爲六十四萬八千秒爲一率，半周率數爲二率，見在角度化秒爲三率。乘半徑，折半，即得。

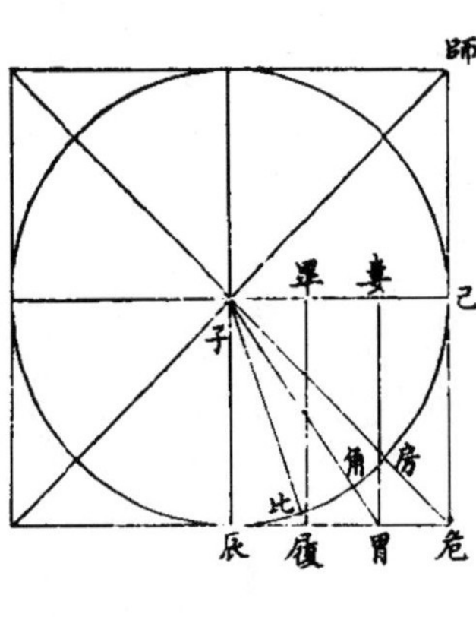

角度乘半徑折半得積數，亦試以方形明之。辰房己，猶之辰危己。以己危乘子辰，得子己危辰正方積，猶以己房乘子辰，得子己房辰一限積也。若以己辰乘子辰，則不異己危辰乘子辰，故必折半乃得也。求子辰危句股積，以辰危乘子辰，必折半而得。求子辰房弧三角積，以辰房乘子辰，亦必折半可知矣。推之子胃辰之與子角辰，子履辰之與子比辰，無不皆然。蓋胃辰乘子辰爲子婁胃辰縱方，履辰乘子辰爲子畢履辰縱方，皆必折半，乃句股積也。

兩要之和，求角之要也。

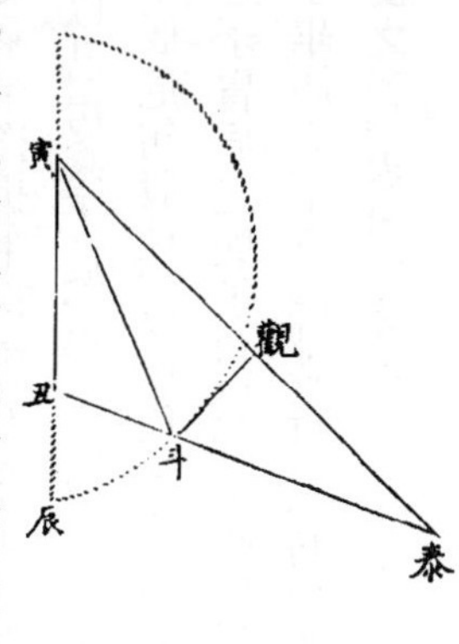

寅斗，丑斗，合二千萬，分之不知其數。乃以寅斗與丑斗聯爲一線，作丑斗泰長線，斗泰即寅斗。爲之底，以寅丑兩心差爲小要，成寅丑泰三角形。此形有丑泰弧，有寅丑弧，有丑外角，必先知丑角酉戌。求得泰角。又求得寅泰弧，中寅泰而半之，成觀泰斗句股形。此形有泰角，有觀泰弧，用正弧三角法，求得泰斗，即得寅斗也。求法詳見《釋弧》。

若以丑斗連於寅斗，前圖以寅斗連丑斗。作寅復丑三角形。此形有寅角，與角度線平行。有寅丑弧，有寅復弧，可求復角及復丑弧。有復丑弧，有復角，可得復斗弧矣。復斗即丑斗。若以復角並丑角，即斗外角。斗寅丑之斗角。以此斗角並寅角，即丑外角，丑斗辰之丑角。爲橢圜丑角度也。丑角度酉戌詳見前。用泰角併法亦同。並角得外角之義，詳見《釋輪》。

内垂外垂，兩要之用也。

用兩要和，所以求丑斗也。不用兩要和，則又有内垂外垂之法。如有丑角酉戌，求丑斗，則以寅丑倍心差數爲弧，丑角爲角，求得豐丑句寅豐股外垂線。乃以豐丑加丑斗寅斗兩半徑二千萬。爲股弦和，寅斗爲弦，豐丑斗爲股。寅亥爲句，用句與股弦和求股之法，其法以句自乘，以股弦和除之，得股弦較。以較與和相加，折半，得弦數。餘爲股數。得豐丑斗數。減豐丑，知丑斗數矣。

有子角度辰房，求丑斗，作寅斗平行線，寅角即子角。有寅角，有寅丑兩心差數，用正弧三角法，求得丑節中垂線，亦求得寅未弧。於是於二千萬中，減寅節，餘節斗丑斗爲股弦和。以丑節爲句，用句與股弦和求弦法，即求得丑斗。

角在地心，則垂於内。

丑角酉戌。

角在心差，則垂於外。

子角辰房。

内垂之角，例以平行；外垂之角，通以對角。

立卯辰直線，以二線平行交之，寅角必等於子角。

立卯辰直線，以一線交之，丑對角必等於丑角。

外垂以加，内垂以減。

加於二千萬，如豐丑。減於二千萬，如節丑。

句通於餘弦，股通於正弦，弦通於半徑。

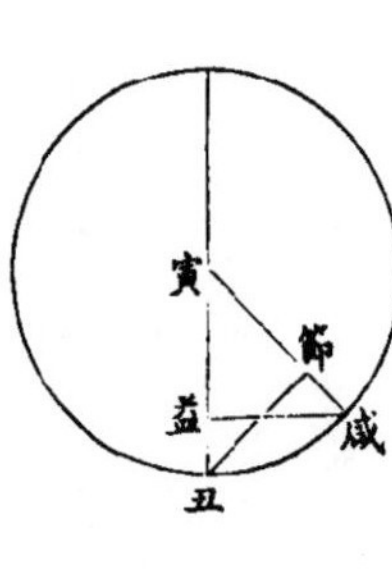

以寅丑半徑爲弦，則丑節正弦爲句，寅節餘弦爲股。以寅咸半徑爲弦，則益咸正弦爲句，寅節餘弦爲股。句股與八線，本相比例，詳見《釋弧》。而互相爲用，尤見精巧。至橢圜子辰半徑，此寅丑得爲半徑者，半徑長短視乎圜，而率爲一千萬，則不易也。中半徑因大徑小徑而成，且用實率，故不依一千萬之數。

有垂線以得句股，有句股和以得兩要，有兩要以得弦矢。

寅
丑
鼎
斗
恒
辰

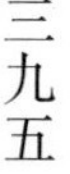

有寅角，則以寅斗爲半徑，求得斗鼎句。有丑角，則以丑斗爲半徑，求得斗鼎句。有斗鼎句，即橢圜辰斗之矢，用大小徑，求得鼎恒，即大圜辰恒弧度之正弦。故由寅角丑角求恒辰弧度，由恒辰弧度求寅角丑角，俱以斗鼎爲之樞紐也。

於是有地心之角度，可以求橢圜之面積，是謂以角求積。

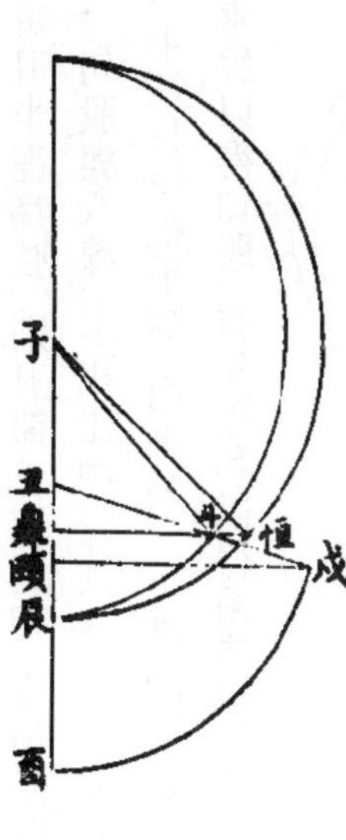

有丑角酉戌，求丑斗辰面積，先檢表，即八線表，余載於《釋弧》後。得正弦頤戌。以半徑與頤戌，例丑斗與斗鼎，而得斗鼎。又用大小徑比例，得恒鼎，爲辰恒正弦。以頤戌與酉戌，例恒鼎與辰恒，而得辰恒弧線。即用乘半徑，折半，得子恒辰面積。又用大小徑比例，求得子斗辰，較丑斗辰多一子丑斗。乃子丑有數，即心差。丑斗弧有數，用外垂線求得。丑外角有數，子斗丑之丑角，爲丑角酉戌之外角。求得積，與子斗辰相減，即丑斗辰橢圜面積。此丑斗線在最卑後。若在最高後，則子斗辰較丑斗辰少一子丑斗，亦用弧三角法，求得積，與子斗辰相加，即丑斗辰橢圜面積。

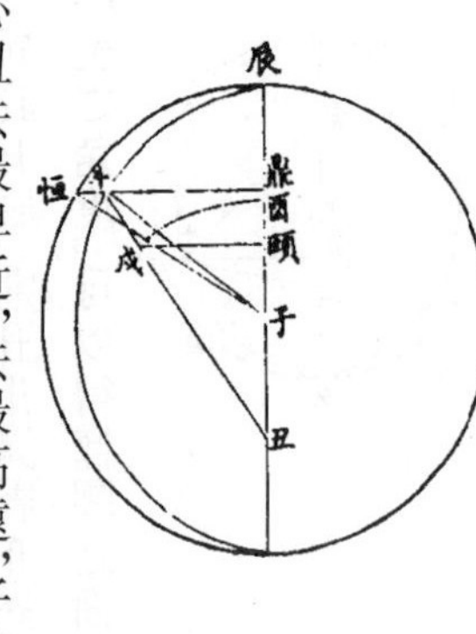

地心丑去最卑近，去最高遠，子在最高與地心丑之間。最卑後子在丑前，則丑斗辰組於子斗辰之內，故小於子斗辰。最高後丑在子前，則丑斗辰周於子斗辰之外，故大於子斗辰。

有橢圓之面積，可以求地心之角度，是謂以積求角。

一度無斗辰之濶，取其便於閱視。

有丑斗辰橢圜一度面積，求丑角度酉戌。以丑辰小徑自乘，爲丑隨姤辰小方。又以中率徑丑酉即子庚。自乘，爲丑酉涣遯大方。以小方比丑斗辰，以大方比丑戌酉，小方一率，大方二率，丑辰斗三率，丑戌酉四率。得數。以一度定積求之，一度定積即中率面積，所分者詳見前。得酉戌，爲丑角。若由一度更求二度，則先求丑斗線，地心角用外垂法。以丑斗自乘，與中率自乘爲比例。蓋每度之線有長短之不一，則所比例之積，有多寡之不一也。

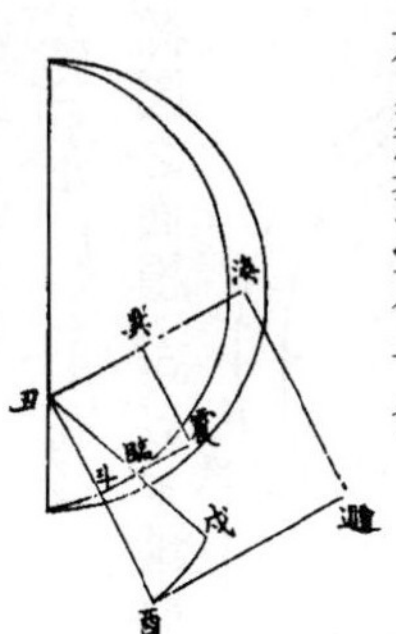

丑斗巽於丑辰，則丑斗巽震亦巽於丑辰隨姤。而所求得之丑角酉戌，自巽於丑辰之所求矣。

有心差之角度，可以得橢圜之面積，是謂借積求積。

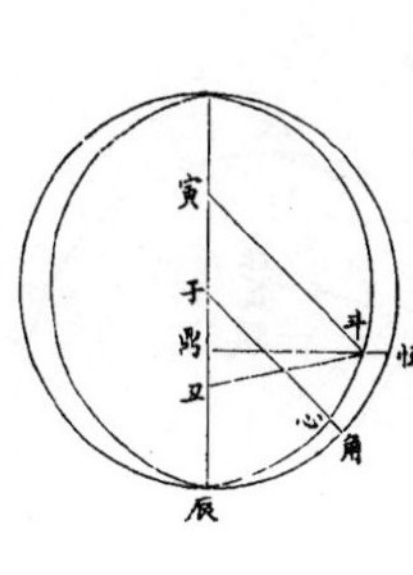

有子角角辰度。求丑斗辰面積。先以角辰度爲寅角，二線平行詳見前。用内垂線求得丑斗。以丑斗爲半徑，求得斗鼎。用大小徑比例，求得鼎恒，以爲正弦。檢表，得恒辰弧度。

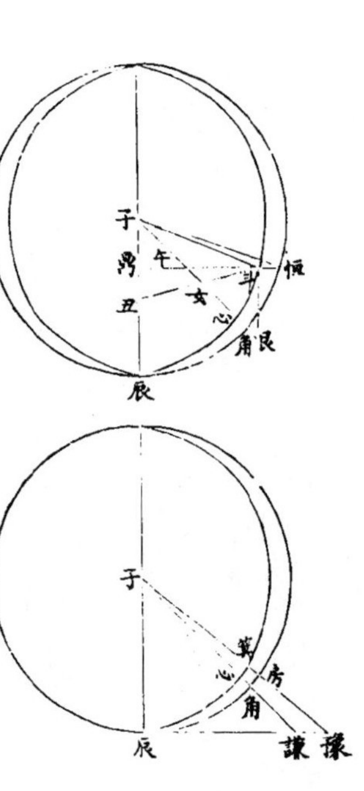

得恒辰弧度，用率數乘子辰半徑，折半，得子恒辰面積。又用大小徑比例，得子斗辰面積，大徑一率，小徑二率，子恒辰三率，子斗辰四率。存之。用大小徑比例切線，得辰房。辰謙一率，辰角二率，辰豫三率，辰房四率。用率數乘子辰半徑，折半，得子房辰面積。用大小徑比例，求得子心辰。辰豫一率，辰房子二率，辰謙三率，子心辰四率。乃以子心辰減所存之子斗辰，餘子斗心積數，存之。用心差子丑乘斗鼎，折半，得子斗艮。本以斗艮乘斗鼎，斗艮無數，以其數與子丑等，故用子丑。減子斗心，所以必先求子斗心面積。餘斗心艮一鈍二鋭形。此形與子丑牛同。知此，即知子丑牛面積矣。

既得子丑牛面積，即得丑斗賁積數。用以積求角法，求得斗賁度。加斗辰，得辰賁實行度。此丑斗線在一限内。若在限外，則求得斗心艮面積，用以積求角法，求得斗賁度，減斗辰不用加。得辰賁實行度。

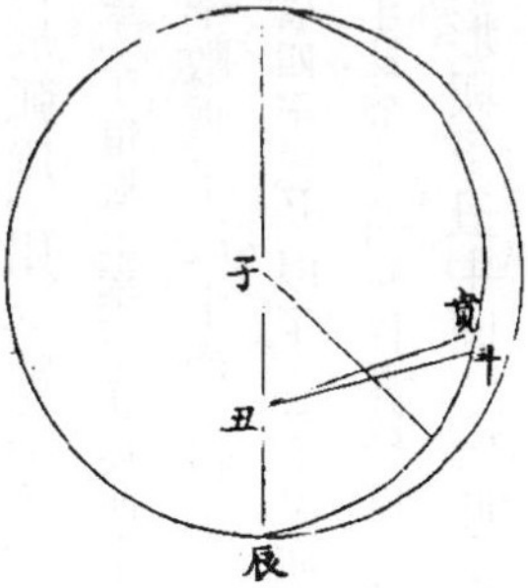

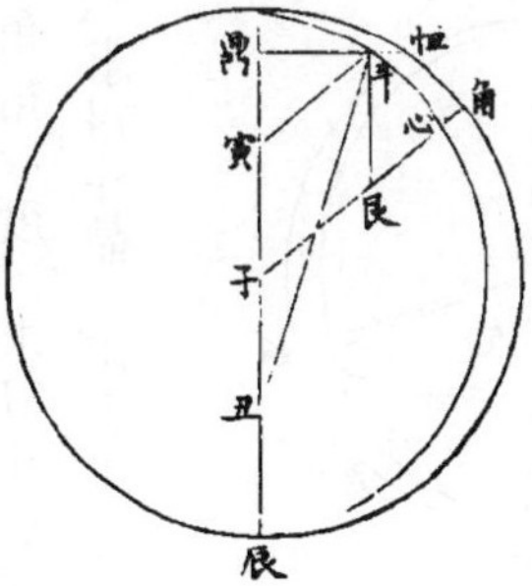

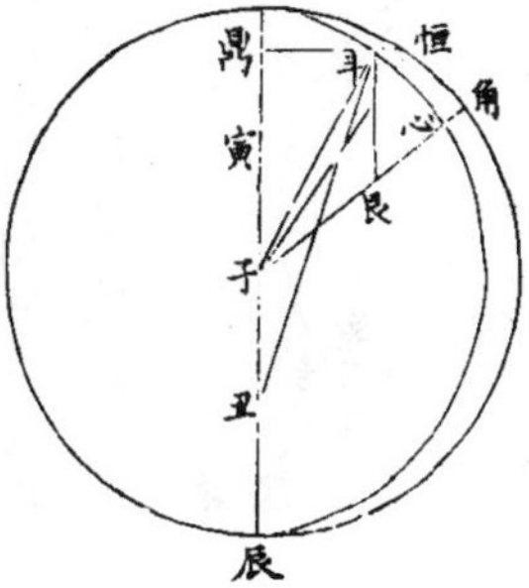

過象限，例用餘弦餘切。詳見畢底。故用鼎恒鼎斗餘弦，猶限內用鼎恒鼎斗正弦。用萃謙萃豫餘切，猶限內戌辰謙辰豫正切。

有心差之角度，可以求地心之角度，是謂借角求角。

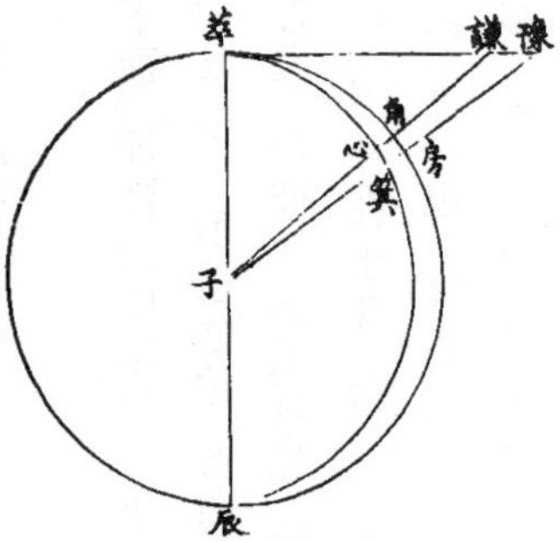

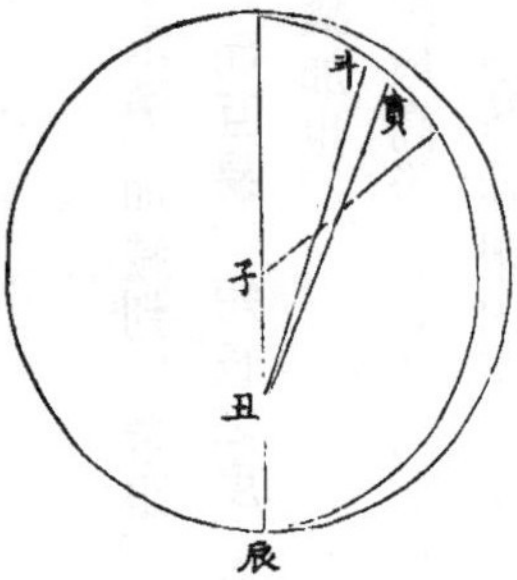

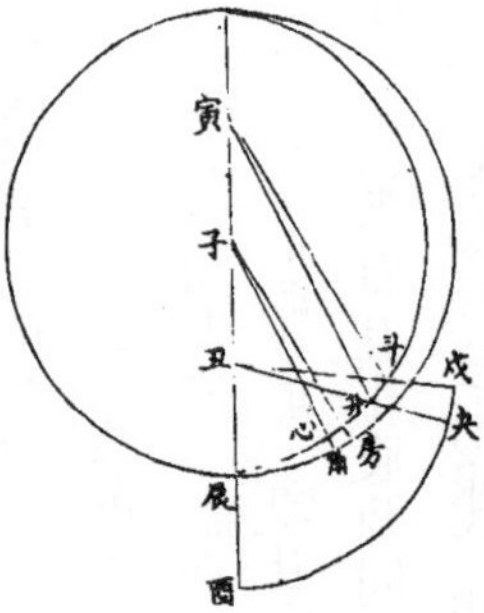

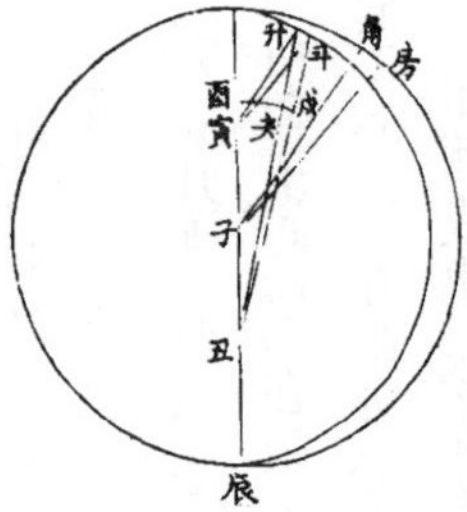

有子角角辰，求丑角酉戌。先用大小徑比例，自角辰得房辰。小徑一率，大徑二率，小切三率，大切四率。以角辰知小切，以大切知房辰。然後用房辰爲寅角度，即爲設角。用内垂線求得斗角。以斗角與寅角相加，得丑外角，即地心丑角酉戌。蓋酉夬與辰升應，酉戌與辰斗應。丑斗辰較子心辰，在限内少一差角，在限外多一差角，丑升斗爲差角。即丑戌酉較子心辰，在限内少一差角，在限外多一差角也。丑夬戌爲差角。在限内必加一差角，而丑斗辰乃同於子心辰，在限外必減一差角。而丑斗辰乃同於子心辰，詳見子心丑牛及斗心艮。亦乃爲角辰度所求之也。角酉戌也，必先求辰房爲寅角者，俟得酉夬後始求夬戌，則必有丑升弧，有丑斗弧，更有丑升斗之斗角，或升角。乃可用弧三角法，求得夬戌，以加酉夬爲酉戌。今丑升弧可求，餘不可得，不如先得辰房之爲便也。先得辰房，則已於子心辰，增損一差角，而所求得之丑斗辰，不必復事增損其丑升辰之面積，即未經增損之丑斗辰。既豫爲增損，則以原爲丑斗辰者，改斗爲升，以與之別。

以角求積，加減辨以高卑。借積求積，加減判以象限。蓋兩線相遇，線之後者包於外。兩線相交，線之長者處其贏。前後之位，以高卑而互易。短長之度，以象限而遞更。以此就彼，則加減在此。以彼就此，則加減在彼。加猶減也，減猶加也。

最卑後，丑斗在子斗之後。必至最高後，丑斗乃移在子斗之前。蓋子丑相遇於斗，過象限，而長短雖移，前後不移也。子心與丑斗交於女，在限内子心線長，則子丑女多一子丑牛。在限外丑斗線長，則斗心女多一斗心艮。然最高後一象限，雖多在斗心艮，其用加實同於最卑後一象限。最卑前一象限，雖多在子丑牛，其用減實同於最高前一象限。亦以前後分内外也。以角求積，是化子斗辰以就丑斗辰。以積求積，是化丑斗辰以就子斗辰。故在彼爲減，則此加，在此爲減，則彼加也。

借角求角之用加減，同於借積求積，但不加減於求得之後，而加減於未得之先。無加減之跡，實收加減之用，其理不殊，法爲尤妙。明乎此者，日月之行，坐而致矣。

四法中莫捷於借角求角，故日躔求均數用此法。

開方通釋

甲編（子部）

開方通釋叙

平方求積之法，見於《王制》『方十里者爲方一里者百』是也；開平方之法見於《逸周書》『制郊甸方六百里，因西土爲方千里』是也；立方求積之法，見於《考工記》『㮚人爲量，深尺，内方尺，其實一鬴』是也；開立方之法，亦見於《考工記》『旊人爲簋，其實一觳，崇尺』是也。算學之書，汗牛充棟，莫不以開方爲大法，故九數之中，方田、粟米、高功、勾股四者之精義，反覆相究，統於《少廣》一章。有明算學中衰，三乘之方無能排解。自宣城梅徵君文鼎發明廉率立成之圖，三乘以上之形體始如門山掌果。至於帶縱之方，有舉多少而分正負者，則不外乎同名相加，異名相減。二術而自宋秦道古九韶、元李欒城冶而後，至今罕有能綜其條理者。吾友元和李尚之鋭、江都焦里堂循各立天元一術，於古開方法皆有所發明。近晤陽城張司馬敦仁，請其《緝古算經細草》，與尚之、里堂相頡頏。三君子之用力於古也深矣。里堂既爲諸乘方圖及《天元一釋》，兹復本秦道古《數學九章》，爲《開方通釋》，以秦氏之旨闡古開方之術，可謂無遺矣。獲請於邗江之上，爲之序而歸之。若夫借根益實，後人損之又損之道，萊有成書，不必與此衡高下也。

嘉慶六年九月朔，歙縣汪萊叙。

開方通釋

梅勿庵《少廣拾遺》，發明諸乘方，於正負加減之際，闕而未備，故其廉隅繁璅，步算既艱，亦且莫適於用。循向爲《加減乘除釋》，於此欲貫而通之，反覆再三，猶未得立法之要。近來因講明天元一術，於金山文淙閣借得秦道古《數學九章》，原名《數學大略》。其中用開方法，既精且簡，不特與《測圓海鏡》相表裏，究其原，實古《九章》之遺焉。嘉慶庚申冬十一月，與元和李尚之同客武林節署，共論及此，尚之耑志求古，於是法尤深好而獨信，相約廣爲傳播，俾古學大著於海内。時江甯談階平教諭亦客督學劉侍郎幕中，時過余寓舍，互相證訂，甚獲朋友講習之益。竊謂乘除之法，負販皆知，至開正負帶從諸乘方，儒者竭精瘁神，或有未能了了者。使知道古此法，則自一乘以至百乘千乘，庶幾一以貫通，人人可以布筴而求也。列爲十二式，設問以明之，欲便於初學，故不厭詳爾。

式一[一]

實方　上實下法

實方隅　一乘方

實方廉隅　二乘方

實方廉廉隅　三乘方

實方廉廉廉隅　四乘方

實方廉廉廉廉隅　五乘方

實方廉廉廉廉廉隅　六乘方

實方廉廉廉廉廉廉隅　七乘方

實方廉廉廉廉廉廉廉隅　八乘方

實方廉廉廉廉廉廉廉廉隅　九乘方

右都式。

式二

實方

[一]『式一』原在式之後『右都式』之前，整理時置於式之前。下同。

實〇隅

實〇〇隅

實〇〇〇隅

實〇〇〇〇隅

實〇〇〇〇〇隅

實〇〇〇〇〇〇隅

實〇〇〇〇〇〇〇隅

實〇〇〇〇〇〇〇〇隅

實〇〇〇〇〇〇〇〇〇隅

右開方無從者，故諸廉無數而必存其空位者，以備商生之遞入也。《九章・開方術》云：『置積爲實。借一算，步之。』『置積爲實』，即此式之實也；『借一算，步之』，即此式之隅也。有一位，即有一乘，故一廉即一乘方，二廉即二乘方，三廉即三乘方，四廉即四乘方，五廉即五乘方，六廉即六乘方，七廉即七乘方，八廉即八乘方，九廉即九乘方。《測圓海鏡》之式，實在下，隅在上，諸乘之位了然。《益古演段》與《數學九章》皆實在上，隅在下。自隅起算，上達於方，以便與實相消故也。隅遞加至方，逐位相生九入，則是九乘八入，則是八乘相入相生之間，精甚亦簡甚也。

假如積九，隅一，開一乘方，得幾何？答曰：得三。

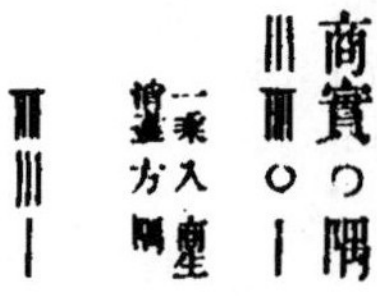

商實〇隅

一乘入廉生
增實方隅

假如積五百十二，隅二，開三乘方，得幾何？答曰：得四。

商實〇〇〇隅

三乘二乘一乘商生隅
與實入方入上入下廉
相消　廉

假如積五千四百二十萬六千九百八十二，隅一百二，開五乘方，得幾何？答曰：得九。

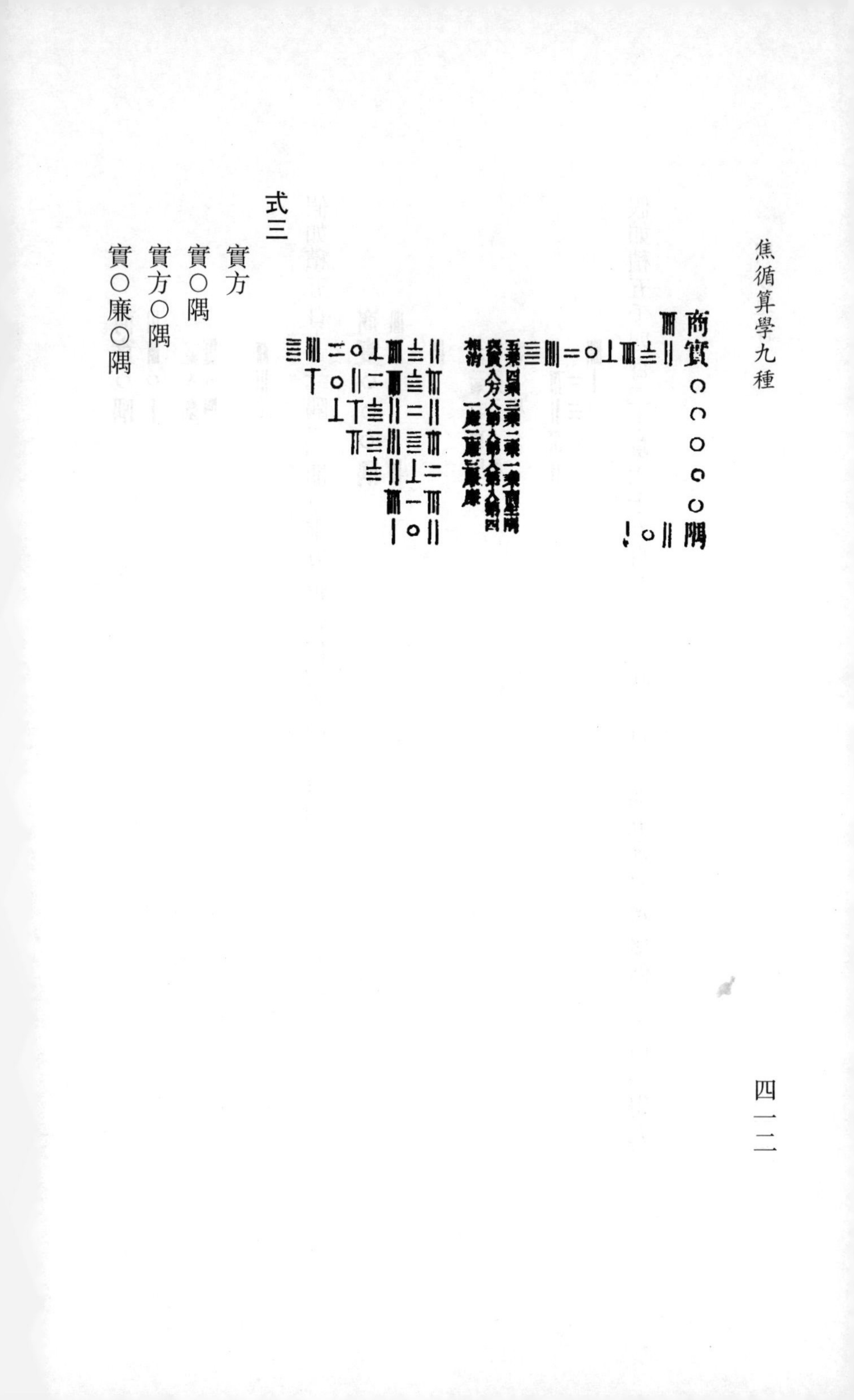

商實○○○○○隅

五乘四乘三乘二乘一乘實隅
除實入方入第入第入第四
相消　一廉二廉三廉廉

式三

實方
實○隅
實方○隅
實○廉○隅

實方〇廉〇隅

實〇廉〇廉〇隅

實方〇廉〇廉〇隅

實〇廉〇廉〇廉〇隅

實方〇廉〇廉〇廉〇隅

實〇廉〇廉〇廉〇廉〇隅

右玲瓏開方式。如三乘方帶平方而不帶立方不帶從，九乘方帶一乘方、三乘方、五乘方、七乘方而不帶二乘方、四乘方、六乘方、八乘方是也。其法皆相生而入之。

假如積四千二百八十八，方空，上廉三，下廉空，隅一，開三乘方，得幾何？答曰：得八。

商實〇廉〇隅

三乘一乘一乘商生隅

除實入方入上入下廉

得商　廉

假如積一十八萬一千四百三十一，方空，第一廉八，第二廉空，第三廉三十四，第四廉空，第五廉二十，第六廉空，隅二十五，開七乘方，得幾何？答曰：得三。

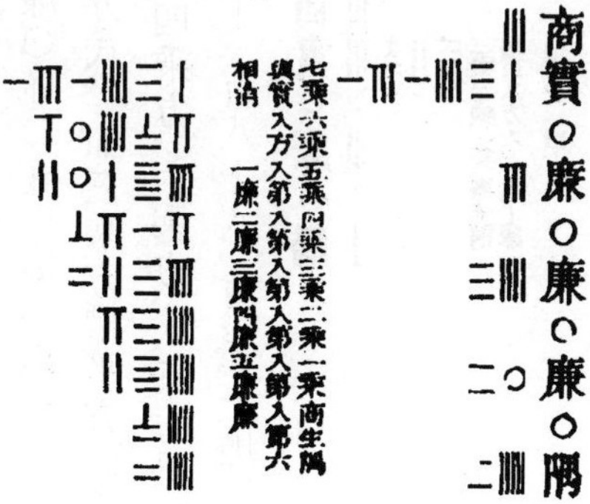

商實○廉○廉○廉○隅
七乘六乘五乘四乘三乘二乘一乘商生隅
與實入方入第一入第二入第三入第四入第五入第六
相消　一廉二廉三廉四廉五廉六廉

假如積五百三十七萬八千一十八又四分，方八百四分，第一廉空，第二廉三十六，第三廉空，第四廉四百二十，第五廉空，隅七又五分，開六乘方，得幾何？答曰：得六。

商實方○廉○廉○隅

六乘五乘四乘三乘二乘一乘商生隅

與實入方入第一廉入第二廉入第三廉入第四廉入第五廉

相消

式四

負正

負正正

負正正正

負正正正正

負正正正正正

負正正正正正正

負正正正正正正正

負正正正正正正正正

負正正正正正正正正正

負正正正正正正正正正正

右正負式。《術》云：『商常爲正，實常爲負，從常爲正，益常爲負。』此負在實，其下方廉隅皆正，則開方常法也。自隅而上至方皆正，故皆同名。相入方與實一正一負，異名相消，故如等乘之，至末相消而盡也。蓋秦氏此術，全在以正負分同異商生隅，而上行遇同則入，遇異則消。相入，則正仍爲正，負仍爲負。相消，則減餘在正爲正，在負爲負。守此例以行之，無往而不自得也。李尚之云：『于《術》「商常爲正」，又正負同名相乘，所得爲正；異名相乘，所得爲負。故商生從隅，凡從隅爲正者，以商正乘之，是爲同名，所得爲正；凡從隅爲負者，以商正乘之，是爲異名，所得爲負也。』

式五

負正

負負正

負負負正

負負負負正

負負負負負正

負負負負負負正

負負負負負負負正

負負負負負負負負正

負負負負負負負負負正

負負負負負負負負負負正

右正在隅爲異名，實方廉皆負爲同名，正負相消，餘必在正。雖至負方，減餘仍在正隅，故以一正上消諸負消一度，餘仍在正，仍得正，則仍異名相消，轉轉消至於實而盡。

假如積二十七，益方六從，隅一，開一乘方，得幾何？答曰：得九。

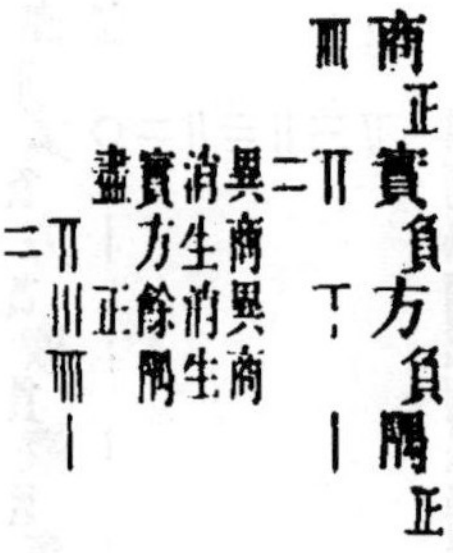

商正 𝍨

實負 二𝍦

方負 𝍥

隅正 丨

異商異商

消生消生

實方餘隅

盡　正

二𝍦 𝍢 𝍧 丨

假如積七百三十二萬四千二百二十從方，第一從廉，第二從廉，第三從廉，第四從廉，第五從廉，第六從廉，第七從廉，第八從廉，從隅皆一，開九乘方，得幾何？答曰：得五。

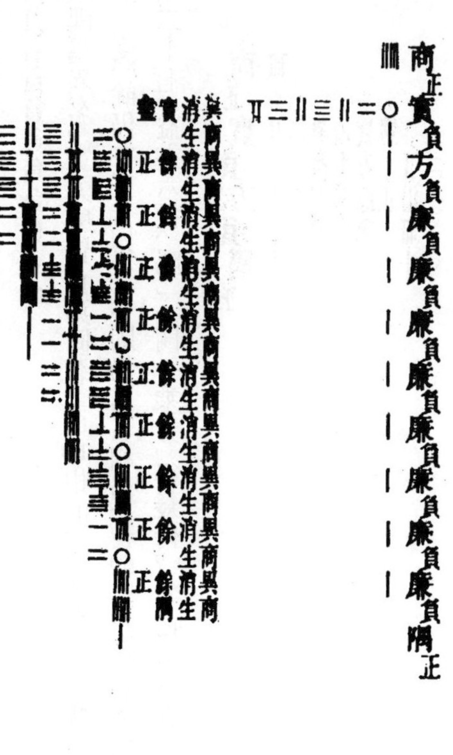

式六

負正

負正負

負正負負

負正負負負
負正負負負負
負正負負負負負
負正負負負負負負
負正負負負負負負負
負正負負負負負負負負
負正負負負負負負負負負

右正在方與實廉隅皆異名，實廉隅皆同名。隅而上，同名相入，至正方異名相消，消餘必在正方，仍得正，與負實異名。相消而盡，其消餘必在正方者，正方既是和數，則其數已足包括諸廉及隅與實在内。如立方商數二，在負廉爲一，在正方則爲二；在負隅爲一，在負廉爲三，在正方則爲九。以九視三、視一，多已數倍，任下之相生相入，其勢皆足以有餘，雖至九乘方負隅、負廉相生者，遞有九層，而正方亦隨層數而增，故相消之餘皆在正方也。

假如積十二，從方十九，益廉二，益隅一，開二乘方，得幾何？答曰：得三。

商正	實負	方正	廉負	隅負
𝍢	𝍩𝍡	𝍩𝍨	𝍡	𝍠

異商異商同商
消生消生加生
實方餘廉　隅
盡　正

假如積四十九萬三千六百八，從方四十七萬二千九百二十六，第一益廉、第二益廉、第三益廉、第四益廉、第五益廉、第六益廉、第七益廉、第八益廉，益隅皆一，開九乘方，得幾何？答曰：得四。

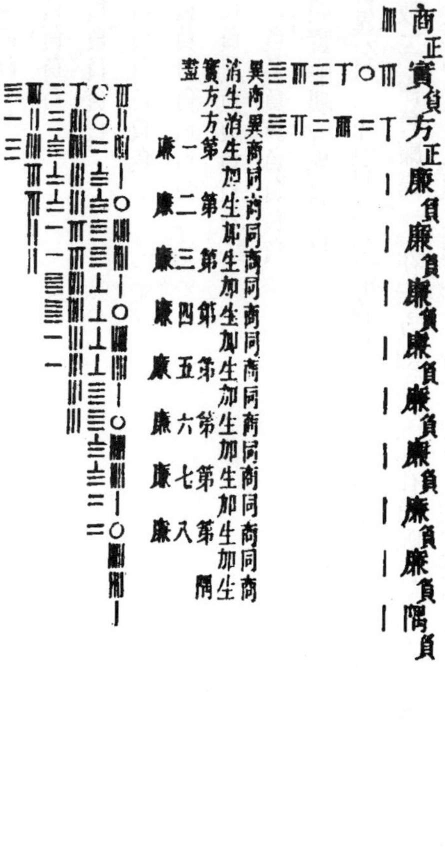

商正
實負　方正　廉負　廉負　廉負　廉負　廉負　廉負　廉負　廉負　隅負

異商異商同商同商同商同商同商同商同商同商
消生消生加生加生加生加生加生加生加生加生
實方方第第第第第第第第隅
盡　一二三四五六七八
　　廉廉廉廉廉廉廉廉

式七

負正

負正負

負負正負

負負正負負

負負負正負負

負負負正負負負

負負負負正負負負

負負負負正負負負負

負負負負負正負負負負

負負負負負正負負負負負

右正在廉與正在方之例一也。隨正所在，減餘皆在於正與負實爲異名相消，若減餘在負，則與實爲同名相入，是爲益積必有續商，無續商者減餘必在正也。

式八

負正

負正負

負正負正

負正負正負

負正負正負正

負正負正負正負

負正負正負正負正

負正負正負正負正負

負正負正負正負正負正

負正負正負正負正負正負

右正負相雜，皆同則相入，異則相消，隨所遇以置算，式有萬殊，術止一例。惟正負相雜，則減餘，或正或負，變幻萬端，非復原位，正負之可定而加減之易淆。亦惟此式爲最，然益知同加益減及減餘之隨負爲負，隨正爲正，乃一定不易之例矣。

假如積二十二，益方三，第一益廉一，第二從廉四，第三從廉二，益隅一，開四乘方，得幾何？答曰：得二。

商正	實負	方負	廉負	廉正	廉正	隅負
‖	=‖	‖‖	丨	‖‖	‖	丨

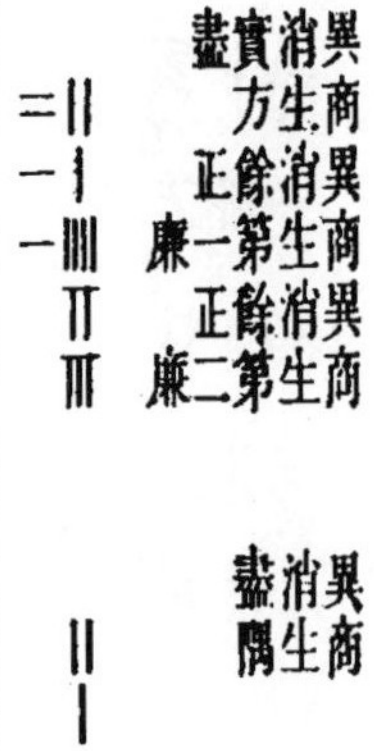

異消實盡
商生方 𝍪𝍡
異消餘正 𝍩𝍠
商生第一廉 𝍩𝍤
異消餘正 𝍦
商生第二廉 𝍧

異消盡
商生隅 𝍡
𝍠

此第三廉消盡，即以商生第二廉。凡有消盡者倣此式。

假如積四十五萬四百八十從方，第一益廉，第二益廉，第三從廉，第四益廉，第五益廉，第六從廉，從隅皆一，開七乘方，得幾何？答曰：得五。

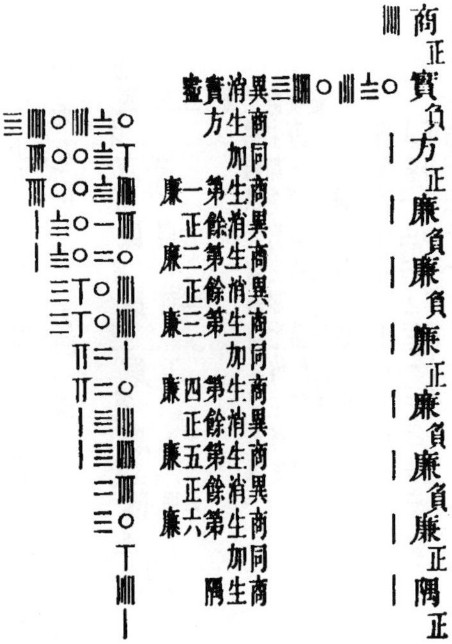

商正 𝍤
實負 𝍬𝍤〇𝍣𝍰〇
方正 𝍠
廉負 𝍠
廉負 𝍠
廉正 𝍠
廉負 𝍠
廉負 𝍠
廉正 𝍠
隅正 𝍠

異消實盡
商生方 𝍬𝍤〇𝍣𝍰〇
同加 𝍨〇〇𝍱𝍥
商生第一廉 𝍨〇〇𝍱𝍤
異消餘正 𝍠𝍰〇𝍩𝍨
商生第二廉 𝍠𝍰〇𝍪〇
異消餘正 𝍫𝍥〇𝍣
商生第三廉 𝍫𝍥〇𝍤
同加 𝍦𝍪𝍠
商生第四廉 𝍦𝍪〇
異消餘正 𝍠𝍬𝍣
商生第五廉 𝍠𝍬𝍤
異消餘正 𝍪𝍨
商生第六廉 𝍫〇
同加 𝍥
商生隅 𝍤
𝍠

假如積九千六百六十九，從方四，第一益廉五十五，第二從廉二十八，第三廉益七，第四益廉三十一，從隅二十四，開五乘方，得幾何？答曰：得三。

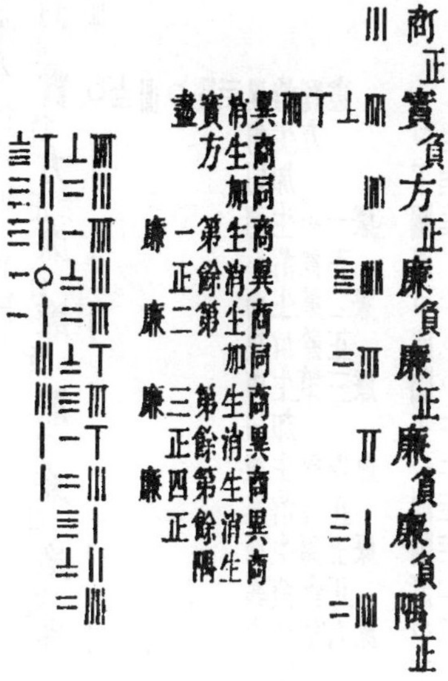

商正

實負

方正

廉負

廉正

廉負

廉負

隅正

異消實盡

商生方

同加

商生第一廉

異消餘正

商生第二廉

同加

商生第三廉

異消餘正

商生第四廉

異消餘正

商生隅

假如積三十萬二千九百八十一，從方九，從上廉五十，從下廉九百三十二，益隅八，開三乘方，得幾何？答曰：得七。

商正

實負

方正

廉正

廉正

隅負

實既常爲負，則方以下無論幾

假如積四千二百四十九，從方二千，從上廉一百九，從下廉十二，益隅八，開三乘方，得幾何？答曰：得七。

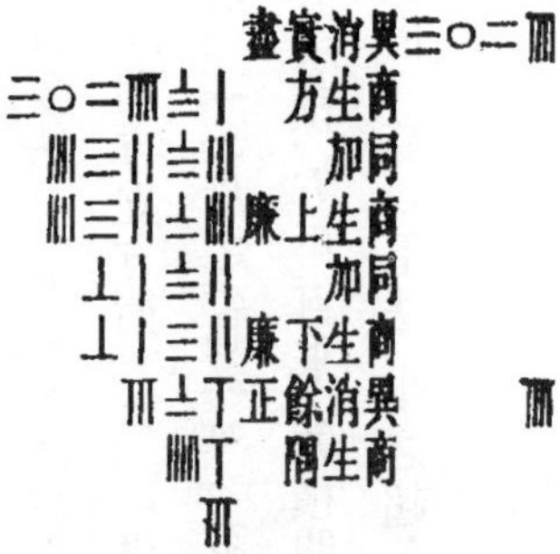

商
正實
負方
正廉
正廉
正隅
負

異商
消生
實方
盡餘
異正
消廉
生上
餘負
異下
消廉
生負
餘隅
異商
生商

正幾負而正之數必常處乎全負之數必常處乎不足雖商生益隅數必不敵正方正廉故減餘必在正必與實爲異名相消也

相消之餘初雖在負終必轉而在正蓋三正中必有一正大於商所生之負者也

式九

商	單	十	百	千	萬		
一乘隅	單	百	萬	百萬	億	常超	一位
二乘隅	單	千	百萬	十億	萬億	常超	二位
三乘隅	單	萬	億	萬億	兆	常超	三位
四乘隅	單	十萬	百億	千萬億	萬兆	常超	四位
五乘隅	單	百萬	萬億	百兆	京	常超	五位
六乘隅	單	千萬	百萬億	十萬兆	萬京	常超	六位
七乘隅	單	億	兆	京	垓	常超	七位
八乘隅	單	十億	百兆	千京	萬垓	常超	八位
九乘隅	單	百億	萬兆	百萬京	秭	常超	九位

右定位式，爲開方要法。《九章·開方術》云：『借一算，步之，超一等。』《注》云：『言百之面十也，言萬之面百也。』《開方立方術》云：『借一算，步之，超二等。』《注》云：『言千之面十，言百萬之面百。』李淳風《注》：『「步之，超一等」者，方十自乘，其積有百，方百自乘，其積有萬。「借一算，步之，超二等」者，立方求積，方再自乘，就積開之，故超二位。』《孫子算經》云：『置積二十三萬四千五百六十七步爲實，次借一算爲下法，步之超一位至百而止。』夏侯陽《算經》云：『開平方除，借一算爲

下法，步之，超一[二]，冪方十其積有百，冪方百其積有萬。至百言十，至萬言百。開立方除，借一算爲下法，步之超二位，立方十其積有千，立方百其積有百萬，至千言十，至百萬言百。』張邱建《算經》云：『置積一十二萬七千四百四十九步，於上借一算子，於下常超一位，步至百止。』《五經算術》解《論語》『千乘之國』，『《開方法》云：借一算爲下法。步之，常超一位，至萬而止』。循按：古經開方術均有超位之法，但今可考者，僅平方、立方二術，然由此可推諸乘方之超位也。蓋商數視乎實數，超位視乎商數，商進亦進，商退亦退。《孫子》術積二十三萬四千五百六十七，開立方，故至百而止。《五經算》千乘得九十億，開平方，故至萬而止。至百萬始商千，未至百萬，雖九十九萬，仍商百，故積二十萬，超位至百止也。至百億，始商十萬。未至百億，雖九十九億，仍商萬，故積九十億，超位至萬止也。

假如積八千一百，隅一，開一乘方，得幾何？答曰：得九十。

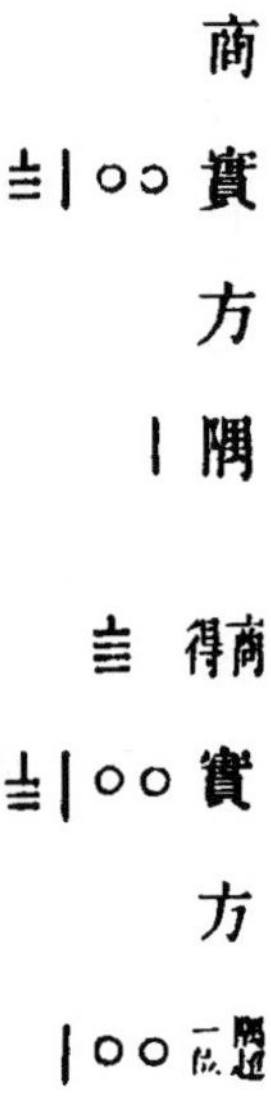

商
實 ○○|≟
方
隅 |

商得 ≟
實 ○○|≟
方
隅超一位 ○○|

假如積九萬，隅一，開一乘方，得幾何？答曰：得三百。

[一]『一』後脱『位』字。

商

實○○○○𝍣

方

隅𝍠

商得○○𝍡

實○○○○𝍧

方

隅超位○○○○𝍠

式十

	一乘	二乘	三乘	四乘	五乘	六乘	七乘	八乘	九乘
方	進一位	進一位	進一位	進一位	進一位	進一位	進一位	進一位	進一位
乘一	超一位	超一位	超一位	超一位	超一位	超一位	超一位	超一位	超一位
乘二		超二位	超二位	超二位	超二位	超二位	超二位	超二位	超二位
乘三			超三位	超三位	超三位	超三位	超三位	超三位	超三位
乘四				超四位	超四位	超四位	超四位	超四位	超四位
乘五					超五位	超五位	超五位	超五位	超五位
乘六						超六位	超六位	超六位	超六位
乘七							超七位	超七位	超七位
乘八								超八位	超八位
乘九									超九位

右方廉隅定位式。隅視商爲進退，方廉隅雁行相次。蓋爲九乘方，則第八廉爲八乘方，第七廉爲七乘方，第六廉爲六乘方，第五廉爲五乘方，第四廉爲四乘方，第三廉爲三乘方，第二廉爲二乘方，第一廉爲一乘方。平方止於一乘則一乘爲隅，立方止於二乘則二乘爲隅，以至九乘。止於九乘，則九乘爲隅，超一位即是進二位，超三位即是進四位。古經不詳帶縱之術，故止言平方超一、立方超二。然引而不發，其機躍如，乃知李欒城、秦道古之學所由來，而古術之精密有如此也。

假如積三千，方十，隅一，開一乘方，得幾何？答曰：得五十。

商
實 ≡○○○
方 一○
隅 |

得商 ≣
實 三○○○
方進一位 |○○
隅超一位 |○○

假如積六十三萬，方二百，隅一，開一乘方，得幾何？答曰：得七百。

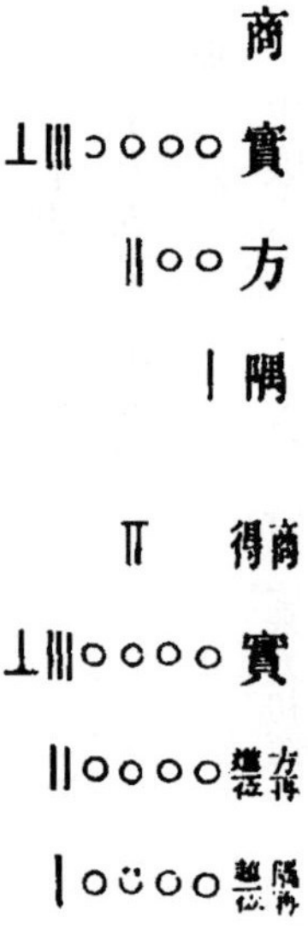

商
實 ⊥|||○○○○
方 ||○○
隅 |

得商 ∏
實 ⊥|||○○○○
方進二位 ||○○○○
隅超二位 |○○○○

式十一

商生方加減實上實下法

商生隅入方　生方入實一乘方初商

商生隅入方廉法一變

商生隅入廉　生廉入方　生方入實二乘方初商

商生隅入廉　生廉入方廉法一變

商生隅入廉廉法二變

商生隅入下廉　生下廉入上廉　生上廉入方　生方入實三乘方初商

商生隅入下廉　生下廉入上廉　生上廉入方廉法一變

商生隅入下廉　生下廉入上廉廉法二變

商生隅入下廉廉法三變

商生隅入第三廉　生第三廉入第二廉　生第二廉入第一廉　生第一廉入方　生方入實四乘方初商

商生隅入第三廉　生第三廉入第二廉　生第二廉入第一廉　生第一廉入方廉法一變

商生隅入第三廉　生第三廉入第二廉　生第二廉入第一廉廉法二變

商生隅入第三廉　生第三廉入第二廉廉法三變

商生隅入第三廉廉法四變

商生隅入第四廉　生第四廉入第三廉　生第三廉入第二廉　生第二廉入第一廉　生第一廉入
方　生方入實五乘方初商
商生隅入第四廉　生第四廉入第三廉　生第三廉入第二廉　生第二廉入第一廉　生第一廉入方
廉法一變
商生隅入第四廉　生第四廉入第三廉　生第三廉入第二廉　生第二廉入第一廉廉法二變
商生隅入第四廉　生第四廉入第三廉　生第三廉入第二廉廉法三變
商生隅入第四廉　生第四廉入第三廉廉法四變
商生隅入第四廉廉法五變
商生隅入第五廉　生第五廉入第四廉　生第四廉入第三廉　生第三廉入第二廉　生第二廉入第
一廉　生第一廉入方　生方入實六乘方初商
商生隅入第五廉　生第五廉入第四廉　生第四廉入第三廉　生第三廉入第二廉　生第二廉入第
一廉　生第一廉入方廉法一變
商生隅入第五廉　生第五廉入第四廉　生第四廉入第三廉　生第三廉入第二廉　生第二廉入第
一廉廉法二變
商生隅入第五廉　生第五廉入第四廉　生第四廉入第三廉　生第三廉入第二廉廉法三變
商生隅入第五廉　生第五廉入第四廉　生第四廉入第三廉廉法四變

商生隅入第五廉　生第五廉入第四廉廉法五變

商生隅入第五廉廉法六變

二廉　生第二廉入第一廉　生第一廉入方　生方入實七乘方初商

商生隅入第六廉　生第六廉入第五廉　生第五廉入第四廉　生第四廉入第三廉　生第三廉入第

二廉　生第二廉入第一廉　生第一廉入方廉法一變

商生隅入第六廉　生第六廉入第五廉　生第五廉入第四廉　生第四廉入第三廉　生第三廉入第

二廉　生第二廉入第一廉廉法二變

商生隅入第六廉　生第六廉入第五廉　生第五廉入第四廉　生第四廉入第三廉　生第三廉入第

二廉廉法三變

商生隅入第六廉　生第六廉入第五廉　生第五廉入第四廉　生第四廉入第三廉廉法四變

商生隅入第六廉　生第六廉入第五廉　生第五廉入第四廉廉法五變

商生隅入第六廉　生第六廉入第五廉廉法六變

商生隅入第六廉廉法七變

商生隅入第七廉　生第七廉入第六廉　生第六廉入第五廉　生第五廉入第四廉　生第四廉入第

三廉　生第三廉入第二廉　生第二廉入第一廉　生第一廉入方　生方入實八乘方初商

商生隅入第七廉　生第七廉入第六廉　生第六廉入第五廉　生第五廉入第四廉　生第四廉入第三廉　生第三廉入第二廉　生第二廉入第一廉　生第一廉入方廉法一變

商生隅入第七廉　生第七廉入第六廉　生第六廉入第五廉　生第五廉入第四廉　生第四廉入第三廉　生第三廉入第二廉　生第二廉入第一廉廉法二變

商生隅入第七廉　生第七廉入第六廉　生第六廉入第五廉　生第五廉入第四廉　生第四廉入第三廉　生第三廉入第二廉廉法三變

商生隅入第七廉　生第七廉入第六廉　生第六廉入第五廉　生第五廉入第四廉　生第四廉入第三廉廉法四變

商生隅入第七廉　生第七廉入第六廉　生第六廉入第五廉　生第五廉入第四廉廉法五變

商生隅入第七廉　生第七廉入第六廉　生第六廉入第五廉廉法六變

商生隅入第七廉　生第七廉入第六廉廉法七變

商生隅入第七廉廉法八變

商生隅入第八廉　生第八廉入第七廉　生第七廉入第六廉　生第六廉入第五廉　生第五廉入第四廉　生第四廉入第三廉　生第三廉入第二廉　生第二廉入第一廉　生第一廉入方　生方入實九乘方初商

商生隅入第八廉　生第八廉入第七廉　生第七廉入第六廉　生第六廉入第五廉　生第五廉入第

四廉　生第四廉入第三廉　生第三廉入第二廉　生第二廉入第一廉　生第一廉入方廉法一變

商生隅入第八廉　生第八廉入第七廉　生第七廉入第六廉　生第六廉入第五廉　生第五廉入第

四廉　生第四廉入第三廉　生第三廉入第二廉　生第二廉入第一廉廉法二變

商生隅入第八廉　生第八廉入第七廉　生第七廉入第六廉　生第六廉入第五廉　生第五廉入第

四廉　生第四廉入第三廉　生第三廉入第二廉廉法三變

商生隅入第八廉　生第八廉入第七廉　生第七廉入第六廉　生第六廉入第五廉　生第五廉入第

四廉　生第四廉入第三廉廉法四變

商生隅入第八廉　生第八廉入第七廉　生第七廉入第六廉　生第六廉入第五廉　生第五廉入第

四廉廉法五變

商生隅入第八廉　生第八廉入第七廉　生第七廉入第六廉　生第六廉入第五廉廉法六變

商生隅入第八廉　生第八廉入第七廉　生第七廉入第六廉廉法七變

商生隅入第八廉　生第八廉入第七廉廉法八變

商生隅入第八廉廉法九變

右廉法。凡初商不盡者，則有廉隅。方屬初商，隅屬次商，廉則初商、次商相雜之數，故初商既消之後，次商未立之先，必豫立廉法。廉法者，先立初商之半，以待次商之半也。古法于平方倍方法，于立方三倍方法。然至三乘方以上，廉愈多而算愈繁，未有簡要如此法之妙也。余《加減乘除釋》中說開方之理最詳，末以甲乙明之，此商生一次即一甲，次商生一次即一乙。如甲甲甲乙，則商生二次，留以待次商之生一次；甲甲乙乙，則商生一次，留以待次商之生二次。二乘方三甲三乙，其甲乙之交互有二色，故廉有二變；三乘方四甲四乙，其甲乙之交互有三色，故廉有三變。明其理，可知立法之故矣。秦道古諸開方式，于同謂之入，于異消亦云入某某内相消，是加減均謂之入。此式但以入言之，至正負加減，無容更贅爾。

式十二

初商進一　續商退一

初商超一　續商退二

初商超二　續商退三

初商超三　續商退四

初商超四　續商退五

初商超五　續商退六

初商超六　續商退七

初商超七　續商退八

初商超八　續商退九

初商超九　續商退十

初商超一次　商位有二退一次
初商超二次　商位有三退二次
初商超三次　商位有四退三次
初商超四次　商位有五退四次
初商超五次　商位有六退五次
初商超六次　商位有七退六次
初商超七次　商位有八退七次
初商超八次　商位有九退八次
初商超九次　商位有十退九次

右退位式。《九章·開方術》云：『其復除，折法而下。復置借算步之如初。』《開立方術》云：『復除，折而下。』《注》云：『開平方者，方百之面十；開立方者，方千之面十。據定法已有成方之冪，故復除當以千爲百，折下一等也。』《孫子算經》言『次商』云：『除訖，倍方法，方法一退，下法再退。』『三商』云：『除訖，倍廉法，上從方法，方法一退，下法再退。』《五經算術》云：『以上商九萬以除實畢，倍方法九億爲十八億。乃折之：方法一折，下法再折。』蓋有進則有退，初商百宜進位爲三萬，次商十自宜退位爲百矣。明于進之故，自了然于退之故矣。退位既定，以續商上生一，如初商之例。

秦氏于商兩次者，有投胎換骨二法。投胎即益積方與實同名相加也，換骨即翻積方與實異名相消也。大約和在隅乃有益積，和在方乃有翻積。和在隅，益方大于初商，則益積；初商大于益方，則不益積。和在方，較數小于初商，則翻積；初商小于較數，則不翻積。皆隨數目之多寡而自然得之，非有成法也，故不爲式而設題以明之。

假如積七百二十，從方五十四，益隅一，開一乘方，得幾何？答曰：二十四。

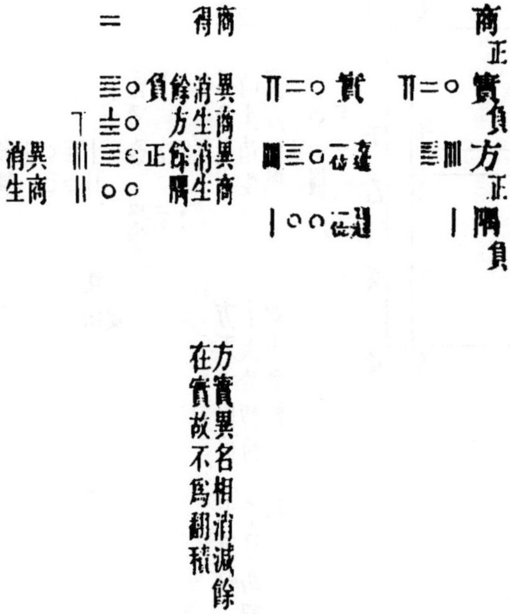

商

實負 Π=〇

方正 ≡Ⅲ

隅負 |

實 Π=〇

方進一位 Ⅲ≡〇

隅進二位 |〇〇

商得 =

異消餘負 ≡〇

商生方 ⊥〇 ㄒ

異消餘正 ≡〇 Ⅲ

商生隅 〇〇 Ⅱ

異商消生

方實異名相消減餘在實故不爲翻積

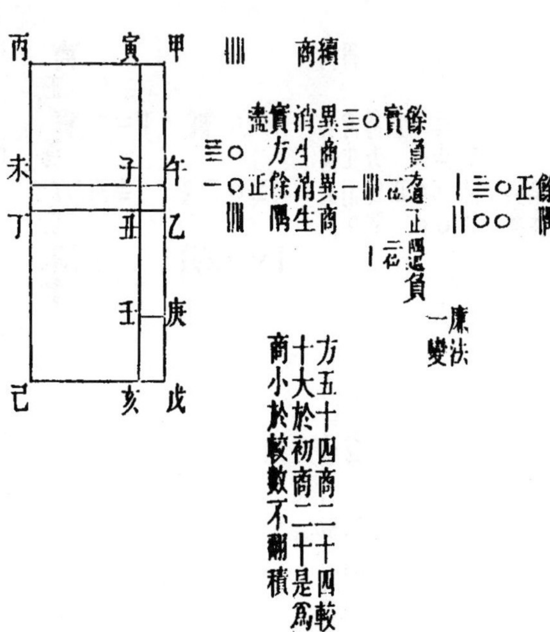

甲乙丙丁爲益隅　乙戊丁己爲實　丙己爲從方　丙未爲初商　初商消從方爲未己　未己乘

初商爲子亥未己　減積餘庚戌壬亥在原積故不爲翻　丁己爲較大于初商則子丑未丁自小於乙戊丑

亥

假如積七十二，從方二十七，益隅一，開一乘方，得幾何？答曰：二十四。

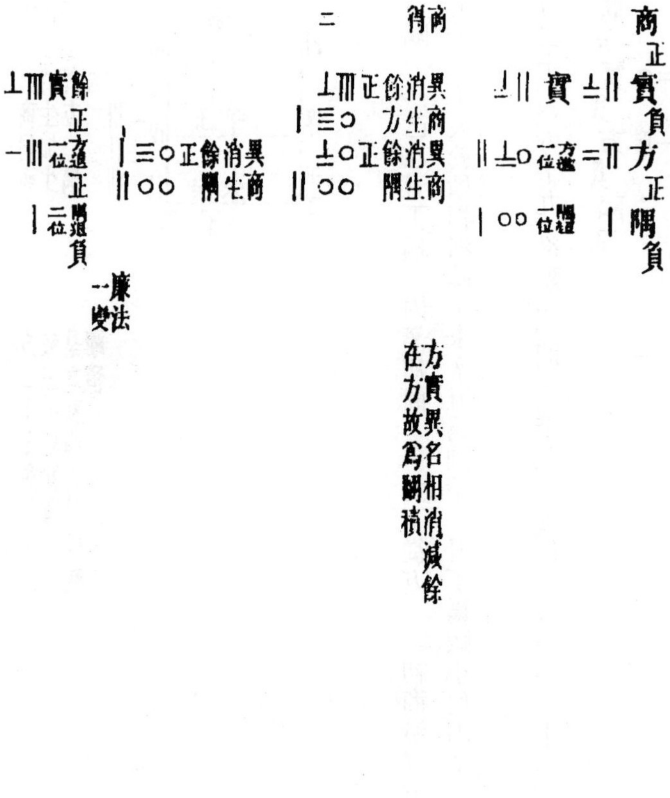

商正

實負 ‖ ⊥

方正 Ⅱ =

隅負 |

實 ‖ ⊥

方進一位 ‖ ⊥ ○

隅進二位 | ○○

商得 二

異商消餘正 Ⅲ ⊥ ○

商生方 ≡ ○ |

異商生消餘隅正 ⊥ ○ ‖ ○○

方實異名相消減餘在方故爲翻積

異商消餘正 ≡ ○ |

商生隅 ‖ ○○

一變廉法

餘實正 Ⅲ ⊥

方退一位正 Ⅲ —

隅退二位負 |

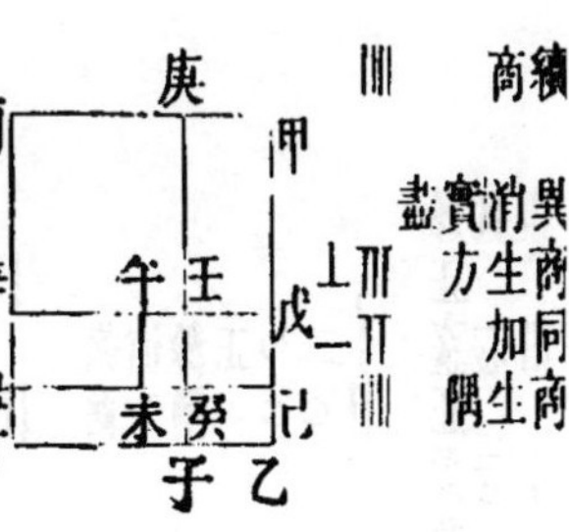

方二十七商二十四
較三小於初商二十
是爲初商大於較數
翻積

丙己丙丑益隅　己乙丑丁積　丙辛初商　丙丁從方　初商減從方餘辛丁　辛丁乘初商爲壬子辛丁　壬子辛丁大於積相消餘午未辛丑爲翻積　丑丁爲較小於丙辛　則壬癸辛丑自大於己乙癸子

假如積一百二十，益方十九，從隅一，開一乘方，得幾何？答曰：二十四。

商正　實負　方負　隅正

|=○　—Ⅲ　|

實 |=〇
一位遞 |𝍤〇
二位遞 |〇〇
得商 ||
異消餘負 |〇〇
商生方 =〇
異消餘正 —〇
商生隅 ||〇〇
方實異名相消不益積
同加 ||—〇
商生隅 ||〇〇
廉法一變
餘實 |〇〇
負方一位遞 =|
正隅二位遞正 |
續商
異消實盡
商生方
同加
商生隅

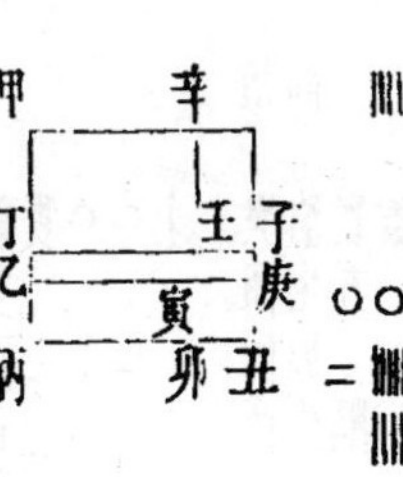

甲乙初商大於甲丁，益方相消，餘丁乙，以初商乘之，爲寅壬乙丁，在積內減積，成子丑丙乙，寅壬形爲次商實。

假如積七十二，益方二十一，從隅一，開一乘方，得幾何？答曰：二十四。

商正　實負　方負　隅正

實　方進一位　隅進二位

得商　同商異商　加生消生　方餘負隅

方實同名相加爲益積

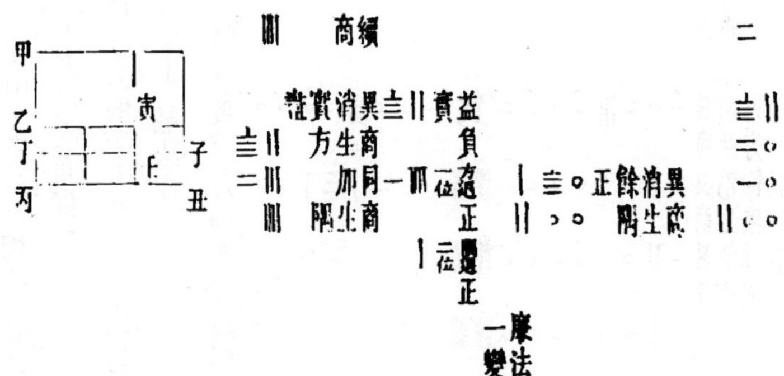

甲乙初商小于甲丁，益方相消，餘乙丁，以初商乘之，爲寅壬乙丁，在積外加入子丑丁丙，積數内成子丑丙乙，寅壬形爲次商實。

《測圓海鏡·大股第九草》：消得積一千八萬，從方二十一萬三千六百，益廉一千二百，從隅一，開立方，得一百二十，翻法在記。

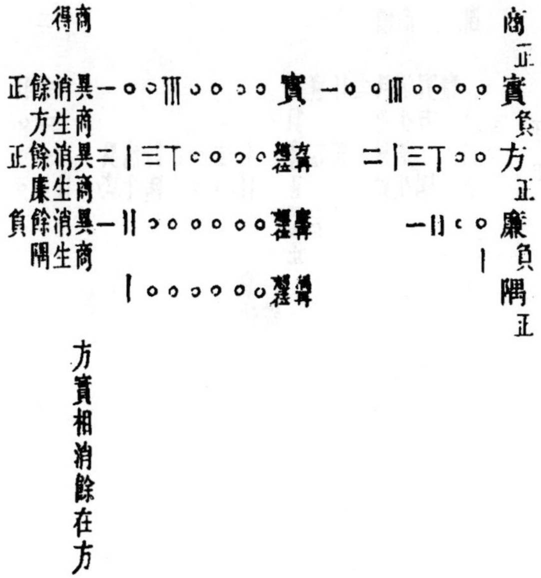

商正
實負　一○○Ⅲ○○○○○
方正　二一三丅○○
廉負　一‖○○
隅正　一

商得
實　一○○Ⅲ○○○○○
商生方異消餘正　二一三丅○○○○
商生廉異消餘負　一‖○○○○○
商生隅異消餘正　一○○○○○○

方實相消餘在方

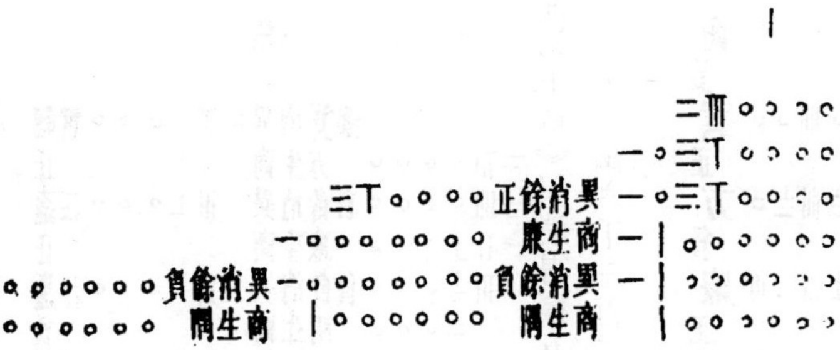

丨

三Ⅲ○○○○

一○三T○○○○

三T○○○○正餘消異　一○三T○○○○

一○○○○○○○　廉生商　一丨○○○○○

○○○○○○○負餘消異　一○○○○○○○負餘消異　一丨○○○○○

○○○○○○　隅生商　丨○○○○○○　隅生商　丨○○○○○

一廉
變法

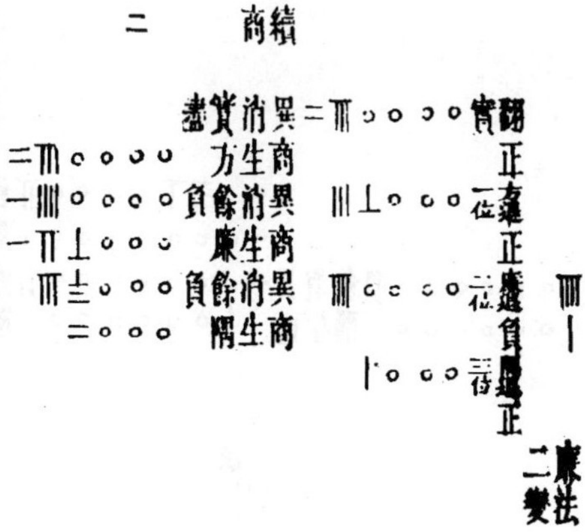

翻法 實正 方正 上廉正 下廉負 隅正 廉法二變

商 積

異消實盡 商生方 異消餘負 商生廉 異消餘負 商生隅

二

又《明東前第十草》：消得積五億五千三百一十九萬四百，益方四千六百四十二萬八千四百八十，從上廉一百三十三萬六千三百二十八，益下廉一萬五千七百九十，從隅六十三，翻法，開三乘方，得一百二十。

商負 實正 方負 廉正 廉負 隅正

實 𝍣𝍫𝍢𝍩𝍣

方再進益 𝍫𝍥𝍫𝍡

廉再超益 𝍠𝍫𝍢

廉再超益 𝍠

實 𝍣𝍫𝍢𝍩𝍣〇𝍢〇〇

方再進益 𝍫𝍥𝍫𝍡𝍯𝍣𝍰〇〇〇

廉再超益 𝍠𝍫𝍢𝍮𝍢𝍪𝍧〇〇〇〇

廉再超益 𝍠𝍫𝍦𝍰𝍡〇〇〇〇〇〇

隅再超益 𝍮𝍢〇〇〇〇〇〇〇

從李欒城正負不拘或從稱正益稱負或從翻負益稱正負皆以斗書明之秦道古則實常為負從常為正益常為負今式中一依秦例而題中仍用李之原文以見正負本可相通爾

商得 𝍠

異消餘負 𝍫𝍦𝍯𝍥〇〇

商生方 𝍬𝍥𝍯〇〇〇

異消餘負 𝍬𝍥𝍰〇〇〇

商生廉上 𝍪𝍧〇〇〇〇

異消餘正 𝍪𝍧〇〇〇〇

商生廉下 〇〇〇〇〇〇

異消餘負 〇〇〇〇〇〇

商生隅 〇〇〇〇〇〇

方實異名相消餘在方翻積

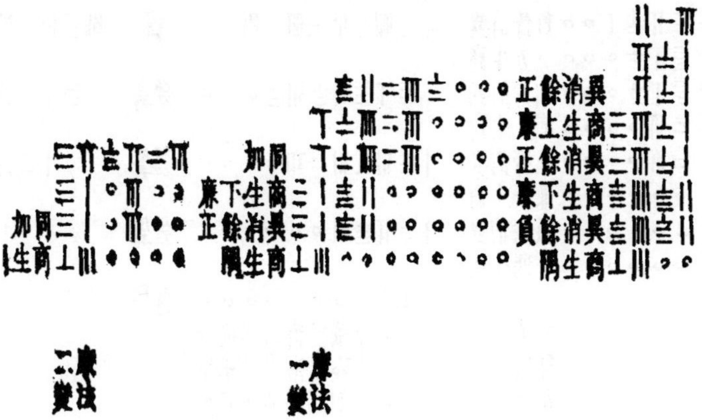
商生隅
異消餘負
商生下廉
異消餘正
商生上廉
異消餘正
商生隅
異消餘正
商生下廉
同加
廉法一變
商生
同加
廉法二變

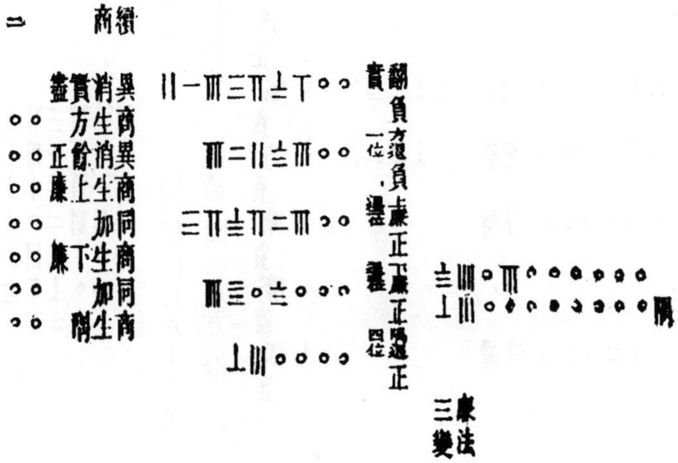

廉法三變

隅 ○○○○○○○○|||⊥

≟|||○|||○○○○○○

翻實 ○○丅⊥TT三TT一TTT||

負方退一位 ○○TTT≟||二TTT

負上廉正退二位 ○○TTT二TT≟TT三

正下廉正退三位 ○○○≟○三TTT

正隅退四位 ○○○○|||⊥

續商二

異消實盡

商生方 ○○

異消餘正 ○○

商生上廉 ○○

同加 ○○

商生下廉 ○○

同加 ○○

商生隅 ○○

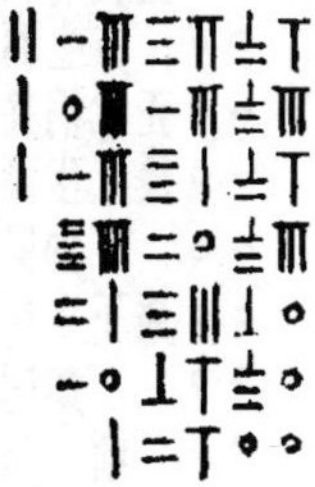

又《明朿前第二草》：消得積四百六十六萬五千六百，從方六十五萬二千三百二十，從上廉八千六百四十，下廉空益隅，一益積，開三乘方，得一百二十。

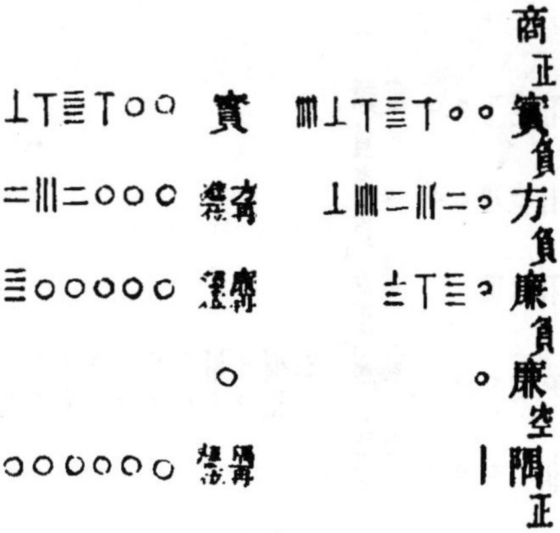

商正　實負　方負　廉負　廉空　隅正

得商 𝍠

同加益積 𝍫𝍥𝍪𝍣𝍯𝍥〇〇

商生方 𝍫𝍠𝍮𝍢𝍪〇〇〇

異消餘負 𝍫𝍠𝍮𝍢𝍪〇〇〇

商生上廉 𝍩𝍢𝍮〇〇〇〇〇

異消餘正 𝍩𝍢𝍮〇〇〇〇〇

商生下廉 𝍠〇〇〇〇〇〇〇〇

入下廉 𝍠〇〇〇〇〇〇〇〇

商生隅 𝍠〇〇〇〇〇〇〇〇

𝍠

方實同名相加爲益實

異消餘正 𝍠𝍮𝍠𝍰𝍥𝍯〇〇〇

商生上廉 𝍡𝍩𝍢𝍮〇〇〇〇〇

同加 𝍡𝍩𝍢𝍮〇〇〇〇〇

商生下廉 𝍡〇〇〇〇〇〇〇〇

同加 𝍡〇〇〇〇〇〇〇〇

商生隅 𝍠〇〇〇〇〇〇〇〇

同加

商生

同加

商生

廉法一變

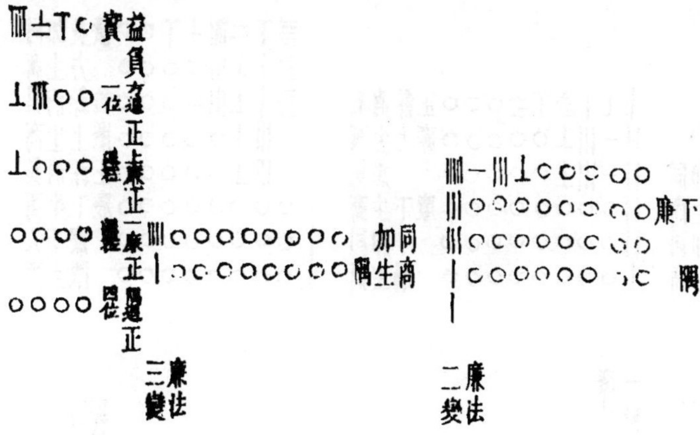

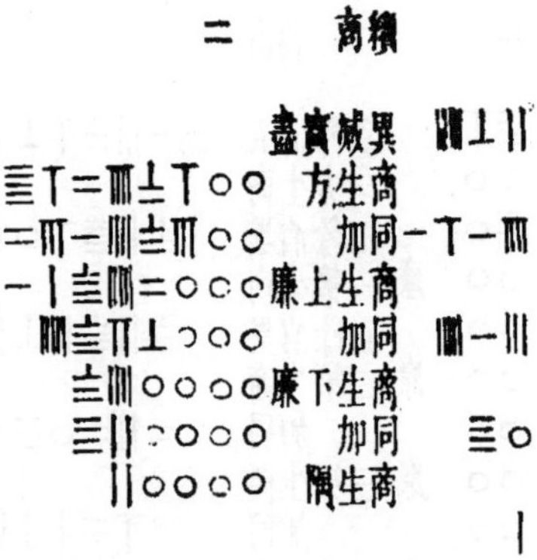

商積　二

異減　實盡

商生方

商同加

商生上廉

商同加

商生下廉

商同加

商生隅

又《明東前第二草》：又法相消得下式五百一十三億三千六百六十八萬三千七百七十六爲實，從方一十七億二千五百六十萬二千八百一十六，第一廉八千二百九十二萬六千八百一十六，第二益廉二百二十二萬三百二，第三益廉六萬二千一百六十五，第四益廉七百一十四，益隅二，開五乘方，得三十四。

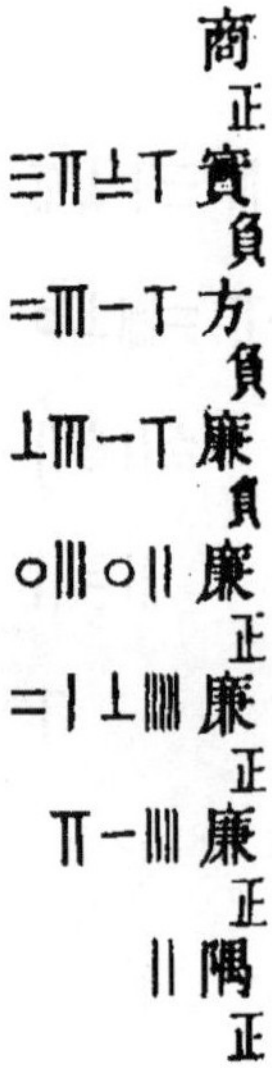

商正

實負

方負

廉負

廉正

廉正

廉正

隅正

實	𝍣𝍩𝍢𝍫𝍥𝍮𝍧
	𝍩𝍦𝍪𝍤𝍮〇
	𝍰𝍡𝍱𝍡
	𝍡𝍪𝍡
	𝍥

實	𝍣𝍩𝍢𝍫𝍥𝍮𝍧𝍫𝍦𝍯𝍥
方超一位	𝍠𝍯𝍡𝍬𝍥〇𝍡𝍰𝍠𝍮〇
廉超二位	𝍰𝍡𝍱𝍡𝍮𝍧𝍩𝍥〇〇
廉超三位	𝍪𝍡𝍪〇𝍫〇𝍪〇〇〇
廉超四位	𝍥𝍪𝍠𝍮𝍤〇〇〇〇
廉超五位	𝍯𝍠𝍫〇〇〇〇〇
隅超六位	𝍡〇〇〇〇〇〇

商得	𝍫
異消餘負	𝍫𝍥
商生方	𝍪〇
異消餘正	𝍫〇
商生第一廉	〇〇
異消餘正	〇〇
商生第二廉	〇〇
同加	〇〇
商生第三廉	〇〇
同加	〇〇
商生第四廉	〇〇
同加	〇〇
商生隅	〇〇

方實異消
故非益積

籌數	
486288986	
27077841	
9024940	同加
181586232	商生第一廉
60528744	同加
173455560	商生第二廉
57818520	同加
25615500	商生第三廉
8538500	同加
2322000	商生第四廉
774000	同加
60000	商生隅

消餘在實故非翻積

籌數	
91907236230	
91004641200	
30334880400	同加
24282006000	商生
8094002000	同加
3312150000	商生
1104050000	同加
250200000	商生
83400000	同加
6000000	商生

廉法一變

𝍥𝍮𝍧𝍮𝍦𝍩𝍢𝍮𝍣〇〇
第二廉　𝍢𝍮𝍥𝍫𝍡𝍪𝍤𝍮〇〇〇
𝍠𝍪𝍡𝍩〇𝍯𝍤𝍪〇〇〇
第三廉　𝍫𝍠𝍩𝍥𝍯𝍤〇〇〇〇
𝍩𝍢𝍯𝍡𝍪𝍤〇〇〇〇
第四廉　𝍡𝍮𝍦𝍪〇〇〇〇〇
𝍰𝍧𝍫〇〇〇〇〇
隅　𝍥〇〇〇〇〇〇

同加　𝍰𝍥𝍩〇𝍪〇〇〇
商生第三廉　𝍯𝍤𝍫𝍤〇〇〇〇
同加　𝍱𝍧𝍫𝍤〇〇〇〇
商生第四廉　𝍰𝍥𝍪〇〇〇〇〇
同加　𝍱𝍨𝍫〇〇〇〇〇
商生隅　𝍥〇〇〇〇〇〇

廉法二變

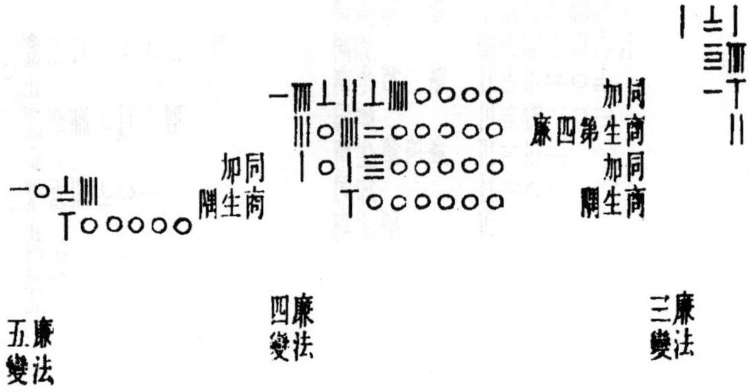

廉法三變

丨　⊥丨
　　𝍢𝍧
　　一T
　　　‖

廉法四變

同加　一𝍧⊥‖⊥𝍣〇〇〇〇

商生第四廉　‖〇𝍣=〇〇〇〇〇

同加　丨〇丨𝍢〇〇〇〇〇

商生隅　T〇〇〇〇〇〇

廉法五變

同加

商生隅　一〇⊥𝍣
　　T〇〇〇〇〇

餘實 𝍣𝍯𝍥𝍪𝍧𝍰𝍨𝍯𝍥𝍬𝍥 負

一位遞方 𝍰𝍩𝍰〇𝍯𝍡𝍫𝍥𝍪𝍣 正

二位遞廉 𝍥𝍮𝍨𝍮𝍦𝍩𝍡𝍮𝍣 正

三位遞廉 𝍩𝍦𝍩𝍧𝍮𝍠〇𝍡 正

四位遞廉 𝍩𝍨𝍮𝍡𝍮𝍣 正

五位遞廉 𝍩〇𝍯𝍣 正

六位遞隅 𝍡 正

續商 𝍣

異消實盡

商生方 𝍣𝍯𝍥𝍪𝍧𝍰𝍨𝍯𝍥𝍬𝍥

同加 𝍠𝍪𝍠𝍬𝍦𝍪𝍡𝍫𝍥𝍮𝍣

商生第一廉 𝍪𝍨𝍮𝍥𝍬〇𝍩〇𝍫〇

同加 𝍦𝍫𝍠𝍮𝍡𝍬𝍡𝍮〇

商生第二廉 𝍯𝍠𝍰𝍣𝍫𝍧𝍰𝍥

同加 𝍩𝍦𝍰𝍧𝍯𝍣𝍯𝍣

商生第三廉 𝍰〇𝍪𝍢𝍯𝍡

同加 𝍪〇〇𝍣𝍰𝍡

商生第四廉 𝍬𝍢𝍪𝍧

同加 𝍩〇𝍯𝍡

商生隅 𝍧

《益古演段·第二十四問》：消得積一千四百四十九，從方一百八，益隅一個七分半，倒積、倒從開平方，得四十二。

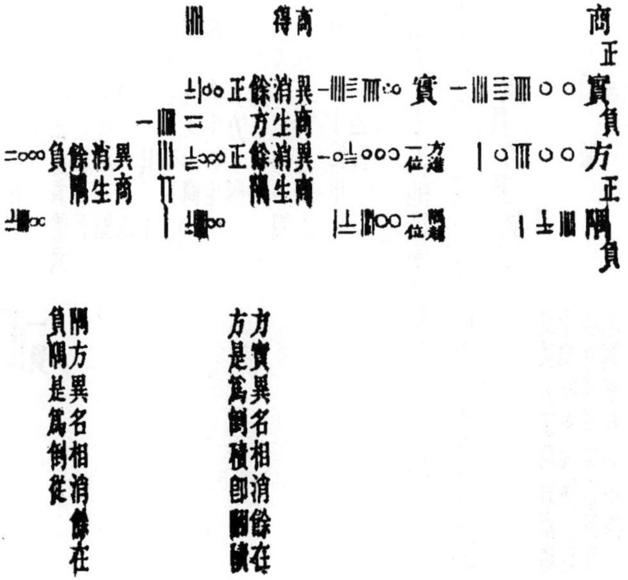

商正　實負　方正　隅負

實　方益一位　隅益二位

商得　異商消生方餘正　異商消生隅餘正

異商消生隅餘負

方實異名相消餘在方是爲倒積即翻積

隅方異名相消餘在負隅是爲倒從

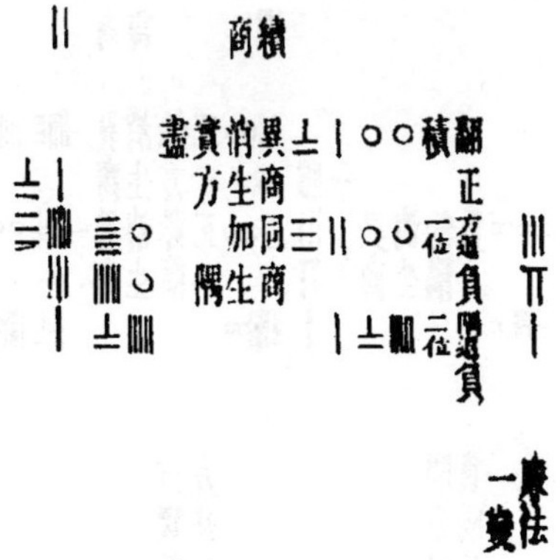

廉法一變

翻積 〇〇丨⊥ 正方一位適負 〇〇‖三 負隅二位適負 𝍣⊥丨

積商 異商同商 消生加生 實方隅 盡

‖ 〇𝍣 〇𝍣⊥ 丨𝍢‖丨 ⊥‖三

秦道古《數學九章·古池推原法草》云：一萬一千五百五十二寸爲實，一百五十二爲益方，半寸爲從隅，開投胎平方，得三丈六尺六寸四百二十九分寸之四百一十二。

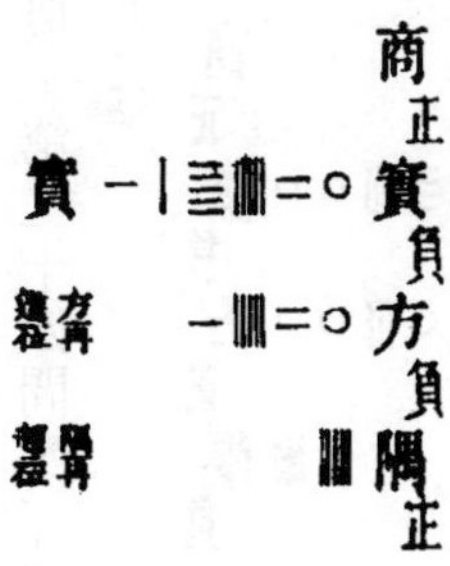

商正

實負 〇＝𝍢三丨一

方負 〇＝𝍤一

隅正 𝍣

實

方再進一位

隅再進二位

此式方正隅負而題中稱益方從隅可見益常爲負從常爲正之例秦氏亦不拘

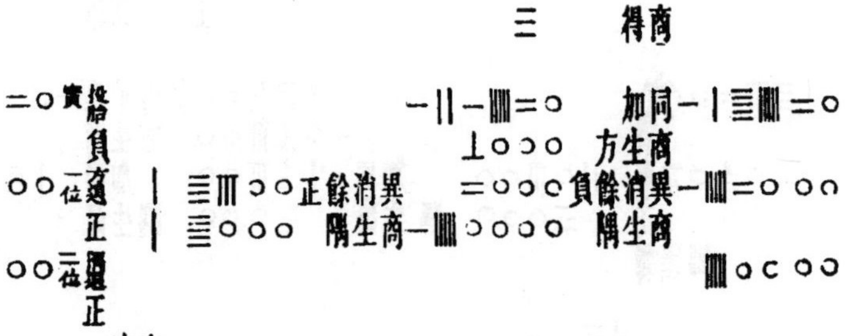

商得 三

同加
商生方
異消餘負
商生隅

方實同名相加爲投胎
秦氏術云以少廣求之
以投胎入之

異消餘正
商生隅

投胎實
負方
一位退正
二位退正隅

次商廉
法一變

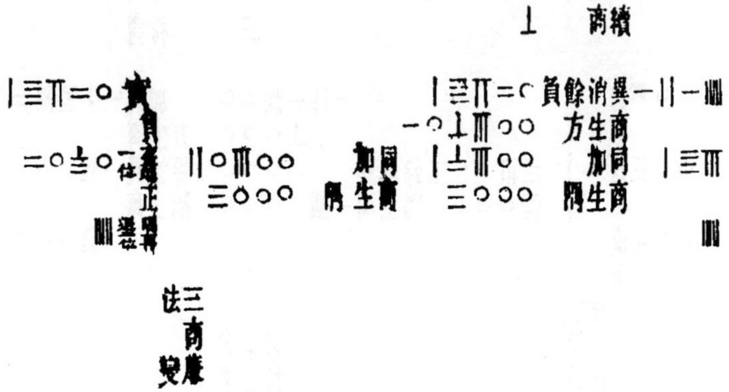
續商
異消餘負
商生方
同加
商生隅
同加
商生隅
三商
法

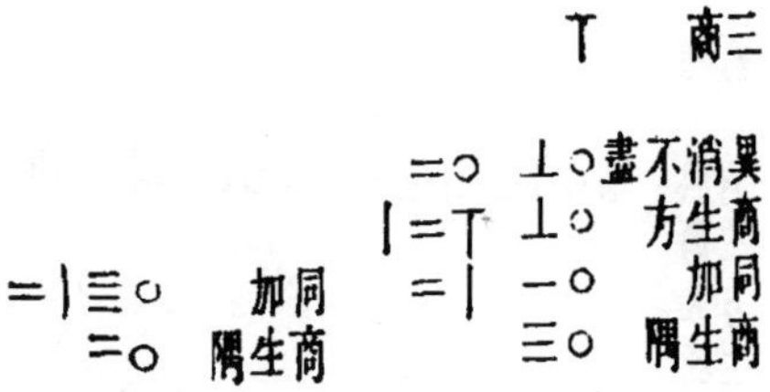

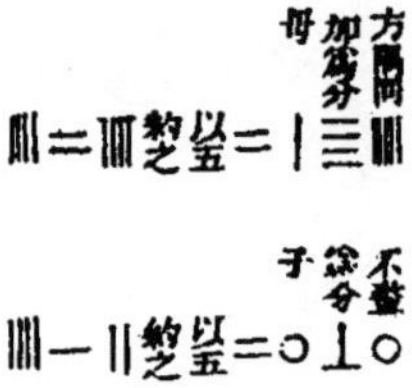

又《尖田求積術草》云：四百六億四千二百五十六萬爲實，七十六萬三千二百爲從上廉，一爲益

三商　丅

異消不盡〇⊥　〇二
商生方〇⊥　丅二〡
同加〇一　〡二　　同加〇三〡二
商生隅〇三　　商生隅〇二

方隅同加爲分母〤三〡二以五約之〧二〨

不盡餘分子〇⊥〇二以五約之〢一〤

隅，開玲瓏翻法，三乘方，步法，得八百四十步。

||||○T三||亖T○○○○

⊥T三||○○

|

實 ||||○T三||亖T○○○○

廉再超一位 ⊥T三||○○○○○○

隅再超二位 |○○○○○○○○ |

初商

異商入商消生方生

異商入商消生下生

𝍧

餘正	𝍧𝍰𝍡〇𝍤𝍬𝍣〇〇〇〇
方	𝍦𝍯𝍧𝍫𝍧〇〇〇〇〇〇
	𝍰𝍧𝍬𝍥〇〇〇〇〇〇
上廉	𝍰𝍧𝍬𝍥〇〇〇〇〇〇
餘正	𝍩𝍡𝍫𝍡〇〇〇〇〇〇
下廉	𝍮𝍣〇〇〇〇〇〇〇〇
廉	𝍧〇〇〇〇〇〇〇〇
隅	𝍧〇〇〇〇〇〇〇〇

方實異名相消餘在方爲換骨

異消餘負	𝍧𝍪𝍥𝍰𝍧〇〇〇〇〇〇
商生上廉	𝍨𝍪𝍤𝍫𝍤〇〇〇〇〇〇
異消餘負	𝍠𝍩𝍤𝍮𝍧〇〇〇〇〇〇
商生下廉	𝍠𝍪𝍧〇〇〇〇〇〇〇〇
同加	𝍩𝍥〇〇〇〇〇〇〇〇
商生隅	𝍧〇〇〇〇〇〇〇〇

廉法一變

同加　|||○𝍧⊥𝍨○○○○○○

商生下廉　|𝍫||○○○○○○○○○

同加　=𝍣○○○○○○○○

商生隅　𝍨○○○○○○○○○

同加　三||○○○○○○○○○

商生隅　𝍨○○○○○○○○○

翻積正實

方退負一位

上廉負退二位

下廉負退三位

隅退負四位

廉法二變

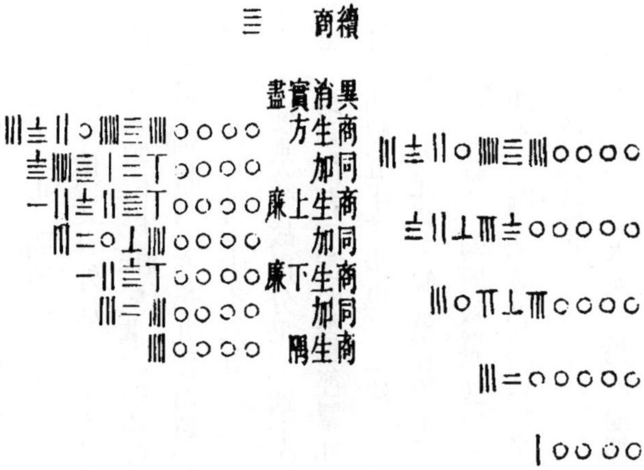

續商 三

異商 消實盡

商生方 |||士||〇||||三|||〇〇〇〇

同加 士||丄|||士〇〇〇〇〇

商生上廉 |||〇丅丄|||〇〇〇〇

同加 |||二〇〇〇〇〇

商生下廉 |〇〇〇〇

同加

商生隅

|||士||〇||||三|||〇〇〇〇

士|||三|三丅〇〇〇〇

一||士||三丅〇〇〇〇

|||二〇丄|||〇〇〇〇

一||三丅〇〇〇〇

|||二|||〇〇〇〇

|||〇〇〇〇

秦道古又有開連枝平方法，蓋即帶分開方前所推，《數學九章·古池推原法》是也。《益古演段》第四十問分别《之分天元一術》及《連枝同體術》最詳，與道古可以互證。『之分天元一』者，所知數中

帶有零分，不便立天元一，始以分母通之，既相消，開方後以分母約之是也。詳見《天元一釋》。『連枝同體』者，隅多而開方不盡，以隅數乘實而變隅爲一，開方後以原數約之是也。并録其術于左，以備參考。

《之分天元一術》云：今有直田一段，中心有圓池，外計地四畝，五十三步，長闊和七十六步太半步，田四角至池十八步，問池徑外田徑。立天元一为三個，池徑以自之得太〇丨加十二段見積，得𝍪𝍢〇丨，爲十二段直積，又身外加五爲十八段直積，於頭列和步七十六步太通分内子，得二百三十，自之爲和冪九段，内減頭位得𝍩𝍡〇𝍬，爲九段斜冪，寄左再置天元圓徑加六之角至步一百八，得𝍡太丨，爲三個田斜自之得𝍣𝍥𝍧𝍫丨，亦爲九段斜冪，與寄左相消，得𝍢𝍠𝍨𝍭，開平方得六十二步，爲三個圓池徑，以三約之，得一個圓徑二十步三分之二。循案：此題長闊和七十六步太半步，太半步者，三分之二也。有此奇零，不便乘除，故以分母三通七十六步太半步，爲二百三十也。既通爲三倍，則立天元一，遂當圓徑三也。爲圓徑者三，故乘爲徑冪九方之於圓三之四而一，故九方冪當十二圓冪也。圓冪，池也，見冪外，計地四畝五十三步也。畝法二百四十，故化爲一千一十三也。直積，勾股積也。池積加見積，是成勾股積矣。天元冪一個當直積十二，半個則六矣，故加五爲十八也。和冪爲四勾股積一勾股較冪，斜弦冪爲二勾股積一勾股較冪，故以九和冪減十八個勾股積，餘十八個勾股積，九個較冪適當弦冪九也。天元一即當三圓徑，故必六其角步之十八以加之，乃得之三弦數，自之亦是九弦冪也。求一而得三，故開方後又必報除也。

《連枝同體術》云：立天元一爲内池徑加倍角至步三十六，得太𝍥丨，爲直田，斜自之得太𝍬𝍡丨，爲田斜冪，又九之，得下式[illegible]，爲十八積，九較冪，寄左列和步七十六步太通分納子得[illegible]以自之得五萬二千九百步爲九段和冪于頭，又置天元圓徑以自之，又三之四而一，得[illegible]，爲一段圓積也。加入見積一千一十三步，得[illegible]，共爲直積一段，又十八之，得[illegible]，爲十八段直積，以減頭位，得[illegible]，亦爲九段，田斜冪與寄左相消，得[illegible]，合以平方開之，今不可開，先以隅法二十二步半乘實二萬三千單二步，得五十一萬七千五百四十五步正爲實元從六百四十八負依舊爲從一益隅平方開之，得四百六十五步，以元隅二十二步半約之，得二十步三分之二，爲内池徑。循按：同體連枝爲隅數多者，設也。秦氏連枝法，即古開方約分法。古法倍得數加隅爲分母所餘實爲分子。見《加減乘除釋》。秦氏以商生隅入廉加隅爲分母所餘實爲分子，又以隅數約之者，爲隅數之不止於一也。是法爲連枝之常法。李欒城緣隅數之多而有同體連枝。連枝之約分不可以定母數，同體連枝之約分則可以定母數。蓋開方之術，凡隅之多者，以其數乘積而化隅爲一，既開得數，以原隅數約之，與原數原積而化隅爲一，既開得數，以原隅數約之，與原數原積開方數同，此一例也。凡隅之多者，開有帶分不能盡，以分母乘積數而開之，則能盡此，又一例也。試以欒城之法演之，積二萬三千單二步，負從六百四十八，負隅二十二又五，商得二十，從進一隅超一，以商生隅，爲四千五百入從同加，爲一萬九百八十。又以商生之，爲二萬一千九百六十，入積異消，餘一千四十二，爲次商積乃變初商，以商生隅，爲四千五百，入從同加，爲一萬五千四百六十爲廉法，于是廉一退爲一千五百四十六，隅再退爲二十二，五廉法已多於積商一猶盈必開之，必以此爲空位而更退位，退從爲一百五十四，六退隅爲二步二五商得六生隅爲一步三五入從同加爲一百五十六步一五，又以商生之，爲九百三十六步六入積異消除一百五步四爲四商積，更開之，仍得六，仍不可盡，故欒城以爲不可開也。用連枝同體術開得四百六十五步，是不可開，變而爲可開也。後一例之證也，因以二十二步半除之，得二十步，是除去四百五十步，尚餘一十五步，此一十五步，當二十二步半，爲不足，不可得一，故約爲三分之二耳。必除之，亦必存空位，亦除得六去積一十三步半，仍除一五，是爲六不盡，所得二六，六不盡，與原隅原積開方數同前一例之證也。開之不盡，用同體連枝術則盡者，其天元爲三分之二不盡者也。今隅有三，則爲三分之二者三，爲三分之二者三，是六矣，六則盡矣。然是形長六，濶仍三分之二，欲得其濶，仍爲不盡，惟又以三乘之，則長濶皆六矣。大抵三不盡者，三倍之則盡；六不盡者，六倍之則盡；九不盡者，九倍之則盡。由是推之，不獨多隅者可用此術，即一隅者用分母再乘可也，不獨以分母再乘也，即倍分母、幾倍分母、幾十倍分母、以再乘之可也。此二三五之一五者，是以六七五乘三之二也，故二三五不盡，以二三五乘之而盡，同一不盡，而所謂三分之二，所謂二十二分半之一十五，分母分子俱實有此數，此李氏同體連枝法，異於秦氏之連枝法也。

大衍求一釋
甲編（子部）

大明集禮

大衍求一釋卷上[一]

天一，天三，天五，天七，天九，合爲二十五。

地二，地四，地六，地八，地十，合爲三十。

右天地之數五十有五。

一乘二得二。　又以三乘之得六。

二乘三得六。　又以四乘之得二十四。

三乘四得十二。　又以一乘之得十二。

四乘一得四。　又以二乘之得八。

六，二十四，十二，八，合之得五十。

右大衍之數五十。案：《漢書·揚雄傳·注》云：『衍，旁廣也。』惟以天一地二天三地四互相乘，乃爲『旁廣』。流通旁達，所以爲成變化而行鬼神。衍之以一、二、三、四，揲得六、七、八、九，所衍爲生

[一] 封面有李盛鐸題記：『《大衍求一釋》二卷，焦里堂先生著，丁亥夏重裝，盛鐸記。』

數，所得爲成數，五十虛中不用，實有精理存焉。然五十之數不可求得六、七、八、九，故又以此一、二、三、四變化旁通爲用數，得四十有九也。

一二無等　一三無等　一四無等　一變

二三無等　二四有等　二變

三四無等　三變

右連環求等。案：一二如二，二二如四，故二四有等。改二爲一，則一二無等，無等而後可用。蓋大衍爲一、二、三、四之互乘而求六、七、八、九，則用一、二、三、四也。一、二、三、四不可求，一、一、三、四乃可求，故一、二、三、四爲元數，一、一、三、四爲定母。

一乘一得一。　又以三乘之得三。

一乘一得一。　又以四乘之得四。

一乘三得三。　又以四乘之得十二。

一乘四得四。　又以三乘之得十二。

右以定母互乘爲衍數。

一乘一得一。　又以三乘之得三。　又以四乘之得十二。

右以定母連乘爲衍母。

衍數十二，以定母一約之奇一。

衍數十二，以定母一約之奇一。

衍數四，以定母三約之奇一。

衍數三，以定母四約之不足，約以大衍求一衍入之。

右求奇數。案：乘數必得奇一，不得奇一，必用求一衍求其奇一。秦道古云：『凡奇數得一者，便爲乘率。』今衍數是三，乃與定母四，用大衍求一衍入之，置奇右上，定居右下，立天元一於左上，先以右上除右下，所得商數，與左上一相生入左下，然後乃以右行上下以少除多。遞互除之，所得商數隨即遞互累乘，歸左行，上下須使右上末後奇一而止。乃驗左上所得，以爲乘率。今依其式，列而解之。

置奇右上。　字母居右下。　先以右上約右下，止約一次，則商數得一。

立天元一左上。　以商數乘左上入左下爲歸數。

以右上三約右下四，餘一。又以餘一與三相求。

以餘一約奇三二次。　置奇三右上。　置餘一右下。

以歸數二加入天元一得三。　以商數二乘歸數一得二。

以右下一約右上三，是以少除多。約兩次，右上奇三餘一，所謂『末後奇一而止』也。左上天元一所加歸數得三，即爲乘率。先以右上約右下，次以右下約右上，故云上下以少除多。兩次即止，則所謂『遞互累乘』者不繁，合前奇數爲一一一三。衍數之三，乃不可奇一之三。此三爲求一之三，同是三而用不同也。

以奇一乘衍數十二爲十二。

以奇一乘衍數十二爲十二。

以奇一乘衍數四爲四。

以奇三乘衍數三爲九。

十二　十二　四　九　合之得三十七，仍不可求六七八九，加衍母十二爲四十九。

右其用四十有九。案：衍者，衍一二三四爲五十也；用者，一一三四爲四十九也。一一三四，乃一二三四所變通，所以成變化而行鬼神。若漫於五十中去其一，有何妙理？孔子云：『參三兩地而倚數。』此所倚之數，詎徒定虛無術之數哉？秦氏此術，自謂得之隱君子，實古聖人所遺。經生不知算而流傳於疇人之間，秦氏傳之，其功鉅矣。唯秦氏自撰揲蓍之法，以傅會於象兩、象三、象四、象閏，而於衍數用數之妙，轉爲失之。餘用其術以解經，而揲蓍之法仍本先儒。鄭康成云：『其用四十有九者，五十之數不可以爲七八九六也。』康成此言精簡確切，但知所以求六七八九者在四十九，而不知所以得四十九者在一一三四之成變化而行鬼神。得秦氏之術，乃知『大衍之數五十，其用四十有九』兩言

精妙入神也。更以連環求等、大衍求一兩術，推而衍之於左：[一]

皆以一爲等。

皆以二爲等。

皆以三爲等。

皆以四爲等。

皆以五爲等。

皆以六爲等。

皆以七爲等。

皆以八爲等。

皆以九爲等。

右等數。案：等即乘數之等也。揲蓍以三十六爲九，以三十二爲八，以二十八爲七，以二十四爲六，皆四之等。

無

無

[一] 以下缺文。

無無
無有無
無無無無
無有有有無
無無無無無無
無有無有無有無無
無有無有有有無有無

右有等無等。案：大衍用數四十有九，以一一數之，二二數之，三三數之，四四數之，皆奇一。奇一則無等，故以一、二、三、四求奇一，亦必先求無等。無等者，奇一也。故凡奇一者無等。何爲奇一？必一一數之皆盡，二三以上數之皆餘一也。假如九與七，一九如九，一七如七；假如二與五，一二如二，一五如五：皆以一爲等，即無等也。若四與十則以二爲等，六與九則以三爲等。推之八十一與九十九則以九爲等，二百四十與一千零二十，則以十二爲等。大抵兩偶數則必有等，兩奇數則或無或有，如七與五則無，三與九則有也。一數奇、一數偶，則亦或無或有，如八與五則無，九與六則有也。無則爲用數，有則必求奇一，而後爲用數。求奇一，故必連環求等也。

右兩奇。案：九九數中，唯九與三兩奇有等。求其無等，則化三爲一，一與三[一]無等也。何以化三爲一？凡乘法可以互通，如一三爲三，以三乘一，則以三爲等可也。以一乘三，則以一爲等亦可也。以三爲等則有等，以一爲等則無等，故化三爲一。若九則三三如九，九以三爲等，改爲三，仍以三爲等，故不可用。此兩奇之化法也。

右兩偶。案：兩偶必有等，必約成一奇一偶，而後無等。如四二以二爲等，一二如二，可化二爲一。二二如四，不可化四爲二也，六八亦以二爲等。二三如六，可化爲三。二四如八，不可化八爲四也。化四爲二，與二仍以二爲等。化八爲四，與六仍以二爲等。秦氏所謂『約奇弗約偶』也。

右一奇一偶。案：十數中一奇一偶有等者惟六與三，九與六，十與五也。六三、九六皆以三爲等，五十以五爲等。一三如三，二三如六，三可化一，六可化二；三三如九，二三如六，六可化二，九可化三；二五得一十，一五如五，五可化一，十可化二。依約奇弗偶之例，則宜化三爲一，化九爲三，化五爲一。然化九爲三，三與六仍有等。三三如九之不可化三，猶二二如四之不可化二也。化五、化三爲一，可化矣。然見一恐其太多，則不若化六爲二。二與三九，一奇一偶，亦無等也。秦氏所謂約得五而彼有十，則約偶弗約奇也。

大抵凡兩數疊乘之數，無論奇偶皆不可化。如二二如四，不可化二；三三如九，不可化三；四四

[一] 三，《易通釋》作『九』。

一十六，不可化四；五五二十五，不可化五；六六三十六，不可化六；七七四十九，不可化七；八八六十四，不可化八；九九八十一，不可化九是也。凡乘之數有一，無論奇偶，皆不可多化。如一二如二，一三如三，一四如四，一五如五，一六如六，一七如七，一八如八，一九如九，必不得已而化爲一也。何爲不得已？如兩奇數之九與三九既不可化三，則三不得不化一也，如兩偶數之四與二。四既不可化二，則二不得不化一也。其一奇一偶可化一，可不化一，則不可化一也。秦氏所謂『求定數，勿使兩位見偶，勿使見一太多』，『見一太多』，則借用繁也。

一無　二有　三有　四無　六有　七無　八無　九　以九與上八數求等。

一無　二有　三無　四有　五無　六有　七無　八　以上與七數求等。

一無　二無　三無　四無　五無　六無　七　以七與上六數求等。

一無　二有　三無　四有　五無　六　以六與上五數求等。

一無　二無　三無　四無　五　以五與上四數求等。

一無　二有　三無　四　以四與上三數求等。

一無　二無　三　以三與上二數求等。

一無　二　以二與上一數求等。

一無　二三約爲一。　四　五　六約爲二。　七　八　九一變。

一　二約爲一。　四　五　二約爲一。　七　八二變。

一　一　一　一　五　一　七三變。

一　一　一　一　五　一四變。

一　一　一　一　五五變。

一　一　一　一六變。

一　一　一七變。

一　一八變。

一　一　一　一　五　一　七　八　九九變爲定母。

右連環求等。按：秦氏《積尺尋原》，於連環求等最詳，録於左：

金　石　絲　竹　匏　土　革　木

先以最少者，以木二十與革二十五求等，得五，乃反約木二十爲四。木四與土五十求等，得二，以約五十爲二十五。木四與匏六十求等，得四，約六十爲一十五。木四與竹一百求等，得四，約一百爲二十五。木四與絲一百一十求等，得二，約一百一十爲五十五。木四與石一百二十求等，得四，反約木四爲一。以木一與金求等，得一不約。爲木與諸數求等約訖，爲一變。

金　石　絲　竹　匏　土　革　木

次以革二十五，與土五十求等，得二十五，約五十爲二。以革二十五與匏一十五求等，得五，約匏一十五爲三。以革二十五與竹二十五求等，得二十五，約竹二十五爲一。又以革二十五與絲五十五求等，得五，約絲五十五爲一十一。以革二十五與石一百二十求等，得五，約一百二十爲二十四。以革二十五與金一百三十求等，得五，約金一百三十爲二十六。革與諸數遍約訖，爲二變。

循按：革二十五不與土二十五約，仍與土五十約者，恐見一多也。此秦氏故示以活法耳。

金　石　絲　竹　匏　土　革　木

以土二與匏三、竹一、絲一十一求等，皆得一不約。以土二與石二十四求等，得二，反約土二得一。又以土一與金二十六求等，得一，不約。土與諸數約訖，爲三變。

金　石　絲　竹　匏　土　革　木

以匏三與竹一、絲一十一求等，皆得一。又以匏三與石二十四求等，得三，約石二十四爲八。又匏三與金二十六求等，得一，不約。匏與諸數約訖，爲四變。

金　石　絲　竹　匏　土　革　木

次以竹一與絲一十一、石二十四、金二十六求等，皆得一。竹與諸數約訖，爲五變。

循按：竹一與石八求等，同於與二十四求等。秦氏省列前圖式，故不云與石八，而仍前圖或爲二十四也。

以絲一十一與石二十四、金二十六求等，皆得一，不約。爲六變。以石二十四與金二十六求等，得二，約金二十六爲一十三。至此七變，連環求等約訖，得數，爲定母。

循按：以石二十四與金二十六求等，得二。以石八與金二十六求等，亦得二。省前一圖式，故不言八也。秦氏故爲此以示人。

金　石　絲　竹　匏　土　革　木

右爲定母。

按：秦氏又有續等求法，見《推計土功》，亦録於左：

甲　乙　丙　丁

先以丁丙求等，又以丁乙求等，皆得一不約。次以丁甲求等，得六，約甲五十四爲九，不約丁。次以丙與乙求等，又以丙與甲九求等，皆得一不約。後以乙與甲九求等，得一不約。復驗甲九與丁二十四，猶可再約又求等，得三。以約丁二十四得八。復乘甲爲二十七。

循按：秦氏例云，或皆約而猶有類數存，姑置之。俟與其他約遍，而後乃與姑置者求等約之。蓋有兩數求等，彼此約之皆不能無等者，則必續約之，非必約畢後乃知之也。如五十四與二十四，一爲六九之數，一爲四六之數。約二十四爲六，固有等；約二十四爲四，亦有等；約五十四爲九，固有等；約五十四爲二十七，亦有等。勢必再約一次，乃得無等。故先約甲五十四爲九，後又約丁二十四爲八也。約二十四爲八，又以三乘九爲二十七者，所以省求一一之煩也。何言之？甲乙丙丁求衍數，甲得三千八百，乙得五千四百，丙得四千一百零四，丁得一萬二千八百二十五。以丁定母八，約一萬二千八百二十五，奇一則不必更用求一術。若不以三乘九爲二十七，則甲母九，乙母一十九，丙母二十五，丁母八。求衍數，甲得三千八百，乙得一千八百，丙得一千三百六十八，丁得四千二百七十五。以丁母八，約四千二百七十五，不能奇一而奇三。必用求一法求得天元並數三，以乘四千二百七十五，亦得一萬二千八百二十五，與三乘甲母所得衍數同，故豫以三乘之省後此之求一也。

試推言之。如甲一十二，乙六，丙五，丙乙丙甲無等，甲與乙則必有續等。既以三約十二爲四，又必以二約六爲三。既以二約六爲三，又以二乘四爲八，猶以三約二十四爲八，又以三乘九爲二十七也。甲定母八，乙定母三，丙定母五，求衍數，得甲一十五，乙四十，丙二十四，以乙母三約四十，奇一。若不以二乘甲四，則甲母四，乙母三，丙母五，求衍數，得甲一十五，乙二十，丙一十二。以乙母三約二十，不能奇一而奇二，必用求一法得天元並數二，以乘二十，亦得四十，與二乘甲母所得衍數同。故豫以二乘之，省後此之求一也。

大衍求一釋卷下

衍數二　母一奇一

衍數三　母一奇一約二次　母二奇一

衍數四　母一奇一約三次　母二盡約二次　母三奇一

衍數五　母一奇一約四次　母二奇一約二次　母三奇一

衍數六　母一奇一約五次　母二盡約三次　母三盡約二次　母四奇二　母五奇一

衍數七　母一奇一約六次　母二奇一約三次　母三奇一約二次　母四奇三　母五奇二　母六奇一

衍數八　母一奇一約七次　母二盡約四次　母三奇二約二次　母四盡約二次　母五奇三　母六奇二不可衍　母七奇一

衍數九　母一奇一約八次　母二奇一約四次　母三盡約三次　母四奇一約二次　母五奇四　母六奇三不可衍　母七奇二　母八奇一

衍數十　母一奇一約九次　母二盡約五次　母三奇一約三次　母四奇二約二次　母五盡約二次　母六奇四　母七奇三　母八奇二　母九奇一

衍數十一　母一奇一約十次　母二奇一約五次　母三奇二約三次　母四奇三約二次　母五奇一約二次　母六奇五　母七奇四　母八奇三　母九奇二　母十奇一

衍數十二　母一奇一約十一次　母二盡約六次　母三盡約四次　母四盡約三次　母五奇二約二次　母六盡約二次　母七奇五　母八奇四　母九奇三　母十奇二　母十一奇一

衍數十三　母一奇一約十二次　母二奇一約六次　母三奇一約四次　母四奇一約三次　母五奇三約二次　母六奇一約二次　母七奇六　母八奇五　母九奇四　母十奇三　母十一奇二　母十二奇一

衍數五　母三　商一　減餘一此以奇減母而下，後放此。

天元一　歸數一

減餘一　商一　奇二　餘一此以餘減奇而上，後放此。

互乘一　並二

以並數二乘衍數得十以母三約三次奇一。

衍數七　奇三　母四　商一　減餘一

天元一　歸餘一

減餘一　商二　奇三　餘一

互二　並三

以並數三乘衍數得二十一以母四約五次奇一。
衍數七　奇二　母五　商二　減餘一
天元一　歸二
減餘一　商一　奇二　餘一
互二　並三
以並數三乘衍數七得二十一以母五約四次奇一。
衍數八　奇二　母三
法同第一術得並數二乘數得十六以母三約五次奇一
衍數八　奇三　母五　商一　減餘二
天元一　歸二
減餘一　商一　奇三　餘二
互二　並二
以並數二乘衍數得十六以母五約三次奇一。
衍數九　奇四　母五　商一　減餘一
天元一　歸一
減餘一　商三　奇四　餘一

互三　並四

以並數四乘衍數得三十六以母五約七次奇一。

衍數九　奇二　母七　商三　減餘一

天元一　歸三

減餘一　商一　奇二　餘一

互三　並四

以並數四乘衍數得三十六以母七約七次奇一。

衍數十　奇三　母七　商二　減餘一

天元一　歸數二

減餘一　商二　奇三　餘一

互四　並五

以並數五乘衍數得五十，以母七約七次奇一。

案：以前次商互乘，歸數皆一。乘不長，次以次商二乘歸數二得四，爲並數，乃見用互乘之妙。

衍數十一　奇二　母三

法同第一數得並數乘衍數得二十二以母三約七次奇一。

衍數十一　奇三　母四　商一　減餘一

天元一　歸一

減餘一　商二　奇三　餘一

互二　並三

以並數三乘衍數得三十三以母四約八次奇一。

衍數十一　奇五　母六　商一　減餘一

天元一　歸一

減餘一　商四　奇五　餘一

互四　並五

以並數五乘衍數得五十五以母六減九次奇一。

衍數十一　奇四　母七　商一　減餘三

天元一　歸一

減餘一　商一　奇四　餘一

互一　並二

以並數二乘衍數得二十二以母七約三次奇一。

衍數十一　奇三　母八　商二　減餘二

天元一　歸二

減餘一　商一　奇三　餘二
互二　並三
以並數三乘衍數得三十三以母八約四次奇一。
衍數十一　奇二　母九　商四　減餘一
天元一　歸四
減餘一　商一　奇二　餘一
互四　並五
以並數五乘衍數得五十五以母九約六次奇一。
衍數十二　奇二　母五
法同第三數得並數乘衍數得三十六以母五約七次奇一。
衍數十二　奇五　母七　商一　減餘二
天元一　歸一
減餘一　商二　奇五　餘二
互二　並三
以並數三乘衍數得三十六以母七約五次奇一。
衍十三　奇三　母五

法同第五數得並數乘衍數得二十六以母五約五次奇一。

衍十三　奇六　母七　商一　減餘一

天元一　歸一

減餘一　商五　奇六　餘一

互五　並六

以並數六乘衍數得七十八以母七約十一次奇一。

衍十三　奇五　母八　商一　減餘三　下行

天元一　歸一

減餘二　商一　奇五　餘三　上行

互一　並二

次餘二　初餘三　商一　減餘一　下行

互二　並三以互二並前互一

次餘一　商一　次餘二　三餘一　上行

互三　並五以互三並前互二

以並數五乘衍數得六十五，以母八約八次奇一。

案：以前次商即寄一而止，不用三商。止次商減餘數，二未奇一，故用三商、四商，減餘奇一乃止。

以奇約母則下行，以母減奇則上行，母所減之餘多寡不問，而以奇所減一不一爲行止。所求者奇一，故減奇餘一乃止。減奇未餘一仍不止，用一上行、下行者，别乎奇減母、母減奇之不同也。

衍十三　奇四　母九　商二　減餘一

天元一　歸一

減餘一　商三　奇四　餘一

互六　並七

以並數七乘衍數，得九十一，以母九約十次奇一

衍十三　奇三　母十　商三　減餘一

天元一　歸三

減餘一　商二　奇三　餘一

互六　並七

以並數七乘衍數，得九十一，以母十約九次奇一。

案：求一之法，此二十一條可例其餘，其妙全在互乘以齊同爲精簡。蓋不能奇一而求奇一。其法有三：

一則遞加衍數。假如衍數十七，以七約之奇三，欲求奇一，則加一倍爲三十四，以七約之奇六；又加一倍爲五十一，以七約之奇二；又加一倍爲六十八，以七約之奇五；又加一倍爲八十五，以七約

之奇一。凡加衍數五倍而得奇一，此一法也。

一則遞加奇數。如前衍數十七，以七約之奇三。欲求奇一，則於奇三加一倍爲六，以母七約之不足；又加一倍爲九，以母七約之奇二；又加一倍爲十二，以七約之奇五；又加一倍爲十五，以七約之奇一。凡加奇數五倍而得奇一，此又一法也。

一則秦道古求一之法，如右二十一條是也。其法不用加而用減，如前衍數十七，以七約之奇三。以奇三約母七二次而得奇一；又以此奇一，約奇三亦二次而得奇一。以二次互乘二次得四，加原有之一倍，並爲五。以五乘一七得八十五，與前遞加衍數五倍同。以五除八十五得十七，以三除十五得五，與此互乘數加天元一同。遞加則繁複，互乘乃數簡。

附：求一古法

鄭樵《通志·藝文略》算術六十二部，内《求一指蒙算術玄要》一卷，李紹穀撰，《求一演算法九例》一卷。《崇文總目·算術類》三十一種，内有《增成元一算注》三卷，徐仁美撰，《求一演算法》三卷，《解法求一化零歌》一卷，《宋志》作龍受益撰。《文淵閣書目》有《演算法全能集》，余嘗見其寫本，題『長沙賈亨季亨類編』，内有《求一》法云：

求一者，是一分法也。法以錢物各置一停，謂如下一停爲分數二因，得一上一停，亦用二因，將上爲實，以下爲法，定身除之，其折半四因。求一皆倣此。但此法未免重複下算，終不若今人用此歸除法爲捷。[一]有歸除，本不用此求一。然古有是法，又不容不載，以廣算者之知耳。

今有綿二百四十斤，賣鈔四百五十八兩六錢七分，問：每斤該鈔幾何？答曰：第斤該鈔一兩九錢一分一釐一毫二絲五忽。法曰：置都鈔在地折半，别置斤數折半，求一見二定身除之，合問。

[一]『捷』後脱以下内容：『徑。論之，二法名雖不同，究所用以分之其實則一。』

今有芝麻二十三石四斗五升七合四勺，糶銀三十八兩，問：每兩該麻幾何？答曰：每兩該麻六斗一升七合三勺。法曰：置都麻在地折半，別置銀數折半，求一見九定身除之，合問。

今有鈔二十六兩三錢五分[一]六釐五毫，買絲四十五兩，問：每兩該鈔幾何？答曰：每兩該鈔五錢八分五釐七毫。法曰：置都鈔在地三因，別置絲數三因，求一見三五定身除之，合問。

今有銀六百八十五兩九錢，銷到銀錠五十五個，問：每個該銀幾何？答曰：每個該銀一十一兩九錢八分。法曰：置都銀在地二因，別置個數二因，求一見一五定身除之，合問。

今有細羅六十八匹，計用絲一千一百五十六兩，問：每匹該絲幾何？答曰：每匹該絲一十七兩。法曰：置絲數在地二因，別置匹數二因，求一見三六定身除之，合問。

歌云：求一明數置兩停，二三折半四三因。五之以上二因見，去一除令要定身。

循案：演算法以一數乘爲因，以二數以上乘爲乘因，如以二乘二十四爲四十八，以三乘二十四爲七十二是也，乘如以二五乘三六五爲九一二五是也。以一除爲減除，亦名定身除，如一十九除六七九八，得三五七七九也。此求一法，謂求得一數爲法以除實也。二折半爲一，三折半爲一五，故用折半爲得一。推之二四則折半爲一二，二五則折半爲一二五，三六則折半爲一八，三七則折半爲一八五也。四折半爲二，不見一，則以三因之爲一二。蓋二因之得八，仍不得一也。五則二因爲一十，六則二因

[一] 原稿殘缺「三錢五分」四字，據《算法全能集》卷上《求一》補。

爲一十二，七則二因爲一十四，八則二因爲一十六，九則二因爲一十八，故五以上用二因。所謂定身除者，即俗所云一歸減除也。此與大衍求一名同爲算異。《崇文總目》、《通志》所載，蓋指此。别録卷末，以備古法。

甲編（子部）

乘方釋例

釋乘方形第一[一]

三乘方

以根乘三次之名。一乘爲平方，再乘爲立方，三乘爲三乘方。平方、立方易明，故自三乘方起。

根一則累一。

根者，初商之數，一曰邊，二曰線。以根乘根爲冪，一曰面，即平方。以根乘面爲體，即立方。以根乘體成長立方，形狀如幾立方相累，其數視根而定。此一數爲十百千萬億兆之所統，根十則爲立方者十，根百則爲立方者百，根千萬億兆則爲立方者亦千萬億兆。

根二則累二。

根三則累三。

根四則累四。

[一] 卷首有注：『此本乾隆甲寅成之，嘉慶壬戌六月又閲一過。』

根五則累五。
根六則累六。
根七則累七。
根八則累八。
根九則累九。
所累皆立方與根一同。

四乘方

以根乘三乘方。
根一則累一。
根數之一一乘至十二乘皆同，體數之一一乘至十二乘各異位進，其數多自乘得之。根一爲十則體累爲百，根一爲百則體累爲萬，根一爲千則體累百萬。
根二則累四。
三乘累二立方，以二乘之，爲四立方。
根三則累九。

三乘累三立方，又以三乘之，爲九立方。
根四是累一六。
三乘累四立方，又以四乘之爲一十六立方。
根五則累二五。
三乘累五立方，又以五乘之，爲二十五立方。
根六則累三六。
三乘累六立方，又以六乘之，爲三十六立方。
根七則累四九。
三乘累七立方，又以七乘之，爲四十九立方。
根八則累六四。
三乘累八立方，又以八乘之，爲六十四立方。
根九則累八一。
三乘累九立方，又以九乘之，爲八十一立方。

五乘方

以根乘四乘方。

根一則累一。

四乘爲十則五乘爲百，四乘爲百則五乘爲萬，四乘爲千則五乘爲百萬。

根二則累八。

四乘爲四立方，又以二乘之，爲八立方。

根三則累二七。

四乘爲九立方，又以三乘之，爲二十七立方。

根四則累六四。

四乘爲一十六立方，又以四乘之，爲六十四立方。

根五則累一二五。

四乘爲二十五立方，又以五乘之，爲一百二十五立方。

根六則累一二六。

四乘爲三十六立方，又以六乘之，爲二百一十六立方。

根七則累三四三。

四乘爲四十九立方，又以七乘之，爲三百四十三立方。
根八則累五一二。
四乘爲六十四立方，又以八乘之，爲五百一十二立方。
根九則累七二九。
四乘爲八十一立方，又以九乘之，爲七百二十九立方。

六乘方

以根乘五乘方。
根一則累一。
五乘累十則六乘累百，五乘累百則六乘累萬，五乘累千則六乘累百萬。
根二則累一六。
五乘累八立方，又以二乘之，爲一十六立方。
根三則累八一。
五乘累二十七立方，又以三乘之，爲八十一立方。
根四則累二五六。

五乘累六十四立方，又以四乘之，爲二百五十六立方。
根五則累六二五。
五乘累一百二十五立方，又以五乘之，爲六百二十五立方。
根六則累一二九六。
五乘累二百一十六立方，又以六乘之，爲一千二百九十六立方。
根七則累二四〇一。
五乘累三百四十三立方，又以七乘之，爲二千四百〇一立方。
根八則累四〇九六。
五乘累五百一十二立方，又以八乘之，爲四千〇九十六立方。
根九則累六五六一。
五乘累七百二十九立方，又以九乘之，爲六千五百六十一立方。

七乘方

以根乘六乘方。
根一則累一。

六乘累十則七乘累百，六乘累百則七乘累萬，六乘累萬則七乘累百萬。

根二則累三二。

六乘累一十六立方，又以二乘之，爲三十二立方。

根三則累二四三。

六乘累八十一立方，又以三乘之，爲二百四十三立方。

根四則累一〇二四。

六乘累二百五十六立方，又以四乘之，爲一千〇二十四立方。

根五則累三一二三。

六乘累六百二十五立方，又以五乘之，爲三千一百二十三立方。

根六則累七七七六。

六乘累一千二百九十六立方，又以六乘之，爲七千七百七十六立方。

根七則累一六八〇七。

六乘累二千四百〇一立方，又以七乘之，爲一萬六千八百〇七立方。

根八則累三二七六八。

六乘累四千〇九十六立方，又以八乘之，爲三萬二千七百六十八立方。

根九則累五九〇四九。

六乘累六千五百六十一，又以九乘之，爲五萬九千〇四十九立方。

八乘方

以根乘七乘方。

根一則累一。

七乘累十則八乘累百，七乘累百則八乘累萬，七乘累萬則八乘累百萬。

根二則累六四。

七乘累二百四十三立方，又以三乘之，爲七百二十九立方。

根四則累四〇九六。

七乘累一千〇二十四立方，又以四乘之，爲四千〇九十六立方。

根五則累一五六二五。

七乘累三千一百二十五立方，又以五乘之，爲一萬五千六百二十五立方。

根六則累上四六六五六。

七乘累七千七百七十六立方，又以六乘之，爲四萬六千六百五十六立方。

根七則累一一七六四九。

七乘累一萬六千八百〇七立方，又以七乘之，爲一十一萬七千六百四十九立方。

根八則累二六二一四四。

七乘累一萬六千八百〇七立方，又以八乘之，爲二十六萬二千一百四十四立方。

根九則累五三一四四一

七乘累五萬九千〇四十九立方，又以九乘之，爲五十三萬一千四百四十一立方。

九乘方

以根乘八乘方。

根一則累一。

八乘累十則九乘累百，八乘累百則九乘累萬，八乘累萬則九乘累百萬。

根二則累一二八。

八乘累六十四立方，又以二乘之，爲一百二十八立方。

根三則累二一八七。

八乘累七百二十九立方，又以三乘之，爲二千一百八十七立方。

根四則累一六三八四。

八乘累四千〇九十六立方，又以四乘之，爲一萬六千三百八十四立方。

根則累。

乘累立方，又以乘之，爲立方。

根五則累七八一二五。

八乘累一萬五千六百二十五立方，又以五乘之，爲七萬八千一百二十五立方。

根六則累二七九九三六。

八乘累上萬六千六百五十六立方，又以六乘之，爲二十七萬九千九百三十六立方。

根七則累八二三五四三。

八乘累一十一萬七千六百四十九立方，又以七乘之，爲八十二萬三千五百四十三立方。

根八則累二〇九七一五二。

八乘累二十六萬二千一百四十四立方，又以八乘之，爲二百〇九萬七千一百五十二立方。

根九則累四七八二九六九。

八乘累五十三萬一千四百四十一立方，又以九乘之，爲四百七十八萬二千九百六十九立方。

十乘方

以根乘九乘方。

根一則累一。

九乘累十則十乘累百，九乘累百則十乘累萬，九乘累萬則十乘累百萬。

根二則累二五六。

九乘累二千一百八十七立方，又以二乘之，爲二百五十六立方。

根三則累六五六一。

九乘累二千一百八十七立方，又以三乘之，爲六千五百六十一立方。

根四則累六五五三六。

九乘累一萬六千三百八十四立方，又以四乘之，爲六萬五千五百三十六立方。

根五則累三九〇六二五。

九乘累七萬八千一百二十五立方，又以五乘之，爲三十九萬〇六百二十五立方。

根六則累一六七九六一六。

九乘累二十七萬九千九百三十六立方，又以六乘之，爲一百六十七萬九千六百一十六立方。

根七則累五七六四八〇一。

九乘累八十二萬三千五百四十三立方，又以七乘之，爲五百七十六萬四千八百〇一立方。

根八則累一六七七七二一六。

九乘累二百〇九萬七千一百五十二立方，又以八乘之，爲一千六百七十七萬七千二百一十六立方。

根九則累四三〇四六七二一。

九乘累四百七十八萬二千九百六十九立方，又以九乘之，爲四千三百〇四萬六千七百二十一立方。

十一乘方

以根乘十乘方。

根一則累一。

十乘累十則十一乘累百，十乘累百則十一乘累萬，十乘累萬則十一乘累百萬。

根二則累五一二。

十乘累二百五十六立方，又以二乘之，爲五百一十二立方。

根三則累一九六八三。

十乘累六千五百六十一立方，又以三乘之，爲一萬九千六百八十三立方。
根四則累二六二一四四。
十乘累六萬五千五百三十六立方，又以四乘之，爲二十萬二千一百四十四立方。
根五則累一九五三一二五。
十乘累三十九萬〇六百二十五立方，又以五乘之，爲一百九十五萬三千一百二十五立方。
根六則累一九五三一二五。
十乘累三十九萬〇六百二十五立方，又以五乘之，爲一百九十五萬三千一百二十五立方。
根七則累四〇三五三六〇七。
十乘累五百七十六萬四千八百〇一立方，又以七乘之，爲四千〇三十五萬三千六百〇七立方。
根八則累一三四二一七七二八。
十乘累一千六百七十七萬七千二百一十六立方，又以八乘之，爲一億三千四百二十一萬七千七百二十八立方。
根九則累三八七四二〇四八九。
十乘累四千三百〇四萬六千七百二十一立方，又以九乘之，爲三億八千七百四十二萬〇四百八十九立方。

十二乘方

以根乘十一乘方。

根一則累一。

十一乘累十，十二乘則累百，十一乘累百，十二乘則累萬，十一乘累萬，十二乘則百萬。

根二則累一〇二四。

十一乘累五百一十二立方，又以二乘之，爲一千〇二十四立方。

根三則累五九〇四九。

十一乘累一萬九千六百八十三立方，又以三乘之，爲五萬九千〇四十九立方。

根四則累一〇四八五七六。

十一乘累二十六萬二千一百四十四立方，又以四乘之，爲一百〇四萬八千五百七十六立方。

根五則累九七六五六二五。

十一乘累一百九十五萬三千一百二十五立方，又以四乘之，爲九百七十六萬五千六百二十五立方。

根六則累六〇四六六一七六。

十一乘累一千〇一七萬七千六百九十六立方，又以四乘之，爲六千〇〇四十六萬六千一百七十六立方。

根七則累二八二四七五二四九。

十一乘累四千○○三十五萬三千六百○○七立方，又以七乘之，爲二億八千二百四十七萬五千二百四十九立方。

根八則累一○七三七四一八二四。

十一乘累一億三千四百二十一萬七千七百二十八立方，又以八乘之，爲一兆○○七行三百七十四萬一千八百二十四立方。

根九則累三四八六七八四四○一。

十一乘累三億八千七十四萬二千○○四百八十九立方，又以九乘之，爲三兆四億八千六百七十八萬四千四百○○一立方。

釋乘方初商第二即梅氏《少廣拾遺》初商表。

積一則根一。

一爲單一，三乘之，仍是立方。爲十則一乘爲百，再乘爲千，三乘爲萬。爲百則一乘爲萬，再乘爲百萬，三乘爲億。

積一六則根二。

二，一乘爲四，再乘爲八，三乘爲一十六。

積八一則根三。

三，一乘爲九，再乘爲二十七，三乘爲八十一。

積二五六則根四。

四，一乘爲一十六，再乘爲六十四，三乘爲二百五十六。

積六二五則根五。

五，一乘爲二十五，再乘爲一百二十五，三乘爲六百二十五。

積一二九六則根六。

六，一乘爲三十六，再乘爲二百一十六，三乘爲一千二百九十六。

積二四○則根七。

七，一乘爲四十九，再乘爲三百四十三，三乘爲二千四百○○一。

積四○九六則根八。

八，一乘爲六十四，再乘爲五百一十二，三乘爲四千○○九十六。

積六五六一則根九。

九，一乘爲八十一，再乘爲七百二十九，三乘爲六千五百六十一。

四乘方

積一則根一。

一爲單一，四乘之，仍立方。爲十則四乘爲十萬，爲百則四乘爲百億。

積三二則根二。

在二乘一十六，爲三十二。

積二四三則根三。

以三乘八十一，爲二百四十三。

積一〇二四則根四。
以四乘二百五十六，爲一千〇〇二十四。
積三一二五則根五。
以五乘六百二十五，爲三千一百二十五。
積七七七六則根六。
以六乘一千二百九十六，爲七千七百七十六。
積一六八〇七則根七。
以七乘二千〇〇一，爲一萬六千八百〇七。
積三二七六八則根八。
以八乘四千〇〇九十六，爲三萬二千七百六十八。
積五九〇四九則根九。
以[一]九乘六千五百六十一，爲五萬九千〇〇四十九。

[一] 以，原作『八』，據文意改之。

五乘方

積一則根一。

根爲單一，五乘之，仍得立方，爲十四乘之爲百萬，爲百四乘之爲萬億。

積六四則根二。

以二乘三十二，爲六十四。

積七二九則根三。

以三乘二百四十三，爲七百二十九。

積〇〇九六則根四。

以四乘一千〇〇二十四，爲四千〇〇九十六。

積一五六二五則根五。

以五乘三千一百二十五，爲一萬五千六百二十五。

積四六六五六則根六。

以六乘七千七百七十六，爲四萬六千六百五十六。

積一一七六四九則根七。

以七乘一萬六千八百〇〇七，爲一十一萬七千六百四十九。

積二六二一四四則根八。

以八乘三萬二千七百六十八，爲二十六萬二千一百四十四。

積五三一四一則根九。

以九乘五萬九千〇〇四十九，爲五十三萬一千四百四十一。

六乘方

積一則根一。

根爲單一，六乘之，仍得立方。爲十六乘則千萬，爲百六乘則百萬億。

積一二八則根二。

以二乘六十四，爲一百二十八。

積二一八七則根三。

以三乘七百二十九，爲二千一百八十七。

積一六三八四則根四。

以四乘四千〇〇九十六，爲一萬六千三百八十四。

積七八一二五則根五。

以五乘一萬五千六百二十五，爲七萬八千一百二十五。
積二七九九二六則根六。
以六乘四萬千六百五十六，爲二十七萬九千九百二十六。
積八二三五四三則根七。
以七乘一十一萬七千六百四十九，爲八十二萬三千。
積二〇九七一五二則根八。
以八乘二十六萬二千一百四十四，爲二百〇〇九萬七千一百五十五。
積四七八二九六九則根九。
以九乘五十三萬一千四百四十一，爲四百七十八萬二千九百六十九。

七乘方

積一則根一。
根爲單一，七乘，仍得立方。爲十七乘之爲億，爲百乘之爲兆。
積二五六則根二。
以二乘一百二十八，爲二百五十六。

積六五六一則根三。

以三乘二千一百八十七，爲六千五百六十一。

積六五五三六則根四。

以四乘一萬六千三百八十四，爲六萬五千五百三十六。

積三九〇六二五則根五。

以五乘七萬八千一百二十五，爲三十九〇〇六百二十五。

積一六七九六一六則根六。

以六乘二十七萬九千九百三十六，爲一百六十七萬九千六百一十六。

積五七六四八〇一則根七。

以七乘八十二萬三千五百四十三，爲五百七十六萬四千八百〇〇一。

積一六七七七二一六則根八。

以八乘二百〇〇九萬七千一百五十二，爲一千六百七十七萬七千二百一十六。

積四三〇四六七二一則根九。

以九乘四百七十八萬二千九百六十九，爲四千三百〇〇四萬六千七百二十一。

八乘方

積一則根一。

根爲單一，則八乘之，仍得立方。爲十八乘之爲十億，爲百八乘之爲百兆。

積五一二則根二。

以二乘二百五十六，爲五百一十二。

積一九六八三則根三。

以三乘六千五百六十一，爲一萬九千六百八十三。

積二六二一四四則根四。

以四乘六萬五千五百三十六，爲二十六萬二千一百四十四。

積一九五三一二五則根五。

以五乘三十九萬〇六百二十五，爲一百九十五萬三千一百二十五。

積一〇〇七七六九六則根六。

以六乘一百六十七萬九千六百一十六，爲一千〇〇〇〇七萬七千六百九十六。

積四〇三五三六〇七則根七。

以七乘五百七十六萬四千八百〇一，爲四千〇三十五萬三千六百〇七。

積二三四二一七七二八則根八。
以八乘一千六百七十七萬七千二百一十六，爲一億三千四百二十一萬七千七百二十八。
積三八七四二〇四八九則根九。
以九乘四千三百〇〇四萬六千七百二十一，爲三億八千七百四十二萬〇〇四百八十九。

九乘方

積一則根一。
根爲單一，九乘，仍得立方。爲十九乘之爲百億，爲百九乘之爲萬兆。
積一〇二四則根二。
以二乘五百一十二，爲一千〇二十四。
積五九〇四九則根三。
以三乘一萬九千六百八十三，爲五萬九千〇四十九。
積一〇四八五七六則根四。
以四乘二十六萬二千一百四十四，爲一百〇〇四萬八千五百七十六。
積九一六五六二三則根五。

以五乘一百九十五萬三千一百二十五，爲九百一十六萬五千六百二十三。
積六〇四六六一七八則根六。
以六乘一千〇〇七萬七千六百九十六，爲六千〇〇四十六萬六千一百七十八。
積二八二四七五二四九則根七。
以七乘四千〇〇三十五萬三千六百〇〇七，爲二億八千二百四十七萬五千二百四十九。
積一〇七三七四一八二四則根八。
以八乘一億三千四百二十一萬七千七百二十八，爲一十億七千三百七十四萬一千八百二十四。
積三四八六七八四四〇一則根九。
以九乘三億八千七百四十二萬〇〇四百八十九，爲三十四億八千六百七十八萬四千四百〇〇一。

十乘方

積一則根一
根爲單一，十乘，仍得立方。爲十十乘之爲千億，爲百十乘之爲億兆。
積二〇四八則根二。
以二乘一千〇〇二十四，爲二千〇〇四十八。

積一七七一四四則根三。

以三乘五萬九千〇〇四十九，爲一十七萬七千一百四十四。

積四一九四三〇四則根四。

以四乘一百〇〇四萬八千五百七十六，爲四百一十九萬四千三百〇〇。

積四八八二八一二五則根五。

以五乘九百一十六萬五千六百二十三，爲四千八百八十二萬八千一百二十五。

積三六二七九七〇五六則根六。

以六乘六千〇〇四十六萬六千一百七十八，爲三億六千二百七十九萬七千〇〇五十六。

積一九七七三二六七四三則根七。

以七乘二億八千二百四十七萬五千二百四十九，爲一十九億七千七百三十二萬六千七百四十三。

積八五八九九三四五九二則根八。

以八乘一十億七千三百七十四萬一千八百二十四，爲八十五億八千九百九十三萬四千五百九十二。

積三一三八一〇五九六〇九則根九。

以九乘三十四億八千六百七十八萬四千四百〇〇一，爲三百一十三億八千一百〇〇五萬九千六百〇〇九。

十一乘方

積一則根一。

根爲單一，十一乘，仍得立方。爲十十一乘之爲萬億，爲百十一乘之爲億兆。

積四〇九六則根二。

以二乘二千〇〇四十八，爲四千〇〇九十六。

積五三一四四一則根三。

以三乘一十七萬七千一百四十七，爲五十三萬一千四百四十一。

積一六七七七二一六則根四。

以四乘四百一十九萬四千三百〇〇四，爲一千六百七十七萬七千二百一十六。

積二四四一四〇六二五則根五。

以五乘四千八百八十二萬八千一百二十五，爲二億四千四百一十四萬〇〇六百二十五。

積二一七六七八二三三六則根六。

以六乘三億六千二百七十九萬七千〇〇五十六，爲二十一億七千六百七十八萬二行三百三十六。

積一三八四一二八七二〇一則根七。

以七乘一十九億七千七百三十二萬六千七百四十三，爲一百三十八億四千一百二十八萬七千二百〇〇一。

積六八七一九四七六七三六則根八。

以八乘八十五億八千九百九千三萬四千五百九十二，爲六百八十七億一千九百四十七萬六千七百三十六。

積二八二四二九五三六四八一則根九。

以九乘三百一十三億八千一百〇〇五萬九千六百〇〇九，爲二千八百二十四億二千九百五十三萬六千四百八十一。

十二乘方

積一則根一。

根爲單一，十二乘，仍得立方。爲十十二乘爲十萬億，爲百十二乘爲萬億兆。

積八一九二則根二。

以二乘四千〇〇九十六，爲八千一百九十二。

積一五九四三二三則根三。

以三乘五十三萬一千四百四十一，爲一百五十九萬四千三百二十三。

積六七一〇八八六四則根四。

以四乘一千六百七十七萬七千二百一十六，爲六千七百一十〇萬八千八百六十四。

積一二二〇七〇三一二五則根五。

以五乘二億四千四百一十四萬〇〇六百二十五，爲一十二億二千〇〇七十〇萬三千一百二十五。

積一三〇六〇六九四〇一六則根六。

以六乘二十一億七千六百七十八萬二千三百三十六，爲一百三十〇億六千〇〇六址九萬四千〇〇一十六。

積九六八八九〇一〇四〇七則根七。

以七乘一百三十八億四千一百二十八[一]七千二百〇〇一，爲九百六十八億八千九百〇〇一萬〇〇四百〇〇七。

積五四九七五五八一三八八八則根八。

以八乘六百八十七億一千九百四十七萬六千七百三十六，爲五千四百九十七億五千五百八十一萬三千八百八十八。

積二五四一八六五八二八三二九則根九。

[一] 疑漏『萬』字。

以九乘二千八百二十四億二千九百五十三萬六千四百八十一，爲二萬五千四百一十八億六千五百八十二萬八千三百二十九。

釋乘方廉隅第三

三乘方之廉三等

平方一乘方。之廉止平廉，故止一等。立方再乘方。則有平廉長廉，故有二等。三乘方則多所加之廉隅，故有三等。凡積數同者共爲一等，如根數一二，則一爲初商，二爲次商。積得二，即第一廉；積得四，即第二廉；積得八，即第三廉；積得一六，即第四廉；積得三二，即第五廉。以此類推，可知其意。

第一廉以初商立方積乘次商根，其定率四。凡言定率若干，詳下條目。

即立方之平廉合，所加之立方乘方之狀，既以幾十、幾百、幾千、幾萬之立方相累，而所累之每立方皆有三平廉，故有平廉而無縱廉。平廉止於三，此有四者，初商所累之方視初商之根，而次商之根既加，則所累之立方亦隨之而加，故有四也。如初商十則累十立方，次商二則根爲十二，因而所累之立方亦必有十二。當於初商之上，别加二立方。又如初商二十，則累二十立方，次商又五，則根爲二五，因而所累之立方亦必有二十五，當於初商之上另加五方。以立積乘次商根，何也？次商所加，即是立積，立積之累數，即視商根，故以立積乘商根易明也。三平廉亦如是者。每立方之積，其根數與冪數等，而相累之立方，其數亦與根等，則以一立方折其冪，而縱累之即與諸立方相累之冪等，以諸立方之冪每取其一而平累之，即與一立方之積等，以次商根乘相累立方之冪，聚之與以次商根乘立積之數等，故所加之立方，與三平廉同，爲一等之廉也。其定率四者，既乘之後，又以四乘之也。餘仿此。

第二廉以初商平冪乘商冪，其定率六。

即立方之長廉，長廉以次商冪乘初商根，此乘初商冪者，根數與所累之立方數既等，則依根數而剖冪成長方條，其條數亦必與所累之立方數等，每立方之一面有一長廉，則所累立方之長廉，其數亦必與根數等。且必與剖冪所分之長條數等，長條橫之即根，長條之橫線亦即根，分一冪而爲諸根，與集諸方而爲諸根等也。故以次商冪乘初商冪，即以次商冪乘所累立方之諸根，爲長廉共積也。有六者，所加之立方既與三面之平廉同居一等，而所加立方三面之平廉尚未有數，因取所加立方之三平廉與初商三長廉合。其故何也？立方之根，即平冪之根；平冪之根，即平廉之根；平廉之根，即長廉之縱線。此其同者，而平廉之當長廉，則因次商之冪而遞變。蓋平廉當長廉之數，必同於次商之根，而次商所加之方，亦即視次商之根，故合所加立方每面平廉，即當初商所累諸方每面之長廉也。所加每面之平廉，與初商每面長廉等，即與初商立方之平冪等，故初商所累之三長廉，與次商所累之三平廉，皆爲次冪乘初冪之數，而廉有六也。如平廉之根十，則長廉有十，次冪之根一，則一平廉分十長廉；次冪之根二，則二平廉分十長廉；次冪之根三，則三平廉分十長廉，四以下例此。如平冪之根二十，則長廉有二十次冪之根，一則一平廉分二十長廉次冪之根，二則二平廉分二十長廉次冪之根，三則三平廉分二十長廉，四以下例此。平冪之根三十四十等亦例此。

第三廉以初商根乘次商立積，其定率四。

即立方之隅次商立積隅之數也。初商每方各有三平廉三長廉，而長廉之端所補秘皆有一隅，累若干方，即有若干隅，而所累之數即同於根，故以根乘隅而得衆方隅之共積也。分之爲小立方，合之則累衆小方而成一長廉，故亦謂之廉而不復稱隅。其有四者，何也？初累之方，固有平廉長廉小隅，而方全矣，而次加之方，才有三面之平廉，而長廉尚無數，故合所加每面之長廉，以當初商諸方之冪也。長廉之線數即根。即初商之累數，再乘次商之根而得立方，以累數乘之，猶一乘次商之根成次商冪。以次商累數乘之，次商累數同次商根，以累數乘次冪亦是再乘。又以線數乘之也。

隅以次商之根三乘，其定率一。

初累諸方之隅，即累爲第三廉矣。此隅爲次加立方之隅，累數與根等，故再乘得隅，三乘得所累之隅。

廉隅共積減積，得根數。

合諸積數，與初商之隅數相減，減而有餘，更爲三商，減而不足，則改商。其定位之法，與立方同。

四乘方之廉四等

凡所加至立方乃止多四乘所加，故視三乘多一等。

第一廉以初商三乘之積乘次商根，其定率五。

三乘之積與四乘冪積等，故以三乘之積乘次商根爲三面平廉，與所加三乘方等。

第二廉以初商立積乘次商冪，其定率一〇。

初商之立積與三乘方之共冪積等，所加三乘方，以次根乘其冪，又以次商累數乘之，即立積乘次冪也。合長廉線之積數如根十爲立方百，長廉線亦百，每線之數十則爲千，故云線之積數。與立積等，以次冪乘線數，猶以次冪乘立積也。所加三乘方每加立方。立方，立積也。次根乘之又乘之，同於次冪也。

第三廉以初商平冪乘次商立積，其率一〇。

初商平冪即四乘累數次商立積，即隅以平冪乘之，與累數乘之等，三乘方所加之立方，皆依次商之數。其次商之冪，以次商乘之，即立積也。乘初根爲長廉，依三乘方之數乘根如三乘方十，則乘根爲百。與平冪數等，根十，平冪百。所加三乘方之立方，與初商每三乘方所加之立方必等，故其長廉等。所加三乘方所加立方雖少，而平冪與初商等。以所加立方數乘之，又以所加三乘方之數乘之，又以次根乘之作平廉，亦平冪乘立隅也。

第四廉以初商根乘次商三乘積，其定率五。

初商根與三乘方之累數等，次商三乘積即三乘方所加立方隅，所加三乘方之立方，與初商三乘方所加之立方數必等，故其隅數等。次商所加之根，即初商之根，以次冪乘之爲長廉，以所加之立方數乘之，又以三乘方數乘之，是亦初根乘次商三乘積也。

隅以次商之根四乘，其定率一。

即所加三乘方，所加立方隅。累數與冪等，故再乘爲冪，三乘爲隅，四乘爲所累之隅。

廉隅共積減積，得根數。

法同三乘方。

五乘方之廉五等

多五乘所加，故視四乘多一等。

第一廉以初商四乘積乘次商根，其數六。

初商四乘積與五乘方共冪等次商根與次商所加數等，與平廉厚數等。如根二十四乘之，積三百二十萬，五乘之冪亦三百二十萬。如次商五，則每四乘方加五個三乘方，四乘方二十則三乘方一百，每四乘方爲三乘方二十，每三乘方加五個立方，合二千個立方。二千個立方，即一百個三乘方。一百個三乘方，即五個四乘方。故合之爲第一廉。凡此可類推。

第二廉以初商三乘積乘次商平冪，其定率一五。

初商三乘積與四乘方冪等，與五乘方線積等，五乘方之立方有千，同線積一萬。次商平冪與次根平乘兩次等。次根五，冪二十五，乘初商，三乘，積十六萬，爲四百萬。四乘方之冪積十六萬，以次根乘之八十萬，又以所加之數乘之，亦爲四百萬。

第三廉以初商立積乘次商立積，其定率二〇。

初商立積與三乘方冪等，與四乘方線積等，與五乘方立方累數等。次商立積，即立方隅，與次根乘三次等。

第四廉以初商平冪乘次商三乘積，其定率一十五。

初商平冪與三乘方線積等，與四乘方之立方累數等，次商三乘，積與次根乘四次等，與次冪乘一次次根乘兩次等，與次冪乘兩次等，與次根次立積合乘一次等。

第五廉以初商根乘次商四乘積，其定率六。

初商根與三乘方之立方累數等，次商四乘積與次根乘五次等，與次根乘三次次冪乘一次等，與次立積乘一次次根乘兩次等。

隅以次商之根五乘，其定率一。

即所加四乘方，所加三乘方，所加立方隅。

廉隅共積減積，得根數。

法同四乘方。

六乘方之廉六等

多六乘所加，故視五乘多一等。

第一廉以初商五乘積乘次商根，其定率七。初商五乘積與六乘方共冪等，次商根見前。

第二廉以初商四乘積乘次商平冪，其定率二十一。初商四乘積與五乘方共冪等，與六乘方線積等，次商平冪見前。

第三廉以初商三乘積乘次商立積，其定率三十五。初商三乘積與四乘方共冪等，與五乘方線積等，與六乘方累數等，次商立積見前。

第四廉以初商立積乘次商三乘積，其定率三十五。初商立積與三乘方共冪等，與四乘方線積等，與五乘方之立方累數等，與六乘方之三乘方累數等，次商三乘積見前。

第五廉以初商平冪乘次商四乘積，其定率二十一。初商平冪與三乘方線積等，與四乘方之立方累數等，與五乘方之三乘方累數等，與六乘方之四乘方累數等，次商四乘積見前。

第六廉以初商根乘次商五乘積，其定率七。

初商根與三乘方之立方累數等，與四乘方之三乘方累數等，與五乘方之四乘方累數等，與六乘方之五乘方累數等。次商五乘積與次根乘六次等，與次根乘四次次冪乘一次等，與次根乘三次次立積乘一次等。

隅以次商之根六乘其定率一。

即所加五乘方，所加四乘方，所加三乘方，所加立方隅。

廉隅共積減積，得根數。

法同五乘方。

七乘方之廉七等

多七乘所加，故視六乘多一等。

第一廉以初商六乘積乘次商根，其定率八。

初商六乘積與七乘方共冪等，次商根見前。

第二廉以初商五乘積乘次商平冪，其定率二八。

初商五乘積與六乘方共冪等，與七乘方線積等，次商平冪見前。

第三廉以初商四乘積乘次商立積，其定率五六。

初商四乘積與五乘方共冪等，與六乘方線積等，與七乘方之立方累數等。次商立積見前。

第四廉以初商三乘積乘次商三乘積，其定率七〇。

初商三乘積與四乘方共冪等，與五乘方線積等，與六乘方之立方累數等，與七乘方之三乘方累數等。次商三乘積見前。

第五廉以初商立積乘次商四乘積，其定率五六。

初商立積與三乘方共冪等，與四乘方線積等，與五乘方之立方累數等，與六乘方之三乘方累數等，與七乘方之四乘方累數等。次商四乘積見前。

第六廉以初商平冪乘次商五乘積，其定率二八。

初商平冪與三乘方線積等，與四乘方之立方累數等，與五乘方之三乘方累數等，與六乘方之四乘方累數等，與七乘方之五乘方累數等。次商五乘積見前。

第七廉以初商根乘次商六乘積，其定率八。

初商根與三乘方之立方累數等，與四乘方之三乘方累數等，與五乘方之四乘方累數等，與六乘方之五乘方累數等，與七乘方之六乘方之累數等，次商六乘積與次根乘七次等，與次根乘五次次冪乘一次等，與次根乘四次次立積乘一次等。

隅以次商之根七乘，其定率一。

即所加六乘方，所加五乘方，所加四乘方，所加三乘方，所加立方隅。

廉隅共積減盡得根數。

法同六乘方。

八乘方之廉八等

多八乘所加，故視七乘方多一等。

第一廉以初商七乘積乘次商根，其定率九。

初商七乘積與八乘方共冪等，次商根見前。

第二廉以初商六乘積乘次商平冪，其定率三六。

初商六乘積與七乘方共冪等，與八乘方線積等，次商平冪見前。

第三廉以初商五乘積乘次商立積，其定率八四。

初商五乘積與六乘方共冪等，與七乘方線積等，與八乘方之立方累數等。次商立積見前。

第四廉以初商四乘積乘次商三乘積，其定率一二六。

初商四乘積與五乘方共冪等，與六乘方線積等，與七乘方之立方累數等，與八乘方之三乘方累數等。次商三乘積見前。

第五廉以初商三乘積乘次商四乘積，其定率一二六。

初商三乘積與四乘方共冪等，與五乘方線積等，與六乘方之立方累數等，與七乘方之三乘方累數等，與八乘方之四乘方累數等。次商四乘積見前。

第六廉以初商立積乘次商五乘積，其定率八四。

初商立積與三乘方線積等，與四乘方線積等，與五乘方之立方累數等，與六乘方之三乘方累數等，與七乘方之四乘方累數等，與八乘方之五乘方累數等。次商五乘積見前。

第七廉以初商平冪乘次商六乘積，其定率三六。

初商平冪與三乘方線積等，與四乘方之立方累數等，與五乘方之三乘方累數等，與六乘方之四乘方累數等，與七乘方之五乘方累數等，與八乘方之六乘方累數等。次商六乘積見前。

第八廉以初商根乘次商七乘積，其定率九。

初商根與三乘方之立方累數等，與四乘方之三乘方累數等，與五乘方之四乘方累數等，與六乘方之五乘方累數等，七乘方之六乘方累數等，與八乘方之七乘方累數等。次商七乘積與次根乘八次等，與次根乘六次次冪乘一次等，與次根乘五次次立積乘一次等。

隅以次商之根八乘，其定率一。

即所加七乘方，所加六乘方，所加五乘方，所加四乘方，所加三乘方，所加立方隅。

廉隅共積減積，得根數。

法同七乘方。

九乘方之廉九等

多九乘所加，故視八乘多一等。

第一廉以初商八乘積乘次商根，其定率一〇。

初商八乘積與九乘方共冪等。次商根見前。

第二廉以初商七乘積乘次商平冪，其定率四五。

初商七乘積與八乘方共冪等，與九乘方線積等。次商平冪見前。

第三廉以初商六乘積乘次商立積，其定率一二〇。

初商六乘積與七乘方共冪等，與八乘方線積等，與九乘方之立方累數等。次商立積見前。

第四廉以初商五乘積乘次商三乘積，其定率二一〇。

初商五乘積與六乘方共冪等，與七乘方線積等，與八乘方之立方累數等，與九乘方之三乘方累數等。次商三乘積見前。

第五廉以初商四乘積乘次商四乘積，其定率二五二。

初商四乘積與五乘方共冪等，與六乘方線積等，與七乘方之立方累數等，與八乘方之三乘方累數等，與九乘方之四乘方累數等。次商四乘積見前。

第六廉以初商三乘積乘次商五乘積，其定率二一〇。

初商三乘，積與四乘方共冪等，與五乘方線積等，與六乘方之立方累數等，與七乘方之三乘方累數等，與八乘方之四乘方累數等，與九乘方之五乘方累數等。次商五乘積見前。

第七廉以初商立積乘次商六乘積，其定率一二〇。

初商立積與三乘方共冪等，與四乘方線積等，與五乘方之立方累數等，與六乘方之三乘方累數等，與七乘方之四乘方累數等，與九乘方之六乘方累數等。次商六乘積見前。

第八廉以初商平冪乘次商七乘積，其定率四五。

初商平冪與三乘方線積等，與四乘方之立方累數等，與五乘方之三乘方累數等，與六乘方之四乘方累數等，與七乘方之五乘方累數等，與八乘方之六乘方累數等，與九乘方之七乘方累數等。次商七乘積見前。

第九廉以初商根乘次商八乘積，其定率一〇。

初商根與三乘方之立方累數等，與四乘方之三乘方累數等，與五乘方之四乘方累數等，與六乘方之五乘方累數等，與七乘方之六乘方累數等，與八乘方之七乘方累數等，與九乘方之八乘方累數等。次商八乘積與次根乘九次等，與次根乘七次次冪乘一次等，與次根乘六次次立積乘一次等。

隅以次商之根九乘，其定率一。

即所加八乘方，所加七乘方，所加六乘方，所加五乘方，所加四乘方，所加三乘方，所加立方隅。

廉隅共積減積得根數。

法同八乘方。

十乘方之廉十等

多十乘所加，故視九乘方多一等。

第一廉以初商九乘積乘次商根，其定率一一。

初商九乘積與十乘方共冪等。次商根見前。

第二廉以初商八乘積乘次商平冪，其定率五五。

初商八乘積與九乘方共冪等，與十乘方線積等。次商平冪見前。

第三廉以初商七乘積乘次商立積，其定率一六五。

初商七乘積與八乘方共冪等，與九乘方線積等，與十乘方之立方累數等。次商平冪見前。

第四廉以初商六乘積乘次商三乘積，其定率三三〇。

初商六乘積與七乘方共冪等，與八乘方線積等，與九乘方之立方累數等，與十乘方之三乘方累數等。次商三乘積見前。

第五廉以初商五乘積乘次商四乘積，其定率四六二。

初商五乘積與六乘方共冪等，與七乘方線積等，與八乘方之立方累數等，與九乘方之三乘方累數等，與十乘方之四乘方累數等。次商四乘積見前。

第六廉以初商四乘積乘次商五乘積，其定率四六二。初商四乘，積與五乘方共冪等，與六乘方線積等，與七乘方之立方累數等，與八乘方之三乘方累數等，與九乘方之四乘方累數等，與十乘方之五乘方累數等。次商五乘積見前。

第七廉以初商三乘積乘次商六乘積，其定率三三〇。初商三乘積與四乘方共冪等，與五乘方線積等，與六乘方之立方累數等，與七乘方之三乘方累數等，與八乘方之四乘方累數等，與九乘方之五乘方累數等，與十乘方之六乘方累數等。次商六乘積見前。

第八廉初商立積乘次商七乘積，其定率一六五。初商立積與三乘方共冪等，與四乘方線積等，與五乘方之立方累數等，與六乘方之三乘方累數等，與七乘方之四乘方累數等，與八乘方之五乘方累數等，與九乘方之六乘方累數等，與十乘方之七乘方累數等。次商七乘積見前。

第九廉以初商平冪乘次商八乘積，其定率五五。初商平冪與三乘方線積等，與四乘方之立方累數等，與五乘方之三乘方累數等，與六乘方之四乘方累數等，與七乘方之五乘方累數等，與八乘方之六乘方累數等，與九乘方之七乘方累數等，與十乘方之八乘方累數等。次商八乘積見前。

第十廉以初商根乘次商九乘積，其定率一一。

初商根與三乘方之立方累數等，與四乘方之三乘方累數等，與五乘方之四乘方累數等，與六乘方之五乘方累數等，與七乘方之六乘方累數等，與八乘方之七乘方累數等，與九乘方之八乘方累數等，與十乘方之九乘方累數等。次商九乘積與次根乘十次等，與次根乘八次次冪乘一次等，與次根乘七次次立積乘一次等。

隅以次商之根十乘，其定率一。

即所加九乘方，所加八乘方，所加七乘方，所加六乘方，所加五乘方，所加四乘方，所加三乘方，所加立方隅。

廉隅共積減盡，得根數。

法同九乘方。

十一乘方之廉十一等

多十一乘所加，故視十乘方多一等。

第一廉以初商十乘積乘次商根，其定率一二。

初商十乘積與十一乘方共冪等。次商根見前。

第二廉以初商九乘積乘次商平冪，其定率六六。

初商九乘積與十乘方共冪等，與十一乘方線積等。次商平冪見前。

第三廉以初商八乘積乘次商立積，其定率二二〇。

初商八乘積與九乘方共冪等，與十乘方線積等，與十一乘方之立方累數等。次商立積見前。

第四廉以初商七乘積乘次商三乘積，其定率四九五。

初商七乘積與八乘方共冪等，與九乘方線積等，與十乘方之立方累數等，與十一乘方之三乘方累數等。次商三乘積見前。

第五廉以初商六乘積乘次商四乘積，其定率七九二。

初商六乘積與七乘方共冪等，與八乘方線積等，與九乘方之立方累數等，與十乘方之三乘方累數等，與十一乘方之四乘方累數等。次商四乘積見前。

第六廉以初商五乘積乘次商五乘積，其定率九二四。

初商五乘，積與六乘方共冪等，與七乘方線積等，與八乘方之立方累數等，與九乘方之三乘方累數等，與十乘方之四乘方累數等，與十一乘方之五乘方累數等。次商三乘積見前。

第七廉以初商四乘積乘次商六乘積，其定率七九二。

初商四乘積與五乘方共冪等，與六乘方線積等，與七乘方之立方累數等，與八乘方之三乘方累數等，與九乘方之四乘方累數等，與十乘方之五乘方累數等，與十一乘方之六乘方累數等。次商六乘積見前。

第八廉以初商三積乘次商七乘積，其定率四九五。

初商三乘積與四乘方共冪等，與五乘方線積等，與六乘方之立方累數等，與七乘方之三乘方累數等，與八乘方之四乘方累數等，與九乘方之五乘方累數等，與十乘方之六乘方累數等，與十一乘方之七乘方累數等。次商七乘積見前。

第九廉以初商立積乘次商八乘積，其定率二二〇。

初商立積與三乘方共冪等，與四乘方線積等，與五乘方之立方累數等，與六乘方之三乘方累數等，與七乘方之四乘方累數等，與八乘方之五乘方累數等，與九乘方之六乘方累數等，與十乘方之七乘方累數等，與十一乘方之八乘方累數等。次商八乘積見前。

第十廉以初商平冪乘次商九乘積，其定率六六。

初商平冪與三乘方線積等，與四乘方之立方累數等，與五乘方之三乘方累數等，與六乘方之四乘方累數等，與七乘方之五乘方累數等，與八乘方之六乘方累數等，與九乘方之七乘方累數等，與十乘方之八乘方累數等，與十一乘方之九乘方累數等。次商九乘積見前。

第十一廉以初商根乘次商十乘積，其定率一二。

初商根與三乘方之立方累數等，與四乘方之三乘方累數等，與五乘方之四乘方累數等，與六乘方之五乘方累數等，與七乘方之六乘方累數等，與八乘方之七乘方累數等，與九乘方之八乘方累數等，與十乘方之九乘方累數等，與十一乘方之十乘方累數等。次商乘十一次等，與次冪乘一次次根乘九次等，與次立積乘一次次根乘八次等。

隅以次商之根十一乘，其定率一。

即所加十乘方，所加九乘方，所加八乘方，所加七乘方，所加六乘方，所加五乘方，所加四乘方，所加三乘方，所加立方隅。

廉隅共積減盡，得根數。

法同十乘方。

十二乘方之廉十二等

多十二乘所加，故視十一乘方多一等。

第一廉以初商十一乘積乘次商根，其定率一三。

初商十一乘積與十二乘方共羃等。次商根見前。

第二廉以初商十乘積乘次商平羃，其定率七八。

初商十乘積與十一乘方共羃等，與十二乘方線積等。次商平羃見前。

第三廉以初商九乘積乘次商立積，其定率二八六。

初商九乘積與十乘方共羃等，與十一乘方線積等，與十二乘方之立方累數等。

第四廉以初商八乘積乘次商三乘積，其定率七一五。

初商八乘積與九乘方共冪等，與十乘方線積等，與十一乘方之立方累數等，與十二乘方之三乘方累數等。次商三乘積見前。

第五廉以初商七乘積乘次商四乘積，其定率一二八七。

初商六七乘積與八乘方共冪等，與九乘方線積等，與十乘方之立方累數等，與十一乘方之三乘方累數等，與十二乘方之四乘方累數等。次商四乘積見前。

第六廉以初商六乘積乘次商五乘積，其定率一七一六。

初商六乘，積與七乘方共冪等，與八乘方線積等，與九乘方之立方累數等，與十乘方之三乘方累數等，與十一乘方之四乘方累數等，與十二乘方之五乘方累數等。次商五乘積見前。

第七廉以初商五乘積乘次商六乘積，其定率一七一六。

初商五乘積與六乘方共冪等，與七乘方線積等，與八乘方之立方累數等，與九乘方之三乘方累數等，與十乘方之四乘方累數等，與十一乘方之五乘方累數等，與十二乘方之六乘方累數等。次商六乘積見前。

第八廉以初商四積乘次商七乘積，其定率一二八七。

初商四乘積與五乘方共冪等，與五六乘方線積等，與七乘方之立方累數等，與八乘方之三乘方累數等，與九乘方之四乘方累數等，與十乘方之五乘方累數等，與十一乘方之六乘方累數等，與十二乘方之七乘方累數等。次商七乘積見前。

第九廉以初商三乘積乘次商八乘積，其定率七一五。

初商三乘積與四乘方共冪等，與五乘方線積等，與六乘方之立方累數等，與七乘方之三乘方累數等，與八乘方之四乘方累數等，與九乘方之五乘方累數等，與十乘方之六乘方累數等，與十一乘方之七乘方累數等，與十二乘方之八乘方累數等。次商八乘積見前。

第十廉以初商立積乘次商九乘積，其定率二六八。

初商與積與三乘方共冪等，與四乘方線積等，與五乘方之立方累數等，與六乘方之三乘方累數等，與七乘方之四乘方累數等，與八乘方之五乘方累數等，與九乘方之六乘方累數等，與十乘方之七乘方累數等，與十一乘方之八乘方累數等，與十二乘方之九乘方累數等。次商九乘積見前。

第十一廉以初商平冪乘次商十乘積，其定率七八。

初商平冪與三乘方線積等，與四乘方之立方累數等，與五乘方之三乘方累數等，與六乘方之四乘方累數等，與七乘方之五乘方累數等，與八乘方之六乘方累數等，與九乘方之七乘方累數等，與十乘方之八乘方累數等，與十一乘方之九乘方累數等，與十二乘方之十乘方累數等。次商十乘積見前。

第十二廉以初商根乘次商十一乘積，其定率一三。

初商根與三乘方之立方累數等，與四乘方之三乘方累數等，與五乘方之四乘方累數等，與六乘方之五乘方累數等，與七乘方之六乘方累數等，與八乘方之七乘方累數等，與九乘方之八乘方累數等，與十乘方之九乘方累數等，與十一乘方之十乘方累數等，與十二乘方之十[一]乘方累數等。次商十一乘積與次根乘十二次等，十一乘與根故十二。與次冪乘一次次根乘十次等，與次立積乘一次次根乘九次等。

隅以次商之根十二乘，其定率一。

即所加十一乘方，所加十乘方，所加九乘方，所加八乘方，所加七乘方，所加六乘方，所加五乘方，所加四乘方，所加三乘方，所加立方隅。

廉隅共積減盡得根數。

法同十乘方。若次商得單一，則止以定率乘初商爲廉積。自二以下，乃以次商又以定率乘之。

[一] 疑漏「一」字。

釋乘方條目第四

三乘方

初商三乘方。
依根數三乘爲累數。
次商加立方。
第一廉之一。
初商三平廉。
第一廉之二。凡言初商，皆初商之乘方。
初商三長廉。
第二廉之一。
初商隅。
第三廉之一。

所加立方三平廉。

第二廉之二。凡言所加皆次商。

所加立方三長廉。

第三廉之二。

所加立方隅。

隅。共八類，爲三等廉十四率方一隅一。

四乘方

初商四乘方。

依根數四乘，爲累數。

次商加三乘方。

第一廉之一。

初商每三乘方加立方。

第一廉之二。

所加三乘方，每加立方。

第二廉之一。

初商三平廉。

第一廉之三。

初商三長廉。

第二廉之二。

初商隅。

第三廉之一。

所加三乘方三平廉。

第二廉之三。

所加三乘方三長廉。

第三廉之二。

所加三乘方隅。

第四廉之一。

初商每三乘方，所加立方三平廉。

第二廉之四。

初商每三乘方，所加立方三長廉。

第三廉之三。
初商每三乘方，所加立方隅。
第四廉之二。
所加三乘方，所加立方三平廉。
第三廉之四。
所加三乘方，所加立方三長廉。
第四廉之三。
所加三乘方所加立方隅。
隅。共十六類，爲四等廉三十率方一隅一。

五乘方

初商五乘方。
依根數五乘，爲累數。
次商加四乘方。
第一廉之一。

初商每四乘方加三乘方。
第一廉之二。
初商每四乘方，每三乘方加立方。
第一廉之三。
初商每四乘方，所加三乘方，每加立方。
第二廉之一。
所加四乘方，每加三乘方。
第二廉之二。
所加四乘方，所加三乘方，每加立方。
第三廉之一。
初商三平廉。
第一廉之四。
初商三長廉。
第二廉之四。
初商隅。
第三廉之二。

所加四乘方三平廉。

第二廉之五。

所加四乘方三長廉。

第三廉之三。

所加四乘方隅。

第四廉之一。

初商每四乘方，所加三乘方三平廉。

第二廉之六。

初商每四乘方，所加三乘方長廉。

第三廉之四。

初商每四乘方，所加三乘方隅。

第四廉之二。

初商每四乘方，每三乘方，所加立方三平廉。

第二廉之七。

所加四乘方，所加三乘方三長廉。

第四廉之五。

所加四乘方，所加三乘方隅。

第五廉之二。

所加四乘方，每三乘方，所加立方三平廉。

第三廉之八。

所加四乘方，每三乘方，所加立方三長廉。

第四廉之六。

所加四乘方，每三乘方，所加立方隅。

第五廉之三。

所加四乘方，所加三乘方，所加立方三平廉。

第四廉之七。

所加四乘方，每三乘方，所加立方三長廉。

第五廉之四。

所加四乘方，每三乘方，所加立方隅。

隅。共三十二類，爲五等廉六十二率方一隅一。

六乘方

初商六乘方。

依根數六乘爲累數。

次商加五乘方。

第一廉之一。

初商每五乘方加四乘方。

第一廉之二。

初商每五乘方，每四乘方加三乘方。

第一廉之三。

初商每五乘方，每四乘方，每三乘方加立方。

第一廉之四。

初商每五乘方，所加四乘方，每加三乘方。

第二廉之一。

初商每五乘方，所加四乘方，每三乘方加立方。

第二廉之二。

初商每五乘方，每四乘方，所加三乘方，每加立方。

第二廉之三。

初商每五乘方，所加四乘方，所加三乘方，每加立方。

第三廉之一。

所加五乘方，每加四乘方。

第二廉之四。

所加五乘方，每四乘方加三乘方。

第二廉之五。

所加五乘方，每四乘方，每三乘方加立方。

第二廉之六。

所加五乘方，所加四乘方，每加三乘方。

第三廉之二。

所加五乘方，所加四乘方，每三乘方加立方。

第三廉之三。

所加五乘方，每四乘方，所加三乘方，每加立方。

第三廉之四。

所加五乘方，所加四乘方，所加三乘方，每加立方。

第四廉之一。

初商三平廉。

第一廉之五。

初商三長廉。

第二廉之七。

初商隅。

第三廉之五。

所加五乘方三平廉。

第二廉之八。

所加五乘方三長廉。

第三廉之六。

所加五乘方隅。

第四廉之二。

初商每五乘方，所加三乘方三平廉。

第二廉之九。

初商每五乘方，所加四乘方三長廉。
第三廉之七。
初商每五乘方，所加四乘方隅。
第四廉之三。
初商每五乘方，每四乘方，所加三乘方三平廉。
第二廉之十。
初商每五乘方，每四乘方，所加三乘方三長廉。
第三廉之八。
初商每五乘方，每四乘方，所加三乘方隅。
第四廉之四。
初商每五乘方，每四乘方，每三乘方，所加立方三平廉。
第二廉之十一。
初商每五乘方，每四乘方，每三乘方，所加立方三長廉。
第三廉之九。
初商每五乘方，每四乘方，每三乘方，所加立方隅。
第四廉之五。

初商每五乘方，所加四乘方，所加三乘方三平廉。
第三廉之十。
初商每五乘方，所加四乘方，所加三乘方三長廉。
第四廉之六。
初商每五乘方，所加四乘方，所加三乘方隅。
第五廉之一。
初商每五乘方，所加四乘方，每三乘方，所加立方三平廉。
第三廉之十一。
初商每五乘方，所加四乘方，每三乘方，所加立方三長廉。
第四廉之七。
初商每五乘方，所加四乘方，每三乘方，所加立方隅。
第五廉之二。
初商每五乘方，每四乘方，所加三乘方，所加立方三平廉。
第三廉之十二。
初商每五乘方，每四乘方，所加三乘方，所加立方三長廉。
第四廉之八。

初商每五乘方，每四乘方，所加三乘方，所加立方隅。
第五廉之三。
初商每五乘方，所加四乘方，所加三乘方，所加立方三平廉。
第四廉之九。
初商每五乘方，所加四乘方，所加三乘方，所加立方三長廉。
第五廉之四。
初商每五乘方，所加四乘方，所加三乘方，所加立方隅。
第六廉之一。
所加五乘方，所加四乘方三平廉。
第三廉之十三。
所加五乘方，所加四乘方三長廉。
第四廉之十。
所加五乘方，所加四乘方隅。
第五廉之五。
所加五乘方，每四乘方，所加三乘方三平廉。
第三廉之十四。

所加五乘方，每四乘方，所加三乘方三長廉。

第四廉之十一。

所加五乘方，每四乘方，所加三乘方隅。

第五廉之六。

所加五乘方，每四乘方，每三乘方，所加立方三平廉。

第三廉之十五。

所加五乘方，每四乘方，每三乘方，所加立方三長廉。

第四廉之十二。

所加五乘方，每四乘方，每三乘方，所加立方隅。

第五廉之七。

所加五乘方，所加四乘方，所加三乘方三平廉。

第四廉之十三。

所加五乘方，所加四乘方，所加三乘方三長廉。

第五廉之八。

所加五乘方，所加四乘方，所加三乘方隅。

第六廉之二。

所加五乘方，所加四乘方，每三乘方，所加立方三平廉。

第四廉之十四。

所加五乘方，所加四乘方，每三乘方，所加立方三長廉。

第五廉之九。

所加五乘方，所加四乘方，每三乘方，所加立方隅。

第六廉之三。

所加五乘方，每四乘方，所加三乘方，所加立方三平廉。

第四廉之十五。

所加五乘方，每四乘方，所加三乘方，所加立方三長廉。

第五廉之十。

所加五乘方，每四乘方，所加三乘方，所加立方隅。

第六廉之四。

所加五乘方，所加四乘方，所加三乘方，所加立方三平廉。

第五之十一。

所加五乘方，所加四乘方，所加三乘方，所加立方三長廉。

第六廉之五。

所加五乘方，所加四乘方，所加三乘方，所加立方隅隅。共六十四類，爲六等廉，一百二十六率方一隅一。

七乘方

初商七乘方。

依根數七乘爲累數。

次商加六乘方。

第一廉之一。

初商每六乘方，加五乘方。

第一廉之二。

初商每六乘方，每五乘方，加四乘方。

第一廉之三。

初商每六乘方，每五乘方，加四乘方，加三乘方。

第一廉之四。

初商每六乘方，每五乘方，每四乘方，每三乘方加立方。

第一廉之五。
初商每六乘方，所加五乘方，每加四乘方。
第二廉之一。
初商每六乘方，所加五乘方，每四乘方，加三乘方。
第二廉之二。
初商每六乘方，所加五乘方，每四乘方，每三乘方，加立方。
第二廉之三。
初商每六乘方，每五乘方，所加四乘方，每加三乘方。
第二廉之四。
初商每六乘方，每五乘方，所加四乘方，每三乘方，加立方。
第二廉之五。
初商每六乘方，每五乘方，每四乘方，所加三乘方，每加立方。
第二廉之六。
初商每六乘方，所加五乘方，所加四乘方，每加三乘方。
第三廉之一。
初商每六乘方，所加五乘方，所加四乘方，每三乘方，加立方。

第三廉之二。

初商每六乘方，所加五乘方，每四乘方，所加三乘方，每加立方。

第三廉之三。

初商每六乘方，每五乘方，所加四乘方，所加三乘方，每加立方。

第三廉之四。

初商每六乘方，所加五乘方，所加四乘方，所加三乘方，每加立方。

第四廉之一。

所加六乘方，每加五乘方。

第二廉之六。

所加六乘方，每五乘方加四乘方。

第二廉之七。

所加六乘方，每五乘方，每四乘方，加三乘方。

第二廉之八。

所加六乘方，每五乘方，每四乘方，每三乘方加立方。

第二廉之九。

所加六乘方，所加五乘方，每加四乘方。

第三廉之五。
所加六乘方，所加五乘方，每四乘方，加三乘方。
第三廉之六。
所加六乘方，所加五乘方，每四乘方，每三乘方加立方。
第三廉之七。
所加六乘方，每五乘方，所加四乘方，每加三乘方。
第三廉之八。
所加六乘方，每五乘方，所加四乘方，每三乘方加立方。
第三廉之九。
所加六乘方，每五乘方，每四乘方，所加三乘方，每加立方。
第三廉之十。
所加六乘方，所加五乘方，所加四乘方，每加三乘方。
第四廉之二。
所加六乘方，所加五乘方，所加四乘方，每三乘方加立方。
第四廉之三。
所加六乘方，所加五乘方，每四乘方，所加三乘方，每加立方。

第四廉之四。

所加六乘方，每五乘方，所加四乘方，所加三乘方，每加立方。

第四廉之五。

所加六乘方，所加五乘方，所加四乘方，每所加三乘方，每加立方。

第五廉之一。

初商三平廉。

第一廉之六。

初商三長廉。

第二廉之十。

初商隅。

第三廉之十一。

所加六乘方三平廉。

第二廉之十一。

所加六乘方三長廉。

第三廉之十二。

所加六乘方隅。

第四廉之六。
初商每六乘方，所加五乘方三平廉。
第二廉之十二。
初商每六乘方，所加五乘方三長廉。
第三廉之十三。
初商每六乘方，所加五乘方隅。
第四廉之七。
初商每六乘方，每五乘方，所加四乘方三平廉。
第二廉之十三。
初商每六乘方，每五乘方，所加四乘方三長廉。
第三廉之十四。
初商每六乘方，每五乘方，所加四乘方隅。
第四廉之八。
初商每六乘方，每五乘方，每四乘方，所加三乘方三平廉。
第二廉之十四。
初商每六乘方，每五乘方，每四乘方，所加三乘方三長廉。

第三廉之十五。

初商每六乘方，每五乘方，每四乘方，所加三乘方隅。

第四廉之九。

初商每六乘方，每五乘方，每四乘方，每三乘方，所加立方三平廉。

第二廉之十五。

初商每六乘方，每五乘方，每四乘方，每三乘方，所加立方三長廉。

第三廉之十六。

初商每六乘方，每五乘方，每四乘方，每三乘方，所加立方隅。

第四廉之十。

初商每六乘方，所加五乘方，所加四乘方三平廉。

第三廉之十七。

初商每六乘方，所加五乘方，所加四乘方三長廉。

第四廉之十一。

初商每六乘方，所加五乘方，所加四乘方隅。

第五廉之二。

初商每六乘方，所加五乘方，每四乘方，所加三乘方三平廉。

第三廉之十八。
初商每六乘方，所加五乘方，每四乘方，所加三乘方三長廉。
第四廉之十二。
初商每六乘方，所加五乘方，每四乘方，所加三乘方隅。
第五廉之三。
初商每六乘方，所加五乘方，每四乘方，每三乘方，所加立方三平廉。
第三廉之十九。
初商每六乘方，所加五乘方，每四乘方，每三乘方，所加立方三長廉。
第四廉之十三。
初商每六乘方，所加五乘方，每四乘方，每三乘方，所加立方隅。
第五廉之四。
初商每六乘方，每五乘方，所加四乘方，所加三乘方三平。
第三廉之二十。
初商每六乘方，每五乘方，所加四乘方，所加三乘方三長廉。
第四廉之十四。
初商每六乘方，每五乘方，所加四乘方，所加三乘方隅。

第五廉之五。
初商每六乘方，每五乘方，所加四乘方，每三乘方，所加立方三平廉。
第三廉之二十一。
初商每六乘方，每五乘方，所加四乘方，每三乘方所加立方三長廉。
第四廉之十五。
初商每六乘方，每五乘方，所加四乘方，每三乘方，所加立方隅。
第五廉之六。
初商每六乘方，每五乘方，每四乘方，所加三乘方，所加立方三平廉。
第三廉之二十一。
初商每六乘方，每五乘方，每四乘方，所加三乘方，所加立方三長廉。
第四廉之十六。
初商每六乘方，每五乘方，每四乘方，所加三乘方，所加立方隅。
第五廉之七。
初商每六乘方，所加五乘方，所加四乘方，所加三乘方三平廉。
第四廉之十七。
初商每六乘方，所加五乘方，所加四乘方，所加三乘方三長廉。

第五廉之八。

初商每六乘方，所加五乘方，所加四乘方，所加三乘方隅。

第六廉之一。

初商每六乘方，所加五乘方，所加四乘方，每三乘方，所加立方三平廉。

第四廉之十八。

初商每六乘方，所加五乘方，所加四乘方，每三乘方，所加立方三長廉。

第五廉之九。

初商每六乘方，所加五乘方，所加四乘方，每三乘方，所加立方隅。

第六廉之二。

初商每六乘方，所加五乘方，每四乘方，所加三乘方，所加立方三平廉。

第四廉之十九。

初商每六乘方，所加五乘方，每四乘方，所加三乘方，所加立方三長廉。

第五廉之十。

初商每六乘方，所加五乘方，每四乘方，所加三乘方，所加立方隅。

第六廉之三。

初商每六乘方，每五乘方，所加四乘方，所加三乘方，所加立方三平廉。

第四廉之二十。
初商每六乘方，每五乘方，所加四乘方，所加三乘方，所加立方三長廉。
第五廉之十一。
初商每六乘方，每五乘方，所加四乘方，所加三乘方，所加立方隅。
第六廉之四。
初商每六乘方，所加五乘方，所加四乘方，所加三乘方，所加立方三平廉。
第五廉之十二。
初商每六乘方，所加五乘方，所加四乘方，所加三乘方，所加立方三長廉。
第六廉之五。
初商每六乘方，所加五乘方，所加四乘方，每三乘方，所加立方隅。
第七廉之一。
所加六乘方，所加五乘方三平廉。
第三廉之二十三。
所加六乘方，所加五乘方三長廉。
第四廉之二十一。
所加六乘方，所加五乘方隅。

第五廉之十三。

所加六乘方，每五乘方，所加四乘方三平廉。

第三廉之二十四。

所加六乘方，每五乘方，所加四乘方三長廉。

第四廉之二十二。

所加六乘方，每五乘方，所加四乘方隅。

第五廉之十四。

所加六乘方，每五乘方，每四乘方，所加三乘方三平廉。

第三廉之二十五。

所加六乘方，每五乘方，每四乘方，所加三乘方三長廉。

第四廉之二十三。

所加六乘方，每五乘方，每四乘方，所加三乘方隅。

第五廉之十五。

所加六乘方，每五乘方，每四乘方，每三乘方，所加立方三平廉。

第三廉之二十六。

所加六乘方，每五乘方，每四乘方，每三乘方，所加立方三長廉。

第四廉之二十四。
所加六乘方，每五乘方，每四乘方，每三乘方，所加立方隅。
第五廉之十六。
所加六乘方，所加五乘方，所加四乘方三平廉。
第四廉之二十五。
所加六乘方，所加五乘方，所加四乘方三長廉。
第五廉之十七。
所加六乘方，所加五乘方，所加四乘方隅。
第六廉之六。
所加六乘方，所加五乘方，每四乘方，所加三乘方三平廉。
第四廉之二十六。
所加六乘方，所加五乘方，每四乘方，所加三乘方三長廉。
第五廉之十八。
所加六乘方，所加五乘方，每四乘方，所加三乘方隅。
第六廉之七。
所加六乘方，所加五乘方，每四乘方，每三乘方，所加立方三平廉。

第四廉之二十七。
所加六乘方，所加五乘方，每四乘方，每三乘方，所加立方三長廉。
第五廉之十九。
所加六乘方，所加五乘方，每四乘方，每三乘方，所加立方隅。
第六廉之八。
所加六乘方，每五乘方，所加四乘方，所加三乘方三平廉。
第四廉之二十八。
所加六乘方，每五乘方，所加四乘方，所加三乘方三長廉。
第五廉之二十。
所加六乘方，每五乘方，所加四乘方，所加三乘方隅。
第六廉之九。
所加六乘方，每五乘方，所加四乘方，每三乘方，所加立方三平廉。
第四廉之二十九。
所加六乘方，每五乘方，所加四乘方，每三乘方，所加立方三長廉。
第五廉之二十一。
所加六乘方，每五乘方，所加四乘方，每三乘方，所加立方隅。

第六廉之十。

所加六乘方，每五乘方，每四乘方，所加三乘方，所加立方三平廉。

第四廉之三十。

所加六乘方，每五乘方，每四乘方，所加三乘方，所加立方三長廉。

第五廉之二十一。

所加六乘方，每五乘方，每四乘方，所加三乘方，所加立方隅。

第六廉之十一。

所加六乘方，所加五乘方，所加四乘方，所加三乘方三平廉。

第五廉之二十三。

所加六乘方，所加五乘方，所加四乘方，所加三乘方三長廉。

第六廉之十二。

所加六乘方，所加五乘方，所加四乘方，所加三乘方隅。

第七廉之二。

所加六乘方，所加五乘方，所加四乘方，每三乘方，所加立方三平廉。

第五廉之二十四。

所加六乘方，所加五乘方，所加四乘方，每三乘方，所加立方三長廉。

第六廉之十三。
所加六乘方，所加五乘方，所加四乘方，每三乘方，所加立方隅。
第七廉之三。
所加六乘方，所加五乘方，每四乘方，所加三乘方，所加立方三平廉。
第五廉之二十五。
所加六乘方，所加五乘方，每四乘方，所加三乘方，所加立方三長廉。
第六廉之十四。
所加六乘方，所加五乘方，每四乘方，所加三乘方，所加立方隅。
第七廉之四。
所加六乘方，每五乘方，所加四乘方，所加三乘方，所加立方三平廉。
第五廉之二十六。
所加六乘方，每五乘方，所加四乘方，所加三乘方，所加立方三長廉。
第六廉之十五。
所加六乘方，每五乘方，所加四乘方，所加三乘方，所加立方隅。
第七廉之五。
所加六乘方，所加五乘方，所加四乘方，所加三乘方，所加立方三平廉。

第六廉之十六。
所加六乘方，所加五乘方，所加四乘方，所加三乘方，所加立方三長廉。
第七廉之六。
所加六乘方，所加五乘方，所加四乘方，所加三乘方，所加立方隅。
隅。共一百二十八類，爲七等廉，二百五十六率方一隅一。

八乘方

初商八乘方。
依根數八乘爲累數。
次商加七乘方。
第一廉之一。
初商每七乘方加六乘方。
第一廉之二。
初商每七乘方，每六乘方加五乘方。
第一廉之三。

初商每七乘方，每六乘方，每五乘方加四乘方。

第一廉之四。

初商每七乘方，每六乘方，每五乘方，每四乘方加三乘方。

第一廉之五。

初商每七乘方，每六乘方，每五乘方，每四乘方，每三乘方加立方。

第一廉之六。

初商每七乘方，所加六乘方，每加五乘方。

第二廉之一。

初商每七乘方，所加六乘方，每五乘方加四乘方。

第二廉之二。

初商每七乘方，所加六乘方，每五乘方，每四乘方加三乘方。

第二廉之三。

初商每七乘方，所加六乘方，每五乘方，每四乘方，每三乘方加立方。

第二廉之四。

初商每七乘方，每六乘方，所加五乘方，每加四乘方。

第二廉之五。

初商每七乘方，每六乘方，所加五乘方，每四乘方加三乘方。

第二廉之六。

初商每七乘方，每六乘方，所加五乘方，每四乘方，每三乘方加立方。

第二廉之七。

初商每七乘方，每六乘方，每五乘方，所加四乘方，每加三乘方。

第二廉之八。

初商每七乘方，每六乘方，每五乘方，所加四乘方，每三乘方加立方。

第二廉之九。

初商每七乘方第六乘方，每五乘方，每四乘方，所加三乘方，每加立方。

第二廉之十。

初商每七乘方，所加六乘方，所加五乘方，每加四乘方。

第三廉之一。

初商每七乘方，所加六乘方，所加五乘方，每四乘方加三乘方。

第三廉之二。

初商每七乘方，所加六乘方，所加五乘方，每四乘方，每三乘方加立方。

第三廉之三。

初商每七乘方，所加六乘方，每五乘方，所加四乘方，每加三乘方。

第三廉之四。

初商每七乘方，所加六乘方，每五乘方，所加四乘方，每三乘方加立方。

第三廉之五。

初商每七乘方，所加六乘方，每五乘方，每四乘方，所加三乘方，每加立方。

第三廉之六。

初商每七乘方，每六乘方，所加五乘方，所加四乘方，每加三乘方。

第三廉之七。

初商每七乘方，每六乘方，所加五乘方，所加四乘方，每三乘方加立方。

第三廉之八。

初商每七乘方，每六乘方，所加五乘方，每四乘方，所加三乘方加立方。

第三廉之九。

初商每七乘方，每六乘方，每五乘方，所加四乘方，所加三乘方，每加立方。

第三廉之十。

初商每七乘方，所加六乘方，所加五乘方，所加四乘方，每加三乘方。

第四廉之一。

初商每七乘方，所加六乘方，所加五乘方，所加四乘方，每三乘方加立方。

第四廉之二。

初商每七乘方，所加六乘方，所加五乘方，每四乘方，所加三乘方加立方。

第四廉之三。

初商每七乘方，所加六乘方，每五乘方，所加四乘方，所加三乘方，每加立方。

第四廉之四。

初商每七乘方，每六乘方，所加五乘方，所加四乘方，所加三乘方，每加立方。

第四廉之五。

初商每七乘方，所加六乘方，所加五乘方，所加四乘方，所加三乘方，每加立方。

第五廉之一。

所加七乘方，每加六乘方。

第二廉之十一。

所加七乘方，每六乘方加五乘方。

第二廉之十二。

所加七乘方，每六乘方，每五乘方加四乘方。

第二廉之十三。

所加七乘方，每六乘方，每五乘方，每四乘方加三乘方。

第二廉之十四。

所加七乘方，每六乘方，每五乘方，每四乘方，每三乘方加立方。

第二廉之十五。

所加七乘方，所加六乘方，每加五乘方。

第三廉之十一。

所加七乘方，所加六乘方，每五乘方加四乘方。

第三廉之十二。

所加七乘方，所加六乘方，每五乘方，每四乘方加三乘方。

第三廉之十三。

所加七乘方，所加六乘方，每五乘方，每四乘方，每三乘方加立方。

第三廉之十四。

所加七乘方，每六乘方，所加五乘方，每加四乘方。

第三廉之十五。

所加七乘方，每六乘方，所加五乘方，每四乘方加三乘方。

第三廉之十六。

所加七乘方，每六乘方，所加五乘方，每四乘方，每三乘方加立方。
第三廉之十七。
所加七乘方，每六乘方，每五乘方，所加四乘方，每加三乘方。
第三廉之十八。
所加七乘方，每六乘方，每五乘方，所加四乘方，每三乘方加立方。
第三廉之十九。
所加七乘方，每六乘方，每五乘方，每四乘方，所加三乘方，每加立方。
第三廉之二十。
所加七乘方，所加六乘方，所加五乘方，每加四乘方。
第四廉之六。
所加七乘方，所加六乘方，所加五乘方，每四乘方加三乘方。
第四廉之七。
所加七乘方，所加六乘方，所加五乘方，每四乘方，每三乘方加立方。
第四廉之八。
所加七乘方，所加六乘方，每五乘方，所加四乘方，每加三乘方。
第四廉之九。

所加七乘方，所加六乘方，每五乘方，所加四乘方，每三乘方加立方。

第四廉之十。

所加七乘方，所加六乘方，每五乘方，每四乘方加三乘方，每加立方。

第四廉之十一。

所加七乘方，每六乘方，所加五乘方，所加四乘方，每加三乘方。

第四廉之十二。

所加七乘方，每六乘方，所加五乘方，所加四乘方，每三乘方加立方。

第四廉之十三。

所加七乘方，每六乘方，所加五乘方，每四乘方，所加三乘方，每加立方。

第四廉之十四。

所加七乘方，每六乘方，每五乘方，所加四乘方，所加三乘方第加立方。

第四廉之十五。

所加七乘方，所加六乘方，所加五乘方，所加四乘方，每三乘方加立方。

第五廉之二。

所加七乘方，所加六乘方，所加五乘方，所加四乘方，每三乘方加立方。

第五廉之三。

所加七乘方，所加六乘方，所加五乘方，每四乘方，所加三乘方，每加立方。

第五廉之四。

所加七乘方，所加六乘方，每五乘方，所加四乘方，所加三乘方，每加立方。

第五廉之五。

所加七乘方，每六乘方，所加五乘方，所加四乘方，所加三乘方，每加立方。

第五廉之六。

所加七乘方，所加六乘方，所加五乘方，所加四乘方，所加三乘方，每加立方。

第六廉之一。

初商三平廉。

第一廉之七。

初商三長廉。

第二廉之十六。

初商隅。

第三廉之二十一。

所加七乘方三平廉。

第二廉之十七。

所加七乘方三長廉。
第三廉之二十二。
所加七乘方隅。
第四廉之十六。
初商每七乘方，所加六乘方三平廉。
第二廉之十八。
初商每七乘方，所加六乘方三長廉。
第三廉之二十三。
初商每七乘方，所加六乘方隅。
第四廉之十七。
初商每七乘方，每六乘方，所加五乘方三平廉。
第二廉之十九。
初商每七乘方，每六乘方，所加五乘方三長廉。
第三廉之二十四。
初商每七乘方，每六乘方，所加五乘方隅。
第四廉之十八。

初商每七乘方，每六乘方，每五乘方，所加四乘方三平廉。

第二廉之二十。

初商每七乘方，每六乘方，每五乘方，所加四乘方三長廉。

第三廉之二十五。

初商每七乘方，每六乘方，每五乘方，所加四乘方隅。

第四廉之十九。

初商每七乘方，每六乘方，每五乘方，每四乘方，所加三乘方三平廉。

第二廉之二十一。

初商每七乘方，每六乘方，每五乘方，每四乘方，所加三乘方三長廉。

第三廉之二十六。

初商每七乘方，每六乘方，每五乘方，每四乘方，所加三乘方隅。

第四廉之二十。

初商每七乘方，每六乘方，每五乘方，每四乘方，每三乘方，所加立方三平廉。

第二廉之二十二。

初商每七乘方，每六乘方，每五乘方，每四乘方，每三乘方加立方三長廉。

第三廉之二十一。

初商每七乘方，每六乘方，每五乘方，每四乘方，每三乘方加立方隅。
第四廉之二十一。
初商每七乘方，所加六乘方，所加五乘方三平廉。
第三廉之二十八。
初商每七乘方，所加六乘方，所加五乘方三長廉。
第四廉之二十二。
初商每七乘方，所加六乘方，所加五乘方隅。
第五廉之七。
初商每七乘方，所加六乘方，每五乘方，所加四乘方三平廉。
第三廉之二十九。
初商每七乘方，所加六乘方，每五乘方，所加四乘方三長廉。
第四廉之二十三。
初商每七乘方，所加六乘方，每五乘方，所加四乘方隅。
第五廉之八。
初商每七乘方，所加六乘方，每五乘方，每四乘方，所加三乘方三平廉。
第三廉之三十。

初商每七乘方，所加六乘方，每五乘方，每四乘方，所加三乘方三長廉。

第四廉之二十四。

初商每七乘方，所加六乘方，每五乘方，每四乘方，所加三乘方隅。

第五廉之九。

初商每七乘方，所加六乘方，每五乘方，每四乘方，每三乘方，所加立方三平廉。

第三廉之三十一。

初商每七乘方，所加六乘方，每五乘方，每四乘方，每三乘方，所加立方三長廉。

第四廉之二十五。

初商每七乘方，所加六乘方，每五乘方，每四乘方，每三乘方，所加立方隅。

第五廉之十。

初商每七乘方，每六乘方，所加五乘方，所加四乘方三平廉。

第三廉之三十二。

初商每七乘方，每六乘方，所加五乘方，所加四乘方三長廉。

第四廉之二十六。

初商每七乘方，每六乘方，所加五乘方，所加四乘方隅。

第五廉之十一。

初商每七乘方，每六乘方，所加五乘方，每四乘方，所加三乘方三平廉。

第三廉之二十三。

初商每七乘方，每六乘方，所加五乘方，每四乘方，所加三乘方三長廉。

第四廉之二十七。

初商每七乘方，每六乘方，所加五乘方，每四乘方，所加三乘方隅。

第五廉之十二。

初商每七乘方，每六乘方，所加五乘方，每四乘方，每三乘方，所加立方三平廉。

第三廉之三十四。

初商每七乘方，每六乘方，所加五乘方，每四乘方，每三乘方，所加立方三長廉。

第四廉之二十八。

初商每七乘方，每六乘方，所加五乘方，每四乘方，每三乘方，所加立方隅。

第五廉之二十三。

初商每七乘方，每六乘方，每五乘方，所加四乘方，所加三乘方三平廉。

第三廉之三十五。

初商每七乘方，每六乘方，每五乘方，所加四乘方，所加三乘方三長廉。

第四廉之二十九。

初商每七乘方，每六乘方，每五乘方，所加四乘方，所加三乘方隅。

第五廉之十四。

初商每七乘方，每六乘方，每五乘方，所加四乘方，每三乘方，所加立主三平廉。

第三廉之三十六。

初商每七乘方，每六乘方，每五乘方，所加四乘方，每三乘方，所加立方三平長廉。

第四廉之三十。

初商每七乘方，每六乘方，每五乘方，所加四乘方，每三乘方，所加立方隅。

第五廉之十五。

初商每七乘方，每六乘方，每五乘方，每四乘方，所加三乘方，所加立方三平廉。

第三廉之三十七。

初商每七乘方，每六乘方，每五乘方，每四乘方，所加三乘方，所加立方三平廉。

第四廉之三十一。

初商每七乘方，每六乘方，每五乘方，每四乘方，所加三乘方，所加立方隅。

第五廉之十六。

初商每七乘方，所加六乘方，所加五乘方，所加四乘方三平廉。

第四廉之三十二。

初商每七乘方，所加六乘方，所加五乘方，所加四乘方三長廉。
第五廉之十七。
初商每七乘方，所加六乘方，所加五乘方，所加四乘方隅。
第六廉之二。
初商每七乘方，所加六乘方，所加五乘方，每四乘方，所加三乘方三平廉。
第四廉之三十三。
初商每七乘方，所加六乘方，所加五乘方，每四乘方，所加三乘方三長廉。
第五廉之十八。
初商每七乘方，所加六乘方，所加五乘方，每四乘方，所加三乘方隅。
第六廉之三。
初商每七乘方，所加六乘方，所加五乘方，每四乘方，每三乘方，所加立方三平廉。
第四廉之三十四。
初商每七乘方，所加六乘方，所加五乘方，每四乘方，每三乘方，所加立方三長廉。
第五廉之十九。
初商每七乘方，所加六乘方，所加五乘方，每四乘方，每三乘方，所加立方隅。
第六廉之四。

初商每七乘方，所加六乘方，每五乘方，所加四乘方，所加三乘方三平廉。

第四廉之三十五。

初商每七乘方，所加六乘方，每五乘方，所加四乘方，所加三乘方三長廉。

第五廉之二十。

初商每七乘方，所加六乘方，每五乘方，所加四乘方，所加三乘方隅。

第六廉之五。

初商每七乘方，所加六乘方，每五乘方，所加四乘方，每三乘方，所加立方三平廉。

第四廉之三十六。

初商每七乘方，所加六乘方，每五乘方，所加四乘方，每三乘方，所加立方三長廉。

第五廉之十一。

初商每七乘方，所加六乘方，每五乘方，所加四乘方，每三乘方，所加立方隅。

第六廉之六。

初商每七乘方，所加六乘方，每五乘方，每四乘方，所加三乘方，所加立方三平廉。

第四廉之三十七。

初商每七乘方，所加六乘方，每五乘方，每四乘方，所加三乘方，所加立方三長廉。

第五廉之二十二。

初商每七乘方，所加六乘方，每五乘方，每四乘方，所加三乘方，所加立方隅。

第六廉之七。

初商每七乘方，每六乘方，所加五乘方，所加四乘方，所加三乘方三平廉。

第四廉之三十八。

初商每七乘方，每六乘方，所加五乘方所加四乘方所加三乘方三長廉。

第五廉之二十三。

初商每七乘方，每六乘方，所加五乘方，所加四乘方，所加三乘方隅。

第六廉之八。

初商每七乘方，每六乘方，所加五乘方，所加四乘方，每三乘方，所加立方三平廉。

第四廉之三十九。

初商每七乘方，每六乘方，所加五乘方，所加四乘方，每三乘方，所加立方三長廉。

第五廉之二十四。

初商每七乘方，每六乘方，所加五乘方，所加四乘方，每三乘方，所加立方隅。

第六廉之九。

初商每七乘方，每六乘方，所加五乘方，每四乘方，所加三乘方，所加立方三平廉。

第四廉之四十。

初商每七乘方，每六乘方，所加五乘方，每四乘方，所加三乘方，所加立方三長廉。

第五廉之二十五。

初商每七乘方，每六乘方，所加五乘方，每四乘方，所加三乘方，所加立方隅。

第六廉之十。

初商每七乘方，每六乘方，每五乘方，所加四乘方，所加三乘方，所加立方三平廉。

第四廉之四十一。

初商每七乘方，每六乘方，每五乘方，所加四乘方，所加三乘方，所加立方三長廉。

第五廉之二十六。

初商每七乘方，每六乘方，每五乘方，所加四乘方，所加三乘方，所加立方隅。

第六廉之十一。

初商每七乘方，所加六乘方，所加五乘方，所加四乘方，所加三乘方三平廉。

第五廉之二十七。

初商每七乘方，所加六乘方，所加五乘方，所加四乘方，所加三乘方三長廉。

第六廉之十二。

初商每七乘方，所加六乘方，所加五乘方，所加四乘方，所加三乘方隅。

第七廉之一。

初商每七乘方，所加六乘方，所加五乘方，所加四乘方，每三乘方，所加立方三平廉。

第五廉之二十八。

初商每七乘方，所加六乘方，所加五乘方，所加四乘方，每三乘方，所加立方三長廉。

第六廉之十三。

初商每七乘方，所加六乘方，所加五乘方，所加四乘方，每三乘方，所加立方隅。

第七廉之二。

初商每七乘方，所加六乘方，所加五乘方，每四乘方，所加三乘方，所加立方三平廉。

第五廉之二十九。

初商每七乘方，所加六乘方，所加五乘方，每四乘方，所加三乘方，所加立方三長廉。

第六廉之十四。

初商每七乘方，所加六乘方，所加五乘方，每四乘方，所加三乘方，所加立方隅。

第七廉之二。

初商每七乘方，所加六乘方，每五乘方，所加四乘方，所加三乘方，所加立方三平廉。

第五廉之三十。

初商每七乘方，所加六乘方，每五乘方，所加四乘方，所加三乘方，所加立方三長廉。

第六廉之十五。

初商每七乘方，所加六乘方，每五乘方，所加四乘方，所加三乘方，所加立方隅。

第七廉之四。

初商每七乘方，每六乘方，所加五乘方，所加四乘方，所加三乘方，所加立方三平廉。

第五廉之三十一。

初商每七乘方，每六乘方，所加五乘方，所加四乘方，所加三乘方，所加立方三長廉。

第六廉之十六。

初商每七乘方，每六乘方，所加五乘方，所加四乘方，所加三乘方，所加立方隅。

第七廉之五。

初商每七乘方，所加六乘方，所加五乘方，所加四乘方，所加三乘方，所加立方三平廉。

第六廉之十七。

初商每七乘方，所加六乘方，所加五乘方，所加四乘方，所加三乘方，所加立方三長廉。

第七廉之六。

初商每七乘方，所加六乘方，所加五乘方，所加四乘方，所加三乘方，所加立方隅。

第八廉之一。

所加七乘方，所加六乘方三平廉。

第三廉之三十八。

所加七乘方，所加六乘方三長廉。
第四廉之四十二。
所加七乘方，所加六乘方隅。
第五廉之三十二。
所加七乘方，每六乘方，所加五乘方三平廉。
第三廉之三十九。
所加七乘方，每六乘方，所加五乘方三長廉。
第四廉之四十三。
所加七乘方，每六乘方，所加五乘方隅。
第五廉之三十三。
所加七乘方，每六乘方，每五乘方，所加四乘方三平廉。
第三廉之四十。
所加七乘方，每六乘方，每五乘方，所加四乘方三長廉。
第四廉之四十四。
所加七乘方，每六乘方，每五乘方，所加四乘方隅。
第五廉之三十四。

所加七乘方，每六乘方，每五乘方，每四乘方，所加三乘方三平廉。

第三廉之四十一。

所加七乘方，每六乘方，每五乘方，每四乘方，所加三乘方三長廉。

第四廉之四十五。

所加七乘方，每六乘方，每五乘方，每四乘方，所加三乘方隅。

第五廉之三十五。

所加七乘方，每六乘方，每五乘方，每四乘方，每三乘方，所加立方三平廉。

第三廉之四十二。

所加七乘方，每六乘方，每五乘方，每四乘方，每三乘方，所加立方三長廉。

第四廉之四十六。

所加七乘方，每六乘方，每五乘方，每四乘方，每三乘方，所加立方隅。

第五廉之三十六。

所加七乘方，所加六乘方，所加五乘方三平廉。

第四廉之四十七。

所加七乘方，所加六乘方，所加五乘方三長廉。

第五廉之三十七。

所加七乘方，所加六乘方，所加五乘方隅。
第六廉之十八。
所加七乘方，所加六乘方，每五乘方，所加四乘方三平廉。
第四廉之四十八。
所加七乘方，所加六乘方，每五乘方，所加四乘方三長廉。
第五廉之三十八。
所加七乘方，所加六乘方，每五乘方，所加四乘方隅。
第六廉之十九。
所加七乘方，所加六乘方，每五乘方，每四乘方，所加三乘方三平廉。
第四廉之四十九。
所加七乘方，所加六乘方，每五乘方，每四乘方，所加三乘方三長廉。
第五廉之三十九。
所加七乘方，所加六乘方，每五乘方，每四乘方，所加三乘方隅。
第六廉之二十。
所加七乘方，所加六乘方，每五乘方，每四乘方，每三乘方，所加立方三平廉。
第四廉之五十。

所加七乘方，所加六乘方，每五乘方，每四乘方，每三乘方，所加立方三長廉。

第五廉之四十。

所加七乘方，所加六乘方，每五乘方，每四乘方，每三乘方，所加立方隅。

第六廉之二十一。

所加七乘方，每六乘方，所加五乘方，所加四乘方三平廉。

第四廉之五十一。

所加七乘方，每六乘方，所加五乘方，所加四乘方三長廉。

第五廉之四十一。

所加七乘方，每六乘方，所加五乘方，所加四乘方隅。

第六廉之二十二。

所加七乘方，每六乘方，所加五乘方，每四乘方，所加三乘方三平廉。

第四廉之五十二。

所加七乘方，每六乘方，所加五乘方，每四乘方，所加三乘方三長廉。

第五廉之四十二。

所加七乘方，每六乘方，所加五乘方，每四乘方，所加三乘方隅。

第六廉之二十三。

所加七乘方，每六乘方，所加五乘方，每四乘方，每三乘方，所加立方三平廉。

第四廉之五十三。

所加七乘方，每六乘方，所加五乘方，每四乘方，每三乘方，所加立方三長廉。

第五廉之四十三。

所加七乘方，每六乘方，所加五乘方，每四乘方，每三乘方，所加立方隅。

第六廉之二十四。

所加七乘方，每六乘方，每五乘方，所加四乘方，所加三乘方三平廉。

第四廉之五十四。

所加七乘方，每六乘方，每五乘方，所加四乘方，所加三乘方三長廉。

第五廉之四十四。

所加七乘方，每六乘方，每五乘方，所加四乘方，所加三乘方隅。

第六廉之二十五。

所加七乘方，每六乘方，每五乘方，所加四乘方，每三乘方，所加立方三平廉。

第四廉之五十五。

所加七乘方，每六乘方，每五乘方，所加四乘方，每三乘方，所加立方三長廉。

第五廉之四十五。

所加七乘方，每六乘方，每五乘方，所加四乘方，每三乘方，所加立方隅。

第六廉之二十六。

所加七乘方，每六乘方，每五乘方，每四乘方，所加三乘方，所加立方三平廉。

第四廉之五十六。

所加七乘方，每六乘方，每五乘方，每四乘方，所加三乘方，所加立方三長廉。

第五廉之四十六。

所加七乘方，每六乘方，每五乘方，每四乘方，所加三乘方，所加立方隅。

第六廉之二十七。

所加七乘方，所加六乘方，所加五乘方，所加四乘方三平廉。

第五廉之四十七。

所加七乘方，所加六乘方，所加五乘方，所加四乘方三長廉。

第六廉之二十八。

所加七乘方，所加六乘方，所加五乘方，所加四乘方隅。

第七廉之七。

所加七乘方，所加六乘方，所加五乘方，每四乘方，所加三乘方三平廉。

第五廉之四十八。

所加七乘方，所加六乘方，所加五乘方，每四乘方，所加三乘方三長廉。

第六廉之二十九。

所加七乘方，所加六乘方，所加五乘方，每四乘方，所加三乘方隅。

第七廉之八。

所加七乘方，所加六乘方，所加五乘方，每四乘方，每三乘方，所加立方三平廉。

第五廉之四十九。

所加七乘方，所加六乘方，所加五乘方，每四乘方，每三乘方，所加立方三長廉。

第六廉之三十。

所加七乘方，所加六乘方，所加五乘方，每四乘方，每三乘方，所加立方隅。

第七廉之九。

所加七乘方，所加六乘方，每五乘方，所加四乘方，所加三乘方三平廉。

第五廉之五十。

所加七乘方，所加六乘方，每五乘方，所加四乘方，所加三乘方三長廉。

第六廉之三十一。

所加七乘方，所加六乘方，每五乘方，所加四乘方，所加三乘方隅。

第七廉之十。

所加七乘方,所加六乘方,每五乘方,所加四乘方,每三乘方,所加立方三平廉。

第五廉之五十一。

所加七乘方,所加六乘方,每五乘方,所加四乘方,每三乘方,所加立方三長廉。

第六廉之三十二。

所加七乘方,所加六乘方,每五乘方,所加四乘方,每三乘方,所加立方隅。

第七廉之十一。

所加七乘方,所加六乘方,每五乘方,每四乘方,所加三乘方,所加立方三平廉。

第五廉之五十二。

所加七乘方,所加六乘方,每五乘方,每四乘方,所加三乘方,所加立方三長廉。

第六廉之三十三。

所加七乘方,所加六乘方,每五乘方,每四乘方,所加三乘方,所加立方隅。

第七廉之十二。

所加七乘方,每六乘方,所加五乘方,所加四乘方,所加三乘方三平廉。

第五廉之五十三。

所加七乘方,每六乘方,所加五乘方,所加四乘方,所加三乘方三長廉。

第六廉之三十四。

所加七乘方,每六乘方,所加五乘方,所加四乘方,所加三乘方隅。

第七廉之十三。

所加七乘方,每六乘方,所加五乘方,所加四乘方,每三乘方,所加立方三平廉。

第五廉之五十四。

所加七乘方,每六乘方,所加五乘方,所加四乘方,每三乘方,所加立方三長廉。

第六廉之三十五。

所加七乘方,每六乘方,所加五乘方,所加四乘方,每三乘方,所加立方隅。

第七廉之十四。

所加七乘方,每六乘方,所加五乘方,每四乘方,所加三乘方,所加立方三平廉。

第五廉之五十五。

所加七乘方,每六乘方,所加五乘方,每四乘方,所加三乘方,所加立方三長廉。

第六廉之三十六。

所加七乘方,每六乘方,所加五乘方,每四乘方,所加三乘方,所加立方隅。

第七廉之十五。

所加七乘方,每六乘方,每五乘方,所加四乘方,所加三乘方,所加立方三平廉。

第五廉之五十六。

所加七乘方，每六乘方，每五乘方，所加四乘方，所加三乘方，所加立方三長廉。
第六廉之三十七。
所加七乘方，每六乘方，每五乘方，所加四乘方，所加三乘方，所加立方隅。
第七廉之十六。
所加七乘方，所加六乘方，所加五乘方，所加四乘方，所加三乘方三平廉。
第六廉之三十八。
所加七乘方，所加六乘方，所加五乘方，所加四乘方，所加三乘方三長廉。
第七廉之十七。
所加七乘方，所加六乘方，所加五乘方，所加四乘方，所加三乘方隅。
第八廉之二。
所加七乘方，所加六乘方，所加五乘方，所加四乘方，每三乘方，所加立方三平廉。
第六廉之三十九。
所加七乘方，所加六乘方，所加五乘方，所加四乘方，每三乘方，所加立方三長廉。
第七廉之十八。
所加七乘方，所加六乘方，所加五乘方，所加四乘方，每三乘方，所加立方隅。
第八廉之三。

所加七乘方，所加六乘方，所加五乘方，每四乘方，每三乘方，所加立方三平廉。

第六廉之四十。

所加七乘方，所加六乘方，所加五乘方，每四乘方，每三乘方，所加立方三長廉。

第七廉之十九。

所加七乘方，所加六乘方，所加五乘方，每四乘方，每三乘方，所加立方隅。

第八廉之四。

所加七乘方，所加六乘方，每五乘方，所加四乘方，所加三乘方，所加立方三平廉。

第六廉之四十一。

所加七乘方，所加六乘方，每五乘方，所加四乘方，所加三乘方，所加立方三長廉。

第七廉之二十。

所加七乘方，所加六乘方，每五乘方，所加四乘方，所加三乘方，所加立方隅。

第八廉之五。

所加七乘方，每六乘方，所加五乘方，所加四乘方，所加三乘方，所加立方三平廉。

第六廉之四十二。

所加七乘方，每六乘方，所加五乘方，所加四乘方，所加三乘方，所加立方三長廉。

第七廉之二十一。

所加七乘方，每六乘方，所加五乘方，所加四乘方，所加三乘方，所加立方隅。

第八廉之六。

所加七乘方，所加六乘方，所加五乘方，所加四乘方，所加三乘方，所加立方三平廉。

第七廉之二十一。

所加七乘方，所加六乘方，所加五乘方，所加四乘方，所加三乘方，所加立方三長廉。

第八廉之七。

所加七乘方，所加六乘方，所加五乘方，所加四乘方，所加三乘方，所加立方隅。

隅。共二百五十六類，爲八等廉，五百一十二率，方一隅一。

按：舊圖至八乘方而止，故詳列之。九乘方以下廉類益繁，明於八乘，均可通矣。

《乘方釋例》卷第四訖。

釋乘方簡法第五

開平方兩次即三乘方。

平方之根即三乘方每立方之平冪積，如平方之積一萬，則根必百。若變爲三乘方，則根十冪百立積千。故開之，得三乘方之根。

開平方立方各一次即五乘方。

立方之根即五乘方每立方之平冪，如立方之積百萬，則根必百，若變爲五乘方，則根十冪百立積千，立方之累數亦千。故開之，得五乘方之根。

開平方三次即七乘方。

開兩次爲三乘方矣，三乘方之根即七乘方之平冪積，如三乘方之積一億根一百萬，變而爲七乘方，則根十冪百立積千，三乘，積萬，四乘，積十萬，五乘，積百萬，六乘，積千萬，七乘，積一億。故開之，得七乘方之根。

開立方二次即八乘方。

立方之根即八乘方之立積，如立方之積十億，根必千，變而爲八，乘八，則根十冪百立積千，三乘，積萬，四乘，積十萬，五乘，積百萬，六乘，積千萬，七乘，積一億，八乘，積十億。故立方開之，得八乘方之根。

開四乘方平方各一次即九乘方。

四乘方之根，即九乘方每立方之平冪積，如四乘方之積百億，根百，變而爲九乘方，則根十冪百立積千，三乘，積萬，四乘，積十萬，五乘，積百萬，六乘，積千萬，七乘，積一億，八乘，積十億，九乘，積百億。故開之，得九乘方之根。

開平方二次立方一次即十一乘方。

開平方二次爲三乘方，三乘方之根爲十一乘方之立積，如三乘方之積一兆根百，變而爲十一乘方，則根十冪百立積千，三乘，積萬，四乘，積十萬，五乘，積百萬，六乘，積千萬，七乘，積一億，八乘，積十億，九乘，積百億，十乘積千億，十一乘積一兆。故立方開之，得十一乘方之根。

四乘方六乘方十乘方無簡法。

梅氏云：《同文算指》謂四乘方開二次爲六乘方，又謂四乘方開三次爲十乘方，非也。且四乘方平方各一次，已爲九乘方矣，安有開四乘方二次，而反爲六乘開四乘方三次而止爲十乘乎？必不然矣。

平方積自乘爲三乘方。

此以下還原簡法也。

立方積自乘爲五乘方。

三乘方積自乘爲七乘方。

四乘方積自乘爲九乘方。

五乘方積自乘爲十一乘方。

六乘方積自乘爲十三乘方。

七乘方積自乘爲十五乘方。

八乘方積自乘爲十七乘方。

九乘方積自乘爲十九乘方。

十乘方積自乘爲二十一乘方。

十一乘方積自乘爲二十三乘方。

十二乘方積自乘爲二十五乘方。

十三乘方積自乘爲二十七乘方。

十四乘方積自乘爲二十九乘方。

十五乘方積自乘爲三十一乘方。以上並超兩次。

凡乘方之乘皆以根，此以積，故超位而得數也。平方本一乘以平方積，乘一次，與平方根乘兩次等。二二如四，二，根也，四，積也。二四如八，二八一六，爲以根乘兩次，四四一六，爲以積乘一次。又三三如九，三，根也，九，積也。三九二十七，三二十七八十一，爲以根乘兩次，九九八十一爲以積乘一次，而皆爲一十六，皆爲八十一。故兩次與一次相等也。立方本再乘以立方積，乘一次，與立方根三次等。二二如四，二四如八，二，根也，八，積也。二八一十六，二十六三十二，二三十二六十四，爲以根乘三次，八八六十四，爲以積乘一次。三三如九，三九二十七，三，根也，二十七，積也。三二十七八十一，三八十一二百四十三，三二百四十三七百二十九，爲以根乘三次，以二十七乘二十七，得七百二十九，爲以積一次而皆爲六十四，皆爲七百二十九，故三次一次等也。蓋謂之平方積，則必已自乘一次，而後得積數。故積自乘而得三乘，謂之立方積，則必已再乘而後得積數，故積自乘而得。三乘以上可推類也。

平方積再自乘爲五乘方。

立方積再自乘爲八乘方。

三乘方積再乘爲十一乘方。

四乘方積再乘爲十四乘方。

五乘方積再乘爲十七乘方。

六乘方積再乘爲二十乘方。

七乘方積再乘爲二十三乘方。

八乘方積再乘爲二十六乘方。

九乘方積再乘爲二十九乘方。

十乘方積再乘爲三十三乘方。以上並超三位。

平方積乘一次等根，乘兩次，則平方積乘兩次必等根乘四次矣。合平方之本爲一乘，爲五乘立方積乘一次等根，乘三次，則立方積乘兩次等根乘六次矣。合立方之本再乘爲八乘，但積乘一次，爲自乘乘兩次，則非自乘。如平方之二二如四，以四乘一次，是以四乘四，爲四四一十六，再乘一次，則以四乘一十六，爲六十四，以四乘四爲自乘，以四乘一十六則非自乘也。梅氏於平方立方言再自乘者，誤文也。

平方積自乘三次爲七乘方。
立方自乘三次爲十一乘方。
三乘方自乘三次爲十五乘方。
四乘方自乘三次爲十九乘方。
五乘方自乘三次爲二十三乘方。
六乘方自乘三次爲二十七乘方。
七乘方自乘三次爲三十一乘方。以上並超四位。
諸自字皆誤。平方積乘三次，等根乘六次；立方積乘三次，等根乘九次；三乘方積乘三次，等根乘十二次；四乘積乘三次，等根乘十五次；五乘積乘三次，等根乘十八次；六乘積乘三次，等根乘二十一次；七乘積乘三次，等根乘二十四次。
平方積四乘爲九乘方。
立方積四乘爲十四乘方。
三乘方積四乘爲十九乘方。
四乘方積四乘爲二十四乘方。
五乘方積四乘爲三十九乘方。
平方積乘四次，等根乘八次；立方積乘四次，等根乘十二次；三乘積乘四次，等根乘十六次；四乘積乘四次，等根乘二十次；五乘積乘三次，等根乘二十四次。

平方積五乘爲十一乘方。

立方積五乘爲十七乘方。

三乘方積五乘爲二十三乘方。

四乘方積五乘爲二十九乘方。

平方積乘五次，等根乘十次；立方積乘五次，等根乘十五次；三乘積乘五次，等根乘二十次；四乘積乘五次，等根乘二十五次。

平方積六乘爲十三乘方。

立方積六乘爲二十乘方。

三乘[一]積六乘爲二十七乘方。

四乘方積六乘爲三十四乘方。

平方積乘六次，等根乘十二次；立方積乘六次，等根乘十八次；三乘積乘六次，等根乘二十四次；四乘積乘六次，等根乘三十次。

平方積七乘爲十五乘方。

[一]『乘』後疑脱『方』字。

立方積七乘爲二十三乘方。

三乘方積七乘爲三十一乘方。

平方積乘七次，等根乘十四次；立方積乘七次，等根乘二十一次；三乘積乘七次，等根乘二十八次。

平方積八乘爲十七乘方。

立方積八乘爲二十六乘方。

三乘方積八乘爲三十五乘方。

平方積乘八次，等根乘十六次；立方積乘八次，等根乘二十四次；三乘方積乘八次，等根乘三十二次。

平方積九乘爲十九乘方。

立方積九乘爲二十九乘方。

平方積[一]九次，等根乘十八次；立方積乘九次，等根乘二十七次。

又簡法。

梅氏以乘方廉隅至繁至賾，故既正同文算指等簡法於前，復自立痢簡法於後，而六乘十乘，亦得

[一]「積」後疑脱「乘」字。

以簡便馭之矣。

列實作點。

實積數也。作點猶除法之相簡點畫之也。平方間一，立方間三，三乘方間四，四乘方間五，五乘方間六，六乘方間七，七乘方間八，八乘方間九，九乘方間十。

截實求初商如常法。

謂初商減實不盡，故截其餘爲次商，初商檢表即得。即前所釋初商。更無簡法也。

既得初商減一等自乘爲廣廉。

本爲三乘方，則再乘；本爲四乘方，則用三乘；本爲五乘方，則用四乘。蓋以初商之根減一，等自乘也。廉積者，初商一面之冪也。如初商以根乘三次，三乘方。次商廉積則以根乘兩次，初商以根乘四次，四乘方。次商廉積，則以根乘三次是也。二根則二二如四，二四如八，二八一十六，爲初商積，二二如四，二四如八，爲次商廉積。三根則三三如九，三九二十七，三二十七八十一，爲初商積。三三如九，三九二十七爲次商廉積。

以本乘方數加一爲廉數。

本爲三乘，則用四，本爲四乘，則用五也。

廉數乘廉積爲法。

廉積本有三面，加以次商之所加，故必依本乘加一等也。凡所加與每面通冪數等，詳見前釋次商廉隅。多一乘則所加亦多一層，故增之也。

以法除餘實爲次商。

實餘者，初商所餘之數也。次商者，次商之根也。除餘，實亦約其數而除之，故下有改次商之法，非除之即得數也。蓋以法除餘，實止得三面平廉，及所加之方，其長廉與隅須於除時預存其地矣。

合初商次商根以乘方數乘之減盡得次商根。

即還原之法也。

不及減，則改次商及減而止。

此簡法，以乘方之術太繁，故斟酌爲此。或減時微有不盡，原可不計。蓋積之所存無幾，則方之所增甚微，即置之，無傷大數也。必求其密，當依乘方正法算之。

乾隆壬子年十二月二十二日，《乘方釋例》五卷成。

圖

一、平方圖 即一乘方。

於兩廉加之角必缺，故補之以隅。

廉	隅
初商方	廉

初商不盡，於兩廉加之。

二、立方圖 即再乘方。

假一尺八寸圖明之。

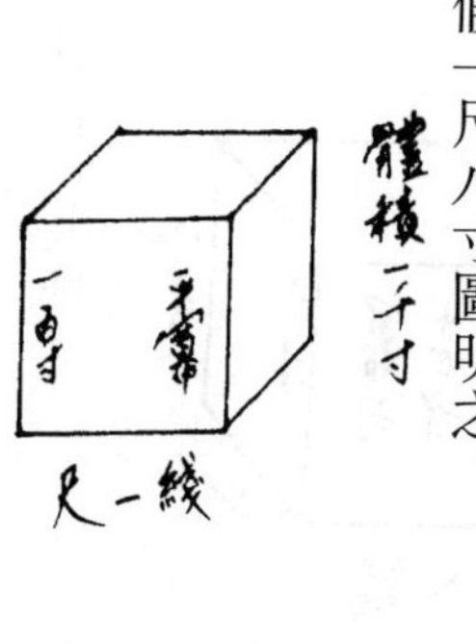

右初商立方。

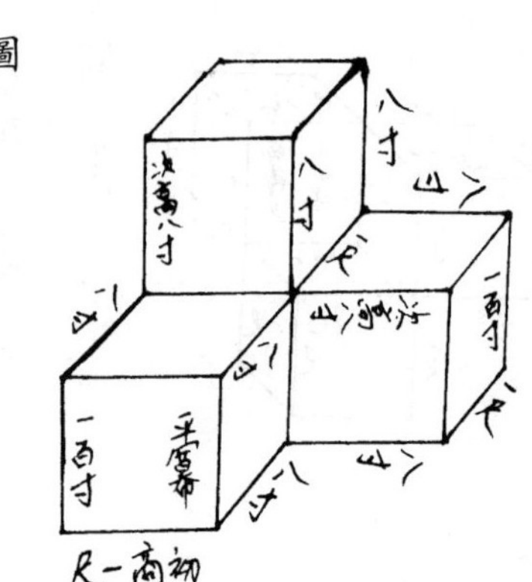

圖

右次商三平廉。

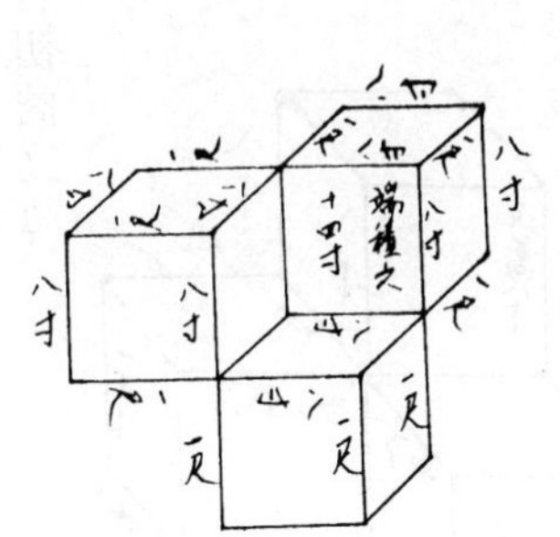

右次商三長廉。

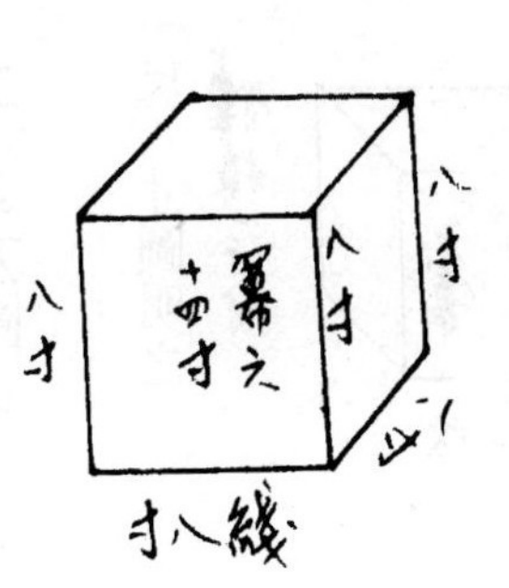

右次商隅。

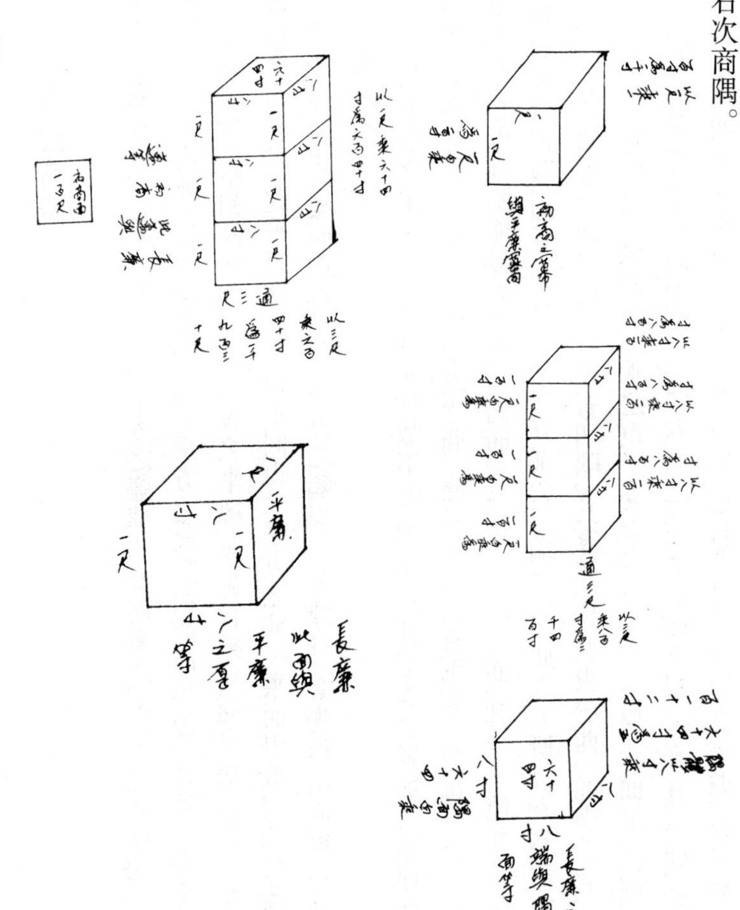

圖

平方立方論

平方之廉有二，平方之廉有六，平方之廉準初商而兩之，立方之廉準初商而三之。平方之廉兩也，而形則一。立方之廉六也，而形則二。平方之廉隨初商而得數，立方之平廉隨初商而長廉，則必因於次商。平方之廉，兩初商而即合。立方之平廉，必先自乘初商之根，而後三之長廉。既三之又必以次商之根自乘而乘之，此平方立方之廉不同也。平方之隅一乘而得數，立方之隅必再乘而得數。平方之隅與二平廉合，先得廉而後得隅。立方之隅與三長廉合，必先得出而後得廉。此平方立方之隅不同也。試析而論之。

平方者，平地之正方，得正方而實數不能盡，必以其不能盡者加於兩面而方乃正，加於兩面，其端不能相遇，則必有一小正方補於兩端之間，此平方所以有兩廉一隅也。立方者，如方明之形，得正方而實數不能盡，必以其不能盡者加於三面而方乃正，加於三面，其邊不能相合，則必有三長方補於三邊之間，而其端不能相遇，則又必有一小立方補於三端之間，此立方所以有六廉一隅也。

平方一面而四邊，四邊加之，則有四隅，其算繁，故並東於西，並南於北，而加於兩邊，四邊皆初商之根，今其其兩邊，故準初商而兩乘之也。立方有六面十二邊，六面加之，則十二長廉八隅，故並黃於元，並白於青，並黑於赤，而加於三面，六面之邊，皆初商之根，今其其三面，故準初商而三乘之也。

平方之廉加於兩邊，必匀稱而方乃正，故其形等立方之三平廉，附於初商立方之面，三長廉補於初商立方之邊，故長廉之形不同於平廉之形也。平方之廉，其接於初商正方之邊者，必短於初商而合於初商正方之邊者，必齊於初商，故倍初商之數，商而乘之，即得立方之平廉，附初商之面，初商之面必自乘初商之根而得數，即附於面，則不得徒用其根，故必自乘而後三之。若長廉之長等初商之根，而長廉之闊則等平廉之厚，長廉之端則等隅面之積，有次商，而後有隅面之積，故既三之，又必以次商之根自乘而乘之，次商之根自乘，即隅面積也。自乘而乘之者，以三初商之數乘自乘之面積也。惟自乘初商之根，而後得隅面之積，故立方之隅必再乘而得數也。惟長廉之端合於隅面之積，故立方之隅必先得隅而後得廉也。

廉隅之理既得，而算可立矣。其算之要有三：

一曰定單數。自一至九之數雖同，而自一至萬之等則異。如同是一也，爲一百一萬，則商仍得一，爲一十一千，而商仍得一，則牴牾不通矣；同是九也，爲九百九萬，則商必得三，爲九十九千，而商必得一，則參差不齊矣。故必審其單數焉。單數者何也？一也，百也，萬也。加於單數之上者，十也，千也。以丈計者，則丈爲單數，以尺計者，則尺爲單數。權之銖兩，量之斗斛，其法亦然。平方以兩爲位，立方以三爲位。以兩爲位者，自單數爲畫，隔一位更畫也；以三爲位者，自單數爲畫，隔兩位更畫也。三乘方以上皆然。

二曰定空數。平方以兩爲位，立方以三爲位，所商之數，平於實之初數，則餘實必自實之次數起，倘次數減盡，仍必存其空位而以餘實之商自此起也；所商之數，進於實之初數，則餘實必自實之初數起，倘初數減盡，仍必存其空位而以餘實之商自此起也；所商之數，差於實之初數，則餘實必自實之三數起，倘三數減盡，仍必存其空位而以餘實之商自此起也。又如實數之中與餘實之中有空位，不及於所商者，相等則亦商得空數，而零數與實之空數對減，或初商倍數大於初商而無零數，則倍數之下亦存空數，以待三商之倍數也。

三曰定進數。平方之根十，其積必百，根百，其積必萬。立方之根十，其積必千，根百，其積必百萬。皆一也，而等不同，必於數下作圈以進之。平方之商數，視廉數爲進，一之二，二之廉四，三之廉六，四之廉八，其位等，故不進。五之廉一〇，六之廉一二，七之廉一四，八之廉一六，九之廉一八，視本數之位而進。故其列數也，亦必進立方之商數，視平廉之面爲進，一之面三，其位等，故不進；二之面十二，二二如四，三四得一十二。三之面二十七，三三如九，三九得二十七。四之面四十八，四四一十六，三一十六得四十八。五之面七十五，五五二十五，三二十五得七十五。視本數之位爲進。故其列數也，亦必進。六之面一百〇八，六六三十六，三三十六得一百〇八。七之面一百四十七，七七四十九，七四十九得一百四十七。八之面一百九十二，八八六十四，八六十四得一百九十二。九之面二百四十三，九九八十一，九八十一得二百四十三。視本數之位爲又進。故其列數也，亦必又進，進而後，餘實之數可定也。

知廉隅之理，而又辨此三法，平方立方之術始爲了然。穆尼閣曰：開方莫便於籌，所謂便者，便於求廉隅之數。而單數、空數、進數之所由定。終在乎一心之會通，非籌之所能代也。

三、乘方圖

四乘以上繁瑣不可圖，推此可見。

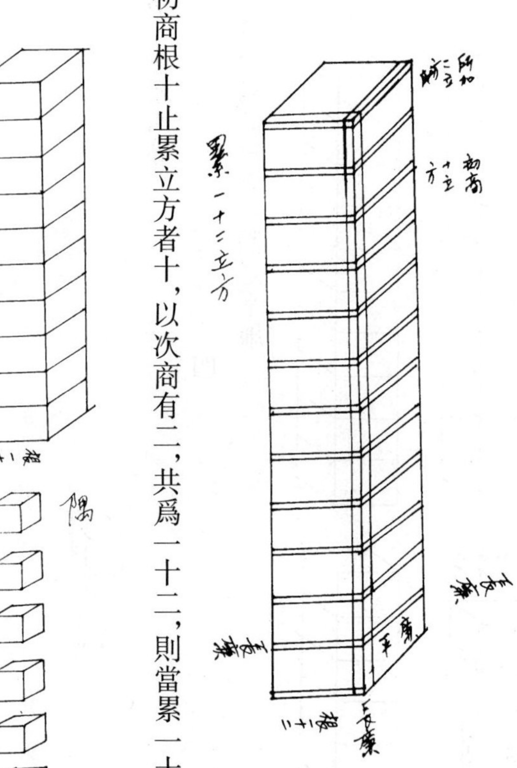

初商根十止累立方者十，以次商有二，共爲一十二，則當累一十二立方也。推此可知其餘。

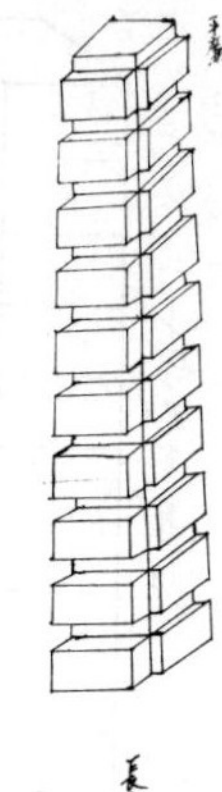

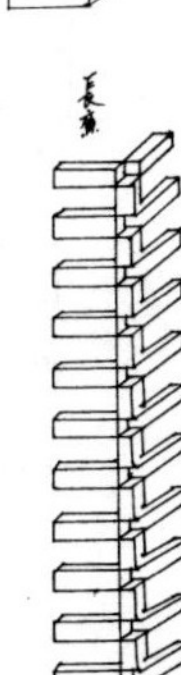

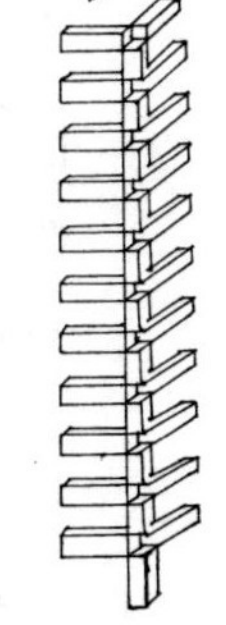

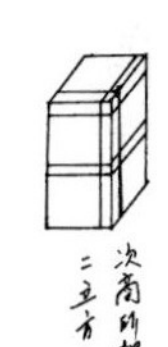

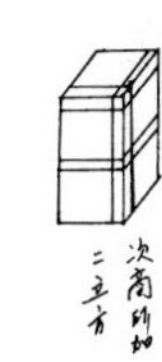

第一簾之四等

一　二　三　四

三者即初商每方三面之平廉。

第二簾之六等

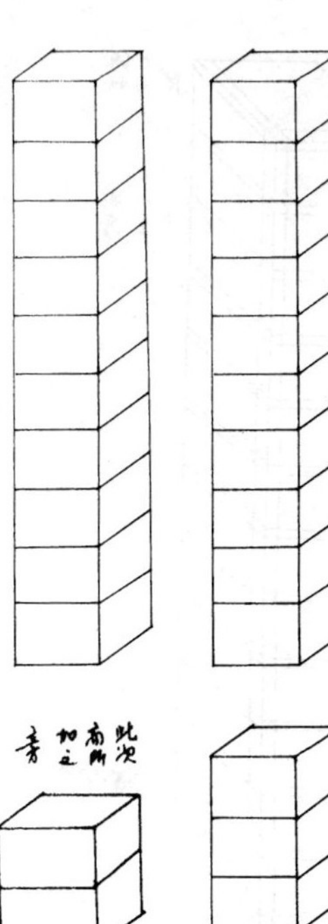

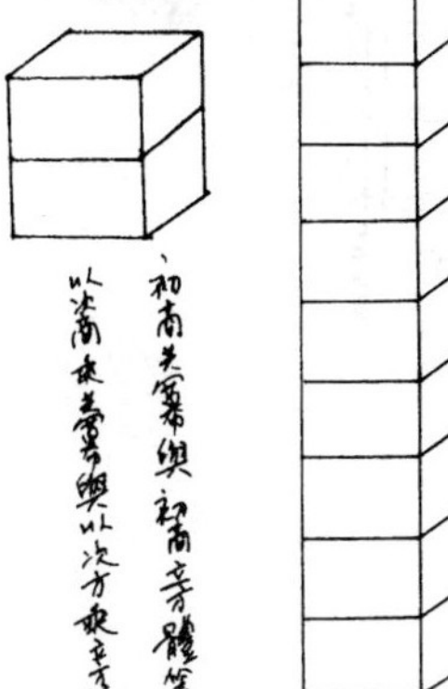

一 二 三

圖

四 五 六

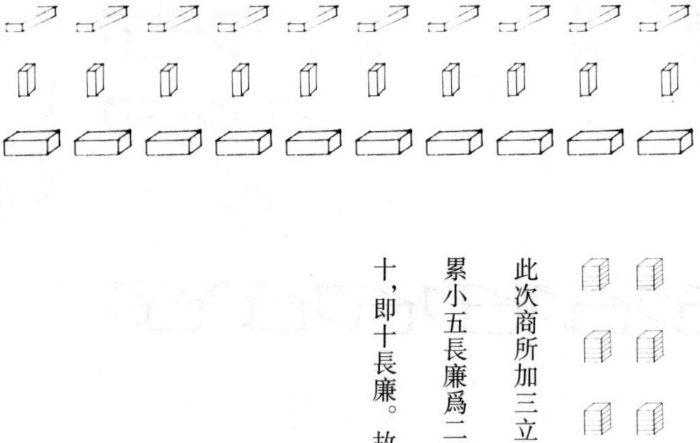

此次商所加三立方三面之平廉。

累小五長廉爲二平廉，離三平廉爲十，即十長廉。故十長廉與二平廉等。

此初商每方三長廉。

第三籐之四等

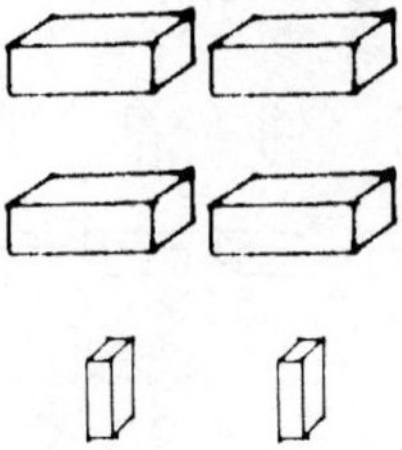

此所加

立方之

長廉每

長廉之

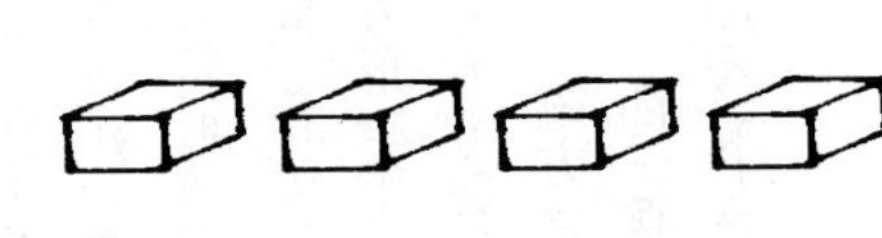

此上所加之隅方有二，故隅亦二，初商立方之隅，已並爲第三廉，故以次商所加立方之隅爲隅。

乘方論

乘方釋例成，門人讀之，問曰：古有學屠龍而無用者，非夫子乘方之謂乎？平方立方，世有其狀，世寧得有三乘方以上至十二乘方之狀而巧需此術者乎？

余曰：法定而用神也。知術而不用，雖平方立方，亦成無用之具。知所用焉，而乘方之用廣矣。如必有方田方倉之積，以求其根，烏得多？有此方田方倉之積，以巧需此平方立方之術者。故平方之法，爲句股之要津，立方之法，爲三角之門户。船載人而人與船之數等，則平方之法合之，如三百六十一人，用船分載，其每船所載人數，與共船數相等，則用開方之法。磚鋪亭，而亭與磚行之數[一]

乘方之狀與縱方同，乘方之法與縱方異，縱方有奇零數，不必與正方合，乘方無奇零數，必與正方合。縱方惟立方爲正方形，乘方凡相累之立方皆正方形。縱方之縱，商雖多，而數不移；乘方之縱，商至次而數則變。縱方之廉方與縱不同數，乘方之廉方與縱必同數。縱方之次商，依初商而加之；乘方之初商，依次商而加之。縱方之隅，方有而縱無；乘方之隅，方有而縱皆有。縱方之根，依縱而得數；乘方之縱，依根而得數。自三乘至於三十乘，其相加、相乘之義，數益繁而術則一也。

乘方之用，妙在用縱，故爲縱方諸圖，次之於末。

[一] 以下缺文。

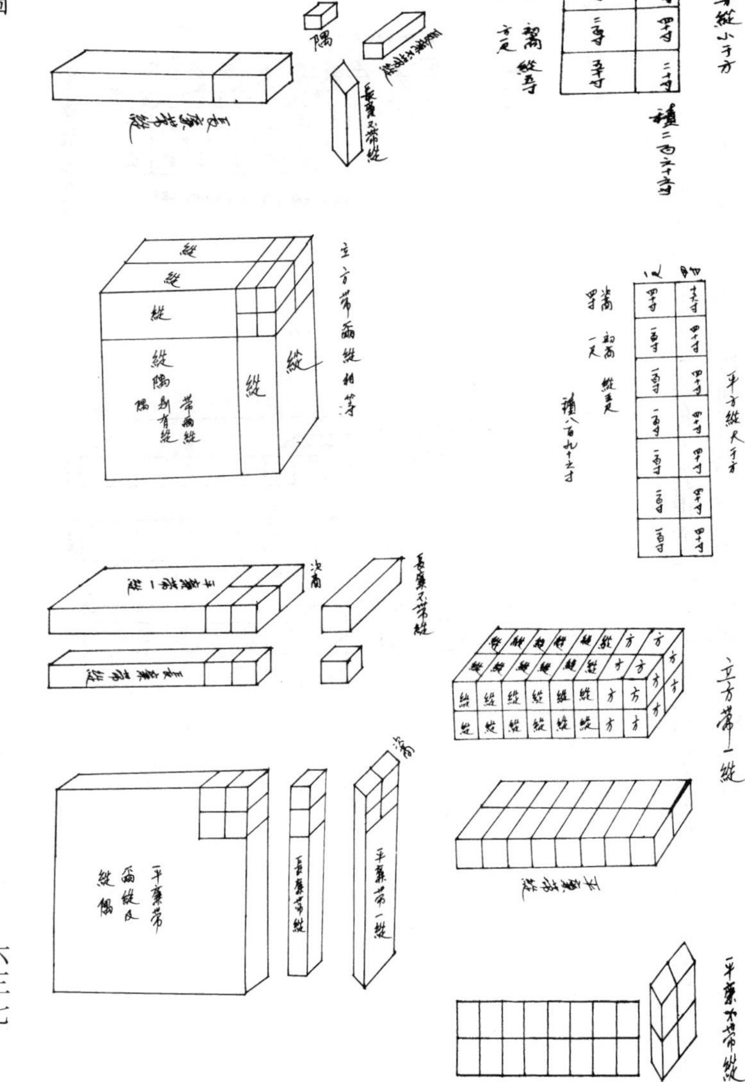

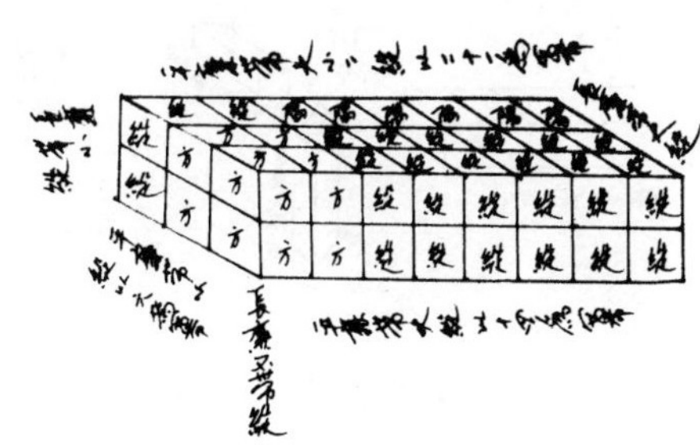

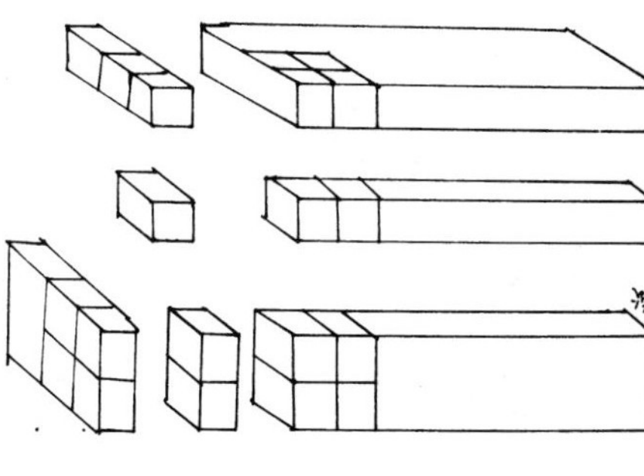

縱方論

平方之縱止於一，立方之縱止於二，有大於正方之縱，有小於正方之縱，則縱數宜詳，不可混也。如同是五也，縱五尺與縱五寸異矣。初商得尺，與縱五尺相乘，則縱與方之數平。初商得尺，與縱五尺相乘，則縱與方之數差。與方平，則縱大，與方差，則縱小。縱大者，縱之積大於方積；縱小者，方之積大於縱積。故平方之籌，視其與實相當者以爲方，此必合縱以求方，雖相當而有不可用也。縱方廉隅之法，以縱合廉則隅必別法，如廉二尺，縱五寸，並爲二尺五寸，則隅當寸，不能次縱下爲分也。以隅合廉，則縱必別法，如廉二尺，商得四隅，以四自乘，得九尺六寸，縱五寸，乘四得二尺，並九尺，不得次隅下作分也。何也？縱與隅相並，不相入也。惟縱與廉並，則隅次縱，如廉二尺，縱五尺，並得七，同位商四，得二百七十寸，隅自乘，得一尺六寸，相次成二百九十六寸。蓋廉之數次於方，隅之數次於廉。如方得〇〇一丈，廉得〇〇八尺，隅得一尺六寸，三者相次而成一丈九尺六寸也。廉縱之數次於方縱，如方縱〇〇五丈，廉縱得二丈〇〇二者，相次而成七丈〇〇也。方廉隅爲一事，廉縱方縱爲一事，視兩者之尺寸相當而並之，自無毫末之謬矣。隅視廉爲小廉，雖多位，隅必相次於末；廉縱視方縱爲小方縱，雖多位，廉縱必次於末。蓋不必廉大於隅，即廉之零位，亦必大於隅也；不必方縱大於廉縱，即方縱之零位，亦必大於廉縱也。各相次而乘之，自無凌躐之病矣。廉位至三商四商，則遞多。此平方帶縱之法，不可不知者也。

立方之帶縱，其目有三：曰帶一縱之立方；帶兩縱相等之立方；帶兩縱相差之立方。其帶一縱之立方，與平方之帶縱同。惟平方之縱，以縱數乘商根，立方之縱，以縱數乘商根之冪，以商根自乘。此爲異耳。其廉則平廉之縱，二長廉之縱，一平廉之縱，厚闊與平廉等，故以初商乘次商爲平廉縱法，即以厚乘闊。長廉之縱，其端冪與長廉之端冪等，故以縱數乘長廉之端冪爲長廉縱積。其帶兩縱之立方，初商即有二廉一隅，廉即兩縱也，隅即補兩縱之間者也。其兩縱之不相等者，如東縱五，北縱一。有大縱，如東縱五。有小縱，如北縱一。大小縱相乘爲縱隅，其次商，則目凡十四，三長廉三平廉平[一]之帶縱四長廉之帶縱[二]等之□其目同，其形異，等縱以兩平廉帶一縱，以一平廉帶兩縱，及縱隅以二長廉帶一縱，其一長廉無縱不等。縱以一平廉帶大縱，以一平廉帶小縱，以一平廉帶大小二縱及縱隅。以一長廉帶大縱，以一長廉帶小縱，其一長廉無縱而隅之，形則等不等皆同。其所以然者，凡兩縱之方，或如方磚，或如土坊，其厚與立方等，而長濶不同。廉之當其長者，則帶一縱；當其闊者，則帶兩縱及縱隅；當其厚者，則無縱隅處三長廉之端，不當長濶而止當厚，故與立方之隅同。其立算之法，必先得其廉法而後商。其帶一縱之平廉，先以根自乘，得廉冪三之，又以縱乘根，得縱冪倍之，以倍縱冪與三廉冪和，爲平廉法，以根三乘之，加縱數爲長廉法，此長濶也。所商得數爲厚，以厚乘平廉法得平廉積，以厚乘厚，爲長廉端冪，以長廉法乘之得長廉積，又以厚再乘，爲隅積。其帶兩縱相等之平廉，先以根自乘，得廉冪一之[三]之以縱乘，縱爲縱隅法共[四]之與倍縱和爲長廉，先以根自[五]縱冪倍之又以。[六]

[一] 下似有缺文。
[二] 下缺數字。
[三] 下缺數字。
[四] 下缺數字。
[五] 下缺數字。
[六] 以下缺。

焦理堂天文曆法算稿

甲編（子部）

熱典堂天文曆法資料

甲編（下冊）

焦理堂天文曆法算稿

用橢圓面積爲平行

太陽之行有盈縮，由於本天有高卑。春分至秋分，行最高半周，故行縮而曆日多；秋分至春分，行最卑半周，故行盈而曆日少。其説一爲不同心天，一爲本輪。而不同心天之兩心差即本輪之半徑，故二者名雖異而理則同也。弟谷用本輪以推盈縮差，惟中距與實測合，最高前後則失之小，最卑前後則失之大，又最高之高於本天半徑，最卑之卑於本天半徑者，非兩心差之全數，而止及其半，故又用均輪以消息乎其間，而後高卑之數，盈縮之行，與當時實測相合。上編言之詳矣。然天行不能無差，元郭守敬定盈縮之最大差爲二度四〇一四，以周天三百六十度，每度六十分約之，得二度二十二分。《新法算書》，弟谷所定之最大差爲二度零三分一十一秒刻。白果以來屢加精測，盈縮之最大差止有一度五十六分一十二秒，又以推逐度之盈縮差最高前後本輪，固失之小矣。均輪又失之大，最卑前後本輪固失之大矣。均輪又失之小，乃設本天爲橢圓，面積爲逐日平行之度，則高卑之理既與舊説無異，而高卑

前後盈縮之行，乃俱與今測相符。具詳圖説如左。[一]

求橢圓大小徑之中率

凡平圓面積，自中心分之。其所分面積之度，即其心角之度，以圓界爲心角之規，而半徑皆相等也。若橢圓有大小徑，角與積已不相應矣。説實用云角平行之積，皆不以本天爲心，而以地心爲心。大陽距地心線，自最卑以漸而長，逐度俱不等，又何以知積之爲度，而與角相較乎？然以大小徑之中率和乎圓，其面積與橢圓等，將平圓面積逐度遞析之，則度分杪皆可按籍而稽。橢圓之全積，既與平圓全積等，則其遞析之面積亦必相等。故分橢圓面積，雖非度，亦可以度命之。而度分秒，亦可按積而稽也。

橢圓角度與面積相求

前篇言以面積之度與角度相較而行實行之差以出。蓋太陽距最卑後平乃之方必與太陽距地心線

[一] 其後無圖。

所分之橢圓面積等，故可以平乃度爲面積而求實乃也。然實乃固角度也，以實測言之，則先得實乃後求平乃，以角而求積也易。以推步言之，則先設平乃後求實乃，以積而求角也難。故先以角求積之法，可以知數理之實，次設以積求角之法，可以知比例之術，次設借積求積、借角求角之法，可以知巧合補湊之方。反覆參稽，而數之離合，乃纖悉畢呈焉。

交食總論

太陰及於黄、白二道之交，因生薄蝕，故名交食。然白道出入黄道南北太陰，每月必兩次交過，而或食或否，何也？月追及於日，而無距度爲朔，距日一百八十度爲望，皆爲東西同經其入交也。正當黄道而無緯度，是爲南北同緯，雖入交而非朔望，則同緯而不同經；當朔望而不入交，則同經而不同緯：皆無食必經緯同度而後有食也。蓋合朔時，月在日與地之間，人目仰觀，與日月一線參直，則月掩蔽日光，即爲日食；望時，地在日與月之間，亦一線參直，地蔽日光而生闇影，其體尖圓，是爲闇處，月入其中，則爲月食也。按日爲陽精，星月皆借光焉，月去日遠，去人近，合朔之頃，特能不蔽人目而不能上侵日體，故食分時刻，南北迥殊，東西異視也。若夫月食則月入闇處，純爲晦魄，故九有同觀，但時刻有先後耳。至於推步之法，日食須用高下現北、東、西三差，委曲詳密，而月食惟論入影之先後淺深，無諸視差之繁。

朔望有平實之殊

日月相會爲朔，相對爲望，而朔望又有平實之殊。平朔望者，日月之平行度相會相對也；實朔望者，日月之實乃度相會相度也。故平朔望與實朔望相距之時刻，以兩實行相距之度爲准。蓋兩實行相距之度，變爲時刻，以加減平朔望而得實朔望，故兩實乃相距無定度，則兩朔望相距亦無定時也。

朔望用時

太陽與太陰，實乃相會相對爲實朔望。但實朔望之時刻，按諸測驗，猶有數分之差，以其猶非用時也。蓋實朔望囿兩曜實會實對之度，而推算時刻則仍以平乃，以所驗之位爲時，皆依黄道而定。今推平乃與實乃既有盈縮差，則時刻亦有增減。又時刻以赤道爲主，而黄道、赤道既有升度差，則時刻亦有進退，故必以本時太陽均數與升度差俱變爲時分，以加減實朔望之時刻爲朔望用時，乃與測驗脗合。此即日躔時刻加減之理也。

求日月距地與地半徑之比例

求地半徑差，止用最高、最卑、中距三限，而交食之日月視徑以及影徑、影差，則逐度不同。且太陰在最高，兩弦尤高；太陰在最卑，兩弦尤卑。交食在朔望，其高卑皆不及兩弦，故欲求日月逐度之高，必先定最高、最卑、中距之距地心線。今依日月諸輪之行，求得太陽在最高距地心線。今依日月諸輪之行，求得太陽在最高距地心一〇一七九二〇八，本天半徑加本輪半徑減均輪半徑。其與地半徑之比例，爲一與一千一百六十二中距之地心一〇〇〇六四二一，求均數時並求太陽距地心之邊即得。其與地半徑之比例爲一與一千一百四十二，最卑距地心九八二〇七九二；本天半徑減本輪半徑加均輪半徑。其與地半徑之比例爲一與一千一百二十一，太陰在最高朔望時距地心一〇一七二五〇〇，本天半徑加負圈半徑減均輪半徑，又減次輪半徑，又減次均輪半徑即得。其與地半徑之比例爲一與五十八又百分之一十六。中距朔望時距地心九九二〇二七三，求初均數時，並求太陰距地心之邊内減次均輪半徑即得，蓋朔望時無二三均，但距地心少次均輪半徑耳。其與地半徑之比例，爲一與五十六又百分之七十二。最卑朔望時距地心九五九二〇〇，本天半徑減負圈半徑加均輪半徑，又加次輪半徑，減次均輪半徑即得。其與地半徑之比例爲一與五十四又百分之八十四。如求太陽在最高前後四十度距地心與地半徑之比例，則乙太陽最高距地心一〇一七九二〇八爲一率，一千一百六十二爲二率，太陽在最高前後四十度之距地心線一〇一三九八九八爲三率，得四率一千一百五十七，即當時日距地與地半徑之比例也。求日距地之法仿此。

日月視徑

日月之徑爲食，分淺深之原，所關甚大，但人自所見者非實徑，乃視徑也。實徑乃一定之數，而視徑則隨時不同。蓋凡物遠則見小，近則見大，日月之行有高卑，其去地之遠近逐日不同，故其視徑之小大亦不等。若年以來，精推實測，得太陽最高之徑爲二十九分五十九秒，最卑之徑爲三十一分〇五秒，此舊定日徑最高少一秒，最卑多五秒。朔望時太陰最高之徑爲三十一分四十七秒，最卑之徑爲三十三分四十二秒，此舊定月徑，最高多一分一十七秒，最卑少五十八秒，而以日月高卑比例推算今數爲密。

一法：用正表、倒表，各取月中之影，求其高度，兩高度之較，即太陽之徑也。蓋正表之影，乃太陽上照之光，射及表之上邊，其所得爲太陽，上邊距地平之高度，倒表之影乃太陽下邊之光射，及表之下邊，其所得爲太陽下邊距地平之高度。故兩高度之較，即太陽之徑也。

一法：用儀器測得太陽午正之高度，復用正表測影，亦求其高度，兩高度之較，即太陽之半徑也。蓋儀器所得者，太陽中心之度，表影所得者，太陽上邊之度。故兩高度相較，即得太陽之半徑也。

一法：用中表正表，各取日中之影，求其高度，兩高度之較，即太陽之半徑也。蓋中表係橫樑上下皆空，太陽上邊之光射橫樑之下，太陽下邊之光射橫樑之上面，其所生之影，必當太陽之中心。故以中表所測之高度，與正表所得太陽上邊之高度相校，即得半徑也。

一法：治一暗室，令甚黝黑，於室頂上開小圓孔徑一寸或半寸。以透日光，孔面頂平，不可欹側。室内置平案，孔中心懸垂線至案中線。正午時，日光射於案上，必成橢圓形，爰徑案上對垂線處，量至橢圓形之前後兩界垂線至前界加孔之半徑爲前影垂線，至後界減去孔之半徑爲後影，乃以垂線即孔距案面。爲一率，前後影各爲二率，半徑一千萬爲三率。得四率並查八線表之餘切線，得前後影之兩高度，相減之較，即太陽之全徑也。蓋太陽上邊之光，從孔南界射入，至案爲橢圓形之前界，與正表之理同。太陽下邊之光從孔北界射入，至案爲橢圓形之後界，與倒表之理同。故兩高度之較，即爲太陽之徑也。至於前後影，必加減孔之半徑者，因量影時俱對孔之中心起算，然前影則自孔之南界入，在中心之前，而後影則自孔之北界入，在中心之後，較之中心，並差一半徑，故必須加減而後立算也。

測太陰徑

一法：春秋分望時，用版或牆爲表，以其西界爲正午線，人在表北，依不動之處，候太陽之西周切于正午線，看時辰表是何時刻，俟太陽體過完，其東周才離正午線，復看時辰表是何時刻，乃計太陰過正午線，其得成何時刻，以時刻變度每時之四分爲一度。內減本時分之太陰行度，餘即太陰之徑也。

一法：兩人各用儀器，候太陽當正午時，同時並測，一測其上弧高度，一測其下弧高度，兩高度之較，即太陽之徑也。

一法：用附近恒星以紀限儀測其距太陰左右兩弧之度，其兩距度之較，即太陽之徑也。

又法：不用逐時測量，止測得最高、最卑時之兩半徑相減，用其減數與本輪之矢度爲比例，即可得高卑間之半徑數也。如太陽最高之徑爲二十九分五十九秒，陽卑之徑爲三十一分零五秒，相差一分〇六秒，化爲六十六秒。今求距高卑前後六十度之視徑，則命本輪徑爲二千萬爲一率，六十度之矢，五百萬爲二率，徑差六十六秒，爲三率，得四率，一十六秒半，以加最高之徑二十九分五十九秒，得三十分一十五秒半，爲最高前後六十度之視徑，以減最卑之徑三十一分〇五秒，和三十分四十八秒半，爲最卑前後六十度之視徑也。太陽之法並同。

求日月實徑與地徑之比例

日、月、地三體各有大小之比例，日最大，地次之，月最小。《新法》載：日徑爲地徑之五倍有餘，月徑爲地徑之百分之二十七強。今依其法，用日月高卑兩限各數推之，所得實徑之數，日徑爲地徑之五倍又百分之七，月徑爲地徑之百分之二十七弱，皆與舊數大致相符，足徵其説之有據而非誣也。

凡明暗兩體相對，明體施光，暗體受之，其背即坐黑影。若兩體同大，則其影成平行長圓柱形，其徑與原體相同，其長至於無窮而無盡也。若明體小暗體大，則其影漸大，成圓墩形，其徑雖與原體相同，其長至於無窮，其底之大亦無窮也。惟明體大暗體小，則其影漸小，成尖圓體，其徑與原體等，其下漸小而盡，成鋭角。使日小於地，或與地等，則地所生之影，其長無窮。今地影不能掩熒惑，何況歲星以上諸星？是地影之長有盡，而日之大於地也，其理明矣。又，凡人目視物，近則見大，遠則見小，兩物同大，人目視之，成兩三角形，近目其兩要短，故底之對角大，遠目其兩腰長，故底之對角小。若去人目有遠近而視之若等，則遠者必大，近者必小。今仰觀日月，其徑略等，而日去地甚遠，月去地甚近，則月必小於日也可知矣。夫地徑小於日而地影之徑又漸小於地，月過地影則食，食時月入影中，多歷時刻而復生光，則月必小地影。月既小於地影，則其必小於地也，又何□焉求日實徑之法？

地影半徑

太陽照地而生地影，太陰還影而生薄蝕，凡食分之淺深，食時之久暫，皆視地影半徑之大小。其所係固非輕也。但地影半徑之大小，隨時變易。其故有二：一緣太陽距地有遠近，距地遠者影巨而長，距地近者影細而短，此由太陽而變易者也；一緣地影爲尖圓體，近地粗而遠地細，太陰行卑，距地近，則過影之粗處，其徑大，行最高，距地遠，則過影之細處，其徑小，此由太陰而變易者也。

今依太陽在最高所生之大影爲率，而乙太陰從高及卑，各距地心之地半徑數，求其相當之影半徑爲影半徑表，復求得太陽從高及卑所生之各影，各求其太陽在中距所當之影半徑，俱與太陽在最高所生之大影相較，餘爲影差，列於本表之下，用時乙太陰引數宫度查得影半徑，復以太陽引數宫度查得影差，以減影半徑，即得所求之地影，實半徑也。

求地影半徑有二法：一用推算，一用測量。而推算所得之數，比測量所得之數常多數分。蓋因太陽光大，能侵削地影故也。論其實，則推算之數爲真，欲合仰觀，則測量之數爲准。故地影表所列之數，皆小於推算之數也。

求影差之法，用太陽在最高所生之長影，求得太陰在中距時所當之影半徑四十四分四十三秒爲經，而以太陽在最卑所生之短影，亦求得太陰在中距所當之影半徑爲四十四分〇八秒，相差三十五秒，爲太陽最高最卑兩限之影差，其餘影差俱依此例推。

兩朔相距之數曰朔策[一]

兩朔相距之數曰朔策。

望朔相距之數曰望策。

以太陽每日平行數乘朔策曰太陽平行朔策；乘朔策曰太陽平行望策。

以太陽每日平行數與最卑每日平行數相減爲引數，以引數乘朔策曰太陽引數朔策；乘望策曰太陽引數望策。

[一] 此段原無標題。爲免與上文相混，整理時，權以首句爲題。

乙太陰每日平行數與月孛每日平行數相減爲引數，以引數乘朔策曰太陰引數朔策；乘望策曰太陽引數望策。

太陰距正交之行度曰太陰交周。

乙太陰每日平行加正交每日之平行，得太陰交周每日之平行。

乙太陰交周乘朔策，曰太陽交周朔策，乘望策，曰大陰交周望策。

大陰距太陽之行度曰月距日平行。

以太陽每日平行與太陰每日平行相減，餘爲月距日每日平行以二十四除之即得。

太陽之光溢於實徑之外曰太陽光分半徑。

自地心至地面曰地半徑。

太陽光分，大於地六倍又百分之三十七，命地半徑爲一百分，故太陽光分半徑爲六百三十七，地大於太陽二十七，故太陽半徑爲廿七。

太陽最高距地與地半徑之比例，曰太陽距地之比例。

太陽最高距地，與地半徑之比例，即爲一十一萬六千二百也。

於太陽曰太陽距地之比例。

自天正冬至，次日初至十二日平朔曰朔應。

首朔太陽本輪心距冬至之平行徑度曰首朔太陽平行應。

首朔太陽均輪心距本輪最卑之行度曰首朔太陽引數應。

太陰均輪心距本輪最高之行度曰首朔大陽引數應。

推首朔諸平行及入交，爲月食入算之首。蓋本年逐月太陽太陰之行度，必以首朔爲根，有首朔之日分，然後可以求平望之日分。有朔諸平行，然後可以求平望諸平行。至於入交，乃當食之月數，太陰每歲兩次入交，閏月之歲，或三次入交，其不入交之月，不必算也。月食必在望，不用首望而用首朔者，以天正冬至，或在十一月望前，或在十一月望後，不若首朔之定，爲年前十二月朔也。

以推首朔諸平行及入交爲算之首，蓋以平望太陽太陰諸平行皆以首朔諸平行爲根也。今以日躔月離求實望，則太陽太陰諸平行不以首朔爲根，而以天正冬至爲根。故止求首朔之日時及入交之月數合之，即得平望距冬至之日時，而不必求首朔諸平行也。

自律元所距之年數曰積年。於所距數中減一年得之。

以積年乘周歲曰中積分。

以中積分加氣應曰通積分。

自天正冬正日距甲子日正曰氣應，不用日曰氣應分。

積分紀法去之餘曰天正冬至，不用日曰天正冬至，冬至日距前此甲子日也。

自甲子至癸亥六十日曰紀法。

冬至次日之干支曰紀日。

以中積分加氣應分減天正冬至分曰積日。律元之冬至距冬至。

以積日減朔應曰通朔。本年天正冬至，次日子正，距甲子年首朔之日分。

律元之首朔距本年首朔之月數曰積朔。

以朔策除通朔得數加一爲積朔，餘數與朔策相減爲首朔。

積朔者，律元甲子年首朔，距所求本年首朔之月數而首朔者，本年天正冬至後第一朔，距本年天正冬至次日子正初刻之日分也。下推將來，以朔策除通朔，得數爲律元甲子年首朔，距本年天正冬至前一朔之月數，故加一月爲積朔，其餘數亦爲本年天正冬至，次日子正初刻，距前一朔之日分，故與朔策相減，方爲首朔日分。

本月太陽本輪心與太陰本輪心相對之日時曰平望。

以入交月數與朔策相乘加望策日分，則得平望，距首朔之日分與首朔日分相加，則得平望，距天正冬至次日子正初刻之日分，又加紀日，則得平望，距冬至前甲子日子正初刻之日分，故滿紀法亦十去之。自初日甲子起算，得平望干支，以一千四百四十分通其小餘得平望時分也。

入交之日，本自十二月望算起，故必加望策，始及首朔。

推平望諸平行爲月食第一段。蓋既知本月入交矣，必求本月平望之日分，然後可以求實望，必求平望諸平行，然後可以求實行太陽平行者，所以定太陽之經度，而太陽之經度即在其對衝，太陽太陰引數者，所以定本輪周之自行度，爲求均數之用也。其不求平望太陰交周者，因求入交月數，已得本月平望太陰交周，若知入交月數與太陰交周朔策一十一萬〇四百一十四秒〇一六五七四，相乘得數加太陰交周望策六宫一十五度二十分零七秒，與本年首朔太陰交周相加，即平望太陰交周也。

推日月相距，爲月食第二段。蓋平望固兩化心相對矣。而日月皆有均數，因生距弧。既有距弧，則必有距時也。若兩均加減同度，分亦同，則無距弧，亦無距時，而平望即實望也。

距弧者，日月相距之弧也。兩均同爲加，或同爲減者，則相距爲兩均之較，故相減得距弧，兩均一爲加，一爲減者，則相距爲兩均之和，故相加得距弧。

距時者，日月相距之時分也。循按：月在日衝故也。太陽均數爲加，太陰均數爲減，或同爲加而太陽加均大，或同爲減而太陽減均小，此太陽在前，太陰在後，月未及與日相對。故距時爲加太陽均數，爲減太陰均數爲加，或同爲加均而太陽加均小，或同爲減均而太陽減均大，皆太陰在前，太陽在後，月已過，與月相對，故距時爲減。

推實引爲月食第三段。蓋日月即有距時，則此相距之時分内亦必有引數之自行，故又以距時，求得引弧，以加減平望之引數，爲實引數也。

推實望爲月食第四段。前求日月相距，以得距時，似可以加減平望而爲實望矣。然此相距之時分内引數，既有微差，則均數亦有微差，而距弧與距時亦必有微差，故又以實引推實均，以求實距弧而得實距時，然後加減平望，爲實望也。

推實交周爲月食第五段。蓋實望與食甚尚有微差，而距緯與距交亦有進退，故又求望時太陰距正交之實行度，然後時刻之早晚，距緯之遠近，食分之淺深，皆可次第推也。

交周距弧者，平望距實望太陰交周之行度也。蓋平望與實望既有距時，則此相距之時分内太陰又有距交行，故又以實距時求交周距弧也。

實望平交周者，實望時太陰本輪心，距正交之平行度也，平望太陰交周爲平望時太陰本輪心，距正交之度加減交周距弧，即爲實望時太陰本輪心距正交之度，因其爲本輪心行，故仍名之曰平也。

實望實交周者，實望時太陰距正交之實行度也。實望平交周爲太陰本輪心距正交之度而太陰實行又有加減之差，故加減太陰實均爲實交周也。其入限宫度，乃太陰距交必食之限。

推太了實經爲月食第六段。蓋月食之時刻，由於太陽，而太陽之時刻，定於赤道，故求太陽實經，所以爲求時差之用也。

太陽距弧者，平望距實望太陽本輪心之行度也，與交周距弧之理同。

實望太陽平行，與實望平交周之理同。

太陽黄道經度，與實望實交周之理同。

太陽黄道經度，不及三宫者，與三宫相減，過三宫者，減三宫，過六宫者，與九宫相減，過九宫者，減九宫，得太陽距春秋分黄道經度。

推實望用時爲月食第七段。蓋實望固爲日月相對之時刻而驗諸實測，猶有微差，因有時差也。故加減之時差之揔爲實望用時。

分晝夜之法，以一小時月距日實行二十七分四十三秒爲一率，六十分爲二率，最大月半徑與最大影半徑相並，得一度零三分三十九秒爲三率，求得四率一百三十八分，收作九刻。實望在日出後九刻以内，日出前可見初虧；實望在日入前九刻以内，日入後可見復圓。若九刻以外，雖食分最大，時刻最久，亦不見食矣，故不必算。

推食甚距律食正時刻爲第八段。蓋實望用時，固日月相對之時刻矣。然太陰與地影斜距猶遠，故求其白道緯度，爲距律以辨相掩之淺深，求其白道經差爲交周升度差，以定距時之早晚，然後加減實望用時，爲食正時刻也。

食正距律者，食甚時太陰距地影心之白道緯度也。月離求緯度，乃黄道之緯度與黄道成直角，此所求之距緯，乃白道之緯度，與白道成直角者，求白道緯度，應以黄道立算。今用實望實交周者，蓋交食推朔望，以白道當黄道，太陰白道經度與太陽黄道經度相同，爲朔相對，爲望與月離用黄道經度推朔望者不同，故實望時地影心距交之黄道經度，與太陰距交之白道經度等，用白道即用黄道也。至於南北，則以黄道爲主實交周初宫至五宫爲正交，後入陰歷在黄道北六宫至十一宫爲中交，後入陽歷在黄道南月食方位所由定也。

食正交周者，食甚時，太陰距正交之白道經度也。蓋實交周爲實望時太陰距正交之白道經度，與地影心距正交之黄道經度等，礦用實望實交周爲地影心距交之白道經度也。

求周升度差者，食甚時太陰交周，與實望時太陰交周之差也，故相減得交周升度差。

月距日實行者，一小時月距日之實行度也。蓋初虧在食甚前，復圓在食甚後，其均數皆以漸而差，故設食甚後一小時之引數求其均數，與實均相較以得食甚後一小時月距日之實行，則食甚前一小時之實行視此矣。以此一小時月距日之實行，與八小時爲比例，然後各相距之時刻可以得其真也。

食甚距時者，食甚與食望用時相距之時分也。蓋食甚時太陰距交之白道度與實望太陰距交之白道度既有微差，則食甚之時分，與食望用時之時分亦有微差，故以一小時月距日實行與一小時之比，同於交周升度差與食甚距時之比也。定加減之法，實望實交周五宫十一宫在交前黃道度少，白道度多，故加。初宫六宫在交後，黃道度多，白道度少，故減。

推食分爲第九段。蓋食分之多寡，由於相掩之淺深；相掩之淺深，由於視徑之大小；視徑之大小，又由於距地之遠近。故先求得距地數，以得視徑及相掩之分數，然後比例而得食分也。

太陽距地者，月食時太陽距地心與地半徑之比例數也。

太陰距地者，月食時大陰距地心與地半徑之比例數也。

太陰距地心之邊，又減次均輪半徑者，因望時太陰在次均輪下點故也。

推初虧復圓時刻爲第十段。蓋初虧時太陰與地影兩周初相切，復圓時太陰與地影兩周初相離，故以兩半徑相加，爲兩心相距之度。以此斜距之度求其白道度，則得距弧，以距弧比例得距時，與食甚時刻相加減，即得初虧復圓時刻矣。

初虧復圓距弧者，初虧距食甚或食甚距復圓之行度也，與正弧三角形有黃道有距律求赤道之法同。

推食既生光時爲第十一段。蓋食既時太陰全入影中生光將太陰方出影外，故以兩半徑相減，爲兩心相距之度，以此斜距之度，求其白道度，則得距弧，以距弧比例，得距時與食甚時刻相加減，既得食生光時刻矣。如徑較小於距緯，則月食必在十分以内，即無食既生光。

太陰黄道經度者，食甚時太陰黄道經度也。求實望時既以白道當黄道，則以實望太陽黄道經度加減六宮，既得實望太陰白道經度，再加減食正距弧，即得食正太陰白道經度，故又加減黄白升度差，方爲食正時太陰黄道經度也。

推月食方位及食限揔時，亦以驗諸實測，蓋方位雖無關於行度，而實有合於仰觀，仰觀既合，則黄道之出入白道之交錯皆有明徵矣。揔時既有關於遲疾，又以驗諸久暫，久暫既驗，則並徑之大小食分之淺深皆有確據矣。

春秋分爲黄赤二道之交，求得春秋分距地平赤道度，是春秋分距地平黄道度與黄道地平交角，皆可推矣。然欲求春秋分距地平赤道度，必先求春秋分距正午赤道度。而欲求春秋分距正午赤道度，必先求太陽距春分與距子正赤道度。蓋太陰赤道度起於冬至右旋時刻，赤道度起於子正左旋，故必於太陽赤道經度内減去三宮。餘爲太陽距春分赤道度與時刻赤道度，相加爲春分距正午前後赤道度。而正午距地平又恒爲九十度，故以春秋分距正午赤道度與九十度相減，得春秋分距地平赤道度也。

黄道地平交角者，黄道與地平南半周相交之角，即黄平象限距地平之高也。春分在正午東，秋分在正午西，則地平黄道在赤道北，故求得對赤道之角，即黄道與地平南半周相交之角。春分在正午西，秋分在正午東，則地平黄道在赤道南，故求得對赤道之角，爲黄道與地平北半周相交之角，必與平周相減，方爲黄道一導平南相交之角也。

帶食距時者，太陽出入地平距食甚之時刻也。月食日月相對，則日出時刻，即月入時刻；日入時刻，即月出時刻。故初虧或食甚在日入前者，爲帶食出地食正或復圓在日出後者，爲帶食入地，帶食出地者，則以日入時分與食甚時分相減。餘爲帶食距時帶食入地者，則以日出時分與食甚時分相減。餘爲帶食距時。各省帶食以各省日出入時刻及各首食甚時刻算之。

帶食距弧者，太陰出入地平距食甚之行度也。初虧復圓以距弧求距時帶食以距時求距弧，其理同也。

帶食兩心相距者，帶食時太陰心與地影心相距之度也。初虧復圓以並徑斜距之度與距律求距弧之白道度，帶食以距弧之白道度與距律求兩心斜距之度，其理同也。

全徑十分中之幾分也，食甚兩心距，即距律，故於並徑内減距律爲三率，帶食則於並徑内減帶食兩心相距爲三二率，其理同也。

日食用數[一]

日食用數與日食同，惟日實半徑五百〇七。

推平朔諸平行爲第一段，其理與月食同。

推日月相距爲第二段，其理亦與月食同。若均加減同，度亦同，則無距弧，亦無距時，而平朔即實朔。詳朔望有平實之殊篇。

推實引爲第三段。

推實朔爲第四段。

推實交周爲第五段。

推太陽實經爲第六段。復求黃平象限，皆乙太陽經度爲根，非但爲求時差之用而已。餘與月食同。

推實朔用時爲第七段。

分晝夜之法，以一小時月距日實行二十七分四十三秒爲一率，六十分爲二率，最大日半徑與最大月半徑相並，得三十二分二十三秒三十微爲三率。求得四率七十分，收作五刻。實朔在日入後五刻以

[一] 原無標題。爲便稱引，整理時自首句擇之爲題。

内，日入前可見初虧；實朔在日出前五刻以内，日出後可見復圓。若五刻以外，雖食分最大，時刻最久，亦不見食矣，故不必算。

太陽食限

日食之限，不同於月食。月食唯乙太陰地影兩視半徑相並之數，當黄白二道之距律，推距交之徑度，即爲食限。日食因有南北差，其視緯度，隨地隨時不同，故太陽太陰兩視半徑不能定食限也。夫最大之南北差一度〇一分，太陽最大之視半徑一十五分三十二秒三十微，太陰最大之視半徑一十六分五十一秒，兩視半徑相並，得三十二分二十三秒三十微，與南北差一度〇一分，相加得一度三十三分二十三秒三十微，爲視緯度。以推距交經度，得一十八度一十五分一十三秒，爲可食之限，太陽最小之視半徑一十四分五十九秒三十微，太陰最小之視半徑一十五分五十三秒三十微，兩視半徑相並，得三十分五十三秒，與南北差一度〇一分，相加得一度三十一分五十三秒，爲視緯度。以推距交經度，得一十七度五十六分五十六秒，爲必食之限。然在黄道北者必食，在黄道南者或食或不食，在黄道北者亦非普天下皆見食，但必有見食之地耳。蓋視差因地里之南北而殊，而視律緯又因實緯之南北而異，故食限不可一概而論也。今以北極高一十六度至四十六度之地而定食限，則大陰距黄道北閏朔之限，得二十度五十二分，實朔之限得一十八度一十五分，太陽距黄道之視差之故多緯食限，不過得其大概，欲定食之有無，必按法求得本地本時視緯度，與太陽太陰兩視半徑相較，若兩視半徑相並之數大於視律者爲有食，小於視律者爲不食也。

日食之限時刻

日食止有三限：一曰初虧，一曰食甚，一曰復圓。而無食既生光。蓋太陽太陰之視徑略相等，食甚之最大者，不過食既，方食甚，即生光，故止求三限時刻。三限時刻維何？曰用時，曰近時，曰真時。此三者雖爲三限所同，而三限之中，尤以食甚爲本。故今發明三限時刻，先詳食甚時刻，次及初虧而復圓。如之，食甚之理大概與月食同。但月食乙太陰實經度當最近地影心之點爲食甚，故以實望交周求得食甚交周升度差，以月實行比例得時分，加減實望用時，即得食甚時刻，而無用時、近時、真時之名。日食因有東西差，必乙太陰視經度當最近太陽之點爲食甚，其實經度與視經度既不同，而實行與視行又不同，故先以實朔交周求得食甚交周，相減爲交周升度差；以月實行比例得時分，加減實朔用時，爲食甚用時；次以食甚用時求得東西差，仍以月實行比例得時分，加減實朔用時，爲食甚用時；次以食甚用時求得東西差，仍以月實，乃比例得時分，加減食甚用時，爲食甚近時。又以食甚近時求得東西差比例得時分，加減食甚用時，方爲食甚真時。是則食甚用時者，乃在天實行日月相掩最深之時刻，而食甚近時者，所以定視行以求用時與真時相距之時分者也。夫食甚既有用時、近時、真時，則初虧、復圓距食甚之時分。加減食甚用時，而以初虧、復圓距食甚之時分，加減食甚真時，爲初虧、復圓用時，次以初虧、復圓用時求得東西差與食甚之東西差相較，得視行，乃以視行與初虧、復圓距食甚之度比例得時分，加減食甚真時，即爲初虧、復圓真時。然而不用的空曠地者，蓋爲近時所以求視行，今食甚已有東西差，則與初虧、復圓東西差相較，即可以得視行，故不必求近時也。要之，求日食三限時刻，必先求食甚真時；而欲求食甚真時，必先求食甚用時；有食甚用時，然後可以知三差之大小；而三限時刻，皆由此次第生焉。此日食所以異於月食也。

黄平象限白平象限之同異

《新法曆書》推算日食三差，以黄平象限爲本。黄平象限，乃黄道在地平上半周折中之處，東西距平各一象限，故名黄平象限，又名九十度限。今按三差並生於太陰而太陰經緯度爲白道，較之用黄道爲密，故今推算日食三差，以白平象限爲本，白平象限即白道在地平上半周折中之處，東西距地平亦各一象限，然求白平象限諸數，必由黄平象限諸數而得。不合論之，不見其同異；不分論之，不得其練密。

日食三差

推步日食，較之推步月食爲甚難者，以有三差也。三差維何？一曰高下差，即地半徑差。一曰東西差，《新法曆書》爲太陰黄道經差，今定爲太陰白道經差。一曰南北差。《新法曆書》爲太陽黄道緯差，今定爲太陽白道緯差。然東西差、南北差又皆由高下差而生，其故何也？

蓋食甚用時，以地心立算，人自地面視之，遂有地半徑差，而太陽地半徑差恒小，太陰地半徑差恒大，於太陰地半徑差内，減太陽地半徑差，始爲太陰高下差，高下差既變，其高爲視高，故經度之東西，緯度之南北亦皆因之而變也。《新法曆書》求東西南北差，以黄平象限爲本者，蓋乙太陰在黄平象限東者，視經度恒差而東。太陰在黄平象限西者，視經度恒差而西，差而東者時刻宜減，差而西者時刻宜加。故日食之早晚，必徵之東西差而復可定也。北極出地二十三度半以上者，黄平象限恒在天頂南，太陰之視緯度恒差，而南北極出地二十三度半以下者，黄平象限有時在天頂北，太陰之視緯度即差而北。差而南者，實緯在南則加，在北則減；差而北者，實緯在南則減，在北則加。故日食之淺深，必徵之南北差而後可定也。其法自黄極作兩經圈，一過真高，一過視高，兩經圈所截黄道度，即實經度與視經度之較，是爲東西差。兩經圈之較，即實緯度與視緯度之較，是爲南北差。三差相交，成正弧三角形，直角恒對高下差，黄道高弧交角恒對南北差，餘角恒對東西差。惟太陰正當黄平象限，則黄道經圈過天頂，與高弧合，實高視高同在一經圈上，故高下差即南北差爲無東西差。黄平象限正當天頂，則黄道與高弧合，實高視高同在黄道上，故高下差即東西差，而無南北差。過此距黄平象限愈近，交角愈大，則南北差大而東西差小，距黄平象限愈遠，交角愈小，則南北差小而東西差大，故必先求黄平象限及黄道高弧交角，而後東西南北差可次第求焉。今按太陰之經度爲白道經度，食甚實緯又與白道成直角，則東西差乃白道之經差，非黄道之經差也。南北差乃白道之緯差，非黄道之緯差也。三差相交成正弧三角形，亦白道與白道經圈及高弧所成之三角形，非黄道與黄道經圈及高弧所成之三角形也。夫白道與黄道斜交，則白平象限之與黄平象限，白道高弧交角之與黄道高弧交角，亦皆有不同。《新法曆書》因日食近兩交黄白二道相距不遠，故止用黄道爲省算。究之，必用白道，方爲密合，故今求東西南北差以白平象限爲本，然白平象限以黄平象限爲根，而白道高弧交角又以黄道高弧交角爲據，知太陰距黄平象限東西及黄道高弧交角，則可知太陰距白平象限東西及白道高弧交角矣。